普通高等教育“十二五”精品课程建设教材

现代测试技术

第2版

李成华　栗震霄　赵朝会　主编

中国农业大学出版社
·北京·

内 容 简 介

本书以现代测试技术应用为出发点，在阐述现代测试技术的基础理论与基本知识的基础上，注重基础理论与实际应用的紧密结合，重点讲授现代检测手段的原理和仪器设备的构成特点以及应用技术。主要内容包括测试系统分析、各类传感器原理、非电量基本参数的测试方法、测试信号的处理方法、测试信号的记录仪器和设备、测试中干扰的控制手段、测试结果的处理与分析等，为解决机械工程实际应用中测试技术问题奠定基础。

本书兼顾课堂教学和自学的特点与需要，各章附有一定数量的思考题与习题，以加深读者对本书内容的理解。本书可作为高等农业院校农业工程类本科专业的教学用书，也适于从事工程测试技术的工程技术人员参考。

图书在版编目(CIP)数据

现代测试技术/李成华，栗震霄，赵朝会主编. —2 版. —北京：中国农业大学出版社，2012.5(2020.12 重印)

ISBN 978-7-5655-0493-8

Ⅰ.①现… Ⅱ.①李…②栗…③赵… Ⅲ.①测试技术 Ⅳ.①TB9

中国版本图书馆 CIP 数据核字(2012)第 029437 号

书　名 现代测试技术(第 2 版)

作　者 李成华　栗震霄　赵朝会　主编

策划编辑 宋俊果　　**责任编辑** 洪重光
封面设计 郑　川　　**责任校对** 王晓凤　陈　莹
出版发行 中国农业大学出版社
社　址 北京市海淀区圆明园西路 2 号　　**邮政编码** 100193
电　话 发行部 010-62818525，8625　　读者服务部 010-62732336
编辑部 010-62732617，2618　　出　版　部 010-62733440
网　址 http://www.cau.edu.cn/caup　　**e-mail** cbsszs@cau.edu.cn
经　销 新华书店
印　刷 涿州市星河印刷有限公司
版　次 2012 年 5 月第 2 版　　2020 年 12 月第 3 次印刷
规　格 787×980　16 开本　18.75 印张　345 千字
定　价 43.00 元

编审人员(第 2 版)

主　　编　李成华　栗震霄　赵朝会

副 主 编　刘立意　童淑敏　张本华　崔红光

参编人员　黄操军　周修理　郑德聪　彭桂兰　马德贵

主　　审　杨　方

编审人员(第1版)

主　　编　李成华　栗震霄　赵朝会

副 主 编　刘立意　童淑敏　张本华

参编人员　黄操军　周修理　郑德聪

　　　　　　彭桂兰　马德贵　蔡雨付

主　　审　杨　方

第 2 版前言

《现代测试技术》(第 1 版)自 2001 年 11 月出版以来,在高等农业院校农业工程学科相关专业的教学中得到较广泛的应用,对于推动农业工程类本科专业教学内容和课程体系的改革起到积极的促进作用。在过去 10 年的使用过程中,读者和授课教师对教材的内容和结构提出了许多宝贵的修改意见和建议,本书编者对此表示衷心的感谢。为全面贯彻落实科学发展观,切实提高高等教育的质量,根据授课教师和本书读者的反馈意见,本书编写组决定对教材进行修订。

本次修订的指导思想是体现课程的科学性、系统性和新颖性,以适应课程教学改革和发展的需要,在组织结构上继续体现注重基础和立足应用的特点,在内容上以测试系统各组成部分的特征和性能为重点,为学生掌握现代测试技术的基本理论和具备应用测试技术进行工程实际问题的检测和分析奠定基础。

参加修订的人员有:李成华(沈阳理工大学),张本华、崔红光(沈阳农业大学),栗震霄(甘肃农业大学),赵朝会(河南农业大学),刘立意、周修理(东北农业大学),童淑敏(内蒙古农业大学),黄操军(黑龙江八一农垦大学),郑德聪(山西农业大学),彭桂兰(塔里木农垦大学),马德贵(安徽农业大学)。全书由李成华教授负责统稿,张本华教授进行了审核,杨方教授(东北农业大学)继续担任本书的主审。

本书在编写和修订过程中参考了已有工程测试技术方面的教材和资料,并在书后的参考文献中列出,本书编者对参考文献的作者表示衷心的感谢。

本书在修订过程中,得到了沈阳农业大学和中国农业大学出版社的热情支持和帮助,谨此一并表示衷心的感谢。

编 者

2011 年 11 月

第1版前言

《现代测试技术》是根据面向21世纪农业工程类本科专业教学内容和课程体系改革的精神和2000年11月3日召开的全国部分农业院校农业工程类本科专业教材建设研讨会上提出的关于《现代测试技术》教材的编写大纲要求，由沈阳农业大学、甘肃农业大学、河南农业大学、东北农业大学、内蒙古农业大学、黑龙江八一农垦大学、山西农业大学、塔里木农垦大学、安徽农业大学共同组织编写的。

现代测试技术是农业工程类本科专业的一门应用技术基础课程，它所涉及的内容和知识非常广泛。为适应科学技术的发展，本书强调基础理论与基本知识的讲授，注重基础理论与实际应用的结合，重点介绍现代检测手段的原理和仪器设备的构成特点以及应用技术，为解决工程实际应用中测试技术问题奠定基础。在教材内容的安排上，首先注重测试技术的基础性，突出强调技术基础在人才培养过程中的重要性，同时以测试技术的基本原理以及仪器设备的构成原理为主导，培养学生具备工程技术领域测试技术应用的基本能力；其次是强调实践性和测试技术领域各种技术相互的渗透和综合，即在切实加强基础理论和基本技能训练的同时，特别强调培养学生综合运用测试技术基础知识和技能来分析和解决工程实际问题的能力。为此，必须加强实践性的教学环节以及重视自学能力的培养，使学生具备应用测试技术原理和仪器设备组成实际测试系统的能力。

本教材的编写人员有：李成华、张本华、蔡雨付（沈阳农业大学），栗震霄（甘肃农业大学），赵朝会（河南农业大学），刘立意、周修理（东北农业大学），童淑敏（内蒙古农业大学），黄操军（黑龙江八一农垦大学），郑德聪（山西农业大学），彭桂兰（塔里木农垦大学），马德贵（安徽农业大学）。全书由李成华教授负责统稿，杨方教授（东北农业大学）担任主审。

本书在编写过程中参考了已有测试技术方面的教材和资料，并在书后的参考文献中列出。这些宝贵的资料对完成本书的编写起到了非常重要的作用，本书作者对所有参考资料的作者表示衷心的感谢。

本书可供高等农业院校农业工程类本科专业的教学之用，也可作为从事机械工程领域测试技术工作的工程技术人员的参考资料。

编　者

2001年7月

目　录

1 绪 论

1.1 测试技术的地位和作用

人类社会在发展过程中，需要不断地认识自然与改造自然，这种认识与改造必然伴随着对各种信号的感知和测量。科技越发达，自动化程度越高，对传感器的依赖也就越强。现在，测量科学已成为现代化生产的重要支柱，也是整个科学技术和国民经济的重要技术基础，它对促进生产力发展与社会进步起重要作用。在科学研究中，任何科学理论的建立和科学研究成果的提出都必须通过大量的试验与测量，并对通过测量所获得的数据进行分析和计算，以验证科学理论以及研究成果的正确性和可靠性。在工农业生产过程中，为了保证生产的正常进行，必须对生产过程中的各种参数进行测量，并在分析测量结果的基础上，对生产过程进行监视和控制，以保证产品的质量。在这些测量过程中所应用的测量手段就是测量仪器或仪表，而应用测量仪器或仪表来实现测量目的的技术工艺则称为测试技术。现代化的测试仪器是科学研究和生产实践的必要手段，它的水平高低是科学技术发展的重要标志，同时也是科学研究和生产技术发展的一个重要技术基础。

测试技术的发展是随着科学技术和生产实践的发展而前进的，因为随着科学技术和生产实践的向前发展，就要求提供新的测试手段以满足需要，这样又促进了测试仪器以及测试技术的发展，而科学技术的发展又为研制新型的测试仪器提供了条件。近 30 年来，随着电子技术和计算机应用技术的飞速发展，传统的测试技术得到了较大的改进和提高，如测试准确度和灵敏度得到了提高，测试速度变得更快，测试结果能连续实时自动记录，并可用计算机对测试结果进行分析计算以及实时完成生产过程的自动控制等。

在科学研究和工程技术上所要测量的参数大多为非电量，如机械量的位移、速度和加速度，热工量的温度、压力和流量，成分量的化学成分和浓度以及状态量的颜色、磨损量和裂纹等。这些参数的物理特性或化学特性千差万别，在测量过程中，测量结果的传输和保存以及显示非常不方便，因而促使人们研究用电量测试的手段来进行这些非电量的测试。这是由于电测技术具有测量精度高、反应速度快、数据传输方便并且能够连续自动记录等优点。这样就形成了非电量的电测技术。非电量测试技术具有两个方面的内容：一方面是研究用电测手段测量非电量的仪器和仪表；另一方面是研究如何能正确和快速地进行非电量的测试。

1.1.1 测试技术的地位

1. 测试是现代生产的推动器

生产力是社会发展的决定因素，一个国家的国力首先取决于它的生产能力，特别是它的制造能力，而测试技术是决定制造水平的因素之一。自古至今，衡量生产水平的两大指标一直是质量和效率。测试对于保证质量的重要性是不言而喻的，没有测试就无法评定产品质量的优劣，更无从保证产品的质量。何况现代生产都是通过测试，实现反馈，控制产品的质量。

生产效率同样也离不开测试。一台高速切削机床必须有良好的轴系，包括回转精度、动平衡等，而这一切都需要测试。生产效率是以每一个人在单位时间内的产值来衡量的，为了提高生产效率必须实现自动化。制造业的自动化起源于20世纪初，主要是利用凸轮、挡块等在纺织、钟表等大规模生产中实现刚性自动化。科学技术的进步要求产品不断更新、工艺技术不断进步，这种刚性自动化在多数情况下已经成为生产发展的障碍，现代的自动化是柔性自动化，越是柔性的系统越需要测量。没有测量就无法获得反馈信息，正确、准确地控制工艺过程和执行部件的运动。

生产过程包括物质流、能源流与信息流，其中信息流是最活跃的，物质流与能源流在信息流的指挥下运动。信息技术与制造技术的融合是机械制造技术发展的主要方向，这些年制造业的最大进步是实现制造业的信息化，而作为提供源头信息的测试技术在这里起关键作用。越是现代化的企业，测控设备在总投资中的比例越大。例如，宝山钢铁公司建设中仪器仪表测试装备占总投资1/3。仪器仪表、测试装备对整个国民经济的推动作用很大。国家中长期科学技术发展规划指出，仪器仪表是国民经济的倍增器。美国20世纪90年代仪器仪表只占工业总产值4%，但它对国民经济的影响面占66%。

作为自动化的进一步发展就是智能化。智能化生产要求生产过程能自动适应环境、原材料、工具和装备条件的变化，使生产系统工作在最佳状态，获得最优的产品与效益。智能化生产要求在整个生产过程中，对环境、原材料、工具和装备的状态进行检测，并在此基础上做出决策，使生产过程按最佳方式进行，精确测试是智能控制的关键。

2. 没有测试，就没有科学

国力竞争的关键是科技水平，我国与发达国家的差距也主要是科技上的差距。我国已将科技兴国作为基本方针，而测试技术是科学发展必不可少的手段。伟大的化学家、计量学家门捷列夫说过："科学是从测量开始的，没有测量就没有科学，至少是没有精确的科学、真正的科学。"我国"两弹一星"元勋王大珩院士也说过："仪器是认识世界的工具；科学是用斗量禾的学问。用斗去量禾就对事物有了深入的了解、精确的了解，就形成科学。"

科学上的发现和技术上的发明是从对事物的观察开始的。对事物的精细观察就要借助于仪器，就要测试，特别是在自然科学和工业生产领域更是如此。在对事物的观察、测试基础上经过分析推导，形成认识。到这一阶段还只能是假说、学说。实践是检验真理的唯一标准，只有再经过测试和考核，才能真正形成科学，所以说在科学发展的哪一阶段都离不开测试。国家中长期科学技术发展规划指出，仪器仪表和测试是"新技术革命"的先导和基础。

纵观科学发展史和科技发明史，许多重大发现和发明都是从仪器仪表和测试技术进步开始的。从 20 世纪初到现在，诺贝尔奖颁发给仪器发明、发展与相关实验项目的达 27 项之多。众所周知，没有哈勃望远镜就难以进行天体科学的研究，天体科学上的许多重大发现都是依靠哈勃望远镜的观测而得到的。扫描隧道显微镜的发明对纳米科技的兴起和发展可以说起到了决定性作用。

苹果落在牛顿的脑袋上，启发了牛顿的灵感。但真正导致万有引力被发现的还是星球的运动。按照牛顿第一定律，在没有外力作用的情况下，月亮应该做等速直线运动，为什么月亮不飞出去，而是绕地球转动？这是困惑牛顿的一个问题。只有在有向心力作用的情况下，月亮才会绕地球转动。苹果落在牛顿的头上，启发牛顿意识到一定是地球对月亮有一个引力。牛顿根据他假设的万有引力公式和向心力的公式进行了计算，由于当时测量技术的限制，牛顿没有获得正确的答案。牛顿是一个科学家，没有得到实践证明的东西，还不是科学，他没有发表。只有在他故去之后，由于测试技术的进步，在测得了地球与月亮的较精确的距离和地球的质量的情况下，万有引力学说才得到了证实，是他的学生发表了牛顿的论文，使牛顿万有引力成为科学。测试在将"学说"发展为科学中往往起着关键作用。

3. 测试在信息科技中至关重要

当今时代是信息时代。信息科技包括信息的获取、处理、传输、存储、执行。测试是科技、生产领域获取信息的主要手段，在这个信息流中处于源头位置，所以从一定意义上说，没有测试，信息科技就成了无源之水、无本之木。处于源头的信息是最微弱、最容易受到干扰的。信息的准确性首先取决于源头信息，取决于测试。为了提高所获取信息的准确性，现代的测试系统往往还包括信息的预处理、预存储、传输和控制，把从信息的获取到控制作为一个整体来对待。

谈到信息科技，人们往往首先想到的是计算机。信息时代的主要标志是高性能的电子计算机的发展与广泛应用。确实，高性能计算机的发展将信息处理和存储技术发展到空前高度，使信息流在推动科技和生产的作用发生了革命性的变化。需要指出的是，计算机的发展也离不开制造技术和测试技术。

计算机的性能指标首先是它的运算速度和存储容量，这些都取决于在一块芯片上能集成多少个晶体管，后者又取决于大规模集成电路的线条能做得多细。目前，大规模集成电路的线宽已做到 0.1 μm 左右，进一步的发展要求将线条做到纳米级。知名的摩尔定理说芯片上开关器件的密度每 18 个月翻一番，其实这是在 N. Taniguchi 于 1974 年提出的制造误差按指数曲线下降的预测基础上得出的。正是精密工程按 N. Taniguchi 预测的曲线发展，保证了计算机工业的发展，保证了摩尔定理的兑现。

4. 国防和高科技的发展离不开测试

现代的战争是信息战。无论是在科索沃，还是伊拉克，美国使用的主要武器都是激光制导武器。在现代的战争中，仪器仪表的测量控制精度决定了武器系统的打击精度。仪器仪表的测试速度、诊断能力决定了武器系统的反应能力。无论在伊拉克，还是在巴勒斯坦，美国和以色列常常采用定点杀伤。所谓定点杀伤，就是根据探测到的信号进行跟踪、瞄准和发射。

美国还在发展一种称为反导弹的战略计划，它的基本思想就是精确、快速探测对方发射的导弹，并在此基础上发射自己的火箭进行拦截。测试是这一战略思想的技术基础。

一部现代的汽车有五六十个传感器，飞机、火箭、宇宙飞船上何止几百、几千个传感器。一架飞机、火箭、宇宙飞船从它的加工到装配一步也离不开检测，飞机、火箭、宇宙飞船的加工和装配精度是生死攸关的。火箭在现场安装、准备发射都离不开检测。俗话说，差之毫厘，失之千里，这是一种形容；而今火箭、宇宙飞船的发射差之毫厘，又何止失之千里？

在发射场上精确找正并发射后，由于大气和其他天体、气象等因素的影响，火箭、飞船还可能偏离预定的轨道。需要不断地检测航行的轨迹，进行校正。不仅要按测量结果校正航行轨迹，还要按测得的加速度控制燃料和气体的排放，以保证飞行轨道的准确，而对所有这些检测的精度和速度响应的要求是极高的。

国家中长期科学技术发展规划指出，运载火箭的试制费一半用于仪器仪表，由此可见测试技术在发展航天、航空、国防等高科技中的作用。应当说今后的载人宇宙飞行、登月计划、到其他星球的探索，很重要的任务，甚至主要任务，还是在测试。只有通过测试，才能了解宇宙，开发宇宙。以宇宙飞行为例，它不仅包括宇宙飞船，还包括许许多多地面观测站、测控船。可以推测，在宇宙飞行实施中，花在仪器仪表和各种观测站的费用不会少于一半。

核武器和核工业的发展同样离不开测试。核聚变与核裂变相比，不仅具有更高的能量转换效率、能释放更巨大的能量，而且是更清洁的能源，这对核工业是十分重要的。目前世界上只有美、俄、中等少数几个国家掌握核聚变技术。利用飞秒激光脉冲激励、泵浦核聚变反应是国际上十分引人注目的一个研究方向，因为飞秒激光脉冲具有非常高的瞬时功率。为了获得高的激励功率和激励效率，需要将几十路飞秒激光束同时精确瞄准一个直径仅为几百微米的空心靶球的球心，这是一个要求很高的几何量测试问题。当然在整个核反应过程中还有更多其他重要的测试问题。

在谈论当今时代的高科技时，不能不提及纳米科技和微机电系统。宇宙飞行往大的方向探索宇宙空间的奥秘，而纳米科技和微机电系统则向小的方向，包括分子、原子领域探索世界的奥秘。

在纳米量级已是对单个或少量分子、原子进行操作。纳米结构的物质表现出很多的独特性能，这些性能在材料科学、医学等许多领域有重要应用。例如，纳米结构的材料在硬度、密度、强度、延展性、导热性、磁耦合、催化能力、吸附选择性以及电学和光学性能均有很大增进。例如，纳米碳管的抗拉强度比钢高 20 倍，而强度质量比为钢的 50 多倍。将这些材料用在航空航天上、用在人体上显示出十分巨大的优越性。纳米粒子、纳米薄膜也显示了其许多独特性能，纳米科技正在带动一场新的科技革命。

生命科学研究是微机电系统又一重要应用领域。进行生命科学和生物技术的研究，需要将各种微型传感器和执行器植入人体或生物体内部，探索人体与生物的奥秘。人体的治疗与骨骼、神经和关节等的康复，无损伤的外科手术，药品的准确输送，心脏疾病的准确诊断，人工器官的植入，生物品种的改良等也需要各种微型器械。在微观范畴中，物体、材料的许多物理、力学等性能都是与宏观世界不一样的。许多常用的工程设计数据在微机电系统的设计中都不能应用，必须通过测试来获取适合于微机电系统的新的设计数据。为了获得符合性能要求的微机电器件，必须对微机电系统的工艺过程和成品进行检测。测试技术已经成为发展微机电系统的一个瓶颈因素。

5. 测试技术是开展生命科学研究的支撑

随着科技的发展，人类在适应和征服大自然中取得了巨大的成就，人类越来越多地关心自身的奥秘。改革开放以来，我国人民的生活有了很大的改善，人们越来越多地关心健康，一些发达国家更是如此。工业的发展只有几百年的历史，而人类与生物的进化已经有几千年、几万年的历史，一些工业产品的性能在不少方面还不如人类与生物。以上种种方面都在促使生命科学和生物技术成为21世纪的领头科学和技术。

医学正在经历一个由经验、技艺变为科学的过程，要把医学由经验、技艺变为科学，要依靠仪器仪表，要依靠测试。仪器与测试技术是了解人体和生物生命机理和探测疾患的主要手段。没有良好的测试手段，包括各种植入人体内部的传感器，是不可能洞察人体和生物的奥秘的。对于祖国传统医学中医学、中草药更是如此。中医学、中草药积累了多少代人的心血和经验，是人类宝贵的文化遗产。中医学关于将人作为一个整体的见地，有关如经络、针灸、号脉等的学说与实践都是非常珍贵的，但也存在怎样将它们由经验、技艺变为科学并进一步深化、扩大的问题，而所有这一切都靠测试，靠仪器仪表。

仪器仪表、测试技术还能为人类提供多种人造器官，实现康复。这里不仅包括人工眼睛、耳朵、鼻子、舌头等感觉器官，也包括其他的各种器官。

例如，上肢的瘫痪可能是由于感觉—运动通道因麻痹而阻断所引起的。在通过测试得到正常人小脑发出的信号、利用电激励模拟神经刺激后，就可以恢复上肢的运动。若是因为肌肉或骨骼受到损伤而失去上肢运动，则可通过对正常人在小脑指挥下的神经系统机电运动控制信号的测试，构建人工假肢，实现所需运动。

应当说，在机械量的测试与人体或生物测试之间并没有一条鸿沟，其基本原理是完全相通的。在几何量测试中具有广泛应用的迈克尔逊干涉仪，同样可以应用于人体的测量。在几何量测试中为了得到大的相干长度，常常使用单色性好的激光。在光学层析术(OCT)中要求光源的相干长度短，只有当由分光镜分光、形成的测量光束和参考光束光程相等时，光电探测器上才能产生干涉信号。靠改变加在压电陶瓷上的电压，使参考反射镜的位置变化，引起参考光束光程改变，使得被测对象上的层析面位置也随之改变。利用一套几何光路，对被测对象进行扫描，测量对象上的各个点。这种方法已被成功地用于皮肤癌的诊断中。

美国南加州大学教授、天津大学长江学者卢志扬教授提出了激励技术(inspiring technology)的思想。他认为测试应当无所不在，在人们日常的工作和生活用品上，都应该装上微型传感器，检测人们的身体状况。根据检测的结果，有针对性地发出反馈激励信号，促进人们的健康。

6. 现代生活和人类生存离不开测试技术

如果说多少年前测试手段主要用于科学研究和工业生产，那么今天测试技术已经进入千家万户。许多家用电器都带有测试装置，如傻瓜相机具有测量光亮度和物体距离的装置，能够自动调整曝光度和对焦。一部现代汽车装有50～60个传感器，用于检测油量、油门打开的情况以及司机是否喝了酒、安全带是否系好等等，全球导航系统(GPS)也将成为汽车的必备装置。

人们一直梦想房屋、车辆、衣服能自动调节温度，为此需要将各种微型传感器、芯片、执行器置入建筑、车辆、材料、织物等内部，构成智能建筑、车辆、衣物等。已经证明，这一梦想在技术上完全可以实现，只是价格问题。保健、医疗设备进家庭就更习以为常。所以说测试技术已经进入千家万户，测试已经是我们生活不可短缺的了。

科技的发展创造了历史的奇迹。但环境和生态也正遭到巨大的破坏，成为对人类生存的最大威胁之一。要保护环境必须对环境进行监测。海洋资源的开发、海洋污染防治与灾难的预防都需要加强监测。地震、火灾、恐怖行为等都在对我们生存形成威胁，需要加强监测。

在我们日常生活中，由于环境的污染和一些暴利的驱动，无论在我们的食品、饮料，还是药品中，都会有大量的有害物质，其危害不可轻视。要加快开发一些简易、便携的手段，加强对于各种污染的检测。例如，我们开发了一种检测液体的装置。被测液体经毛细管形成液滴，在液滴生成过程中，其形状变化与液体的比重、黏度、表面张力等诸多力学特性有关。在滴头上插2根光纤，一根是输入光纤，另一根是接受光纤。这样，接受光纤中输出的光强信号，一方面与液滴的形状有关，另一方面又与液体的颜色、浑浊度、折射率等许多光学特性有关，这样就可以精确识别液体的性质和浓度。为了避免供液速度的影响，由环形电极和滴头构成电容器，测量液滴的体积。输出光强随液滴体积变化的曲线称为液体的指纹图。为了进一步分析液体的成分，还可以插入微型光谱仪，以获得光强随液滴体积、光波长变化的三维指纹图。

7. 仪器仪表和测试技术是物化的、客观的“法官”

在利益驱动下，社会上会有各种各样的不法行为，假酒、假药、假种子、假币、假证书，含激素和各种有害成分的食品、饮料等等，无所不有。商品缺斤短两、非法注水现象更是司空见惯。进口商品时要严防带入各种病菌，为了符合WTO的要求，出口商品也要自行仔细检验、严格把关。在所有这些情况下，以什么为依据，这就需要物化的、客观的“法官”，只有仪器仪表和测试技术能担负起这一重任。

测试技术不仅用于检测物体，在许多情况下也用于人体自身，如亲子鉴别、指纹和虹膜识别、犯罪的罪证提取等都离不开仪器仪表，离不开测试技术。仪器仪表和测试技术是判定社会争端的物化的、客观的“法官”。

1.1.2 测试技术的作用

在工程技术领域，测试技术的作用有如下几个方面。

(1)通过测量生产过程中的有关工艺参数，对生产过程的运行情况进行监视，使之保持在最佳的工作状况；或者对生产设备在运转过程的有关技术参数进行测量，并对测试结果进行分析，判断设备的工作状态。

(2)将生产过程中各种工艺参数的测量结果与要求的数值相比较，并且根据偏差的大小范围要求进行反馈，以对工艺参数进行调整和控制，保证生产过程的要求。

(3)根据对工艺过程参数和设备性能参数测试结果的分析评价，找出存在的问题，并提出改进工艺过程和设备性能的措施。在改进措施实施以后，是否达到了改进的效果，仍需进行测试来分析和评定。这些测试结果是工艺过程参数以及设备性能参数进一步改进设计的基础。

(4)通过测试技术手段研究机械系统的响应特性和系统参数以及进行载荷识别，为机械系统的动态设计提供依据。

在机械制造工业、电力工业、石油工业、化学工业、轻工食品和国防工业中，都需要采用非电量的电测手段来对有关的参数进行测量，并且这种测量随着科技和生产的发展越来越多地从静态物理量测量向动态物理量测量方向发展。这就对测试仪器和测试手段提出了更高的要求。

1.2 测试系统的组成及特点

一个测试系统要完成对被测量的测试，首先必须获得被测量的信息，并且根据被测量信息的物理学特性，将其转换成容易处理和传输的电量信号，然后将电量信号所表示的信息进行变换或放大，再用指示仪或记录仪将信息显示或记录下来。有的测试系统还需要对信息进行处理，以获得反映实际被测量数值大小的测试结果。一般的测试系统由传感器(信息的获得)、测量电路(信息的变换和调理)、数据处理装置(信息的处理)、显示与记录装置(信息的显示)组成。这些组成部分之间的关系如图 1-1 所示。

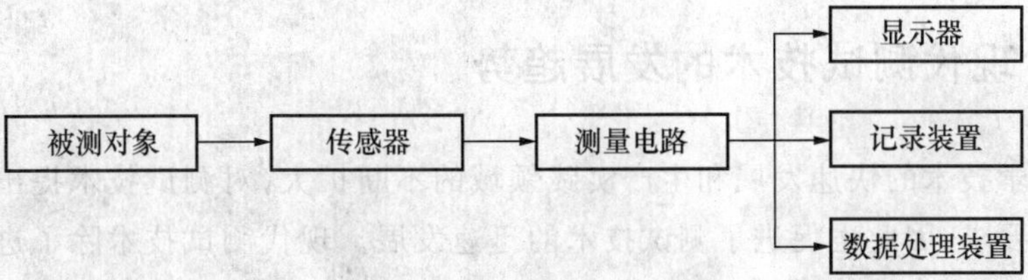

图 1-1 测试系统组成

传感器处于被测对象与测试系统的接口位置，它是将被测量的非电信息变换成电信号的装置，因此是一个获得测试系统信号输入的重要元件。传感器直接从被测对象中提取被测量的信息，感受其变化并将其变换成便于测量的其他电量信号，例如，将速度变换成电压，将应变变换成电阻，将流量变换成压力等。因此，传感器获得信息的正确与否直接影响着整个测试系统的精度。

测量电路又称中间转换器，它的作用是将传感器输出的电信号进行传输、放大和转换等。测量电路的种类根据传感器的类型而定，如电阻式传感器需采用一个电桥电路把电阻值的变化变换成电流或电压的变化输出，所以它属于测试信号的转换电路。由于测量电路的输出信号一般都比较小，不能直接驱动显示或记录装置工作，故常常需将信号加以放大，因此在测量电路中通常具有放大器。为了使被测量信号易于传输和处理，测量电路中有时还具有调制与解调器、模数转换器等。

测试结果的显示目前通常有 3 种方式，即模拟显示、数字显示和图像显示。模拟显示是利用指针相对标尺的位置来读数；数字显示是用数字形式来显示测试结果的数值大小；图像显示是用屏幕显示读数或者被测参数的变化曲线。在实际测试过程中，有时不仅要读出被测量的具体数值，而且还要了解它的变化过程，特别是在动态测试过程中，测试结果随时变化，无法用显示仪器指示，在这种情况下，就必须将测量信号送入记录装置中自动记录下来。目前常用的自动记录装置有笔式记录仪、光线示波器、磁带记录仪以及阵列式记录仪等。

以计算机为基础，配备部分外设装置组成测试信号的记录和处理系统，是近年来测试系统的发展趋势。测试系统中的计算机既可以完成测试结果的记录或显示，同时又能对测试结果进行计算处理，并且可根据测试者的要求编写不同的程序对测试结果进行分析处理，使得测试系统的功能大大加强。

1.3 现代测试技术的发展趋势

科学技术的快速发展和生产实践领域的不断扩大，对测试技术提出了越来越高的要求，因此也促进了测试技术的迅速发展。现代测试技术除了进一步提高测试的精度和可靠性外，总的发展趋势是测试系统的小型化、智能化、多功能化以及无接触化，其特点主要表现在下述几个方面。

1. 测试范围更大

随着科学技术的不断发展，对测试仪器的性能要求也在不断提高，特别是对生产实际和科学研究过程中极端参数的测量，要求原有测试仪器的技术指标得以提高，以扩大其应用范围。这些极端参数的测试要求测试仪器具有较大的测量范围，并且具有足够高的精度和可靠性。尺寸测量要求能从原子核测到宇宙空间，电压测量要求从纳伏测到百万伏，电阻测量从超导至 $10^{14}\ \Omega$，加速度测量从 $10^{-4}g$ 到 $10^{4}g$，温度测量从接近绝对零度到 10^{18} K。相对而言，一般常规测量技术已比较成熟，而一些极端情况下的测量，如超高温与超低温的测量、大尺寸及微纳尺寸的测量则存在问题较多。测试技术正在向解决这些极端测量问题的方向发展。如连续测量液态金属的温度、连续长时间测量超高温介质的温度(2 500～3 000℃)、超低温温度的连续测量、超高压的测量以及超精度重量测量等。对于几何量来说，极端测量主要就是大尺寸及微纳尺寸的测量。

2. 测试精度更高

精度是计量测试技术的永恒主题，随着科技的发展，各个领域对测试的精度要求越来越高。在尺寸测量范畴内，从绝对量来讲已经提出了纳米与亚纳米的要求。纳米测量已经不仅是单一方向的测量，而要求实现空间坐标测量。20 世纪 80 年代，美国国家标准技术研究院开始进行分子测量机的研究。90 年代末，美国北卡罗来纳州立大学夏洛特分校与麻省理工学院合作进行亚原子测量机的研究。我国台湾大学与合肥工业大学合作，也在这方面展开了研究。

在时间测量上，分辨力要求达到飞秒级，相对精度 10^{-14}。最近国际上又开始建立光钟时间基准的研究，相对精度为 10^{-19}，即 3 000 亿年不差 1 s。

为了开展某些基础物理研究的需要，美国国家标准技术研究院正在研究引力波对光速的影响，测试精度要求达到 10^{-17}。在电量上则是要求能够精确测出单个电子的电量。在航空航天领域，对飞行物速度和加速度的测量都要求达到 0.05％的精度。

3. 测试速度更快

现代测量越来越多地在高速运动中进行。机床、蜗轮机、交通工具以及测量机的速度都在加快,要求测量转速为每分钟十几万转的蜗轮机转子和定子间的气隙,每转要求采样上万次。非接触测量在实现快速测量上比接触测量有很大优越性。

除了一般的机械工业外,国防、航天等高科技领域对测量速度的要求就更高了。如果说武器系统的打击精度主要取决于测量控制的精度,那么武器系统的反应能力则主要取决于测试控制的速度。飞行器在运行中要对其轨迹、姿态、加速度不断进行校正,要求在很短时间内迅速做出反应。进行火箭拦截时,反应不及时就会发生灾难,测量和反应速度更是起决定作用。在对爆炸和核反应过程的研究中,也常要求能反映微秒时段内的状态数据。在自然科学领域一些超快物理现象和超快化学反应的研究中,往往要求助于飞秒激光进行测试。

4. 测试功能更强

在科学技术的进步与社会发展过程中,会不断出现新领域、新事物,需要人们去认识、探索和开拓,使之更好地为人类服务。如开拓外层空间、探索微观世界、了解人类自身的奥秘等等。

为此所需要测试的领域越来越多,环境越来越复杂,天上、地下、水中、人体内部。有的测量条件越来越恶劣:高温、高速、高湿、高尘、振动、密闭、遥测、高压力、高电压、深水、强场、易爆等等。所需测量的参数类别越来越多,有的参数还是模糊参数,例如,刀具磨损就是一个模糊参数。参数的定义也越来越复杂,就是像圆的直径这样看似最为简单的参数,也必须依照一定的准则进行拟合,才能获得符合定义、符合使用要求的值。

有些情况下要求实现联网测量,以便在跨地域情况下实现同步测量。有些情况要求对多种参数实现同步测量,而同步的要求达微秒级。所有这一切都要求测量手段与方法具有更强的功能。

5. 虚拟仪器技术使测试技术迎来新的革命

虚拟仪器系统概念是对传统仪器概念的重大突破,是计算机系统与仪器系统技术相结合的产物。它利用计算机系统的强大功能,结合相应的硬件,大大突破传统仪器在数据处理、显示、传送等方面的限制,使用户可以方便地对其进行维护、扩展、升级等。

虚拟仪器系统可以广泛地应用在通信、自动化、半导体、航空、电子、电力、生化制药和工业生产等各种领域。现有的虚拟仪器系统按硬件工作平台主要可分为基于 PC 总线的虚拟仪器、基于 VXI 的虚拟仪器、基于 PXI 的虚拟仪器,应用场合不同，各有其特点。

虚拟仪器技术就是利用高性能的模块化硬件，结合高效灵活的软件来完成各种测试、测量和自动化的应用。灵活高效的软件能完成创建完全自定义的用户界面，模块化的硬件能方便地提供全方位的系统集成，标准的软硬件平台能满足对同步和定时应用的需求。同时拥有高效的软件、模块化 I/O 硬件和用于集成的软硬件平台这三大组成部分，充分发挥虚拟仪器技术性能高、扩展性强、开发时间少以及出色的集成这四大优势。

使用虚拟仪器技术，工程师们可以利用图形化开发软件方便高效地创建完全自定义的解决方案，以满足灵活多变的需求趋势——这完全不同于专门的、只有固定功能的传统仪器。目前，财富 500 强中 85％的制造型企业已经选择了虚拟仪器技术，大幅度减小了自动化测试设备(ATE)的尺寸，使工作效率提升了 10 倍之多，而成本却只有传统仪器解决方案的很少一部分。

6. 测试技术是一切最新科技成果的融合

从对国民经济和社会发展的贡献来看，仪器仪表、测试手段是“秤砣虽小，四两压千斤”；就其技术含量而言，是“麻雀虽小、五脏俱全”。因此，现代测试技术是多学科、高科技的集合。

为了完成历史赋予的使命，测试技术必须充分、及时利用和融合一切最新科技成果。科技创新就是要将自然科学中的新发现迅速应用到工程中来，解决工程和生产中的问题。

现代测量中简单地依靠同类量进行直接比较实现测量的应用已经很少，因为它在精度、速度、功能上很难满足要求。许多测量都是建立在一定的物理效应基础上，即利用一定的物理效应实现量的转换进行测量。例如，利用霍尔效应构成霍尔传感器，利用隧道效应构成扫描隧道显微镜。要密切注意物理学、化学、生物学等学科中的新发现，创建新的测量原理与方法。

过去说仪器仪表是光、机、电结合体，现在仅有光、机、电结合不够了，光、机、电、算结合也不够，而是要充分运用激光、光纤、超导、纳米、量子、仿生、微电子、MEMS、卫星、信息等领域的一切最新发现和技术。

激光与光学技术，包括基于几何光学、波动光学、量子光学的各种测量方法，在几何量检测中具有广泛应用前景。一方面是因为长度单位“米”是通过光在真空中在 1/299 792 458 s 时间内走过的距离定义的，具有“溯源”的优越性；另一方面它具有不接触、无测量力、精度高、光斑可以很小、提供的信息丰富、可以在远离被测对象的地方进行测量、便于实现快速测量等优点，在大尺寸、常规尺寸、在线测量以及微纳领域都有广泛应用。

测量仪器的微型化、便携化是其自身的重要发展方向。在国防、航空、航天、生物、医学、智能技术等中，微型化具有十分重要的意义。这里要充分利用MEMS、微电子以及光纤、超导、纳米、量子、仿生、软件等技术使仪器微型化，软件就是仪器，是微型化的体现。对于现场测量及大型工程测量的便携化，也要充分利用激光、光纤、光学、MEMS、微电子、软件等技术提供的条件。

这里特别要强调的是测试与信息技术的融合。测试是一个提取信息的过程，它不仅包括原始信息的获取，还包括信息的处理、存储、传输和控制。特别是在复杂环境下，对于复杂参数的测试更离不开信息的处理和存储(包括多种信息的融合)，在某些情况下还离不开信息的传输和控制。联网测试以及工艺流程、生产过程或科学实验流程的测试都是这方面的实例。

智能测试是测试技术发展的一个方向。智能测试一般包括以下 3 方面内容：①对环境、工作条件、机器状态、对象情况变化等具有自适应性；②实现信息交换与共享；③具有判断、决策、优化的能力，从脑力上解放人类，使人类能更多地从事创造性的脑力劳动。

1.4 课程的研究内容和性质

现代测试技术课程所研究的对象是科学研究和工程技术领域测试过程中常用的传感器、中间变换电路以及显示和记录装置的结构和工作原理，测试系统的静态和动态特性以及评价方法，测试信号的分析以及测量误差和数据处理方法，常见物理量的测试过程以及测试方法。

现代测试技术是一门技术基础课，与本课程直接相关的基础知识包括数学、物理学、工程力学、电工学、电子学以及计算机技术等。通过本课程的学习使学生掌握测试系统的组成特点和组成方法，具备静态和动态测试所需要的基本知识和技能，为进行工程实际测试打下坚实的基础。学生在学完本课程之后，应具备下述几方面的知识和能力。

(1)掌握常用传感器的种类、结构特点和工作原理，并具备根据实际测试要求选择合适传感器的能力。

(2)熟悉传感器输出信号的常用处理方法以及中间变换电路的结构、工作原理、适用特点，具备根据不同种类传感器选用适宜中间变换电路，进而设计中间变换电路的能力。

(3)了解和掌握各种信号显示与记录装置的结构、工作原理以及适用特点，并能根据实际需要选用合理的显示与记录装置。

(4)在掌握测试系统特性的基础上,具备根据实际被测量的特点,将传感器、中间变换电路和显示记录装置正确地组成测试系统的能力。

(5)掌握测试信号的时域和频域描述以及分析方法,具备根据测试结果正确解决实际问题的工作能力。

本课程具有较强的实践性,因此要求在学习过程中,加强理论与实践的结合,注重实验课对理论知识理解和掌握的功用,使学生通过课程的学习具备实际的测试工作能力。

2 测试系统分析

2.1 信号概述

2.1.1 信息与信号

在科学研究和生产实际中，经常要对客观存在的物体或物理过程进行观察和测量，以了解和掌握表征这些物体或物理过程本质特性的信息。为了达到观测事物某一本质问题的目的，人们采用各种技术手段表达所需要的信息，以供测量和分析，这种对信息的表达形式称为信号。测试系统根据被测试对象的信息特征，要接收和处理不同种类的信号。机械工程信号如力、速度、加速度、位移和温度等都是非电量信号，这类信号需要通过测试系统的传感器元件转换成电信号，才能被测试系统处理和记录。工程测试技术是从客观现象中获取有关信息的技术过程，而信号就是有关信息的载体。因此，测试系统的功用就是通过测试信号的检测来获取工程信息。使用测试系统进行某一参量测试的整个过程都是信号的流程，它包括信号的获取、信号加工和处理、信号显示或记录。所以，深入了解信号的各种特性对于明确测试系统及其各环节的要求以及提高测试质量具有重要意义。

工程上在线记录下来的表征系统物理现象的信号包含反映被测对象状态及特性的有用信息，它是我们认识被测对象内在规律、研究其相互关系以及预测未来发展的依据。但是通常从机械系统上直接测试所记录的信号比较复杂，直观上不易识别，因此必须对原动信号进行分析，以对机械系统的动态变化与动态特征具有更加深入的认识。

来自工程上的动态信号类型多样，为了使测试信号能正确地反映被测试对象特性，必须对不同工况以及不同时间的信号具有深入的了解能力，以便正确判断信号的类型和采取相应的测试方法和分析方法。信号是可以描述范围极为广泛的物理现象，它所蕴含的信息总是寄寓在某种形式的波形之中。例如，人类的声道系统所产生的语音信号就是一种声压高低起伏变形的声波。

2.1.2 信号的分类与描述

1. 信号的分类

在数学上，信号可以表示为一个或多个变量的函数，称信号函数。其分类如图 2-1 所示。

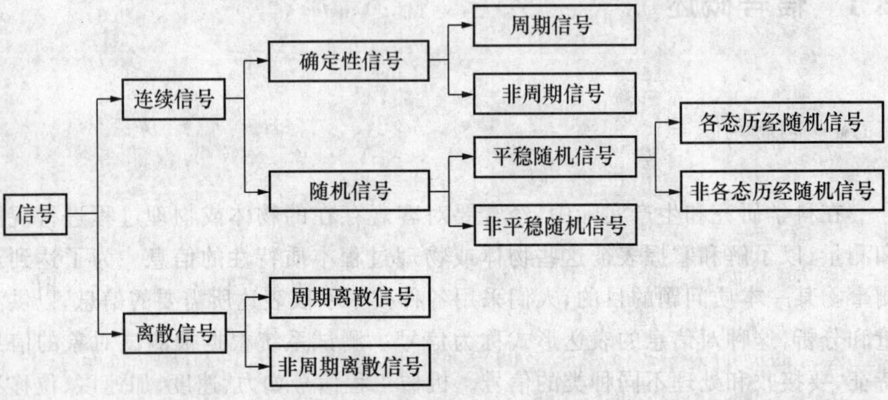

图 2-1 信号分类

2. 连续信号和离散信号

根据信号的特性，信号可分为连续信号和离散信号两大类。连续信号是指信号函数的变量为连续的信号，连续信号的幅值可以是连续的，也可以是离散的，对于时间和幅值均为连续的信号称为模拟信号，见图 2-2(a)。离散信号是指信号函数的变量为离散变化的信号，离散信号的离散性表现在时间或幅值上，称为数字信号，见图 2-2(b)。

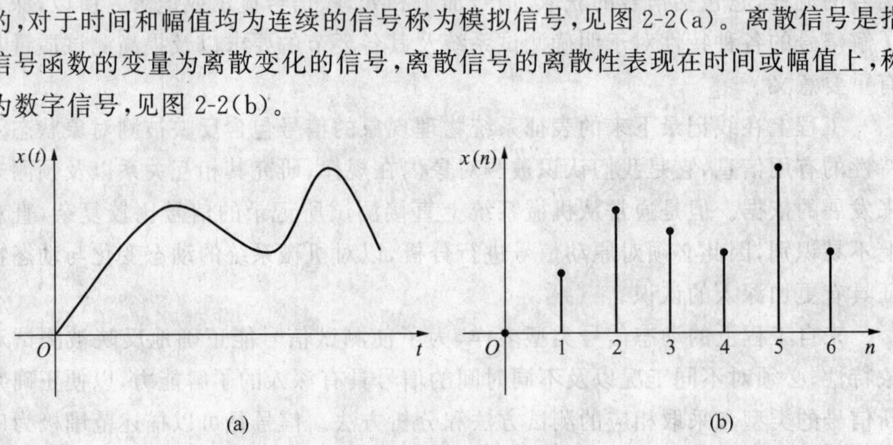

(a)连续信号 (b)离散信号

图 2-2 连续信号和离散信号

连续性信号又可以分为两类,一类是可以用数学关系式描述其确定变化规律的确定性信号,给定一个时间值就可得到一个确定的函数值;另一类是其变化规律无法用数学关系式确定描述,也无法确切地预测未来任何瞬间精确值的信号,称为随机信号。

3. 确定性信号和随机信号

确定性信号根据它的波形是否有规律地重复再现可分为周期信号、非周期信号和直流信号。

周期信号是按一定周期重复的信号。周期信号包括简谐信号[图 2-3(a)]和复杂周期信号[图 2-3(b)],复杂周期信号是由若干频率之比为有理数的正弦信号组合而成的信号。

非周期信号没有重复周期,包括瞬态信号和准周期信号。瞬态信号又称为时限信号,其特征是只在有限的时域取值不全为 0,而在其余时域均为 0,如图 2-3(c)所示。准周期信号是由一些不同频率的简谐信号合成的,但组成它的简谐分量的频率之比不全为有理数。例如,组成 $x(t)=\sin 3t+\sin(\sqrt{2}t+\theta)$ 的两个正弦波的周期为$\frac{2}{3}\pi$和$\sqrt{2}\pi$,之间没有共同周期,所以 $x(t)$为非周期信号,但它又是由简谐信号合成的,所以称为准周期信号,如图 2-3(d)所示。

直流信号是幅值不随时间变化的信号,其实质是频率为 0 的周期信号。

在现代测试技术领域,存在大量非确定性的随机信号,其特点是信号在各瞬时的取值(幅值、相位、频率)无法预先确定,并且不存在取值的重复性,如图 2-4 所示。随机信号不可能用严格的数学公式来描述,只能用统计学方法中的统计特征参数来描述。

根据统计特征参数是否为时间的函数,随机信号分为特征参数不随时间变化的平稳随机信号和特征参数随时间变化的非平稳随机函数。在平稳随机过程中,若任一个单个样本函数的时间平均统计特征参数等于该过程的集合平均统计特征参数,这样的平稳随机过程称为各态历经随机过程。各态历经过程中的随机信号称为各态历经随机信号,否则称为非各态历经随机信号。在平稳随机过程中,各态历经随机信号的一个样本能够表现出整个随机过程各种状态都经历的特征,具有充分的代表性。因此,只要测试了一个样本函数就可以代表整个随机过程,在工程实际测试中,通常把随机信号按各态历经过程来处理。

随机过程常用均值、方差、相关函数等来描述其基本统计特征。描述各态历经随机信号的主要统计参数有均方值、概率密度函数、自相关函数和功率谱密度函数。

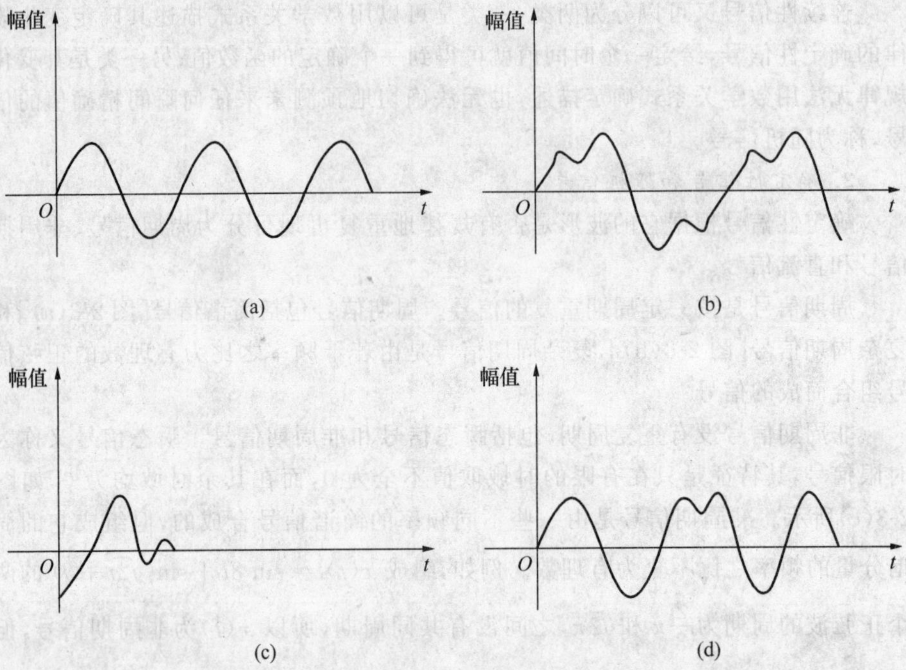

(a)简谐信号 (b)复杂周期信号 (c)瞬态信号 (d)准周期信号

图 2-3 确定性信号

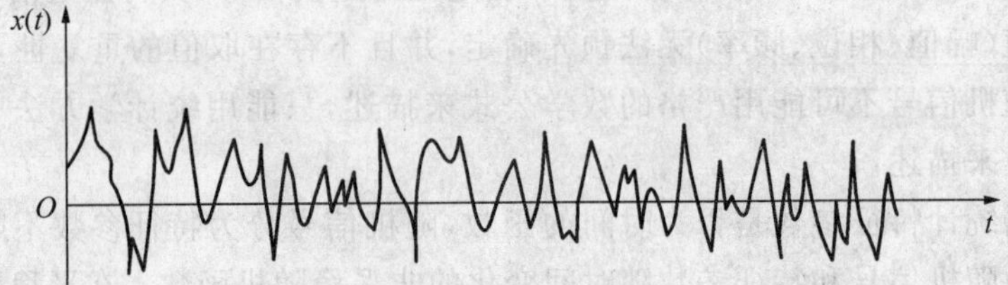

图 2-4 随机信号

4. 周期信号

周期信号的幅值是呈周期性重复变化的，并且这种变化的规律可以用精确的数学关系式来进行描述。例如，单自由度振动系统做无阻尼自由振动时(图2-5)，其位移 $x(t)$ 即是一个确定性的周期信号，可用数学表达式来描述振动质量 m 在任意时刻 t 的精确位置为

$$x(t) = x_0 \cos\left(\sqrt{\frac{k}{m}}t + \phi_0\right) \tag{2-1}$$

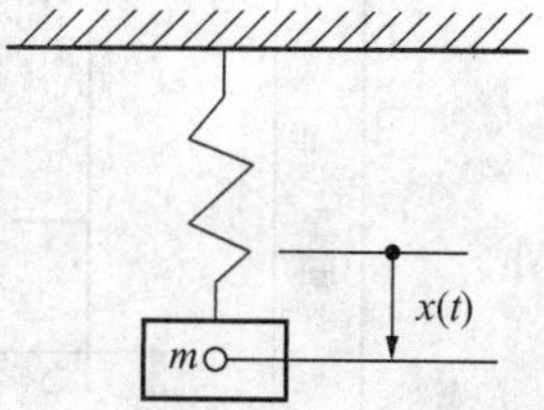

图 2-5　单自由度振动系统

式中：x_0 为初始幅值；m 为质量；ϕ_0 为初始相位角；t 为时间；k 为弹簧刚度。

满足：

$$x(t)=x(t+nT),\quad n=1,2,3,\cdots \tag{2-2}$$

关系的信号称为周期信号，由于每隔一定时间 T，周期信号又重复出现一次相同值，故时间 T 称为周期信号的周期。周期信号又可表示为

$$x(t)=x\left(t+n\frac{2\pi}{\omega_0}\right)=x\left(t+\frac{n}{f_0}\right) \tag{2-3}$$

式中：ω_0 为角频率；f_0 为频率。

周期信号常用均方值、均方根值、平均功率和相关函数来表示。

正弦信号是最简单的周期信号，常称为简谐信号，而工程中常见的周期性的方波、三角波和锯齿波等都称为非简谐周期信号。

介绍测试信号的描述方法，目的是为以后讨论信号分析做准备。一般可从 3 个变量域（时域、幅值域和频域）来描述信号。常见的直接观察或记录到的信号，一般是以时间为独立变量的，称其为信号的时域描述。信号时域描述能反映信号幅值随时间变化的关系，而不能明显揭示信号的频率组成关系。为了研究信号的频率结构和各频率成分的幅值、相位关系，应对信号进行频谱分析，把信号的时域描述通过恰当方法变成信号的频域描述，即以频率为独立变量来揭示信号各频率成分的幅值、相位和频率之间的对应关系。

信号的 3 种变量域描述方法，相互之间可通过一定的数学运算进行转换，但所描述的均是同一被测信号。信号的幅值与相位用频域描述，能够十分明确地揭示信号中各种不同频率组成的信号成分，例如，方波可以看成是由一系列频率不等的正弦波叠加而成的。

表 2-1 列出了常见周期信号时域波形及其表达式，表中 A 为幅值，ω_0 为角频率，ϕ_0 为初相角。

5. 非周期信号

非周期信号是一种信号取值时间有限的信号，其信号波形可以用确切的数学表达式描述。通常所说的非周期信号是指瞬变非周期信号。在机械工程测试和物理测试上，很多现象都可以看做非周期信号。常见的非周期性信号包括单位阶跃信号、单位脉冲信号和矩形脉冲信号等。

表 2-1　常见周期信号时域描述及频谱图

名称	时域表达式	时域波形	幅频谱	相频谱
正弦	$x(t)=A\sin(\omega_0 t+\phi_0)$	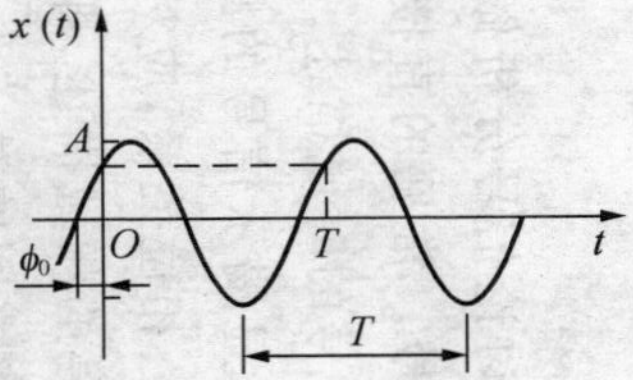	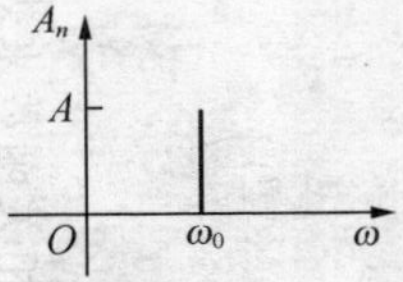	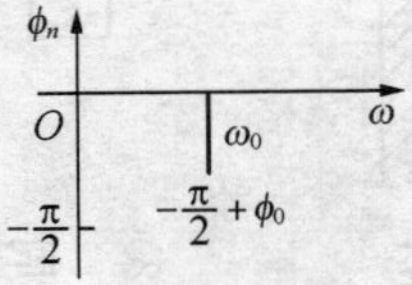
余弦	$x(t)=A\cos\omega_0 t$	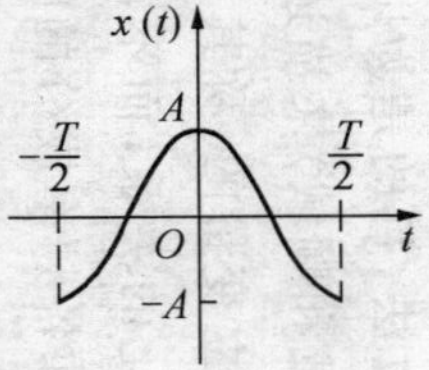	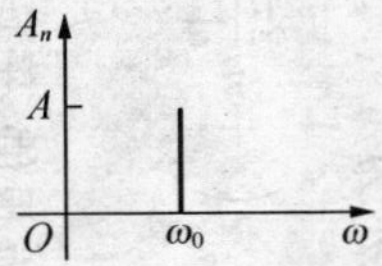	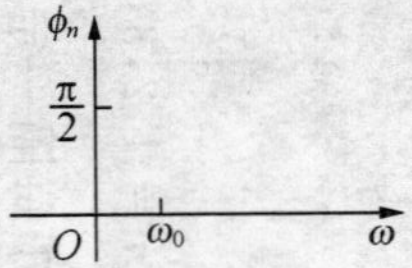
方波	$x(t)=\begin{cases}A & \lvert t\rvert\leqslant\frac{T}{4}\\ -A & \frac{T}{2}\geqslant\lvert t\rvert>\frac{T}{4}\end{cases}$	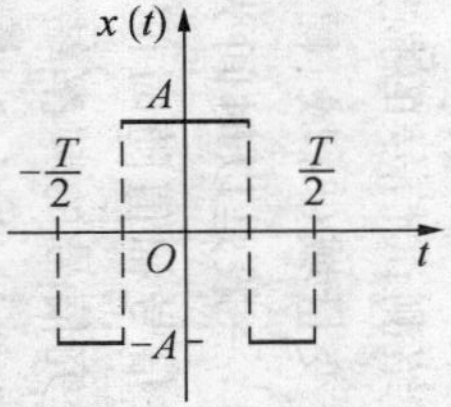	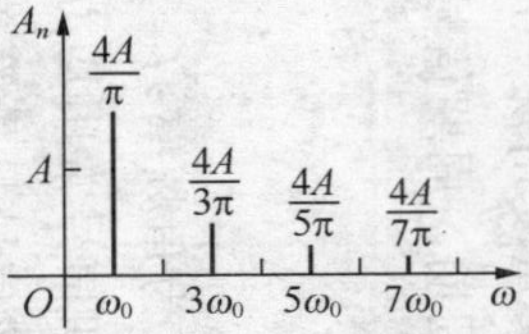	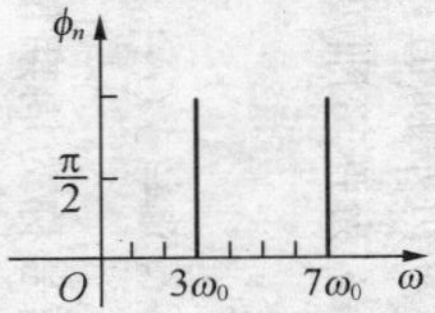

续表 2-1

名称	时域表达式	时域波形	幅频谱	相频谱
三角波	$x(t)=\begin{cases}-2A-\dfrac{4A}{T}t & -\dfrac{T}{2}<t\leqslant-\dfrac{T}{4}\\ \dfrac{4A}{T}t & -\dfrac{T}{4}<t\leqslant\dfrac{T}{4}\\ 2A-\dfrac{4A}{T}t & \dfrac{T}{4}<t\leqslant\dfrac{T}{2}\end{cases}$	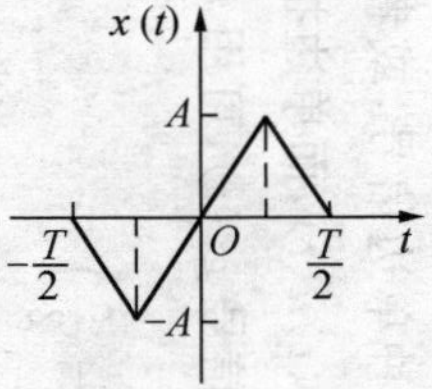	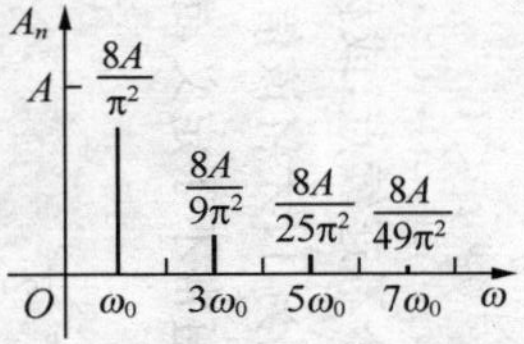	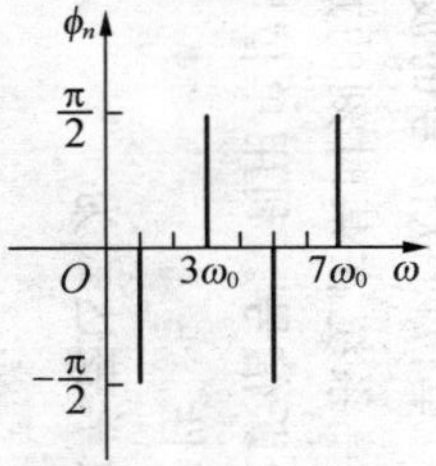
锯齿波	$x(t)=\begin{cases}\dfrac{2A}{T}t & -\dfrac{T}{2}<t<\dfrac{T}{2}\\ \pm A & t=\pm\dfrac{T}{2}\end{cases}$	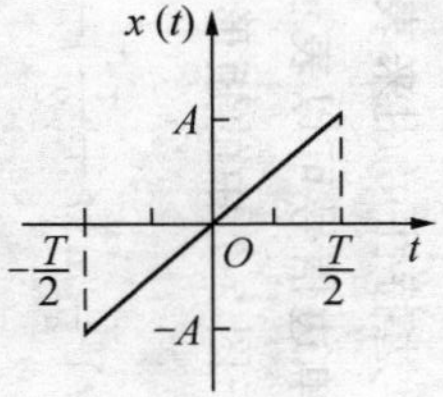	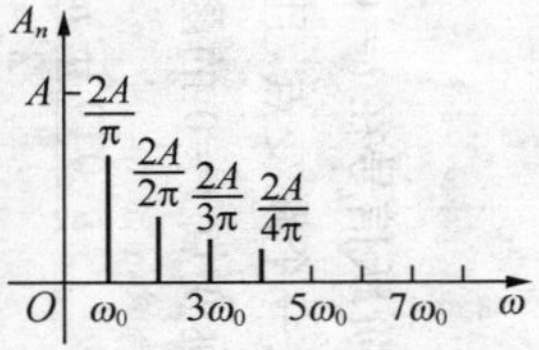	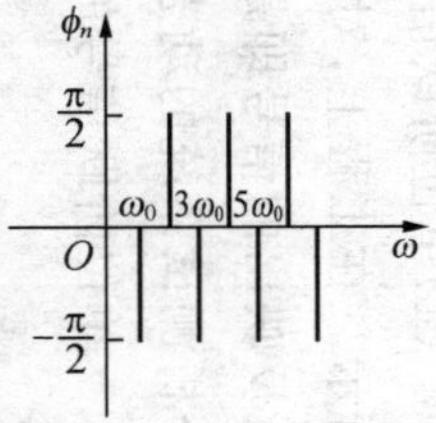
余弦全波整流	$x(t)=\lvert A\cos\omega_0 t\rvert$	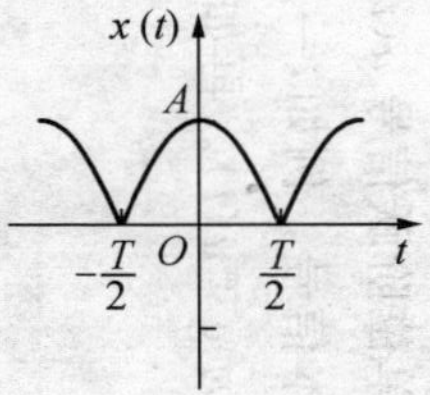	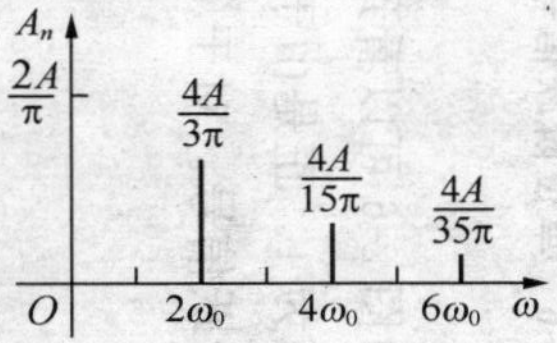	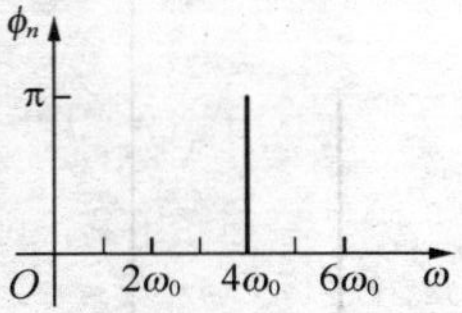

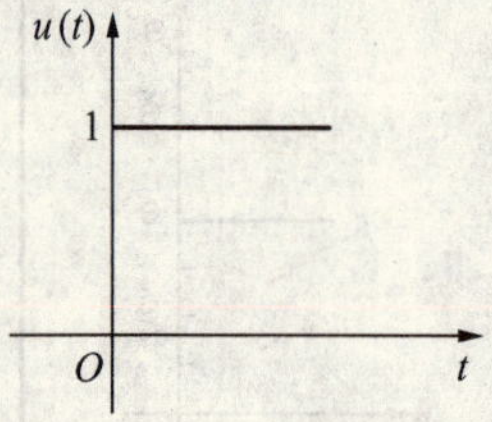

图 2-6 单位阶跃信号

(1)单位阶跃信号 单位阶跃信号的波形如图 2-6 所示。在工程上,对某一系统在某时刻的加载或卸载所反映出的信号即是阶跃信号。利用单位阶跃信号可分析测试系统的动态特性。

单位阶跃信号的数学表达式为

$$u(t)=\begin{cases}1 & t\geqslant 0\\ 0 & t<0\end{cases} \tag{2-4}$$

由图 2-6 可以看到,单位阶跃信号在 $t=0$ 有一个不连续点,或称为跳变点,其跳变值为 1。正是由于有这么一个跳变点,且跳变值为 1,才将该信号形象地称为单位阶跃信号。对于 $u(t)$在跳变点 $t=0$ 的函数值,通常不予定义,或者定义为

$$u(0)=\frac{u(0^-)+u(0^+)}{2}=\frac{1}{2} \tag{2-5}$$

式中:$u(0^-)$ 和 $u(0^+)$ 分别为 $u(t)$ 在 $t=0$ 点的左、右极限值。

单位阶跃信号 $u(t)$的单边特性可用来表示各种单边信号,或者用来组合一些基本信号。例如,一般的单边信号可以表示为 $x(t)u(t)$,而单边指数信号则可表示为 $e^{-at}u(t)$。再如,对于图 2-7 中的矩形脉冲信号 $g_\tau(t)$,可用 $u(t)$表示为

$$g_\tau(t)=u\left(t+\frac{\tau}{2}\right)-u\left(t-\frac{\tau}{2}\right) \tag{2-6}$$

而对于图 2-8 中的符号函数 $\mathrm{sgn}(t)$,则可用 $u(t)$表示为

$$\mathrm{sgn}(t)=2u(t)-1 \tag{2-7}$$

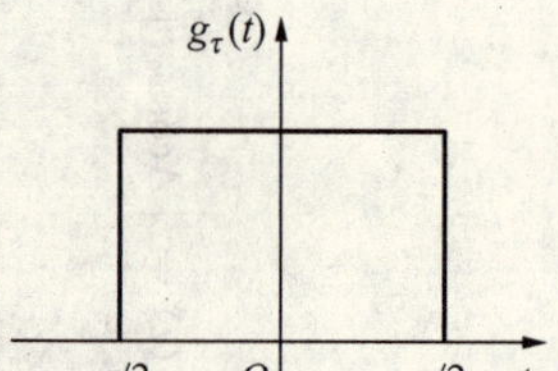

图 2-7 矩形脉冲信号

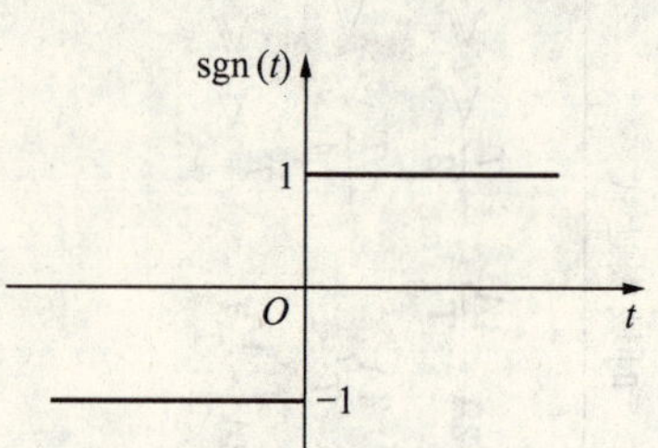

图 2-8 符号信号

符号函数也称为正负号函数,其一般定义式为

$$\mathrm{sgn}(t)=\begin{cases}1 & t>0\\ -1 & t<0\end{cases} \tag{2-8}$$

(2)单位脉冲信号 单位脉冲信号的数学表达式为

$$\delta(t)=\begin{cases}\infty & t=0\\ 0 & t\neq 0\end{cases} \tag{2-9}$$

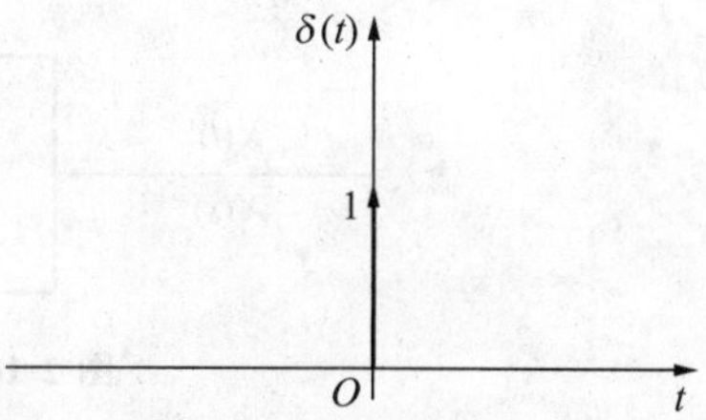

图 2-9 单位脉冲信号

在物理学和控制工程中，单位脉冲信号简称为 $\delta(t)$ 函数，其信号波形如图 2-9 所示。单位脉冲响应是指系统对单位脉冲输入的响应。脉冲响应确定一个线性系统的特性，包含有与频率域中的传输函数相同的信息，而传输函数是脉冲响应的傅里叶变换。线性系统的输出由系统的输入与它的脉冲响应的卷积给出。

2.2 测试系统的组成及基本特性

2.2.1 测试系统的组成特点

测试系统在组成特点上具有广义性。所谓“测试系统”，通常是指由数个环节按一定数量关系组成的能够完成人们指定测试任务的整体。有关于测试系统的组成在本书绪论中已经涉及。这里应该注意的是，随着测试目的和要求的不同，其含义的伸缩性是很大的，有时测试系统可能是由庞杂的各个环节组成，有时它又可能仅由功能单一的测试装置组成。因此，这里所称的“测试系统”既包含各复杂装置构成的系统，也包含系统的各组成环节，如传感器、放大器、中间变换电路、记录器，甚至一个很简单的 RC 滤波单元等等。

这样，一个典型的测试系统可由图 1-1 所示。通常把测试系统的输入信号或被测量称为激励，测试系统对这一作用的反应即输出信号或测量结果称为响应。测试系统实际上可认为是一个信息通道，理想的信息通道应不失真地传输测量的信号，以获得准确的测量结果。从研究测试系统的角度来看，可把图 1-1 简化为只有输入量 $x(t)$、系统的传输特性 $h(t)$ 和输出量 $y(t)$ 三者之间数学关系的模型，如图 2-10 所示。显然，当系统的特性已知时，通过对输出信号的观察与分析，就可以推断出输入信号或被测量；同样已知系统特性和输入，就可以推断和估计系统的输出量；当输入信号已知时，通过对输出信号的观察与分析，也可以推断出测试系统的特性。

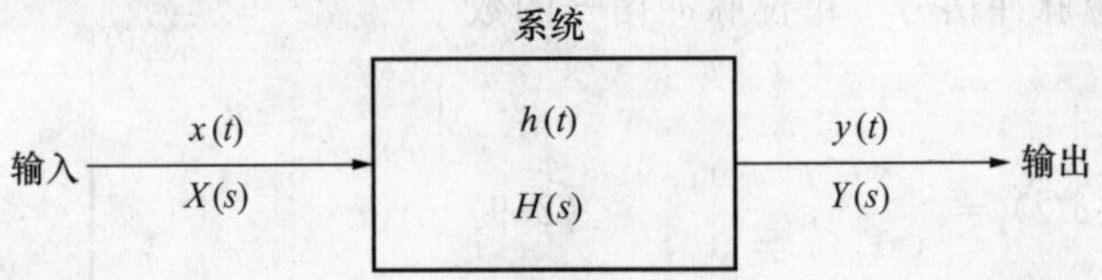

图 2-10　系统、输入和输出

2.2.2　测试系统的数学模型

理想的测试系统应该具有单值的、确定的输入与输出关系。显然，两者之间呈线性关系为最佳。一些实际测量装置无法在较大工作范围内满足这种要求，只能在较小工作范围内和一定误差范围内有条件地满足这项要求。

当系统的输入 $x(t)$和输出 $y(t)$之间的关系可用常系数线性微分方程

$$a_n \frac{\mathrm{d}^n y(t)}{\mathrm{d}t^n} + a_{n-1} \frac{\mathrm{d}^{n-1} y(t)}{\mathrm{d}t} + \cdots + a_1 \frac{\mathrm{d}y(t)}{\mathrm{d}t} + a_0 y(t)$$

$$= b_m \frac{\mathrm{d}^m x(t)}{\mathrm{d}t^m} + b_{m-1} \frac{\mathrm{d}^{m-1} x(t)}{\mathrm{d}t^{m-1}} + \cdots + b_1 \frac{\mathrm{d}x(t)}{\mathrm{d}t} + b_0 x(t) \quad (2\text{-}10)$$

来描述时，则称该系统为时不变线性系统，也称定常线性系统。式中 t 为时间自变量。从数学上来看，这种系统的系数 $a_n, a_{n-1}, \cdots, a_1, a_0$ 和 $b_m, b_{m-1}, \cdots, b_1, b_0$ 均为常数，它们既不随时间变化，也不是自变量 x、因变量 y 及它们各阶导数的函数。式(2-10)就是动态测试系统及其功能组件的数学模型。

如果以 $x(t) \to y(t)$ 表示上述系统的输入、输出的对应关系，则时不变线性系统具有以下一些主要性质。

1. 叠加性

若　$x_1(t) \to y_1(t), \quad x_2(t) \to y_2(t)$

则　$[x_1(t) \pm x_2(t)] \to [y_1(t) \pm y_2(t)]$　(2-11)

2. 比例特性

若　$x(t) \to y(t)$

则对于任意常数 a 都有　$ax(t) \to ay(t)$　(2-12)

3. 微分特性

微分特性即系统对输入导数的响应等同于对原输入响应的导数。

若
$$x(t) \rightarrow y(t)$$
则
$$\frac{\mathrm{d}x(t)}{\mathrm{d}t} \rightarrow \frac{\mathrm{d}y(t)}{\mathrm{d}t} \tag{2-13}$$

4. 积分特性

积分特性即如果系统的初始状态为零，则系统对输入积分的响应等同于对原输入响应的积分。

若
$$x(t) \rightarrow y(t)$$
则
$$\int_0^t x(t)\mathrm{d}t \rightarrow \int_0^t y(t)\mathrm{d}t \tag{2-14}$$

5. 频率保持性

若
$$x(t) \rightarrow y(t)$$
则
$$x_i(t) = X_i \sin(\omega_i t + \theta_x) \rightarrow y_i(t) = Y_i \sin(\omega_i t + \theta_y) \tag{2-15}$$

线性系统的这些特性，特别是叠加性和频率保持性在动态测试中是十分重要的。根据叠加性质，当一个测试系统有 n 个激励同时作用时，它的响应等于这 n 个激励单独作用的响应之和，即各个输入所引起的输出是互不影响的。这样，在分析线性定常系统时，可将一个复杂的激励信号分解成若干个简单的信号，譬如利用傅里叶变换，将复杂信号分解成一系列谐波信号，或者分解成若干个小的脉冲激励，然后求出这些分量激励的响应之和。根据频率保持性，若已知系统是线性的，其输入信号的频率也已知，那么，在所测得的输出信号中，只有与激励频率相同的频率才可能是由该激励所引起的响应。这一特性在动不平衡的检测和稳态正弦激振的试验中都是很有用的。

按被测量过程的状态，可分成静态和动态两种，测试系统的基本特性也可相应地分成静态特性和动态特性。一般地，当被测量 x 不随时间变化（$\mathrm{d}x/\mathrm{d}t=0$）或随时间变化相当缓慢时，可按静态测量处理；当被测量 x 随时间变化时，则必须按动态测量处理。应该说明的是，测试系统的静态特性对动态特性是有影响的，为了使问题简单，通常将两者分开单独处理。下面按静态特性和动态特性来讨论测试系统的基本特性。

2.2.3 测试系统的静态特性

测试系统的静态特性是指被测信号为定值或变化十分缓慢时测试装置输出与输入的关系。

当输入信号为静态时，式(2-10)变为

$$y=\frac{b_0}{a_0}x=S_0x \tag{2-16}$$

式中：a_0，b_0，S_0 均为常数。

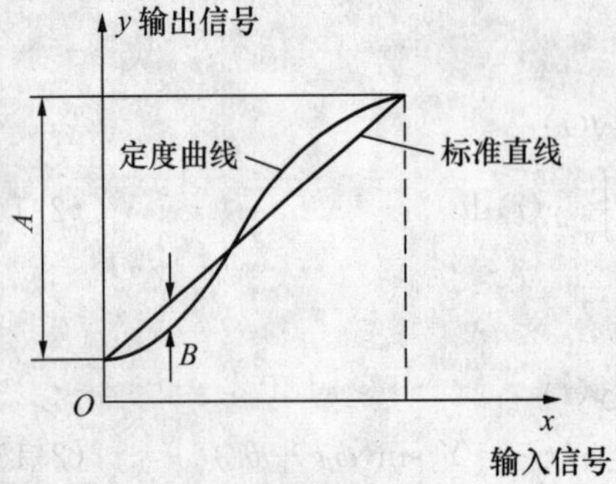

图 2-11　定度曲线(标定曲线)与标准直线(拟合直线)

式(2-16)表达了理想状态下作为时不变线性系统的测量装置应有的输入输出关系，即线性关系。在实践中这种线性关系是采用“最小二乘法”拟合标准直线(拟合直线)来获得的。因此用实验方法，确定出拟合的标准直线和定度曲线(标定曲线)，比较这两种线，即可计算出各项静态特性指标(图 2-11)。

描述测试系统静态特性的指标主要有灵敏度、非线性度和回程误差 3 项。

1. 灵敏度

在稳态情况下，系统的输出信号变化量 Δy 与输入信号变化量 Δx 之比称为灵敏度 S_0。表达式为

$$S_0=\frac{\Delta y}{\Delta x} \tag{2-17}$$

从式(2-16)可得

$$S_0=\frac{y}{x}=\frac{b_0}{a_0} \tag{2-18}$$

当输出信号与输入信号量纲相同时，常用“放大倍数”或“增益”来代替灵敏度。由式(2-18)可知，灵敏度为常数，是线性系统的特征。

要提高测试系统的灵敏度一般并不困难，但是，灵敏度越高就越易引入外界干扰和噪声，使测试系统的稳定性变差，测量的范围也会变窄。这一点在选择时应注意。

2. 非线性度

非线性度是指系统的输出、输入之间是否能像理想系统那样保持线性关系的一种度量。作为性能指标，它以定度曲线与标准直线(拟合直线)的最大偏差 B 和标称输出范围(全量程)A 的百分比来表示(图 2-11)，即

$$非线性度 = \frac{B}{A} \times 100\% \tag{2-19}$$

设计测试系统时，为了达到线性要求，可以把装置标定曲线中较理想的直线段取为标称输出范围(工作范围)，也可以对标定曲线作线性补偿(采用电路或软件补偿均可)。当测试系统的输入、输出为非线性关系时，在输入量变化范围很小的条件下，可认为其满足线性要求，这也是有些装置对工作范围要求很严格的原因之一。

3. 回程误差

回程误差也称滞后量，它反映的是当测试系统输入量由小到大与由大到小变化时所得输出量不一致的程度(图 2-12)。

作为技术指标，回程误差用同一输入量下所得滞后偏差最大值 h_{max} 与测试系统标称输出范围 A 之比的百分数来表示。即

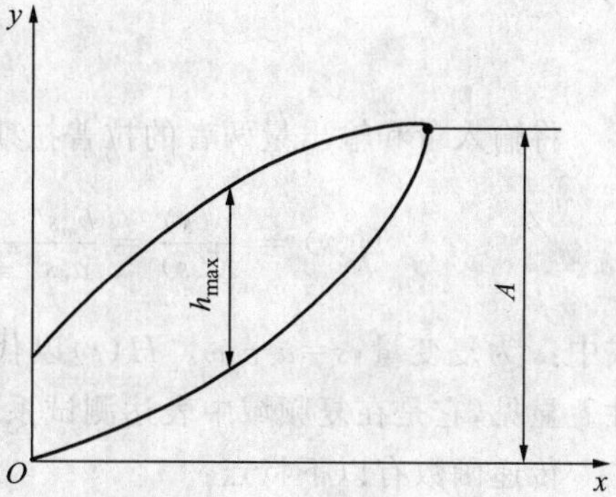

图 2-12 回程误差

$$回程误差 = \frac{h_{max}}{A} \times 100\% \tag{2-20}$$

回程误差产生的原因是多方面的。例如，仪器仪表中磁性材料的磁滞，结构材料受力变形的滞后以及机件结构间的摩擦及游隙等都能产生回程误差。

2.2.4 测试系统的动态特性

1. 描述测试系统的动态特性的几个重要函数

测试系统的动态特性是指测试系统对随时间变化的输入量的响应特性。测试系统动态特性的好坏，不仅与测试系统的结构有关，也与输入信号有关。所以，描述测试系统的动态特性实质上就是建立输入信号、输出信号和测试装置结构参数三者之间的关系。即在把测试系统这一物理系统抽象成数学模型，而不管其输入输出量的物理特征(无论是机械量、电量等)的基础上，分析输入与响应之间的关系。当测试系统被视为线性时不变系统时，其数学模型表达如式(2-10)。解此微分方程，即可获得系统的动态特性。但因其是在时域内以微分方程的形式表达系统的动态特性，在使用时有许多不便，故常通过拉普拉斯变换

建立起相应的传递函数;通过傅里叶变换建立起相应的频率响应函数,来方便地描述测试系统或装置的动态特性。

(1)传递函数　设 $X(s)$ 和 $Y(s)$ 分别为输入 $x(t)$ 和输出 $y(t)$ 的拉普拉斯变换,若系统初始条件为零,即在激励接入之前($t=0^-$),其输入量、输出量及各阶导数均为零,对式(2-10)取拉普拉斯变换得

$$(a_n s^n + a_{n-1} s^{n-1} + \cdots + a_1 s + a_0) Y(s) = (b_m s^m + a_{m-1} s^{m-1} + \cdots + b_1 s + b_0) X(s) \tag{2-21}$$

将输入量和输出量两者的拉普拉斯变换之比定义为传递函数 $H(s)$,即

$$H(s) = \frac{Y(s)}{X(s)} = \frac{b_m s^m + b_{m-1} s^{m-1} + \cdots + b_1 s + b_0}{a_n s^n + a_{n-1} s^{n-1} + \cdots + a_1 s + a_0} \tag{2-22}$$

式中:s 为复变量,$s=a+\mathrm{j}\omega$。$H(s)$以代数式的形式表征了系统的传输、转换特性。显见,它是在复频域中表达测试系统的动态特性的。

传递函数有以下特点:

①$H(s)$与输入 $x(t)$无关,不因输入的不同而异,它只反映系统本身的特性。$H(s)$所描述的系统对任意输入 $x(t)$,都能确定地给出相应的输出 $y(t)$。

②$H(s)$是将实际的物理系统抽象成式(2-10)的数学模型后,经拉普拉斯变换得到的,它只反映系统的传输、转换和响应特征,而和具体的物理结构无关。也就是说,同一形式的传递函数可以表征具有相同传输特性的不同的物理系统。例如,液柱式温度计和简单的 RC 滤波器同属一阶系统,具有形式相似的传递函数,而一个是热力学系统,另一个却是电学系统。

由于在实际的物理系统中,输入 $x(t)$和输出 $y(t)$具有不同的量纲,所以系数 a_i 和 b_i 的量纲也应有所不同。

③$H(s)$的分母通常取决于系统的结构,分子则与输入点的位置、激励的方式、被测量以及测点布置情况有关。

(2)频率响应函数　频率响应函数是在频率域中描述系统特性的。对式(2-10)运用傅里叶变换的微分定理作傅里叶变换,可得

$$\begin{aligned}&[a_n(\mathrm{j}\omega)^n + a_{n-1}(\mathrm{j}\omega)^{n-1} + \cdots + a_1(\mathrm{j}\omega) + a_0] \cdot Y(\mathrm{j}\omega)\\ &= [b_m(\mathrm{j}\omega)^m + b_{m-1}(\mathrm{j}\omega)^{m-1} + \cdots + b_1(\mathrm{j}\omega) + b_0] \cdot X(\mathrm{j}\omega)\end{aligned} \tag{2-23}$$

将输出和输入的傅里叶变换之比定义为系统的频率响应函数,记作 $H(\mathrm{j}\omega)$,或可简写成 $H(\omega)$。

$$H(\mathrm{j}\omega)=\frac{Y(\mathrm{j}\omega)}{X(\mathrm{j}\omega)}=\frac{b_m(\mathrm{j}\omega)^m+b_{m-1}(\mathrm{j}\omega)^{m-1}+\cdots+b_1(\mathrm{j}\omega)+b_0}{a_n(\mathrm{j}\omega)^n+a_{n-1}(\mathrm{j}\omega)^{n-1}+\cdots+a_1(\mathrm{j}\omega)+a_0} \tag{2-24}$$

如果以 $s=\mathrm{j}\omega$ 代入式(2-22),也可以得到式(2-24),这说明频率响应函数是传递函数的特例。

由于傅里叶变换描述的是信号中的频率分量,$Y(\mathrm{j}\omega)$就是对输入信号中各频率分量的响应。因此,$H(\mathrm{j}\omega)$所反映的是系统在正弦型信号激励下的稳态输出与输入的关系。所以又称 $H(\mathrm{j}\omega)$为正弦传递函数。

在对系统进行分析时,传递函数和频率响应函数都可采用,但它们各自的定义不同,用以描述同一系统时,其响应是不同的。当输入正弦型激励时,$H(\mathrm{j}\omega)$是由定义在$-\infty$到$+\infty$的输出和输入函数的傅里叶变换之后得到的,它前可上溯至 $t=-\infty$,后将延续到 $t=+\infty$。因此,在观察时刻,瞬态响应早就衰减为零。它表达了系统对不同频率正弦型激励的稳态传输特性。而根据传递函数的定义,激励是在观察时刻开始($t=0$)时才加上去的,在激励开始后的一段时间里,系统有一段过渡过程,在经过一段时间后,系统的瞬态输出趋向于零,剩下的稳态输出则与频率响应函数所描述的系统输出相同。使用传递函数可以反映系统输出的全过程。

与传递函数相比较,频率响应函数具有物理概念明确、容易通过实验来建立及利用它与传递函数的关系极易求出传递函数等优点。在测试领域中,为了能准确地反映被测信号,获得较好的测试结果,常常努力使测试工作在系统的响应达到稳态阶段后进行,故在测试技术中常用频率响应函数来表达系统的动态特性。而在控制工程领域中,由于要研究各种典型扰动所引起的响应,要观察从初始时刻开始到结束的全过程,即包括瞬态和稳态响应的全过程,故常用传递函数研究系统的特性。

$H(\mathrm{j}\omega)$是一复数,若用虚部 $Q(\omega)$和实部 $P(\omega)$来表示,可记作

$$H(\mathrm{j}\omega)=P(\omega)+\mathrm{j}Q(\omega) \tag{2-25}$$

若以复指数形式表示,可写成

$$H(\mathrm{j}\omega)=A(\omega)\mathrm{e}^{\mathrm{j}\varphi(\omega)} \tag{2-26}$$

其中,$A(\omega)=|H(\mathrm{j}\omega)|$为 $H(\mathrm{j}\omega)$的模,且

$$A(\omega)=\sqrt{P^2(\omega)+Q^2(\omega)} \tag{2-27}$$

$\varphi(\omega)$为 $H(\mathrm{j}\omega)$的相角,且

$$\varphi(\omega) = \arctan \frac{Q(\omega)}{P(\omega)} \tag{2-28}$$

它们分别表示定常线性系统在简谐信号的激励下稳态输出信号与输入信号的幅值比(即该系统的幅频特性)和稳态输出信号与输入信号的相位差(即该系统的相频特性)。两者统称为系统的频率特性。

将 $A(\omega)-\omega$ 和 $\varphi(\omega)-\omega$ 分别作图,即得系统的幅频特性曲线和相频特性曲线。实际作图时,常对自变量取对数标尺,幅值坐标取分贝数(dB),由此所作的 $20\lg A(\omega)-\lg\omega$ 和 $20\lg\varphi(\omega)-\lg\omega$ 曲线分别称为对数幅频特性和对数相频特性,总称为伯德(Bode)图。如果将 $H(\mathrm{j}\omega)$ 的虚部 $Q(\omega)$ 和实部 $P(\omega)$ 分别作为纵横坐标,画出 $Q(\omega)-P(\omega)$ 曲线并分别在曲线上注明相应的频率 ω,则所得的图像称为奈奎斯特(Nyquist)图。

(3)脉冲响应函数　已知测试系统的传递函数为

$$H(s) = \frac{Y(s)}{X(s)} \tag{2-29}$$

当系统的输入为单位脉冲 $\delta(t)$ 时,因单位脉冲 $\delta(t)$ 的拉普拉斯变换等于 1,所以,系统的输出 $y(t)_\delta$ 的拉普拉斯变换必将等于 $H(s)$,即 $y(t)_\delta=L^{-1}[H(s)]$,记为 $h(t)$。$h(t)$ 常被称为系统或装置的脉冲响应函数或权函数。脉冲响应函数是系统特性的时域描述函数。

综上所述,系统特性的时域、频域和复频域可分别用脉冲响应函数 $h(t)$、频率响应函数 $H(\mathrm{j}\omega)$ 和传递函数 $H(s)$ 来描述。三者存在着一一对应的关系。$h(t)$ 和 $H(s)$ 是一对拉普拉斯变换对;$h(t)$ 和 $H(\mathrm{j}\omega)$ 是一对傅里叶变换对。

2. 一阶、二阶系统的动态响应特性

(1)一阶系统的频率响应特性　在工程中,典型的一阶系统如图 2-13 所示。

图 2-13(a)是一个忽略了质量的单自由度系统的数学模型。若以 $x(t)$ 表示作用于系统的外力,以 $y(t)$ 表示系统的位移即输出,该系统的运动方程为

$$C\frac{\mathrm{d}y(t)}{\mathrm{d}t} + Ky(t) = x(t) \tag{2-30}$$

式中:C 为系统的阻尼系数;K 为系统的弹簧刚度。

图 2-13(b)的输出电压 $e_y(t)$ 与电路的输入电压 $e_x(t)$、电阻 R、电容量 C 的关系式为

$$RC\frac{\mathrm{d}e_y(t)}{\mathrm{d}t} + e_y(t) = e_x(t) \tag{2-31}$$

图 2-13(c)的热平衡方程式为

$$RC\frac{\mathrm{d}y(t)}{\mathrm{d}t}+y(t)=x(t) \tag{2-32}$$

式中：$x(t)$为随时间变化的被测环境温度即输入；$y(t)$为温度计示值温度即输出；C为温度计温包的热容量；R为传导介质的热阻。

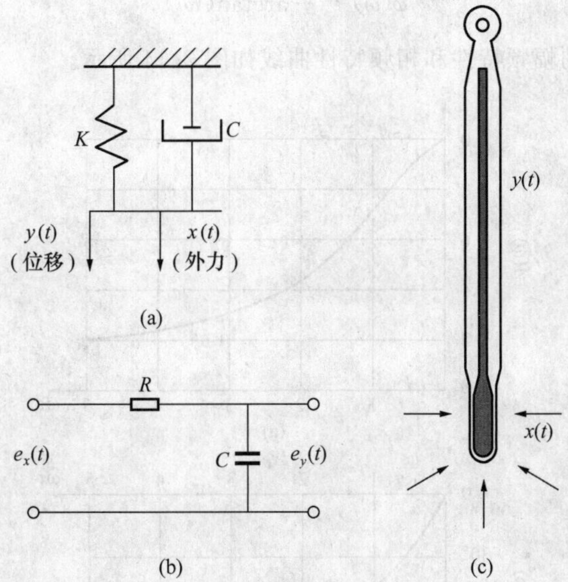

(a)不计质量的单自由度系统 (b)RC 低通滤波器 (c)液柱式温度计

图 2-13 一阶系统实例

上述 3 个系统是分别属于力学、电学和传热学范畴的装置，其结构和工作原理不同，但它们均有相似的一阶系统微分方程形式。可用下面的标准形式表示：

$$\tau\frac{\mathrm{d}y(t)}{\mathrm{d}t}+y(t)=x(t) \tag{2-33}$$

式中：τ为时间常数，s。

对式(2-33)作拉普拉斯变换，可得一阶系统的传递函数

$$H(s)=\frac{Y(s)}{X(s)}=\frac{1}{\tau\cdot s+1} \tag{2-34}$$

其频率响应函数为

$$H(j\omega)=\frac{Y(j\omega)}{X(j\omega)}=\frac{1}{j\tau\omega+1}=\frac{1}{1+(\tau\omega)^2}-j\frac{\tau\omega}{1+(\tau\omega)^2} \tag{2-35}$$

其幅频特性和相频特性表达式分别是

$$A(\omega)=\frac{1}{\sqrt{1+(\tau\omega)^2}} \tag{2-36}$$

$$\varphi(\omega)=-\arctan(\tau\omega) \tag{2-37}$$

一阶系统的幅频特性和相频特性曲线如图 2-14 所示。

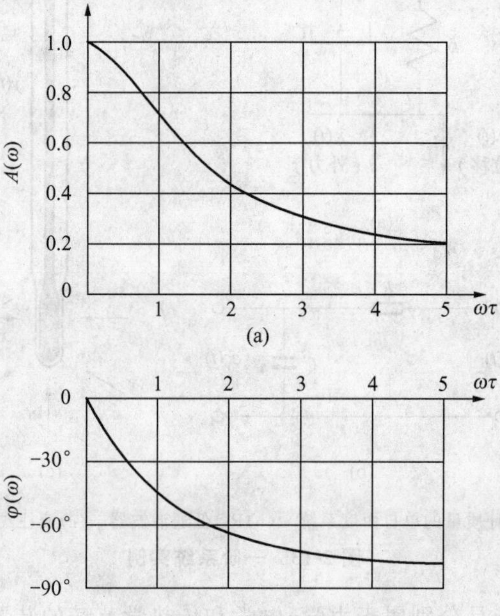

(a)幅频特性　(b)相频特性

图 2-14　一阶系统的幅频特性和相频特性曲线

综合 3 个一阶系统的特性图,可得出一阶系统的特点:

①从 $A(\omega)-\omega$ 图可看出。当 $\omega>2/\tau\sim3/\tau$ 时,输出幅值几乎与 ω 成反比,相位滞后 90°。只有当 $\omega\ll1/\tau$ 时,幅频特性才接近于 1。故一阶系统只用于缓态低频信号的测量。

②一阶系统的伯德图可以用一条折线来近似描述。这条折线的单自由度在 $\omega<1/\tau$ 段为 $A(\omega)=1$ 的水平线,在 $\omega>1/\tau$ 段为 -20 dB/10 倍频程的一条斜线,$1/\tau$ 点称为转折频率,在该点折线偏离实际曲线的误差最大,值为 -3 dB。

其中，所谓－20 dB/10 倍频程是指频率每增加 10 倍，$A(\omega)$下降 20 dB。如在图 2-15(a)中在 $\tau=1/\tau\sim10/\tau$ 之间，斜线通过纵坐标相差 20 dB 的两点。一阶系统的奈奎斯特图如图 2-16 所示。

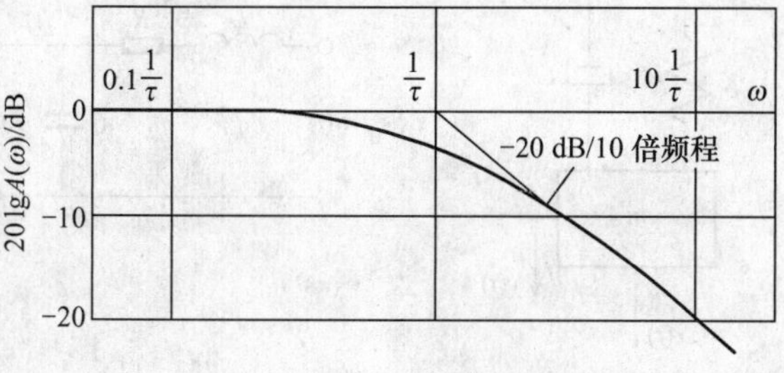

(a)

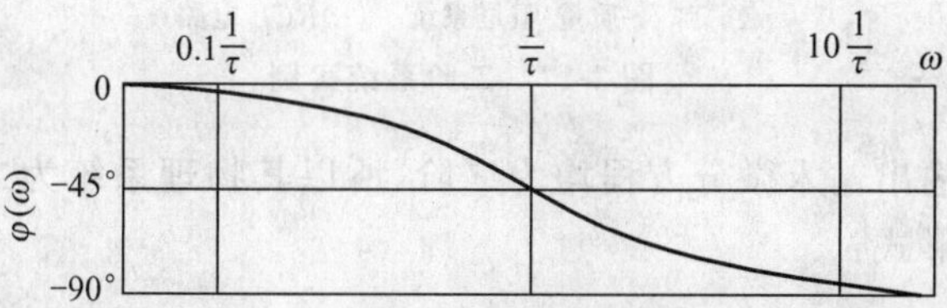

(b)

(a)对数幅频特性　(b)对数相频特性

图 2-15　一阶系统的伯德图

(2)二阶系统的频率响应特性　如图2-17所示的弹簧-质量-阻尼系统和 RCL 电路是两个典型的二阶系统。

对图 2-17(a)所示的具有质量 m、弹簧刚度 K 和阻尼系数 C 的单自由振动系统来说，若 $x(t)$为作用于系统的外力，$y(t)$为系统产生的位移响应即输出，该系统的运动方程为

$$m\frac{\mathrm{d}^2y(t)}{\mathrm{d}t^2}+C\frac{\mathrm{d}y(t)}{\mathrm{d}t}+Ky(t)=x(t) \tag{2-38}$$

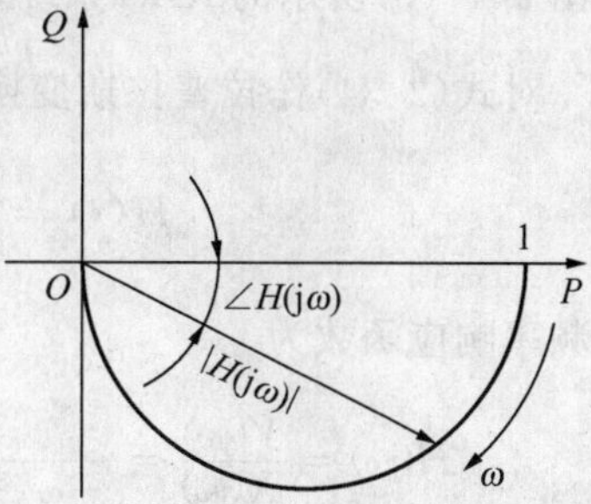

图 2-16　一阶系统的奈奎斯特图

对于图 2-17(b)所示的系统，其电路参数为电阻 R、电感 L 和电容 C，若 $u(t)$为输入电压，$v(t)$为输出电压，则建立的微分方程为

$$LC\frac{\mathrm{d}^2 v(t)}{\mathrm{d}t^2}+RC\frac{\mathrm{d}v(t)}{\mathrm{d}t}+v(t)=u(t) \tag{2-39}$$

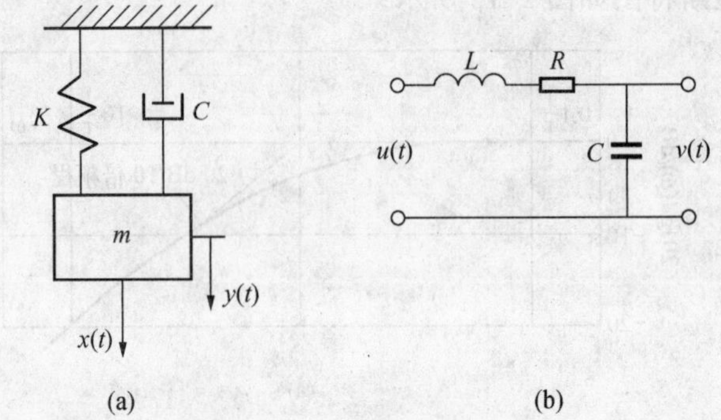

(a)弹簧-质量-阻尼系统 (b)RCL 电路

图 2-17 二阶系统实例

上述两例输出输入微分方程均为二阶,所以其物理系统为二阶系统。可以归一写成如下形式:

$$\frac{\mathrm{d}^2 y(t)}{\mathrm{d}t^2}+2\xi\omega_{\mathrm{n}}\frac{\mathrm{d}y(t)}{\mathrm{d}t}+\omega_{\mathrm{n}}^2 y(t)=S\omega_{\mathrm{n}}^2 x(t) \tag{2-40}$$

式中:ω_{n} 为系统的固有频率;ξ 为系统的阻尼比;S 为灵敏度系数,取决于输出输入的量纲。对于图 2-17(a)所示的振动系统 $S=1/K,\omega_{\mathrm{n}}^2=K/\mathrm{m},\xi=c/(2\sqrt{mK})$。对于图 2-17(b)所示的 RLC 系统,$S=1,\omega_{\mathrm{n}}^2=\dfrac{1}{LC},\xi=\dfrac{R}{2}\sqrt{\dfrac{C}{L}}$。

对式(2-34)作拉普拉斯变换,整理后得到的二阶系统的传递函数为

$$H(s)=\frac{Y(s)}{X(s)}=\frac{S\omega_{\mathrm{n}}^2}{s^2+2\xi\omega_{\mathrm{n}}s+\omega_{\mathrm{n}}^2} \tag{2-41}$$

其频率响应函数为

$$H(\mathrm{j}\omega)=\frac{Y(\mathrm{j}\omega)}{X(\mathrm{j}\omega)}=\frac{S\omega_{\mathrm{n}}^2}{-\omega^2+2\mathrm{j}\xi\omega\omega_{\mathrm{n}}+\omega_{\mathrm{n}}^2}=\frac{S}{1-\left(\dfrac{\omega}{\omega_{\mathrm{n}}}\right)^2+2\xi\cdot\mathrm{j}\left(\dfrac{\omega}{\omega_{\mathrm{n}}}\right)} \tag{2-42}$$

二阶系统的幅频特性和相频特性表达式分别为

$$A(\omega)=|H(\mathrm{j}\omega)|=\frac{S}{\sqrt{\left[1-\left(\dfrac{\omega}{\omega_{\mathrm{n}}}\right)^2\right]^2+\left(2\xi\dfrac{\omega}{\omega_{\mathrm{n}}}\right)^2}} \tag{2-43}$$

$$\varphi(\omega) = -\arctan\left[\frac{2\xi \dfrac{\omega}{\omega_n}}{1-\left(\dfrac{\omega}{\omega_n}\right)^2}\right] \tag{2-44}$$

令 $S=1$ 后，相应的幅频、相频特性曲线见图 2-18。图 2-19 和图 2-20 分别为相应的伯德图和奈奎斯特图。

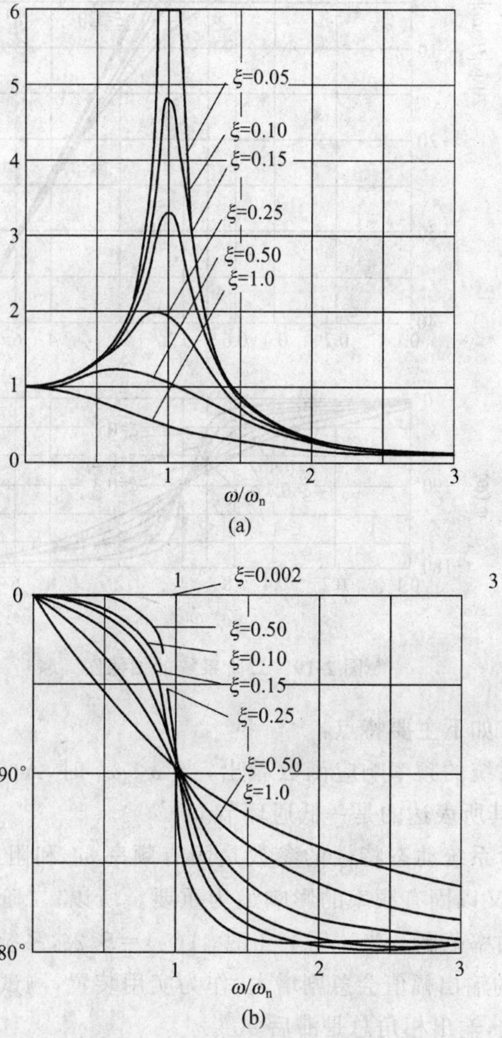

(a)幅频特性　(b)相频特性

图 2-18　二阶系统的幅频特性和相频特性曲线

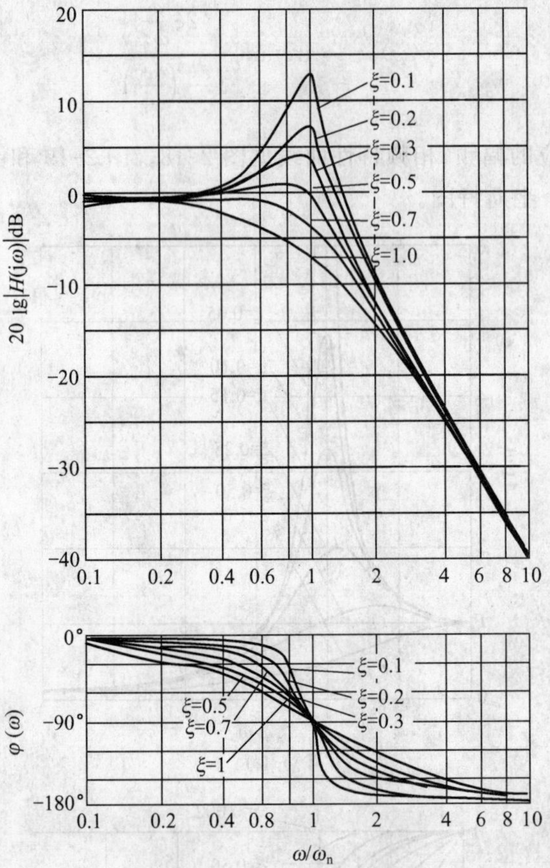

图 2-19 二阶系统的伯德图

二阶系统有如下主要特点：

①从二阶系统的频率响应函数看出，当 $\omega \ll \omega_n$ 时，$A(\omega) \approx 1$；当 $\omega \gg \omega_n$ 时，$A(\omega) \to 0$，所以其所表达的是一低通环节。

②影响二阶系统动态特性的参数是固有频率 ω_n 和阻尼比 ξ。在通常使用的频率范围内，又以固有频率的影响最为重要。所以，二阶系统 ω_n 的选择应考虑所测信号的频率范围。当 $\omega/\omega_n = 1$ 时，$A(\omega) = S/2\xi$，系统将发生共振，若系统 ξ 较小，则系统的输出幅值会急剧增大，作为实用装置，测试中应避开此种情况。此时无论 ξ 多大，输出相角总是滞后 90°。

③二阶系统的伯德图同样可用折线来近似。在 $\omega < 0.5\omega_n$ 频段，$A(\omega)$ 可用 0 dB水平线近似；在 $\omega > 0.5\omega_n$ 频段，可用斜率为 -40 dB/10 倍频程的直线来近

似；在 $\omega \approx (0.5 \sim 2)\omega_n$ 频段，因共振现象，近似直线偏离实际曲线较大。

④从相频特性曲线看，在 $\omega/\omega_n \ll 1$ 频段，相角的滞后量很小，且与频率呈近似线性增加。在 $\omega/\omega_n \gg 1$ 频段，相角滞后约为 180°，即输出信号几乎与输入信号反相。在 $\omega = \omega_n$ 时，相角滞后量变化急剧，且 ξ 越小，相角变化越急，当 ξ 很小时，相角滞后接近 180°。

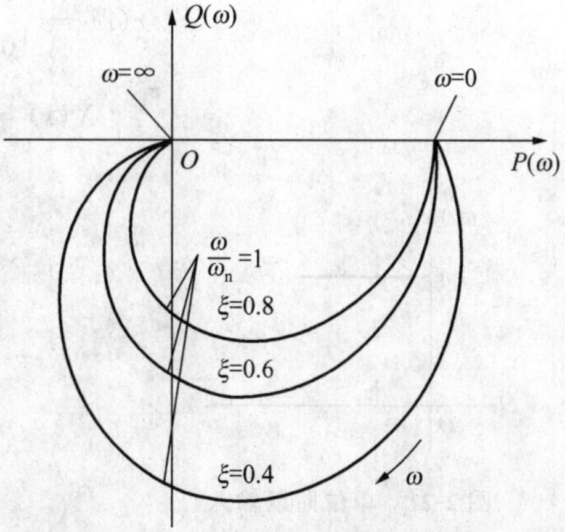

图 2-20　二阶系统的奈奎斯特图

⑤二阶系统是一个振荡环节，当该系统用作控制系统使用时，系统受到扰动后，要求其振荡的超调量尽可能小，且在较短的时间内趋向稳定。适应这一要求的最佳阻尼比应在 0.7 左右。当系统用作测试系统使用时，总是希望系统能在很宽的频率范围内其幅频特性和相频特性所引起的误差最小，为此，首先要选择好系统的固有频率，如图 2-18 所示的特性曲线，取 $\omega = \omega_n = 0.6 \sim 0.8$ 较为合适。其次是阻尼比 ξ，对于测试系统一般取 $\xi = 0.65$ 左右为好。

3. 系统对典型输入的响应特性

(1)系统对任意输入的响应　工程控制理论指出，系统对任意输入 $x(t)$ 的响应 $y(t)$ 是输入信号 $x(t)$ 与该系统的单位脉冲响应信号 $h(t)$ 的卷积，即

$$y(t) = x(t) * h(t) = \int_0^t x(\tau) \cdot h(t-\tau)\mathrm{d}\tau \tag{2-45}$$

在时域内做两函数的卷积计算处理是很冗繁的，但可利用傅里叶变换和拉普拉斯变换的卷积定理将时域内的卷积计算转化成频域里的乘法运算，再进行相应逆变换得到，从而使计算工作得以简化。

(2)系统对单位阶跃输入的响应特性　由于单位阶跃函数可以看成是单位脉冲函数的积分，所以单位阶跃输入作用下的输出就是系统脉冲响应的积分。对系统的突加载荷和突卸载荷均可视为施加阶跃输入，因施加这种输入简单易行且能揭示测试系统的动态特性，故常采用之。

一、二阶系统在单位阶跃输入（图 2-21）的作用下，其响应如图 2-22 和图 2-23 所示。

$$x(t)=\begin{cases}1 & t\geqslant 0\\ 0 & t<0\end{cases} \tag{2-46}$$

$$X(s)=\frac{1}{s} \tag{2-47}$$

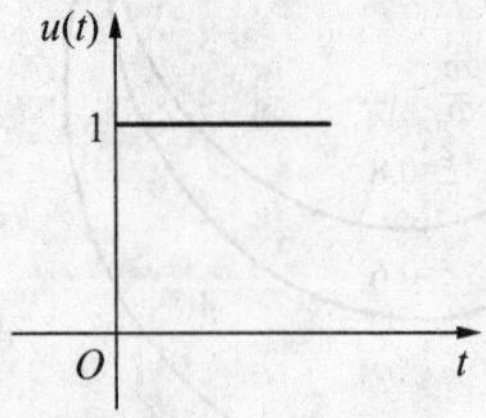

图 2-21 单位阶跃输入

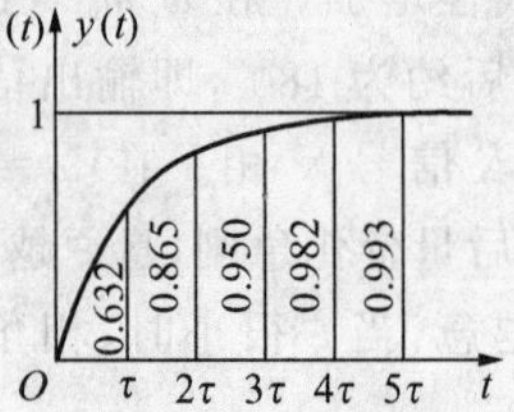

图 2-22 一阶系统的单位阶跃响应

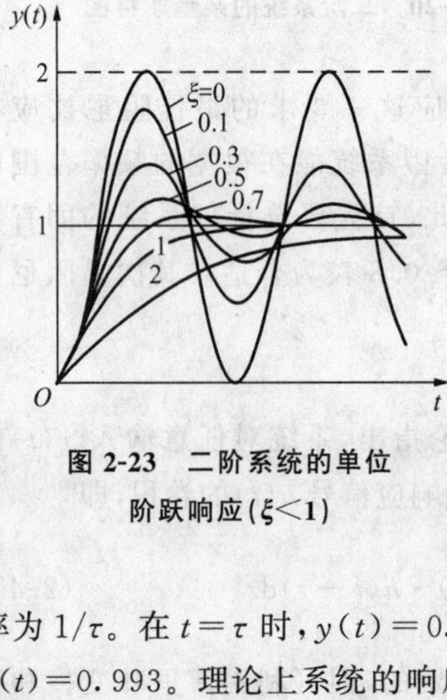

图 2-23 二阶系统的单位阶跃响应(ξ<1)

对于一阶系统：

$$y(t)=1-e^{\frac{-t}{\tau}} \tag{2-48}$$

对于二阶系统：

$$y(t)=1-\frac{e^{-\xi\cdot\omega_n\cdot t}}{\sqrt{1-\xi^2}}\sin(\omega_d t-\varphi_2)\quad \xi<1 \tag{2-49}$$

其中，$\omega_d=\omega_n\sqrt{1-\xi^2}$，$\varphi_2=\arctan\dfrac{\sqrt{1-\xi^2}}{\xi}$。

从理论上讲，一阶系统在单位阶跃激励下的稳态输出误差为零，系统的初始上升斜率为 $1/\tau$。在 $t=\tau$ 时，$y(t)=0.632$；在 $t=4\tau$ 时，$y(t)=0.982$；在 $t=5\tau$ 时，$y(t)=0.993$。理论上系统的响应当 t 趋向于无穷大时达到稳态。一阶装置的时间常数 τ 越小越好。

二阶系统在单位阶跃激励下的稳态输出误差也为零。但是系统的响应在很大程度上决定于阻尼比 ξ 和固有频率 ω_n。系统的固有频率是由系统的主要结构参数决定的。ω_n 越高，系统的响应越快。阻尼比 ξ 直接影响超调量和振荡次数。当 $\xi=0$ 时，超调最大，为 100%，且持续振荡达不到稳定。当 $\xi\geqslant 1$ 时，系统转化到等同于两个一阶环节的串联，此时系统的响应不发生振荡，但也需一定时间才能达到稳态。如果阻尼比选在 0.6～0.8，则系统会以约 $(5\sim7)/\omega_n$ 的较短时间进入与稳态值相差 ±(2%～5%) 的范围内。这也是很多测量装置的阻尼比取在这一区间内的原因之一。

2.2.5 测试系统的不失真条件

对于一个测试系统，若其输出 $y(t)$ 与输入 $x(t)$ 之间满足下列关系：

$$y(t) = A_0 x(t - t_0) \tag{2-50}$$

式中：A_0，t_0 均为常数，则认为测试系统具有不失真测量的特性。式(2-50)表明：此系统输出信号幅值是输入信号幅值的 A_0 倍及在时间上滞后了 t_0，其时域波形如图 2-24 所示。

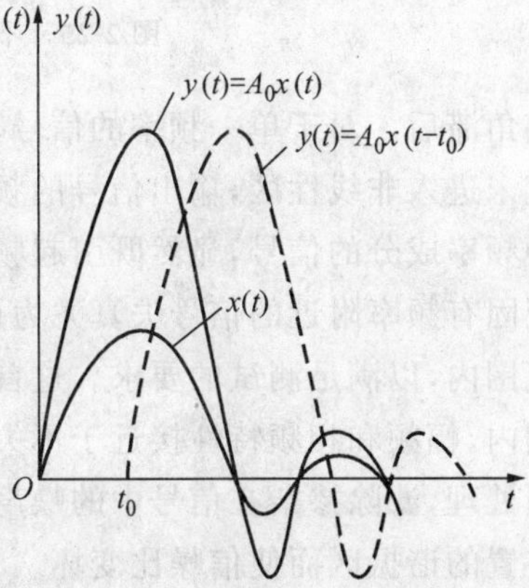

图 2-24 不失真测试的时域波形

依据式(2-50)可以导出系统不失真测试的频域条件。对式(2-50)的两边皆作傅里叶变换得

$$Y(\mathrm{j}\omega) = A_0 \mathrm{e}^{-\mathrm{j}\omega t_0} X(\mathrm{j}\omega) \tag{2-51}$$

根据频率响应函数的定义，可得出系统的频率响应函数为

$$H(\mathrm{j}\omega) = A_0 \mathrm{e}^{-\mathrm{j}\omega t_0} \tag{2-52}$$

从而可得不失真测量条件下，系统应具有的幅频特性和相频特性分别是

$$|H(\mathrm{j}\omega)| = A_0 \tag{2-53}$$

$$\varphi(\omega) = -\omega \cdot t_0 \tag{2-54}$$

其物理意义为输入信号中各频率成分的幅值通过此系统后被放大了 A_0 倍，即幅频特性曲线是一条与横轴平行的直线；输入信号中各频率成分的相位通过此系统后作了与频率成正比的滞后移动，相频特性是一通过原点并有负斜率的直线。如图 2-25 所示。

实际测量装置不可能在非常宽广的频率范围内都满足式(2-53)和式(2-54)的要求，所以通常测试系统既会产生幅值失真，也会产生相位失真。图 2-26 是 4 个不同频率的信号通过一个具有图中 $A(\omega)$ 和 $\varphi(\omega)$ 的装置后的输出情况。4 个输入信号都是正弦信号(包括直流信号)，在某参考时刻 $t=0$ 时，初始相角均为零。图中形象地示出各输出信号相对输入信号有不同的幅值增益和

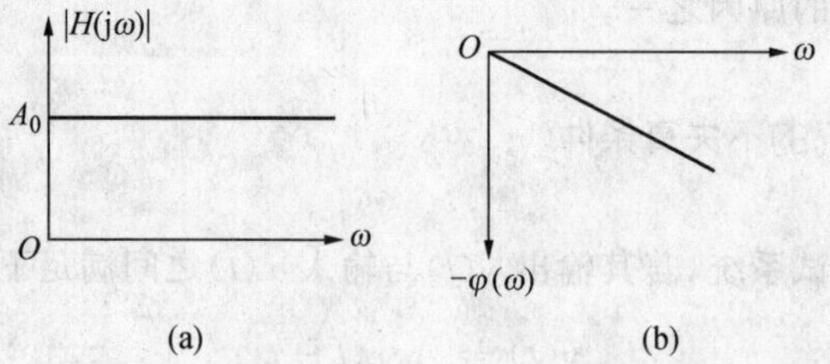

(a)幅频特性 (b)相频特性

图 2-25 不失真测试的频率响应特性

相角滞后。对于单一频率的信号,因为通常线性系统具有频率保持性,只要其幅值未进入非线性区,输出信号的频率也是单一的,也就无所谓失真。对于含有多种频率成分的信号,显然既引起频率失真又引起相位失真,特别是频率成分在系统固有频率附近的信号失真尤为严重。实际中,我们只能把失真限制在一定的范围内,以满足测试的要求。这首先要选择合适的测试装置,使其在工作频率范围内,幅频和相频特性接近于不失真测量条件。其次,要对输入信号进行必要的预处理,滤除掺杂在信号中的噪声和干扰,避免由于噪声和干扰的频带进入测试装置的谐振区而使信噪比变坏。

从实现测量不失真条件看,对一阶装置而言,如果时间常数 τ 越小,则装置的响应越快,接近于满足测量不失真条件的频带也越宽,所以,一阶装置的时间常数 τ 原则上越小越好。

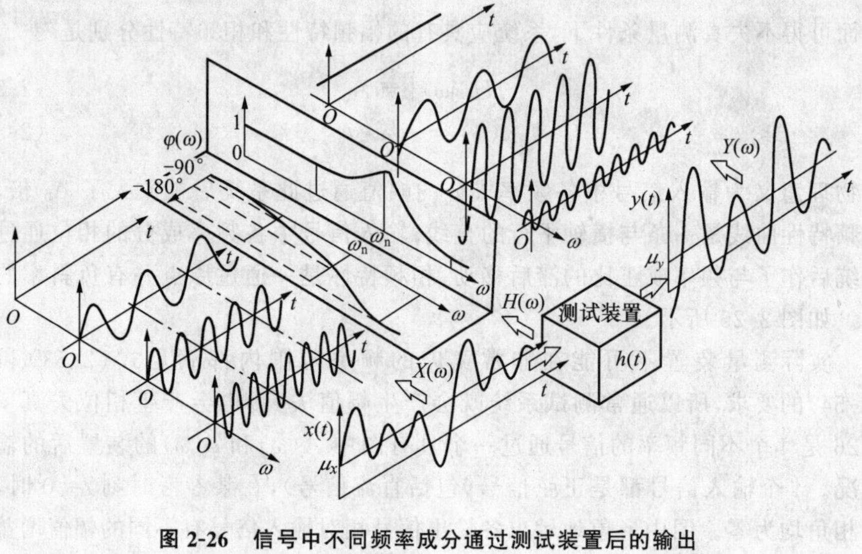

图 2-26 信号中不同频率成分通过测试装置后的输出

对于二阶装置，其特性曲线上有两个频段值得注意。在 $\omega < 0.3\omega_n$ 范围内，$\varphi(\omega)$ 的幅值较小，且 $\varphi(\omega)-\omega$ 曲线接近于直线，$A(\omega)$ 在该范围内的变化不超过 10%，若用于测量，波形失真就会较小。在 $\omega > (2.5\sim3)\omega_n$ 范围内，$\varphi(\omega)$ 接近 180° 且随 ω 变化较小。此时，如在实际测量电路中或数据处理中减去固定相位差或把测量信号反相 180°，则其相频特性基本上满足不失真测量条件。但此时因幅频特性 $A(\omega)$ 过小，从而输出幅值过小而不好利用。对于具有高通特性的测试系统，在此时 $A(\omega)\approx 1$ 可以实现对频率较高信号的不失真测量。

在 $0.3\omega_n < \omega < 2.5\omega_n$ 范围内，系统的频率特性受 ξ 的影响，一般地说，在 $\xi = 0.6\sim0.8$ 时，可以获得较为合适的综合特性，计算表明：对于二阶系统，当 $\xi = 0.7$ 时，在 $\omega = (0\sim0.58)\omega_n$ 范围内，幅频特性 $A(\omega)$ 的变化不超过 5%，相频特性接近直线，因此相位失真也就较小。

复习与思考题

2-1 测试系统的静态特性和动态特性的主要描述指标有哪些？这些指标的定义及其含义各是什么？

2-2 测试系统不失真传输信号的时域和频域条件分别是什么？

2-3 试说明二阶系统常使阻尼比 $\xi = 0.7\sim0.8$ 的原因。

2-4 求周期信号

$$x(t) = 0.5\cos 10t + 0.2\cos(100t - 45^\circ)$$

通过传递函数为 $H(s) = \dfrac{1}{0.005s+1}$ 的装置后所得到的稳态响应。

2-5 某加速度传感器可作为一个二阶振荡系统来考虑。已知传感器的固有频率为 10 kHz，阻尼比 $\xi = 0.12$，当用此传感器测试 5 kHz 正弦加速度时，幅值失真和相位滞后各是多少？若阻尼比 $\xi = 0.7$，幅值失真和相位滞后又各为多少？

3 传感器原理

3.1 传感器的基本概念

3.1.1 传感器的定义与组成

传感器(sensor)是把被测的物理量按一定的规律转换为相应的容易检测、传输及处理的信息的装置。由于电学量具有便于测量、转换、处理、传输的特点，因此传感器通常是将被测物理量转换成电量输出。传感器是一种获得信息的手段，主要用于检测和控制领域。人们常把计算机比作人的大脑，把传感器比作人的感官，但在许多方面，传感器的性能远胜过人的感官。传感器技术是当今科学技术发展的前沿领域之一。

传感器以前也称为变送器、发送器、换能器，现在已统一称为传感器，而把输出为标准信号的传感器称为变送器。

传感器通常由敏感元件、转换器件和其他辅助器件等组成。其中敏感元件是传感器中直接感受被测物理量并输出与被测量成确定关系的其他量的部分；转换器件是将敏感元件的输出量转换为适宜于传输和测量的(电)信号的部分。实际的传感器，有的很简单，只有敏感元件，如电阻应变片、热电偶等，有的则很复杂，如智能传感器等。还应该说明，并不是所有的传感器都能明显分清敏感元件和转换器件两个部分的，有许多传感器是两者甚至是三者合而为一的。例如，半导体气体传感器、半导体光电传感器等，它们都是将感受的被测量直接转换为电信号输出，没有中间变换器。

3.1.2 传感器的分类与要求

传感器的分类方法很多。例如，若按测量对象分，可分为速度传感器、温度传感器、压力传感器、流量传感器等；按工作原理分，可分为电阻式、电感式、电容式、压电式、光电式、射线式等；按信号变换特征分，可分为物性型、结构型；按传感器与被测对象间的能量关系分，可分为能量转换型和能量控制型；还有按传感器输出信号的形式、按传感器工作的物理基础等分类方法。在测试领域常用前两种分类方法。

传感器工作于测控系统的最前沿，它获得信息的正确与否，直接关系到整个测控系统的工作性能，所以对其工作性能有较高要求，主要要求有：①灵敏度高、线性度好；②抗干扰能力强、输出信号信噪比高；③特性的复现性好、具有互换性；④滞后、漂移小，稳定性好；⑤对被测对象的影响小，即负载效应小。

3.1.3 传感器的基本特性

传感器通过其性能指标来评价，而这些性能指标则是通过传感器特性得到的。传感器的特性包括静态特性和动态特性。

1. 静态特性

静态特性表示传感器在被测量处于稳定状态时的输入—输出关系。这种关系一般根据物理、化学、生物学的“效应”或“反应”定律得到，具有各种函数关系。对于理想传感器，其静态特性可用麦克劳林级数表示：

$$y = a_0 + a_1 x + a_2 x^2 + a_3 x^3 + \cdots + a_n x^n \tag{3-1}$$

式中：y 为输出量；x 为输入物理量；a_0，a_1，a_2，…，a_n 为系数。

在某些情况下不能用上述解析法表达时，可用实验曲线表示，然后用回归分析法求出其经验公式。

衡量传感器静态特性的重要指标是线性度、精确度、灵敏度和重复性。

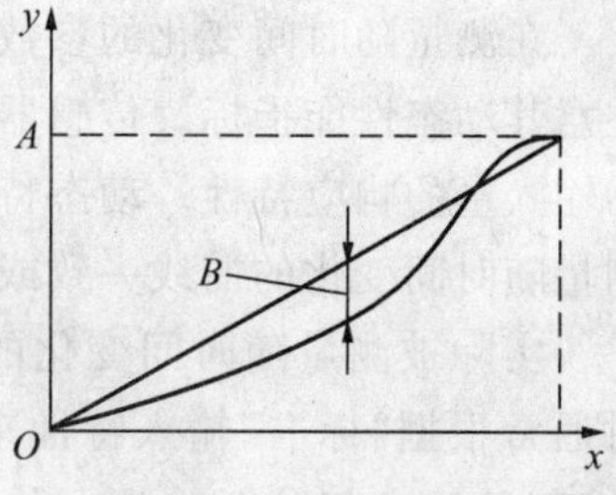

图 3-1 传感器的线性度

(1)线性度 线性度又称为非线性误差、非线性度，它表示传感器特性曲线（一般用标定曲线）与刻度直线的偏离程度（图3-1）。其表达式为

$$\text{线性度} = \frac{B}{A} \times 100\% \tag{3-2}$$

刻度直线可用如下方法得到：

①最小二乘法，用此方法可以做到线性偏差很小，得到的线性度称独立线性度，但计算复杂，适用在特性方次不高的情况。

②端基法，将测量原点与最大测量点连成直线作为刻度直线，称为基准直线，然后在图上求出传感器输入、输出实际特性曲线（或用标定曲线）与基准直线之间的最大偏差值，代入式(3-2)即可求出线性度。这种方法应用普遍。

③切线法，从原点或某点作切线作为刻度直线。此法适用于输入变化量很小的情况。

(2)精确度　表示被测量的测量结果与其真值的一致程度，是反映传感器系统误差与随机误差综合影响程度的评价指标。一般用极限误差或极限误差与满量程输出之比的百分数表示：

$$精确度=\frac{极限误差}{量程}\times 100\% \tag{3-3}$$

(3)灵敏度　表示在稳定工作状态下，传感器输出变化与引起此变化的输入变化的比值，即

$$灵敏度=\frac{\Delta y}{\Delta x} \tag{3-4}$$

(4)重复性　表示传感器在输入量按同一方向作全量程连续多次变动时所得到的特性曲线不一致的程度。特性曲线一致，重复性就好，测量误差就小。

2. 动态特性

在测量随时间变化的参数时，只考虑传感器的静态性能指标是不够的，还应注意其动态性能指标。传感器的动态特性是指传感器的输出量对于随时间变化的输入量的响应特性。动态特性好的传感器，其输出量随时间变化的曲线与被测量随时间变化的曲线一致或相似。

实际被测量随时间变化的形式可能是各种各样的，所以在研究动态特性时通常根据“标准”输入特性来评价传感器的响应特性。常用的标准输入有两种：正弦输入与阶跃输入。传感器的动态特性分析都是针对这两种标准输入信号来进行的。研究传感器的动态特性，必须建立数学模型。由于用微分方程描述直观性差，故常用典型输入信号和给定初始条件下的特解作为传感器的动态特性描述。在测试及自动控制领域，一般用传递函数或频率响应函数来描述。

传感器的主要动态特性指标有：

(1)时域性能指标　通常用下述4个指标表示传感器的时域动态性能。

①时间常数：输出值上升到其稳态值 $y_{(\infty)}$ 的63%所需要的时间。

②上升时间：输出值从其稳态值 $y_{(\infty)}$ 的10%上升到90%所需的时间。

③响应时间:输出值进入其稳态值 $y_{(\infty)}$ 的5%或2%的允许误差带内所需的时间。

④超调量:在过渡过程中,输出量最大值 $y_{(\max)}$ 与其稳态值 $y_{(\infty)}$ 之差对其稳态值 $y_{(\infty)}$ 的比值,即:

$$超调量=\frac{y_{(\max)}-y_{(\infty)}}{y_{(\infty)}}\times 100\% \tag{3-5}$$

(2)频域性能指标　通常用以下指标来衡量传感器的频域性能。

①通频带:在传感器的对数幅频特性曲线上,幅值衰减±3dB时所对应的频率范围。

②工作频带:传感器的幅值误差为±5%或±10%时所对应的频率范围。

③相位误差:在工作频带范围内,传感器的实际输出与所希望的无失真输出间的相位差值。

3.2 常用传感器

3.2.1 电阻式传感器

电阻式传感器是把被测量,如位移、力等转换为电阻变化的一种传感器,按其工作原理可分为变阻器式、电阻应变式、固态压阻式等。

1. 变阻器式传感器

变阻器式传感器亦称为电位计式传感器,其工作原理是由被测位移(或角位移)改变成变阻器的电刷位置,将位移转换为电阻的变化。

常用变阻器式传感器有直线位移型、角位移型等,如图3-2所示。图3-2(a)为直线位移型,当被测位移量 x 变化时,电刷触点 C 沿变阻器移动,则任意位置 C 点与 A 点之间的电阻值就会发生变化。图3-2(b)为旋转型,其电阻值随电刷转角而变化。当导线分布均匀时,这两种传感器的输出(电阻)与输入(位移)之间呈线性关系。一般,这种传感器的灵敏度为常数。

变阻器式传感器的后接电路,一般是采用电阻分压电路将传感器的位移变化转换成电压的变化。但需注意,此时,只有当变阻器的阻值 R_P 远小于负载阻值 R_L 时,输入-输出间才可近似看做线性关系。计算表明,当 $R_P/R_L<0.1$ 时,非线性误差小于满刻度输出的1.5%。

变阻器式传感器结构简单、性能稳定、输出大、使用方便、价格便宜,但工作

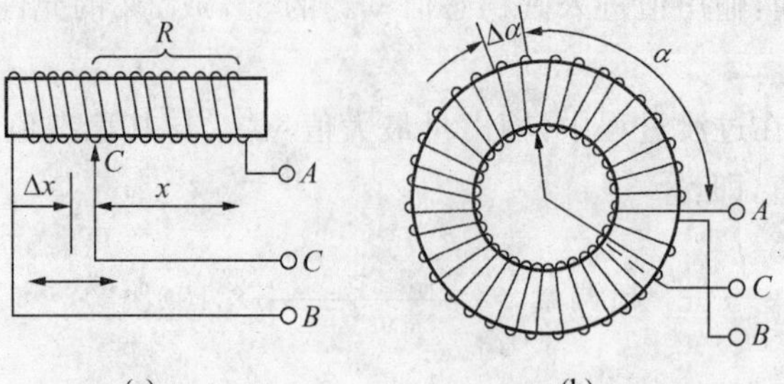

(a)直线位移型 (b)旋转型

图 3-2 变阻器式传感器

频率低、分辨力不高、噪声较大，常用于线位移、角位移的测量。

2. 电阻应变式传感器

电阻应变式传感器可以用于测量应变、力、位移、加速度、扭矩等多种物理量，具有体积小，动态响应好，测量精度高，使用方便等优点，在测试领域里得到广泛应用。电阻应变式传感器可分为金属电阻应变片与半导体应变片式两类。

(1)金属电阻应变片 常用的金属电阻应变片有丝式、箔式两种，其工作原理都是基于在发生机械变形时其电阻值发生变化。

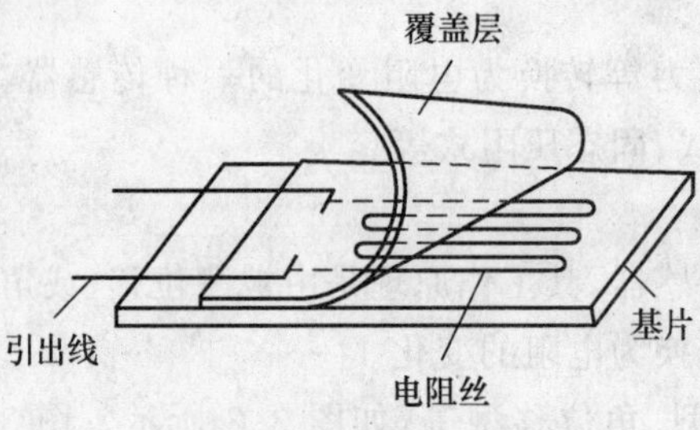

图 3-3 丝式电阻应变片

丝式电阻应变片的典型结构如图 3-3 所示。其中的电阻丝是采用直径 0.02～0.04 mm、具有高电阻率的康铜或镍铬合金丝，绕成栅状，并将其粘贴在绝缘的基片和覆盖层之间，由引出线接于后续电路。

金属箔式应变片则是用厚度为 1～10 μm 的栅状金属箔片代替栅状金属丝。金属箔栅系用光刻技术制造，可以根据各种需要制造成多种不同形状，并且线条均匀，尺寸准确，阻值一致性好，散热好，便于大量生产。因此目前使用的大多为金属箔式应变片。图 3-4 为几种常用的箔式应变片。其中多栅组合片又称为应变花，可用于测量多维应力。

把应变片用特制胶水粘固在弹性元件或需要测量变形的物体表面上，当外力作用于物体时，电阻丝即随同物体一起变形，其电阻值也会发生相应变化，由此就将被测物理量转换为应变片的电阻变化。下面将应变片的电阻变化与其变形的关系作一定量分析。

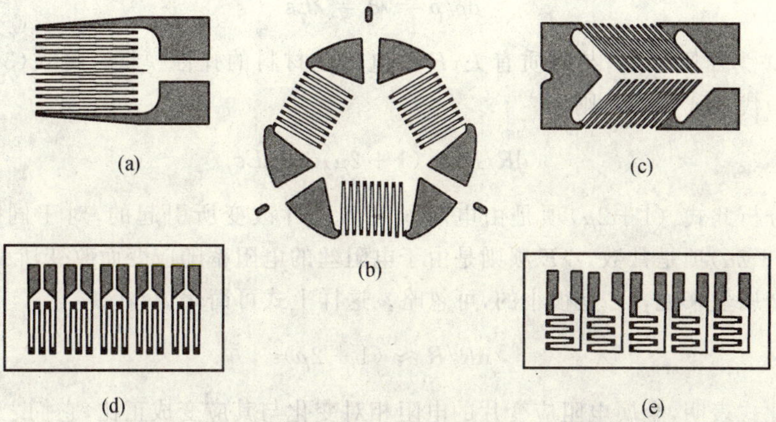

(a)单轴 (b)多轴 (c)扭矩栅 (d)平行轴多栅 (e)同轴多栅

图 3-4 箔式电阻应变片

根据 $R=\rho l/A$，当电阻丝发生变形时，其长度 l、截面积 A、电阻率 ρ 均将发生变化，这将导致电阻丝的电阻值 R 发生变化。若每一可变因素分别有一增量 $\mathrm{d}l$、$\mathrm{d}A$ 和 $\mathrm{d}\rho$，由此所引起的电阻增量为

$$\mathrm{d}R=\frac{\partial R}{\partial l}\mathrm{d}l+\frac{\partial R}{\partial A}\mathrm{d}A+\frac{\partial R}{\partial \rho}\mathrm{d}\rho \tag{3-6}$$

式中：$A=\pi r^2$，r 为电阻丝半径，所以上式可变为

$$\mathrm{d}R=R\left(\frac{\mathrm{d}l}{l}-2\frac{\mathrm{d}r}{r}+\frac{\mathrm{d}\rho}{\rho}\right) \tag{3-7}$$

电阻的相对变化为

$$\frac{\mathrm{d}R}{R}=\frac{\mathrm{d}l}{l}-2\frac{\mathrm{d}r}{r}+\frac{\mathrm{d}\rho}{\rho} \tag{3-8}$$

式中：$\mathrm{d}l/l=\varepsilon$ 为电阻丝轴向相对变形，或称纵向应变；$\mathrm{d}r/r$ 为电阻丝径向相对变形，或称横向应变；$\mathrm{d}\rho/\rho$ 为电阻丝电阻率的相对变化。当电阻丝沿轴向伸长时，必沿径向缩小，$\frac{\mathrm{d}r}{r}$与$\frac{\mathrm{d}l}{l}$之间的关系为

$$\frac{\mathrm{d}r}{r}=-\mu\frac{\mathrm{d}l}{l} \tag{3-9}$$

式中：μ 为电阻丝材料的泊松比。$\mathrm{d}\rho/\rho$ 与电阻丝轴向所受正应力 σ 有关，即

$$d\rho/\rho = \lambda\sigma = \lambda E\varepsilon \tag{3-10}$$

式中：λ 为压阻系数，与材质有关；E 为电阻丝材料的弹性模量。将式(3-9)、式(3-10)代入式(3-8)，则

$$dR/R = (1+2\mu)\varepsilon + \lambda E\varepsilon \tag{3-11}$$

分析此式，$(1+2\mu)$项是由电阻丝几何尺寸改变所引起的，对于同一种材料，$(1+2\mu)$项是常数。λE 项则是由于电阻丝的电阻率随应变而改变所引起的。对于金属丝来说，λE 是很小的，可忽略。这样上式可简化为

$$dR/R \approx (1+2\mu)\varepsilon \tag{3-12}$$

此式表明，金属电阻应变片的电阻相对变化与其应变成正比，它们之间呈线性关系。一般用无量纲因子

$$K_0 = \frac{dR/R}{\varepsilon} = 1+2\mu \tag{3-13}$$

表征其特性，称 K_0 为电阻应变片的灵敏度系数，它与电阻丝的灵敏度系数 K 之间具有一定的比例关系。用于制造电阻应变片的常用电阻丝材料有康铜(Cu-Ni 合金)、镍铬合金、镍铬铝合金等，它们的 K 多为 1.7～3.6。

(2)半导体应变片　半导体应变片的典型结构如图 3-5 所示。半导体应变片的使用方法与金属电阻应变片相同，即粘贴在弹性元件或被测物体上，随被测试件的应变其电阻发生相应变化。

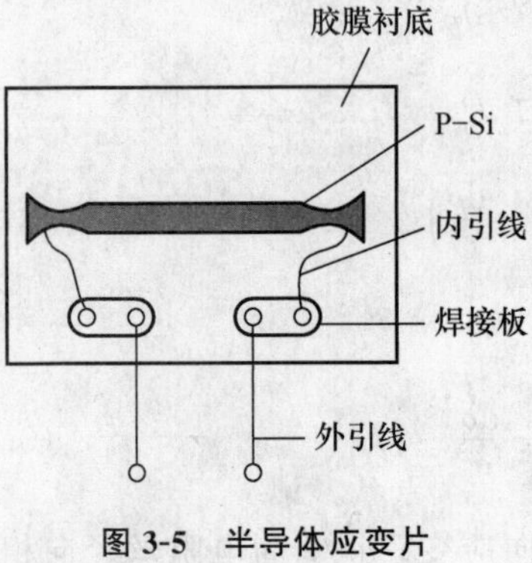

图 3-5　半导体应变片

半导体应变片的工作原理是基于半导体材料的压阻效应。所谓压阻效应，是指单晶半导体材料在沿某一轴向受到外力作用时，其电阻率 ρ 发生变化的现象。

从半导体物理可知，半导体在压力、温度及光辐射作用下，其电阻率 ρ 会发生很大变化。这是因为单晶半导体在这些外因作用下，原子点阵排列规律发生了变化，导致其载流子迁移率及浓度发生变化，从而引起电阻率的变化。根据式(3-11)，$(1+2\mu)$项是由几何尺寸变化引起的，λE 是由于电阻率变化而引起的。对半导体而言，后者远远大于前者，它是半导体应变片电阻变化的主要部分，故式(3-11)可简化为

$$dR/R \approx \lambda E \varepsilon \tag{3-14}$$

这样,半导体应变片的灵敏度系数为

$$K = \frac{dR/R}{\varepsilon} \approx \lambda E \tag{3-15}$$

这一数值比金属电阻应变片的大 50～70 倍。

以上分析表明,金属电阻应变片与半导体应变片的主要区别在于:前者利用导体形变引起电阻的变化,而后者是利用半导体材料电阻率变化引起电阻的变化。

半导体应变片最突出的优点是灵敏度高。另外,其机械滞后小,横向效应小,它本身的体积也小。其主要缺点是温度稳定性能差,灵敏度离散度大以及在较大应变作用下非线性误差大等,这些缺点也给使用带来一定困难。

(3)电阻应变式传感器的应用

①直接用来测定结构的应变或应力。例如,可利用不同形状的应变片,粘贴在待测构件的预定部位,即可测得构件的拉、压应力及扭矩、弯矩等受力状况,为结构设计、应力校核或构件破坏的预测等提供可靠的实验数据。

②将应变片贴于弹性元件上,作为测量力、位移、压力、加速度等物理量的传感器。在这种情况下,通过弹性元件得到与被测量成正比的应变,再由应变片将此应变转换为电阻的变化。

典型的电阻应变式传感器如图 3-6 所示,其中图 3-6(b)是加速度传感器,它由悬臂梁、质量块与基座组成。测量时,基座固定在振动体上,悬臂梁相当于惯性系统的“弹簧”。工作时,梁的应变与质量块相对于基座的位移成正比,因此,在一定频率范围内,其应变与振动加速度成正比。

在应用电阻应变式传感器时,应十分注意弹性体的表面加工与清洗,黏结剂的选择,应变片的粘贴,应变片的保护等问题。因为影响测量精度的许多因素,如机械滞后、蠕变、零漂、绝缘电阻等,都与它们密切相关。此外,由于应变片特别是半导体应变片的温度敏感性,还须进行温度补偿。

3. 固态压阻式传感器

固态压阻式传感器的工作原理与前述半导体应变片相同,都是利用半导体材料的压阻效应进行变换的。它们的区别在于,半导体应变片是由单晶半导体材料制成的,是利用半导体电阻做成的粘贴式传感元件。而固态压阻式传感器中的敏感元件则是在半导体材料的基片上用集成电路工艺制成的扩散电阻,所以亦可称其为扩散型半导体应变片。这种扩散电阻是以单晶硅为基底材料,按

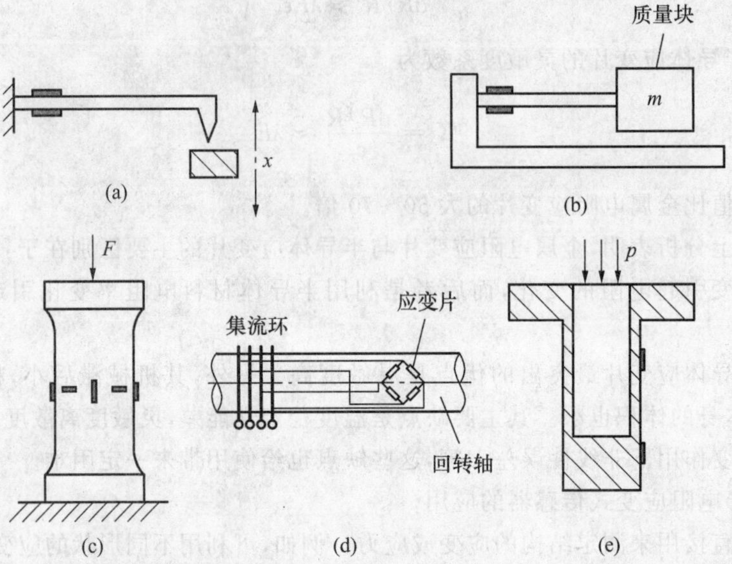

(a)位移传感器 (b)加速度传感器 (c)柱式测力传感器

(d)扭矩传感器 (e)筒式压力传感器

图 3-6 典型的电阻应变式传感器

一定晶向将 P 型杂质扩散到 N 型硅底层上，形成一层极薄的导电 P 型层。这个 P 型层就相当于体型半导体应变片中的电阻条，连接引线后就构成了扩散型半导体应变片。由于基底(硅片)与敏感元件(导电层)互相渗透，结合紧密，所以两者基本上成为一体。在生产时可以根据使用要求将传感器制成各种形状或结构形式，如杯形、柱形或长方梁形等。这时基底就是弹性元件，导电层就是传感元件。当有外力作用时，硅基底产生应变，使导电层发生与外力相对应的电阻变化。一般这种元件做成按一定晶向扩散、由 4 个电阻组成的全桥形式，当外力作用时，电桥将产生相应的不平衡输出。

固态压阻式传感器主要用于测量压力与加速度。图 3-7 是固态压阻式压力传感器简图。主要由外壳、基座、杯状硅膜片和引线等组成。硅杯的周边被固定，在受到压力作用时，产生径向应力 σ_r 与切向应力 σ_t。在膜片上分布的 4 个扩散电阻 $R_1 \sim R_4$ 组成全桥电路，当受到外力作用时，电桥将产生相应的不平衡输出。

由于固态压阻式传感器是用集成电路工艺制成的，在测量压力时，其有效面积可做得小至零点几毫米，因此这种传感器工作频率很高，可用来测量几十千赫的脉动压力。由于半导体材料的温度敏感性较强，因此，压阻式传感器的温度误差较大，使用中必须有温度补偿。

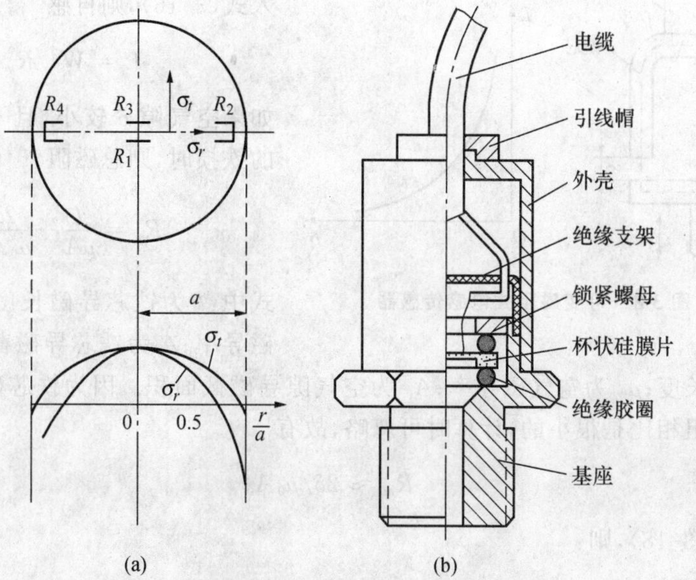

(a)杯状硅膜片上的电阻 (b)压力传感器结构

图 3-7 固态压阻式压力传感器及应力分布

3.2.2 电感式传感器

电感式传感器是把被测量，如力、位移等，转换为电感量变化的一种传感器。按照变换方式的不同，可分为自感型(包括可变磁阻式与涡流式)与互感型(差动变压器式)。

1. 自感型

(1)可变磁阻式 可变磁阻式电感传感器结构原理如图 3-8 所示。该传感器由线圈、铁芯和衔铁组成。在铁芯与衔铁之间有空气隙 δ，当线圈通以电流 i 时，产生磁通 Φ_m，其大小与电流及线圈自感成正比，即

$$M\Phi_m = Li \tag{3-16}$$

式中：M 为线圈匝数；L 为线圈自感。

根据磁路欧姆定律

$$\Phi_m = Wi/R_m \tag{3-17}$$

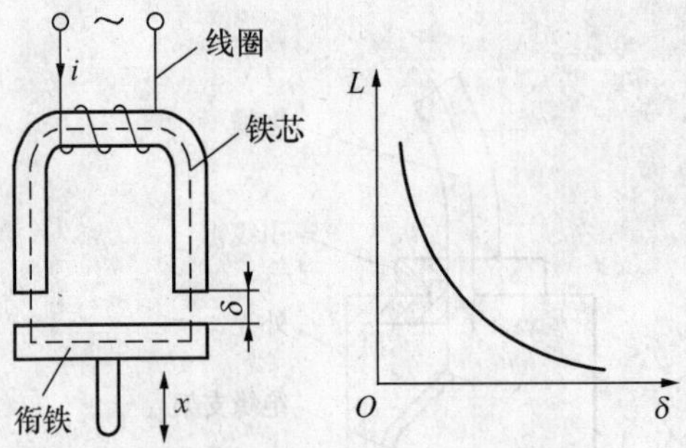

图 3-8 可变磁阻式电感传感器

式中：W 为磁动势；R_m 为磁阻。代入式(3-16)，则自感

$$L = W^2/R_m \tag{3-18}$$

如果空气隙 δ 较小，且不考虑磁路的铁损时，则总磁阻

$$R_m = \frac{l}{\mu A} + \frac{2\delta}{\mu_0 A_0} \tag{3-19}$$

式中：l 为铁芯导磁长度；μ 为铁芯磁导率；A 为铁芯导磁截面积；δ 为空气隙长度；μ_0 为空气磁导率；A_0 为空气隙导磁截面积。因为铁芯磁阻与空气隙的磁阻相比是很小的，计算时可忽略，故有

$$R_m \approx 2\delta/\mu_0 A_0 \tag{3-20}$$

代入式(3-18)，则：

$$L = \frac{W^2 \mu_0 A_0}{2\delta} \tag{3-21}$$

式(3-21)表明，自感 L 与空气隙 δ 成反比，而与空气隙导磁截面积 A 以及磁导率 μ_0 成正比。

图 3-9 列出了几种常用可变磁阻式传感器的典型结构。图 3-9(a)是可变导磁面积型，其自感 L 与 A 成正比，但其灵敏度较低；图 3-9(b)是差动型，衔铁位移时，可以使两个线圈的间隙按 $\delta_0 \pm \Delta\delta$ 变化，一个线圈的自感增加，另一个线圈的自感减小，将两线圈接于电桥的相邻桥臂时，其输出灵敏度可提高 1 倍，并改善了线性；图 3-9(c)是单螺管线圈型，当铁芯在线圈中运动时，将改变磁阻，使线圈自感发生变化；图 3-9(d)是双螺管线圈差动型，它的两个线圈构成两个桥臂，组成差动型电桥电路。

差动型结构及其所构成的差动型测量电路较之单螺管型有较高灵敏度、较好的线性度、较宽的测量范围，并且可以自动抵消如电源波动、温度变化、电场磁场等外部干扰对测量的影响，是测试技术中常用的一种传感器结构及转换电路。其接线原理及输出特性如图 3-10 所示。

(2)涡流式　一个线圈即可构成一个最简单的涡流式传感器，它是利用金属导体在交变磁场中的涡流效应进行变换的。如图 3-11 所示，一块金属板置于一只线圈的附近，相互间距为 δ，当线圈中有一高频交变电流 i 通过时，便产生磁通

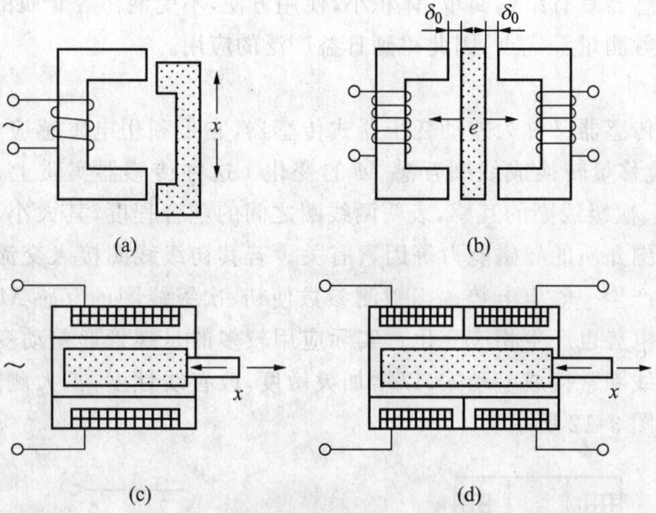

图 3-9 可变磁阻式电感传感器

Φ。此交变磁通将使邻近的金属板表层产生感应电流 i_1。这种电流称之为"涡电流"或"涡流"。涡电流也将产生交变磁通 Φ_1。根据楞次定律,涡电流的交变磁场与线圈的磁场变化方向相反,Φ_1 总是抵抗 Φ 的变化。由于涡流磁场的作用,使原线圈的等效阻抗 Z 发生变化,变化程度与 δ 有关。分析表明,影响线圈阻抗 Z 的因素,除了 δ 以外,还有金属板的电阻率 ρ、磁导率 μ 以及交变电流的频率等。当由被测量改变其中某一因素时,即可使线圈阻抗 Z 改变,从而达到不同的变换目的。如变化 δ,可用于位移、振动测量;变化 ρ 或 μ 值,可用于材质鉴别或探伤等。

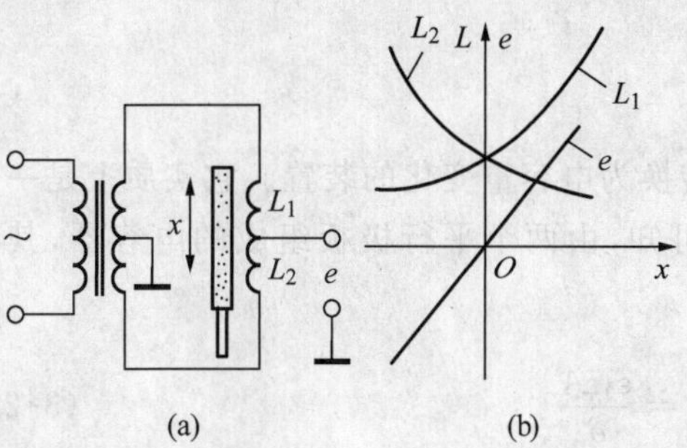

(a)电路 (b)输出特性

图 3-10 差动型电桥电路及输出特性

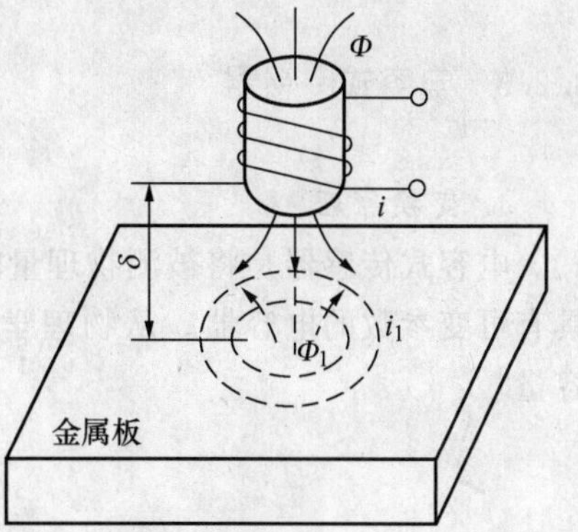

图 3-11 涡流式传感器原理

这种传感器具有结构简单,体积小,使用方便,不受油污等介质的影响,可用于动态非接触测量等优点,因此得到日益广泛的应用。

2. 互感型

互感型传感器又称为差动变压器式传感器,它是利用电磁感应中的互感现象,将被测位移量转换成线圈互感 M 的变化。这种传感器实质上是一个变压器。M 为初、次级线圈的互感,表明两线圈之间的耦合程度,其大小与两线圈相对位置及周围介质的导磁能力等因素有关。若其初级线圈接入交流电源,次级线圈便感应产生一输出电势。当被测参数使初、次级线圈的互感 M 变化时,次级线圈输出电势也产生相应变化。实际应用较多的是螺管形差动变压器,使用时两个次级线圈常接成差动式,以增加灵敏度,改善线性度,扩大测量范围。其工作原理如图 3-12 所示。

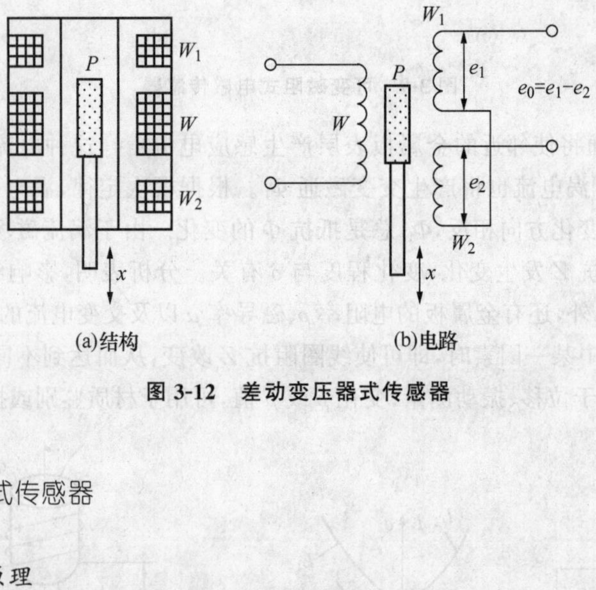

图 3-12 差动变压器式传感器

3.2.3 电容式传感器

1. 变换原理

电容式传感器是将被测物理量转换为电容量变化的装置。它实质上是一个具有可变参数的电容器。从物理学可知,由两个平行极板组成的电容器,其电容量

$$C=\frac{\varepsilon_0 \varepsilon A}{\delta} \tag{3-22}$$

式中:ε 为极板间介质的相对介电系数,在空气中 $\varepsilon=1$;ε_0 为真空中介电常数;δ 为极板间距离;A 为极板面积。

式(3-22)表明,当被测物理量使 δ、A 或 ε 发生变化时,都会引起电容 C 的变化。如果保持其中的两个参数不变,而仅改变另一个参数,就可把该参数的变化变换为电容量的变化。根据电容器变化的参数,电容传感器可分为极距变化型、面积变化型和介质变化型 3 类。

(1)极距变化型　根据式(3-22),如果电容器的两极板相互覆盖面积 A 及极间介质 ε 不变,则电容量 C 与极间距 δ 呈非线性关系,如图 3-13 所示。这种传感器的灵敏度

$$S=\frac{\mathrm{d}C}{\mathrm{d}\delta}=-\varepsilon_0\varepsilon A/\delta^2 \tag{3-23}$$

可以看出,灵敏度 S 与极距平方成反比,极距越小,灵敏度越高。显然,由于灵敏度随极距而变化,将引起非线性误差。为了减小这一误差,通常这种传感器限定在较小的间隙变化范围内工作,以获得近似线性关系。一般取极距变化范围约为 $\Delta\delta/\delta_0=0.1$。

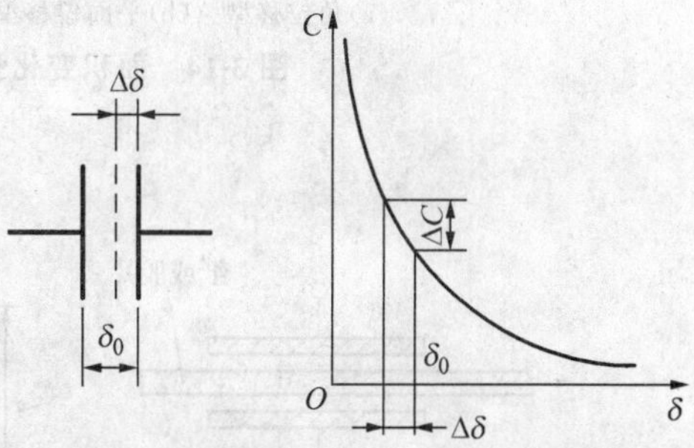

图 3-13　极距变化型电容式传感器

极距变化型电容传感器的优点是可进行动态非接触式测量,对被测系统的影响小;灵敏度高,适用于较小位移的测量。但这种传感器有非线性、易受杂散电容的影响等缺点,与传感器配合使用的电子线路也比较复杂。

(2)面积变化型　常用的面积变化型电容传感器有角位移型与线位移型,如图 3-14。其中图 3-14(a)为角位移型,当动极板转动某一角度时,它与定极板之间相互覆盖面积就发生了变化,因而导致电容量变化。图 3-14(b)为平面线位移型电容传感器,当动极板沿 x 方向移动时,覆盖面积变化,其电容量也随之变化。图 3-14(c)为圆柱体线位移型电容传感器,其动板和定板是两个同心圆筒。

面积变化型电容传感器的优点是输出与输入呈线性关系,但与极距变化型相比,灵敏度较低,适用于较大线位移及角位移测量。

(3)介质变化型　它是利用介质介电常数变化将被测量转换为电容量变化的一种传感器,工业中常用于某些介质材料的温度、湿度、厚度和液位的测量。图 3-15(a)是用于测量纸张或电影胶片温度、湿度的介质变化型电容传感器,它利用了这些材料的介电常数随温度、湿度而变化的性质。图 3-15(b)是一种电

容式液位计,当被测液(非导电液体)面位置发生变化时,两电极间作为电介质的液位高度也随之变化,由此将引起电极之间的电容量变化。

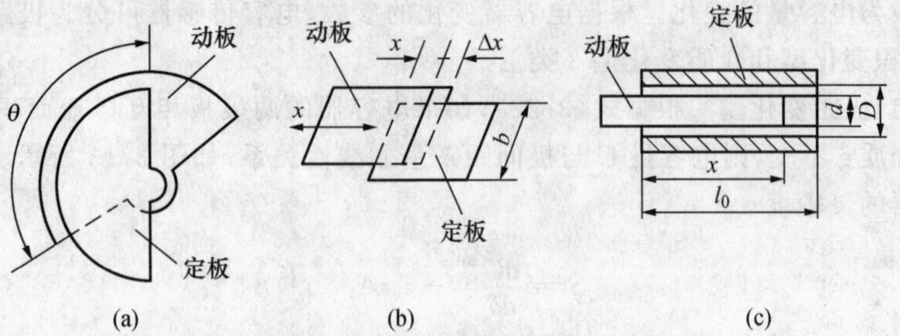

(a)角位移型 (b)平面位移型 (c)圆柱体线位移型

图 3-14 面积变化型电容传感器

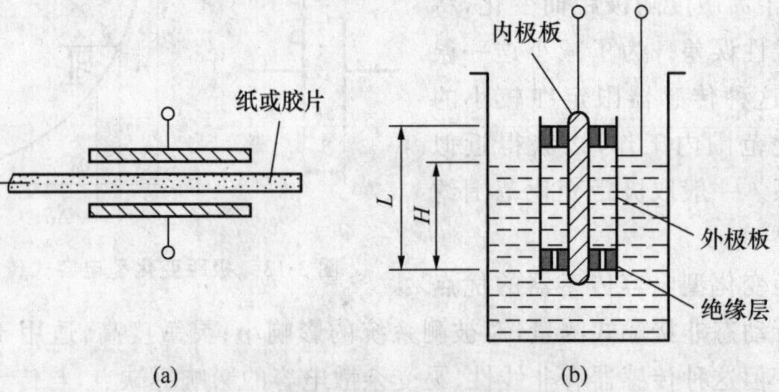

图 3-15 介质变化型电容传感器的应用

2. 测量电路

电容传感器将被测物理量转换为电容量的变化以后,尚需由后接电路将其转换为电压、电流或频率信号。一般常用的转换电路有电桥电路、直流极化电路、谐振电路、调频电路、运算放大电路等。

3.2.4 压电式传感器

压电式传感器是利用某些物质的压电效应工作的。它既可以将机械能转换为电能,又可以将电能转换为机械能,是一种可逆型传感器。它被广泛用于力、压力、加速度的测量以及超声波发射与接收装置。这种传感器具有体积小,重量轻,精确度及灵敏度高等优点,用于测力时,其灵敏度可达 10^{-3}N。

1. 压电效应

某些物质，如天然石英、钛酸钡等，当受到外力作用时，不仅几何尺寸发生变化，而且其内部产生极化，表面出现电荷，形成电场。当外力去掉时，它又重新恢复到原来不带电状态，这种现象称为压电效应。相反，如果将这些物质置于电场中，其几何尺寸也将发生变化，这种由于外电场作用导致物质产生机械变形的现象，称为逆压电效应，或称为电致伸缩效应。具有压电效应的材料称为压电材料，常见的压电材料有石英、酒石酸钾钠、钛酸钡、经人工极化的陶瓷等。

2. 压电式传感器及其等效电路

在压电晶片的两个工作面上进行金属蒸镀，形成金属膜，构成两个电极，如图 3-16(a)所示。当晶片受到外力作用时，就在两个极板上积聚数量相等、极性相反的电荷，形成了电场。因此，压电传感器可以看做一个电荷发生器，也是一个电容器，其电容量为

$$C=\varepsilon\varepsilon_0 A/\delta \tag{3-24}$$

式中：ε 为压电材料的相对介电常数，石英晶体的 $\varepsilon=4.5$，钛酸钡的 $\varepsilon=1\ 200$；ε_0 为真空中介电常数；δ 为极板间距，即晶片厚度；A 为压电晶片工作面的面积。

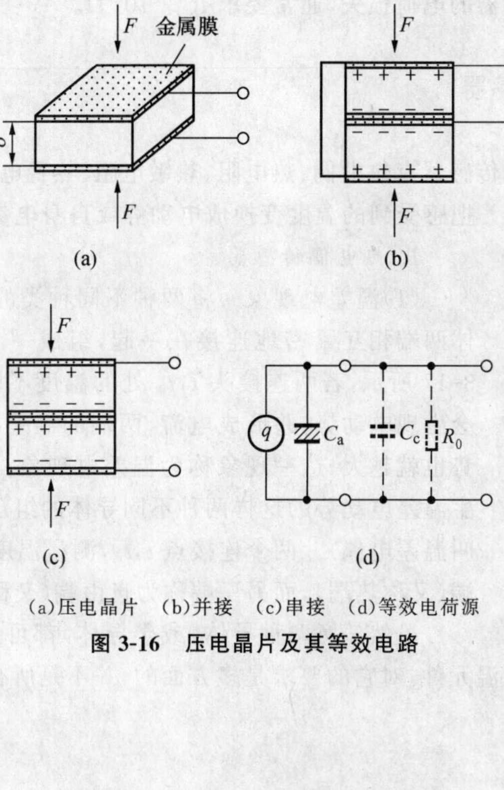

(a)压电晶片 (b)并接 (c)串接 (d)等效电荷源

图 3-16 压电晶片及其等效电路

如果施加于晶片的外力不变,积聚在极板上的电荷又无泄漏,电荷量是保持不变的,而当外力撤除后,电荷就随之消失。实验证明,在极板上积聚的电荷量 q 与作用力 F 成正比。要保证测量精度,原则上讲,须采用不消耗极板上电荷的方法测量电荷量值 q,即所采用的测量手段应不从压电式传感器吸取能量,显然,这是困难的。由于静态或变化非常缓慢的信号所产生的电荷不再或很难补充,因此压电式传感器不宜用于测量这类信号。而对动态被测作用力,其产生的电荷可以不断补充,以维持与被测力对应的电荷量,可以供给测量电路一定的电流,故压电传感器适宜作动态测量。

实际压电传感器中,往往用两个或两个以上的晶片进行并接或串接,以增大输出。如图 3-16(b)、图 3-16(c)所示。压电式传感器可看做是一个具有一定电容的电荷源[图 3-16(d)],电容器上的开路电压 e_0 与电荷 q、传感器电容 C_a 之间存在下列关系:

$$e_0 = q/C_a \tag{3-25}$$

当压电式传感器接入测量电路后,连接电缆的寄生电容就形成传感器的并联电容 C_c,后续电路的输入阻抗和传感器中的漏电阻就形成泄漏电阻 R_0。为防止因漏电造成传感器的电荷损失,通常要求 $R_0 > 10^{11}\,\Omega$。

3.2.5 热电式传感器

常用的热电式传感器有热电偶、热电阻、热敏电阻、热释电传感器等,它们能把感受到的温度变换成电动势或自身电参数的变化。

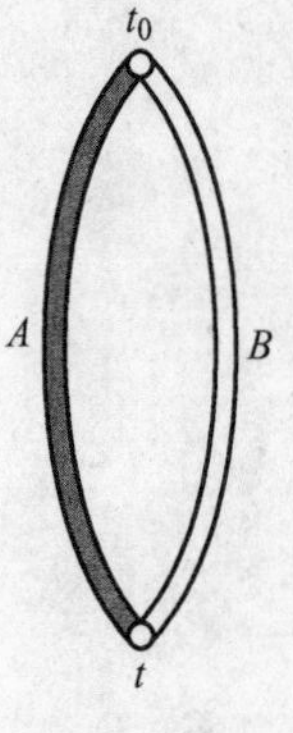

图 3-17 温差电偶

1. 热电偶传感器

(1)温差电现象　将两种不同种类的金属导体或半导体两端相互紧密地连接在一起,组成一个闭合回路,如图 3-17 所示,若两连接头 t,t_0 处的温度不同,则该回路中就会出现电动势,并形成电流,两端的温差越大,回路中电动势也就越大,这一现象称为温差电现象。通常我们把能产生温差电动势的这样两种不同导体的组合,称为热电偶(又叫温差电偶)。两个连接点 t,t_0,测量温度的一端称为工作端(又称热端),而另一端称为自由端(又称冷端)。

虽然任意两种导体(或半导体)都可以配制成热电偶,但是作为实用的测温元件,对它的要求是多方面的,并不是所有的材料都适宜制作热电偶。对热电偶材料的主要要求是：

①制成的温差电偶应有较大的热电势和热电势率，并且其热电势与温度之间最好呈线性关系或近似线性关系。

②能在较宽的温度范围内应用，并且在长期工作后其理化性能与热电特性都较稳定。

常用的热电偶材料有镍铬-镍硅、镍铬-镍铝、铂铑-铂、铜-考铜、镍铬-考铜等。

(2)测量电路　由于热电偶在测量中所产生的温差电势是很小的，一般为 0.01～0.06 mV/℃，因此，必须用毫伏计或电位计来进行测量。这样就出现了要用第三种金属导体(导线)与热电偶连接的问题，常用的接入方法有如下两种：

①将热电偶冷端的两极分开，用导线与测量仪表相连。

②将测量电表用导线接入温差电偶的一个电极中，如图 3-18 所示。

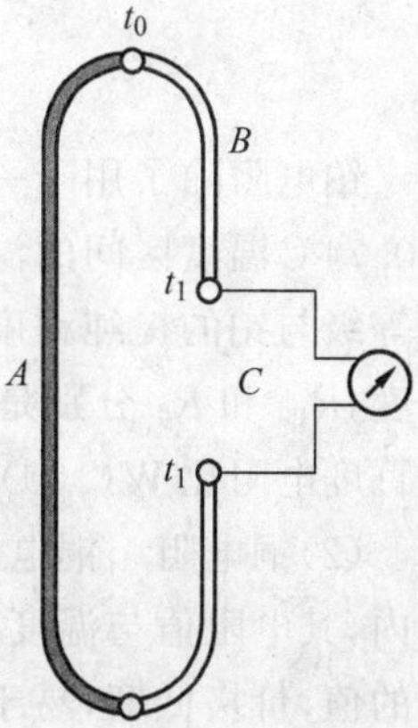

图 3-18　仪表接入热电偶的一个电极中

理论和实践都证明，只要保持这两个新的接头温度相等，这两种接入方式均不会使热电偶产生的热电势发生变化。即只要接入热电偶回路的第三种金属形成的两个新接点的温度相等，则回路总热电势将保持不变。

温差电偶的刻度是在冷端保持 0℃的条件下得到的。但在实际使用中，冷端温度很难保持 0℃恒定不变。为了消除由于冷端实际温度与在刻度时冷端温度(0℃)的不同而引起的误差，可采用冷端温度校正法、冷端恒温法、补偿导线法和补偿装置法等予以补偿。具体方法可参照热电偶生产厂家的介绍。

2. 热电阻传感器

热电阻的测温原理是基于金属导体的“热阻效应”，即导体的阻值随温度的变化而变化。若用仪器测出热电阻的阻值，便可得到与电阻值相对应的温度。纯金属是制造热电阻的主要材料，目前常用的是铂热电阻和铜热电阻两大类。

(1)铂电阻　铂金属的优点是物理化学性能极为稳定，并具有良好的工艺性；缺点是电阻温度系数较小。如图 3-19 所示，铂电阻传感器一般是将铂金属丝绕在带有螺旋沟槽的陶瓷或云母支架上，端部引出连接，然后装入玻璃或陶瓷保护管中构成。

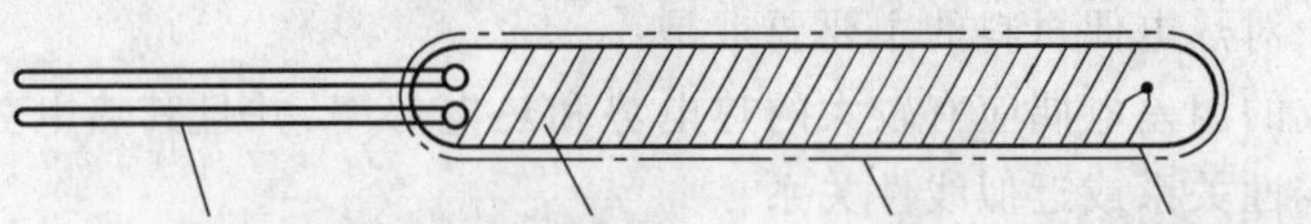

图 3-19 金属铂电阻构造(玻璃密封型)

铂电阻除了用于一般工业测温外,在国际实用温标中,还作为在$-259.34\sim630.74$℃温度区间的温度基准。铂电阻与温度之间关系近似直线。铂电阻的精度等级与铂的提纯程度有关,通常用百度电阻比$W(100)=R_{100}/R_0$来表征铂的纯度,R_{100}和R_0分别是100℃和0℃时的电阻值。国内工业用标准铂电阻要求其百度电阻比$W(100)\geqslant1.391$。

(2)铜电阻　铜电阻一般用于$-50\sim150$℃范围内的温度测量。在该测温范围内,其电阻值与温度间的关系呈近似线性关系。铜电阻温度系数高于其他金属的值,价格低廉,易于提纯。其缺点是电阻率小,铜电阻丝必须做得细而长,从而使它的机械强度降低;由于易氧化,因此只能用于无侵蚀性介质中。

镍和铁电阻虽然也适合做热电阻,但由于易氧化、非线性严重,因此较少应用。

3. 热敏电阻传感器

热敏电阻是利用半导体材料的电阻率随温度变化而变化的性质制成的一种高灵敏度测温器件。热敏电阻一般是以金属氧化物为原料,采用陶瓷工艺制备的具有半导体特性的陶瓷电阻器。热敏电阻主要由热敏探头、引线、壳体组成,其结构及符号如图 3-20 所示。

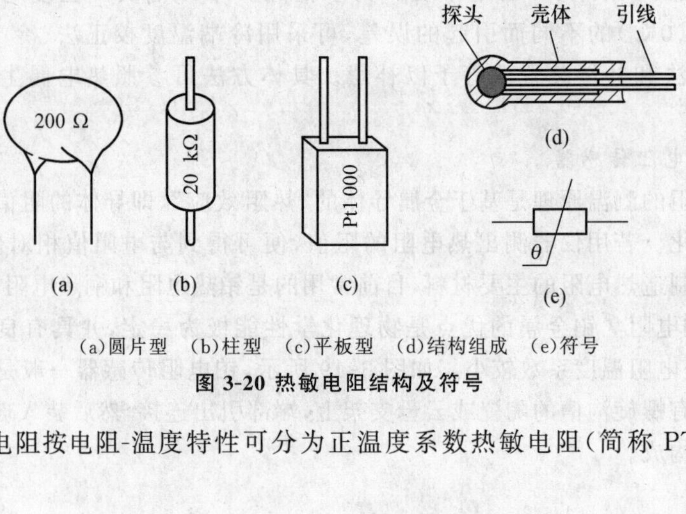

(a)圆片型　(b)柱型　(c)平板型　(d)结构组成　(e)符号

图 3-20 热敏电阻结构及符号

热敏电阻按电阻-温度特性可分为正温度系数热敏电阻(简称 PTC)、负温度系数热敏电阻(简称 NTC)和临界温度系数热敏电阻(简称 CTR)。它们的电阻-温度特性如图 3-21 所示。PTC 热敏电阻具有正的电阻温度系数,即其电阻值随温度的升高而增大。NTC 热敏电阻的电阻温度系数为负值,其电阻值随温度的上升而减小。CTR 热敏电阻的特点是当温度变化到某一数值(临界温度)时,其电阻值会在几度的温度范围内下降 3～4 个数量级。

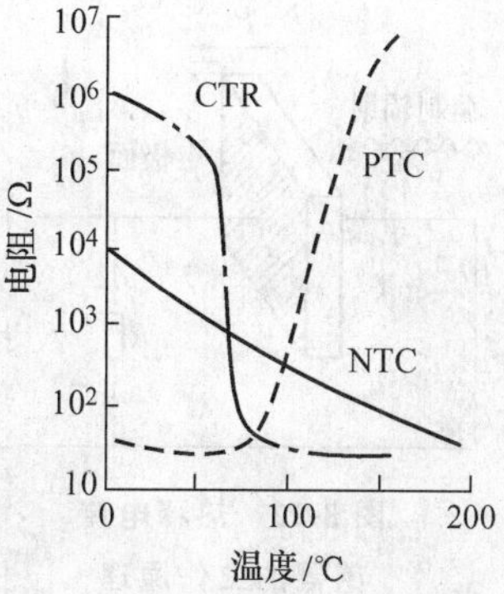

图 3-21　各类热敏电阻的电阻-温度特性

PTC 和 NTC 型在一定温度范围内阻值随温度剧烈变化,因此常用作开关元件、过载保护、延时启动等,用于自动控制电路中;温度测量主要使用 CTR 型热敏电阻。

热敏电阻的基本形状有盘状、片状、珠状、棒状等几种,还可根据不同用途的需要制成其他形状。

热敏电阻的阻值随温度的变化比一般金属电阻大得多,阻值变化量可达 3%～6%/℃,因此灵敏度高。此外,它还有热惰性小,重复性好,工艺性强,电阻率较大,成本较低等优点。热敏电阻的缺点是性能不稳定,互换性差,导致测量精度不高。目前较多应用在要求精度不高的场合,如作为家用空调系统的温控元件等。

4. 热释电传感器

某些晶体在温度变化时,会发生电极化,均匀加热晶体,在其某些方向上会产生等量异号的电荷,冷却晶体时,电荷变化与加热时相反,这种现象称为热释电效应。这是由于晶体结构在某些方向上正、负电荷重心不相重合,产生了自发极化。自发极化矢量的方向由负电荷重心指向正电荷重心。当温度变化时,引起晶体结构内正、负电荷重心相对位移,使自发极化改变。通常,自发极化产生的表面束缚电荷被来自空气中、附集在晶体外表面的自由电荷和晶体内部的自由电荷所屏蔽,不显出电矩。只有在温度变化引起的电矩改变不能被补偿时,晶体两端的电荷才表现出来。晶体的整体温度的微小变化 ΔT 产生自发极化强度的变化 ΔP_s 可表示为

$$\Delta P_s = \boldsymbol{P}\Delta T \tag{3-26}$$

式中:$\boldsymbol{P}$ 为热释电系数矢量,取决于晶体材料。

图 3-22 示出热释电传感器的工作原理。当被测物体(如人体)所辐射的红

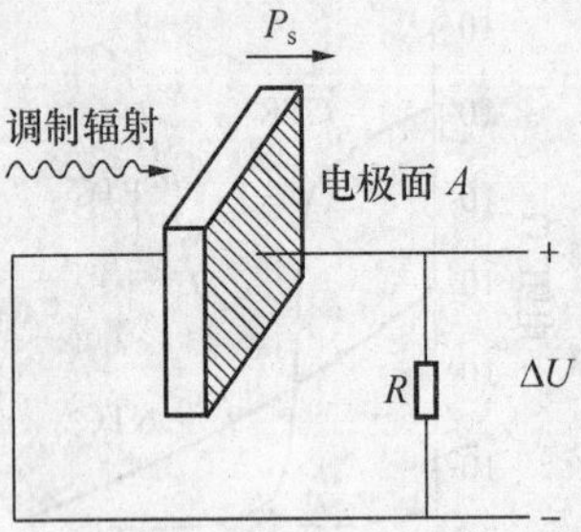

图 3-22 热释电传感器的工作原理

外线经过遮光盘的调制，产生调制频率为 f 的红外线照射热释电晶体时，晶体内自由电荷来不及中和表面束缚电荷的变化，结果就使在垂直于 P_s 的两端面间出现交流电压。在端面上敷以电极，并接上负载电阻，就有电流流过，在负载 R 两端就有交流电压 ΔU 输出。输出电压正比于温度变化速率，而不取决于晶体对于辐射是否达到热平衡。故测量稳定不变的红外辐射时，一定要采用遮光盘，将其调制成周期脉冲红外信号后，才能被热释电传感器所检测。

热释电传感器具有灵敏度高，光谱范围宽，响应快等优点。目前主要用于红外辐射探测、各类辐射计、光谱仪及红外和热成像等方面。

3.2.6 光电传感器

光电传感器是将光量转换为电量的一种器件。它是利用物质的光电效应进行转换的。

光电传感器主要有光敏电阻、光电池、光敏晶体管等。

1. 光敏电阻

光敏电阻又称光导管，属于光电导元件。其工作原理是基于半导体材料的光电导效应，即物质受到光照时，电阻值减小的现象。这种现象的实质是由于在光子的作用下，光敏物质吸收了能量，内部释放出电子，使载流子密度或迁移率增加，从而导致电导率增加。图 3-23 表示光敏电阻的结构及工作原理。

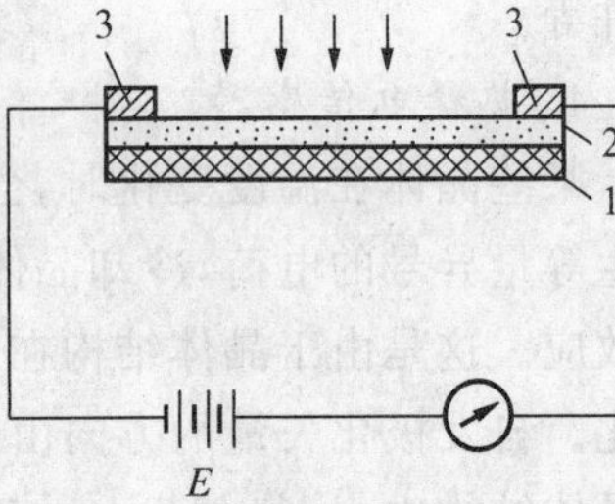

1. 绝缘底座 2. 光敏半导体薄膜 3. 电极

图 3-23 光敏电阻

光敏半导体材料薄膜一般为铊、镉、铅、铋的硒化物或硫化物。当受到光照时，它们的电阻值发生变化，光通量越大，阻值越小。除此之外，光敏电阻阻值的变化还与照射光波的波长有关。光敏半导体材料不同，其光谱特性也不同，如图 3-24 所示。例如，硫化镉（CdS）、硒化镉（CdSe）等适用于可见光范围；氧化锌（ZnO）、硫化锌（ZnS）等适用于紫外线域；硫化铅（PbS）、硒化铅（PbSe）、碲化铅（PbTe）等适用于红外线域。测量时一般要根据入射光的波长，选择不同材料的光敏电阻。

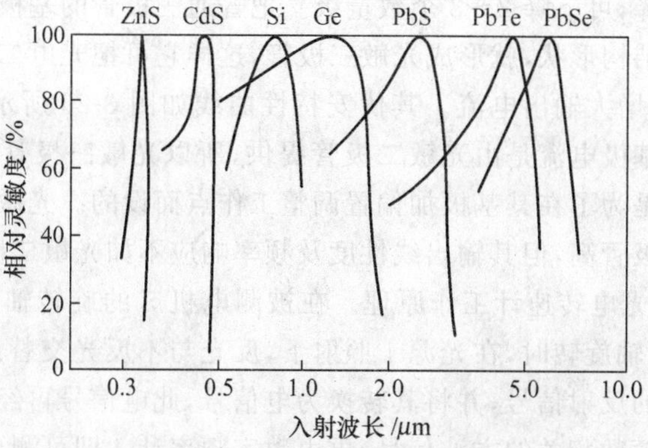

图 3-24 光敏电阻材料的光谱特性

2. 光电池

光电池是利用半导体材料的光生伏特效应工作的,它可以直接将光能转换成电能,直接输出电动势。图 3-25 表示具有 PN 结的光电池原理。当光照射时,在 PN 结附近,由于吸收了光子能量而产生电子与空穴,此称之为光生载流子。它们在 PN 结电场作用下,将产生漂移运动,电子被推向 N 区,而空穴被拉进 P 区,结果在 P 型区一边积聚了大量过剩空穴,而 N 型区一边却积聚了大量过剩电子,使 P 型区带正电,而 N 型区带负电,二者之间产生了电位差,此即光生电动势。

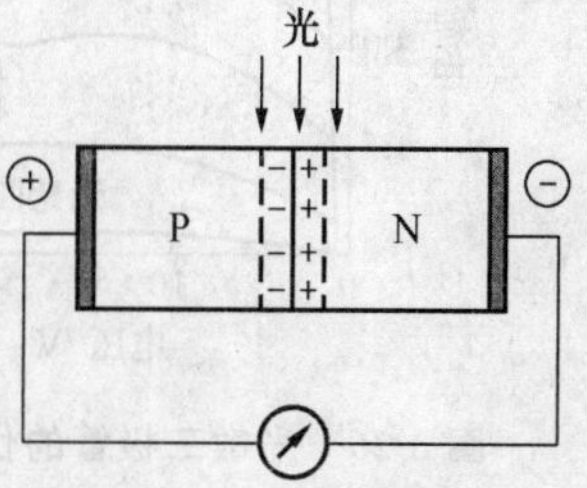

图 3-25 光电池工作原理

一般常用的光电池材料有硒、硅、硫化镉等。其中,硅光电池具有性能稳定,光谱范围宽,频率响应好,效率高,耐高温,耐辐射等优点,使用最广。其适用波长为 0.45～1.1 μm。响应时间为数微秒至数十微秒。硒光电池的光谱特性在 0.4～0.7 μm 波长范围,最大灵敏度波长在 0.55 μm 附近。这正与人的视觉最大灵敏度波长相对应,这是硒光电池最重要的一个实用特性。

3. 光敏晶体管

光敏晶体管按其 PN 结个数分为两类:具有一个 PN 结的称为光敏二极管,具有两个 PN 结的称为光敏三极管。光敏二极管与普通二极管相似,但其结面积较大。它在负偏压状态下工作,因此无光照时,其反向电阻很大,反向电流很小。当有光照射其 PN 结时,使之产生光生电子-空穴对,它们在 PN 结内电场作用下做定向运动,形成光电流,光电流与光照强度基本呈线性关系。此时,其反向电阻急剧下降,可下降 2～3 个数量级。把普通三极管的基极的 PN 结制造成光敏二极管的结构形状,就形成光敏三极管,这样它可把光电二极管生成的光电流进一步放大,增大输出电流。其伏安特性曲线如图 3-26 所示,与一般三极管的相似。因为基极电流是由光敏二极管提供,所以光敏三极管一般没有基极引线,即使有,也是为了在其基极加偏置调整工作点而设的。光敏三极管的光电灵敏度较光敏二极管高,但其输出线性度及频率响应不如光敏二极管。

图 3-27 是光电转速计工作原理。在被测电机 5 的旋转轴上涂(或粘)以黑白两种颜色,当轴旋转时,在光源 1 照射下,反光与不反光交替出现,光电元件 2 间断地接收光的反射信号,并将其转换为电信号,此电信号再经过放大整形电路 3,输出与黑白频数相关的方波信号,再由数字频率计 4 即可测出电机 5 的转速。

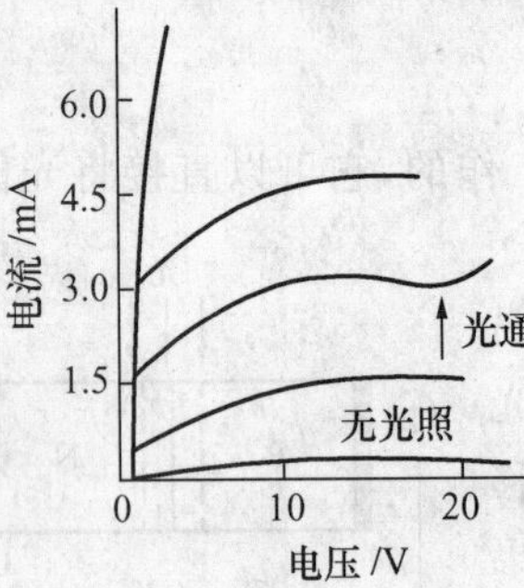

图 3-26 光敏三极管的伏安特性

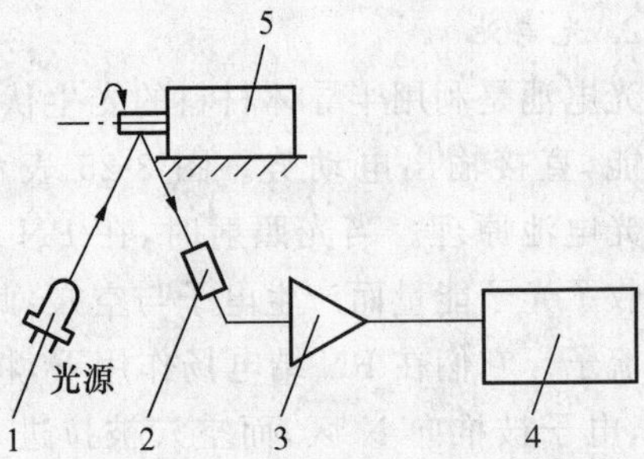

图 3-27 光电转速计工作原理

光电转换元件具有很高的灵敏度,并且体积小、重量轻、性能稳定、价格便宜,在工程技术中得到广泛应用。

3.2.7 核辐射传感器

从物理学已知,α 射线是带正电荷的高速粒子流;β 射线是带负电荷的高速粒子流;γ 射线是一种电磁波辐射,是从原子核内部放射出来的一种以光速运动、不带电的光子流;X 射线是原子核外的内层电子被激发放出的波长 10^{-8}～10^{-12} m 的电磁波。利用 α、β 粒子,γ、X 光子的辐射特性,可以实现对材料厚度、内伤、物质密度、成分、物位等参数的测量。

核辐射传感器是根据被测物质对射线的吸收、散射,或射线对被测物质的电离激发、穿透作用而进行工作的。其作用是把射线能量转换为容易测量的电信号。它的工作原理是基于粒子辐射对于物质的电离作用,或者利用射线能使某些物质产生荧光的性质，使之产生荧光，再通过光电元件将此荧光转换为电信号。一般常用的核辐射传感器有比例计数管、盖革计数管、闪烁计数管、半导体探测器等。

比例计数管的工作原理如图 3-28(a)所示。圆柱形金属套管作为阴极，中心的细金属丝作为阳极，射线从铍窗口射入时，将使气体电离，产生正离子与电子。这些电子被阳极加速，形成电流。电流大小与施加于金属丝上的电压大小有关，其电流-电压特性曲线如图 3-28(b)所示。根据阳极电压的不同，可分为 4 个工作区域，比例计数管工作在Ⅲ区，此时阳极电压为 600～900 V。随着电压的升高，被阳极加速的电子在高速运动途中，仍会不断电离气体，从而造成“雪崩”现象，此时，大量电子同时流入阳极而形成电脉冲，一般把这个过程称为气体放大。

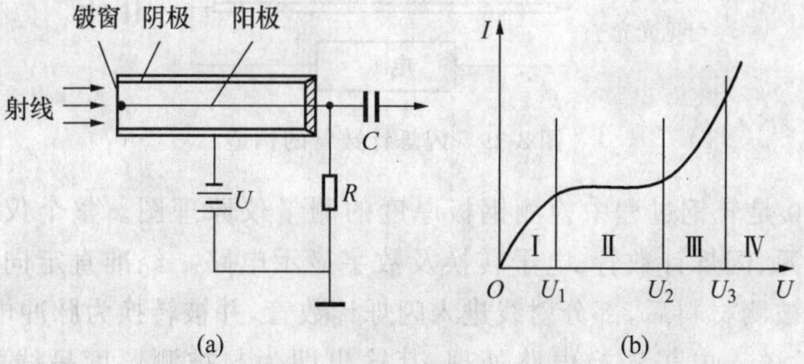

图 3-28　比例计数管的工作原理

最初，由入射射线电离而产生的电子数目与入射射线的能量成正比，其后，电子数量虽因“雪崩”现象而有增加，但其数目仍基本与射线能量成正比，所以产生的电压脉冲大小便与射线能量成正比关系。

盖革计数管工作在电流-电压特性曲线的Ⅳ区，这时的阳极电压升高到 1 000～1 700 V，此时，输出电压脉冲与入射射线的频率成正比。

闪烁计数管的构造如图 3-29 所示，它由闪烁晶体和光电倍增管组成。当闪烁晶体吸收了射线光子，产生可见荧光；光电倍增管把此荧光转变为电脉冲输出。闪烁晶体是透明的，最常用的是加入少许铊作为活化剂的碘化钠晶体。当晶体吸收一个射线光子时，便会在其中产生一个闪光，这个闪光射到光电倍增管的光敏阴极(由铯锑化合物构成)上时，便会迸发出若干电子，这些电子再经光电倍增管的多级倍增后，就可在最末极板上得到大量电子，形成电脉冲，其总增益可达 10^7。即闪烁晶体吸收一个射线光子以后，可以得到数目巨大的电子，几乎能在输出端产生数伏的电压脉冲。并且这一过程十分迅速，所需时间不到 1 μs。因此，闪烁晶体管可以在高达每秒 10^5 脉冲数的速率下工作，而不会有计数损失。在闪烁计数管输出端接入前置放大器，再进行放大、变换处理，即可得到测量结果。

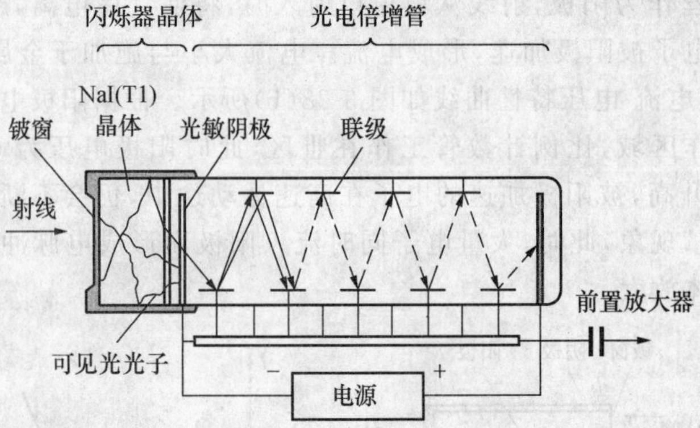

图 3-29 闪烁计数管的构造

图 3-30 是轧钢过程中检测钢板厚度的测量仪原理图。整个仪器可分为 3 部分：射线源、闪烁计数管、电子转换及数字显示电路。经准直定向后的窄束 γ 射线，穿透被测材料后，部分射线进入闪烁计数管，并被转换为脉冲电压信号，经前置放大后送入电子转换电路处理，其输出即为与被测厚度呈线性关系的电压值。

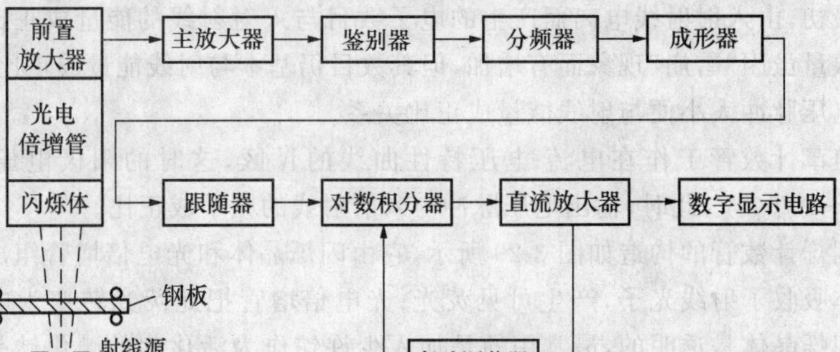

图 3-30 热轧钢板厚度测量仪

这种测厚仪是非接触测量，且不受温度、压力等因素的影响，应用效果良好。

3.2.8 磁电式传感器

磁电式传感器是把被测物理量转换为感应电动势的一种传感器。

从电工学理论可知，对于一个匝数为 W 的线圈，当穿过该线圈的磁通 Φ 发生变化时，其感应电动势

$$e = -W\frac{\mathrm{d}\Phi}{\mathrm{d}t} \tag{3-27}$$

可见，线圈感应电动势的大小，取决于匝数和穿过线圈的磁通变化率。磁通变化率与磁场强度、磁路磁阻、线圈的运动速度有关，改变其中任一因素，都会改变线圈的感应电动势。按结构方式，磁电式传感器可分为动圈式与磁阻式。

1. 动圈式

动圈式又可分为线速度型与角速度型。图 3-31(a)表示线速度型传感器的工作原理。在永久磁铁产生的直流磁场内，放置一个可动线圈，当线圈在磁场中做直线运动时，便产生与相对运动速度对应的感应电动势。

图 3-31(b)是角速度型传感器工作原理，线圈在磁场中转动时产生的感应电动势与线圈相对于磁场的角速度成正比，这种传感器可用于转速等测量。

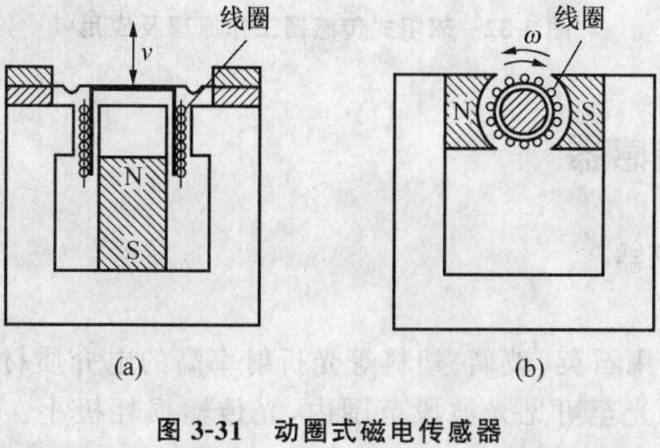

图 3-31 动圈式磁电传感器

一般情况下，感应电动势经放大、检波后即可推动指示仪表显示被测量的速度，如果将此感应电动势经过微分或积分电路，便可以得到被测量的加速度或位移。

2. 磁阻式

磁阻式传感器是由运动着的物体(导磁材料)改变磁路的磁阻，引起磁力线增强或减弱，使线圈产生感应电动势。其工作原理及应用如图 3-32 所示。此种

传感器是由永久磁铁及其上的线圈组成。图 3-32(a)示出了测量旋转体频数的原理,当齿轮旋转时,齿的凸凹引起磁阻变化,导致磁通量变化,从而在线圈中感应出交流电动势,其频率等于齿轮的齿数和转速的乘积。

磁阻式传感器结构简单,使用方便,工作可靠,常用来测量转速、偏心量、振动等。

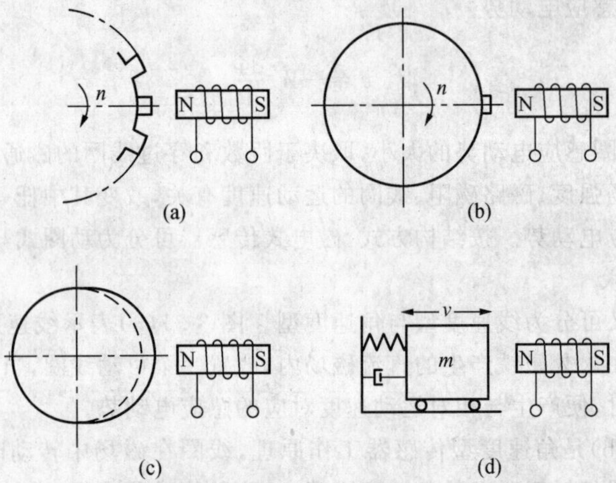

(a)测频数 (b)测转速 (c)偏心测量 (d)振动测量

图 3-32 磁阻式传感器工作原理及应用

3.3 新型传感器

3.3.1 光纤传感器

光导纤维是用石英、玻璃、塑料等光折射率高的电介质材料制成的极细纤维。它在近红外光至可见光波段范围内,光传输损耗极小。用光纤传输检测信号信息传输量大、不易受外界电磁干扰的影响,且耐腐蚀、耐潮湿,具有防爆性能,对被测对象影响小,安全性好等优点,是一种理想的低损耗传输线路。

光纤传感器是利用被测量对在光纤内传输的光进行某种形式的调制(这种调制可直接利用光纤的功能进行,也可通过别的灵敏机构或元件来实现),使传输光的强度(振幅)、相位、频率或偏振状态等特性发生相应变化,再对被调制的光信号进行检测,从而测定被测量的一种新型传感器。光纤传感器具有灵敏度高,体积小,可弯曲,抗干扰能力强,可测的物理信息种类多(如位移、温度、压力、速度、加速度、液位、流量、振动等)，耐高压，耐腐蚀，可实现动态非接触测量，能适应各种恶劣环境等优点。因此，自 20 世纪 70 年代光导纤维作为测量传感器应用以来，发展非常迅速，前景广阔。

光导纤维传感器一般可分为两类，即物性型与结构型。

1. 物性型

物性型光纤传感器是通过光纤把输入物理量变换为调制的光信号。其工作原理是基于光纤的光调制效应，即改变光纤的环境，如由于应变、压力、电场、磁场、温度、放射性等的作用，就可以改变光传播中的相位与光强。因此，如果测出通过光纤的光的相位、光强的变化，就可以测得未知物理量。由于这种传感器是利用光纤对环境变化的敏感性进行检测的，因此又被称为敏感元件型或功能型光纤传感器。

图 3-33 表示物性型压力传感器。图 3-33(a)表示对光纤施加均衡压力的情况。这时由于光弹性效应而引起其折射率以及光纤形状、尺寸的变化，从而引起了传播光的相位变化和偏振波面的旋转；图 3-33(b)则表示施加点压力的情况。这时将使光纤变形，影响到光传播中不连续的折射率变化所引起的传播光的散射损耗，从而引起光振幅变化。图 3-34 表示一种声压力传感器，如水听器。它是利用干涉仪检测光纤内发生的声-光相位调制。激光源光束经过分光镜以后，一路传输到长螺卷状的检测光纤，感受声音(压力)信号。检测光纤在外界声压作用下，由于光调制效应，从而产生光传输的相位变化。如果将其与另一路经过参考光纤(亦呈螺卷状)的参考光束进行叠加，并由光电管转换为电信号，进行信号处理，即可获得光相位变化。这种光纤声压传感器，如果用光功率 1 mW 的 He-Ne 激光源，用长度 100 m的石英玻璃光纤裸线，则其最小检测声压力为 1 μPa。

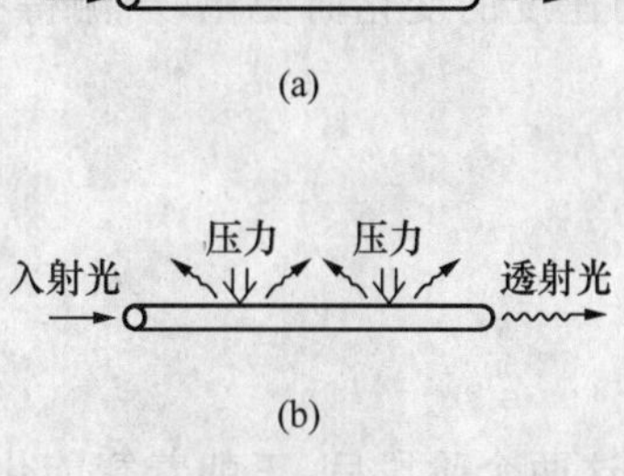

图 3-33　物性型光纤压力传感器

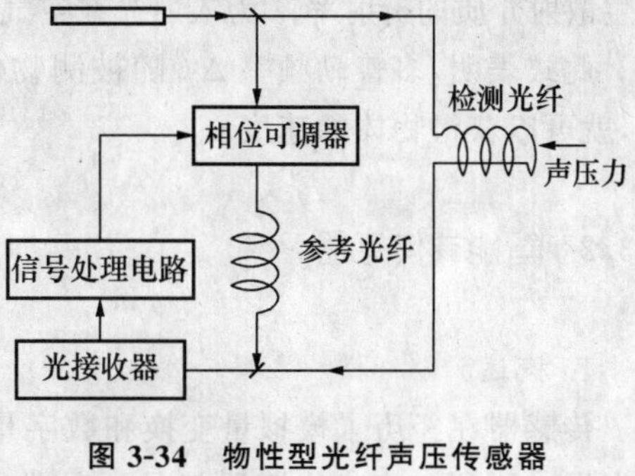

图 3-34　物性型光纤声压传感器

2. 结构型

结构型光纤传感器是由光检测元件与光纤传输回路组成的测量系统，在这里，光纤仅起传播媒质的作用，所以又被称为传光型或非功能型光纤传感器。

图 3-35 是一种传光型位移传感器。当来自光源的光束经过光纤传输，射到被测物体时，由于入射光的散射作用，光强发生变化，在接收光纤的输出端，由光电管转换为电压信号的变化，在一定范围内，其输出电压 U 与位移 x 呈线性关系。这种传感器已被用于非接触式微小位移测量及表面粗糙度测量。

图 3-36 是一种激光-多普勒效应速度传感器。这是一种检测高频、微小振幅的非接触式测振系统，运用了多普勒效应（即振动物体所反射光的频率变化与物体速度成比例）。

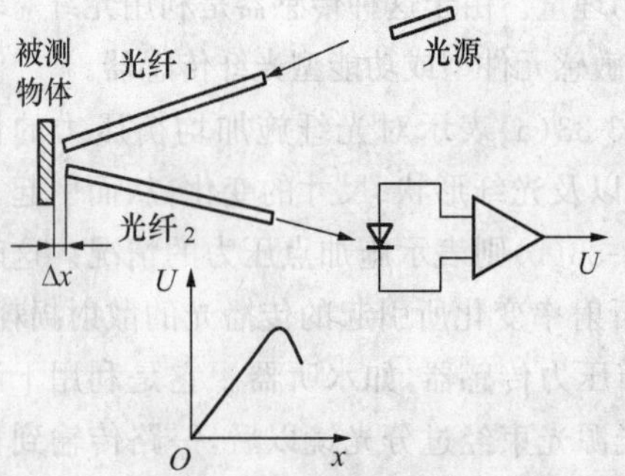

图 3-35　传光型光纤位移传感器

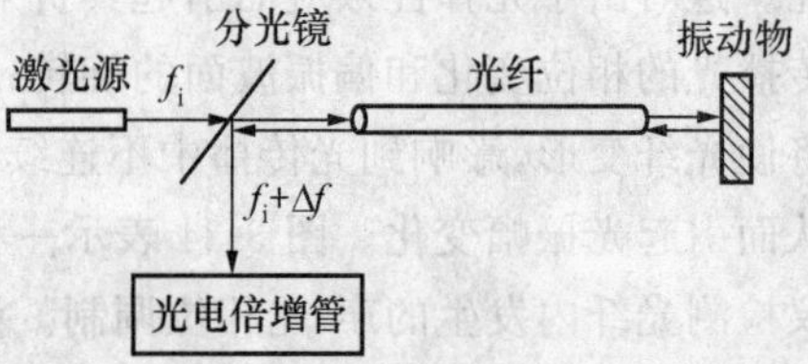

图 3-36　激光-多普勒效应测振系统

被测物体运动速度与多普勒频率之间的关系式为

$$\Delta f = f_s - f_i = 2nv/\lambda \tag{3-28}$$

式中：f_i 为入射光频率，即激光源频率；f_s 为散射光频率；Δf 为多普勒频率；n 为发生散射介质的折射率；λ 为入射光在空气中的波长；v 为被测物体的速度向量。

此式表明，多普勒频率 Δf 随被测物体运动速度的变化而变化，当测得 Δf 后，就可以获得物体的速度 v。

3.3.2　智能式传感器

1. 概述

传感器在经历了模拟量变换和数字量变换这两个阶段后，正朝着智能化方向发展。所谓智能式传感器就是一种带有微处理器的，兼有信息检测、信息处理、信息记忆、逻辑思维与判断功能的传感器。它具有人工智能，它使传感器技术提高到一个新的水平。

智能式传感器与传统的传感器相比具有很多优点：

(1)精度高。由于智能传感器具有的数据处理能力，可以通过软件修正其非线性，进行温度补偿、数字滤波等，所以显著减小了系统误差，并可适当补偿随机误差，从而使传感器的精度明显提高。只要传感器本身具有较好的重复性，便可使之成为高精度的传感器。

(2)具有一定的可编程功能及逻辑思维与判断能力，具有指令和数据存储及自诊断、自校准功能，提高工作的可靠性和稳定性。

(3)可以实现多传感器、多参数的复合、同步测量。具有数字通信接口，能与计算机直接联机，交换信息，便于组成微机测控系统。

智能式传感器就其结构而言可以分为两类：一类是传感器部分与微处理器部分是各自独立的两部分，这两部分可以分装在一个壳体内形成一个整体，也可以各自独立封装，甚至可以根据工作需要，安装在相距较远的两个不同地方。另一类是借助半导体技术把传感器部分、信号预处理电路、输入输出接口、微处理器等制作在同一块芯片上，成为大规模集成电路智能传感器，这类传感器具有多功能，一体化，精度高，体积小，使用方便，适宜于大批量生产等优点，发展很快。

2. 智能式传感器的构成

典型的智能式传感器的构成如图 3-37 所示。其中传感器部分可以是一个，也可以是多个。预处理及输入接口单元具有完成信号的模数转换、信号预处理等功能。微处理器单元除含有微处理器外，还包含有存储器及信息处理和校正软件。输出接口单元可包含数模转换、标准串行口、并行口及驱动电路等。

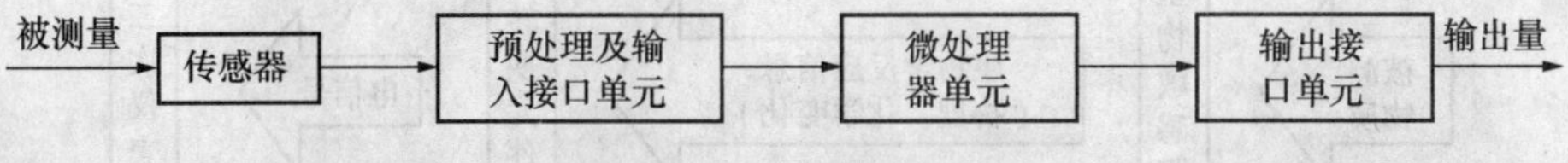

图 3-37 智能传感器的构成

预计不久的将来，大多数传感器系统可能全部集成在一片芯片上(或多片模块上)，其中包括传感器、微处理器和微执行器等，它们构成一个闭环工作微系统，并与高一级计算机系统连接，利用其专家系统程序对基本微传感器部分进行更好的补偿与校正，从而大大提高测量精度。智能传感器是今后传感器发展的趋势。

3.3.3 生物传感器

1. 概述

随着生命科学与生物技术的飞速发展，在生物工程、生物医学测量、生物反应器的自动监测与控制方面，需要采集大量的多种生物信息。作为传感器的一个分支的生物传感器从化学传感器中独立出来，并且得到快速发展，为生物科学的定量分析、生物工业过程的测量监控等提供有力的技术手段。

生物传感器是以生物活性物质作为敏感元件的。这种生物活性物质包括酶、抗原、抗体、微生物、细胞、组织切片等。用这些活性物质制作的生物传感器有酶传感器、免疫传感器、酶-免疫传感器、微生物传感器、细胞传感器与组织切片传感器等。

2. 生物传感器的基本工作原理

生物细胞被一种半透明的细胞膜包裹着，许多生命现象都与膜上物质对信息感受及物质交换有关。如生物电的产生、细胞间的相互作用、肌肉的收缩、神经的兴奋、各种感觉器官的工作等。生物体内有许多种酶，它们具有很高的催化作用，各种酶又具有专一性，只对特定的物质发生作用；生物体具有免疫功能，生物体侵入异性物质后，会产生受控物质，将其复合掉；生物体内还存在着像味觉、嗅觉那样能反映物质气味、识别物质的感觉器官等等。将这些具有奇特与敏感功能的生物物质固定在某种基质（或称载体）上，就得到了生物敏感膜。生物敏感膜具有专一性与选择亲和性，它只在与相对应的物质结合后才能产生生化反应或生成复合物质。

生物传感器由生物敏感膜和转换元件构成，其基本组成及工作原理如图3-38所示。

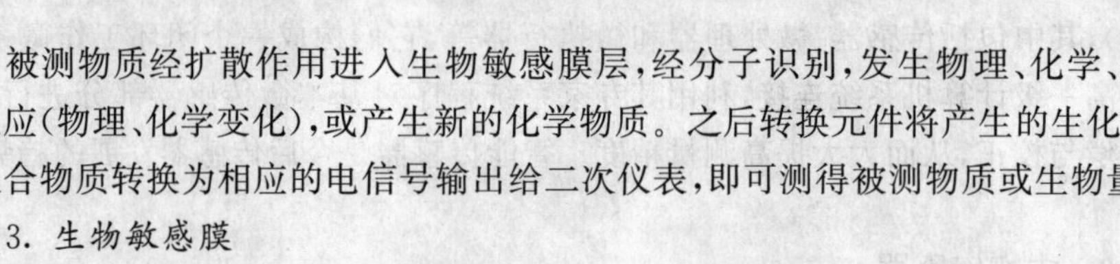

图 3-38 生物传感器的基本组成及工作原理

被测物质经扩散作用进入生物敏感膜层，经分子识别，发生物理、化学、生物学反应（物理、化学变化），或产生新的化学物质。之后转换元件将产生的生化现象或复合物质转换为相应的电信号输出给二次仪表，即可测得被测物质或生物量。

3. 生物敏感膜

生物敏感膜又称分子识别元件，它是生物传感器的核心，它是将酶等生物活性物质固定在各种载体上制成的。常用的载体有丙烯酰胺系聚合物、苯乙烯系聚合物、胶原、纤维素、淀粉等天然高分子材料以及玻璃、不锈钢等无机物。当生物敏感膜与被测物质相接触时会发生物理、化学变化的生化反应，据此可以进行分子识别。生物敏感膜是生物传感器的关键元件，它直接决定着传感器的功能与质量。

根据所选生物活性物质的不同，可以制成酶膜、全细胞膜、组织膜、免疫膜、细胞器膜、复合膜等。各种膜所用的生物活性材料见表 3-1。

表 3-1 生物传感器的生物敏感膜

生物敏感膜	生物活性材料	生物敏感膜	生物活性材料
酶膜	各种酶类	细胞器膜	线粒体、叶绿体
全细胞膜	细菌、真菌、动植物细胞	免疫功能膜	抗体、抗原、酶标抗原等
组织膜	动植物组织切片		

4. 生物传感器的特点

(1)选择性好　由于生物敏感膜的分子识别具有很强的专一性、选择性，所以，它可以从众多的化学物质中单独识别特定的分子。因此以生物敏感材料为基础做成的生物传感器选择性能好、噪声低。

(2)灵敏度高　生物传感器是在分子水平上进行识别和转换，所以，需用样品量少(只需微升级)，检测下限可达 10^{-8} g/L。

(3)操作简单、快速、准确　它是在无试剂条件下工作的，比各种传统的生物学和化学分析法操作简便、快速、准确。

(4)体积小　可植入人或动物体内，乃至细胞内进行监测。

生物传感器的主要弱点是使用寿命较短，一般在几天至几百天。

3.3.4 固态图像传感器

固态图像传感器是 20 世纪 70 年代迅速发展起来的一种新型光电器件，它具有光生电荷及积蓄、转移电荷的功能。这种器件能够将图像信息经过光媒介实现光电转换，是一种光信息处理装置。由于这种传感器具有小型、质轻、高速(响应快)、高灵敏、长寿命、高稳定性以及非接触等特点，近年来在测试技术领域中，已获得广泛应用。

固态图像传感器把布设在半导体衬底上的许多感光小单元(简称“像素”或“像点”)经转换得到的光电信号，用所控制的时钟脉冲读取出来。这些小单元，它们各自在空间、电气上是彼此独立的。图 3-39 是固态图像传感器的工作示意图。被测物的入射光图像照射到传感器上，其输出电信号与各像素点感受的光强及其位置相对应。它不需外加扫描电子束,而直接由自扫描(电荷转移)便可得到衬底上各像素的电信号。

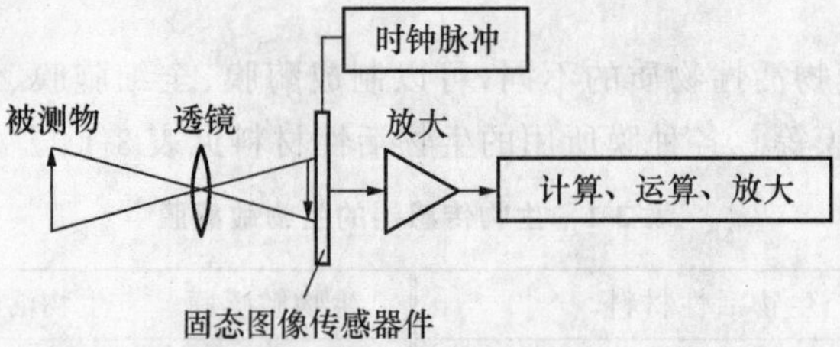

图 3-39 固态图像传感器的工作原理

构成固态图像传感器的核心是电荷耦合器件 CCD(charge coupled device)。它是用 MOS(即金属-氧化物-半导体)电容构成的像素实现上述功能的。图3-40表示了 MOS 的构成。在 P 型 Si 衬底上通过氧化形成 SiO_2 绝缘层,再在其上淀积小面积的金属铝作为电极,就构成一只 MOS 电容器。若在某一时刻给它的金属电极加上正向电压 U_G,其电场能够透过 SiO_2 绝缘层对位于其下的 P-Si 中的载流子进行排斥或吸引。此时,P-Si 中的多数载流子(空穴)便会受到排斥,于是,在 Si 表面处就会形成一个耗尽区,并且在一定条件下,所加 U_G 越大,耗尽区就越深,如图 3-40(a)所示。这时,P-Si 表面吸收少数载流子(此例是电子)的势(即表面势)U_s 也就越大,这时的 MOS 电容器所能容纳的少数载流子电荷的量就越大。据此,可以用"势阱"来比喻 MOS 电容器在 U_G 作用下存贮信号电荷的能力。习惯上,可把"势阱"想象成一个桶,把少数载流子(信号电荷)想象成盛在桶底上的流体,如图 3-40(b)所示。

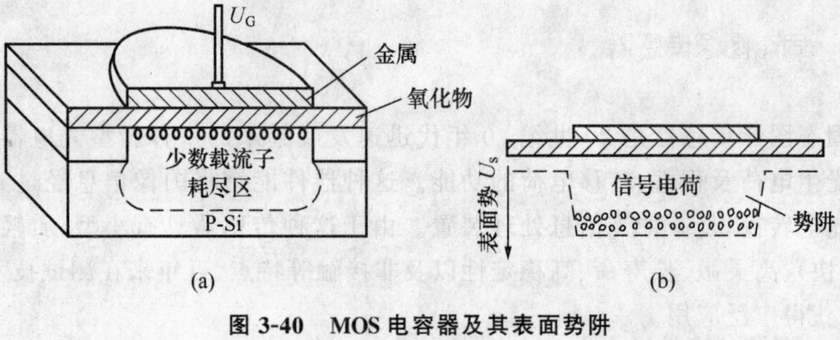

图 3-40 MOS 电容器及其表面势阱

由许多 MOS 电容器排列而成的 CCD,由于 MOS"势阱"的存在,而具备电荷的蓄积功能;采用 Si 衬底,在光线照射下,又可产生光生载流子的信号电荷,就是说,它又具备光电转换机能;若再设法使其具备转移信号电荷的自扫描功能，那么，由 CCD 即可构成固态图像传感器。

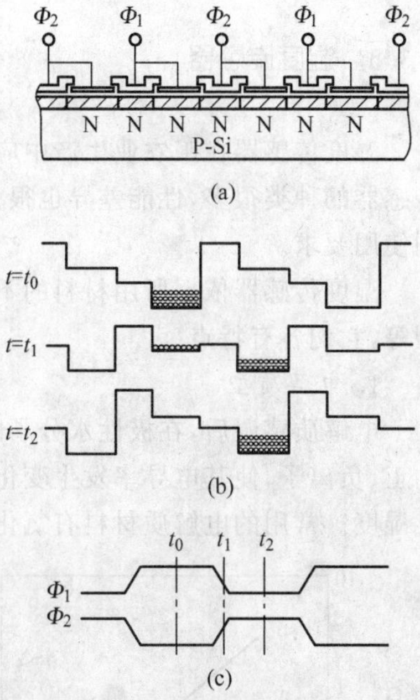

图 3-41　CCD 电荷转移过程

图 3-41 表示了 CCD 的电荷转移过程。图 3-41(a)表示排列在一起的 MOS 电容器。如果 MOS 之间相邻很近，以致耗尽区相互交叠，那么，任何可以移动的少数载流子信号电荷都将力图堆积向表面势最大的位置。若用势阱比喻，则它们都将流向桶的底处。图中 Φ_1、Φ_2 是两个控制栅极，若分别加以不同的正向脉冲，就可以改变它们各自所对应的下方 MOS 的表面势，亦即可以改变阱的深度，从而使信号电荷由浅阱向深阱自动转移。图 3-41(b)表示在 $t=t_0$，$t=t_1$，$t=t_2$ 时刻信号电荷的转移、堆积情况；图 3-41(c)表示控制栅极 Φ_1、Φ_2 的脉冲电压变化。可见，信号电荷随栅极脉冲电压变化而沿势阱之间依次耦合前进，从而在输出端得到与各像素一一对应的电信号。

固态图像传感器可依照其像素排列方式而分为线型、面型或圆型等。每种形式各有多种规格，如面型的有 32×32、100×100、320×244、490×400 等。

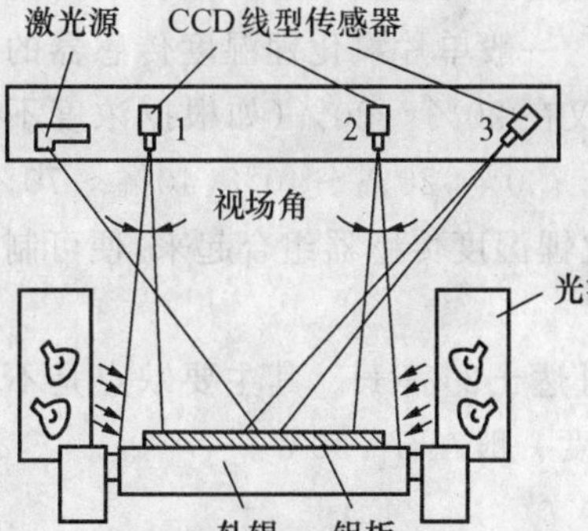

图 3-42　热轧铝板宽度检测装置

图 3-42 表示用于测量热轧铝板宽度的典型实例。两个 CCD 线型传感器置于铝板的上方，板端的一小部分处于传感器的视场内，依据几何光学方法可以分别测知宽度 l_1、l_2，在已知两个传感器的视场间距 l_m 时，就可以根据传感器的输出计算出铝板宽度 L。图 3-42 中 CCD 传感器 3 是用来摄取激光器在板上的反射光像的，其输出信号是用来补偿由于板厚变化而造成的测量误差的。整个系统由微处理机控制，这样可做到在线实时检测热轧板宽度。对于 2 m 宽的热轧板，其最终测量精度可达板宽的±0.025%。

3.3.5 湿度传感器

湿度传感器在工农业生产中应用很广，不同的场合，对其要求也不同。湿度传感器的种类很多，性能差异也很大，使用中需要合理地选择湿度传感器，以达到使用要求。

湿度传感器依据所用材料的不同，分为电解质型、陶瓷型、半导体型、高分子型等，它们各有特点。

1. 电解质型

电解质感湿后，在极性水分子的作用下，能部分或全部地离解为能自由移动的正、负离子，使其电导率发生变化。离子的数量取决于感湿的程度即取决于空气湿度。常用的电解质材料有氯化锂、五氧化二磷等。

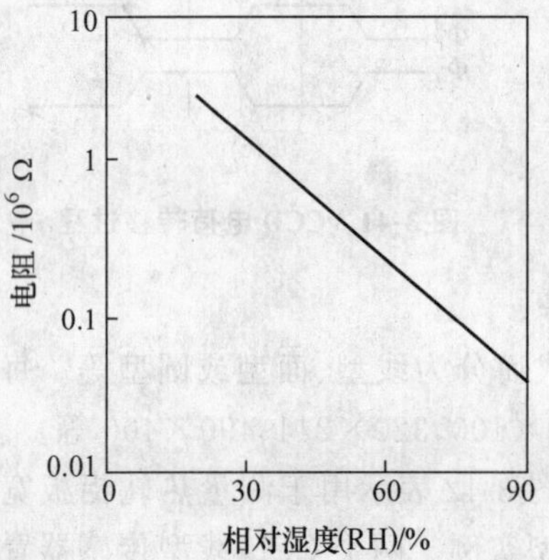

图 3-43 组合式氯化锂电阻-湿度特性

以氯化锂湿度传感器为例，它是在绝缘基板上制作一对电极，然后涂上含有氯化锂盐的溶液，溶剂挥发后即形成一层氯化锂感湿胶膜。氯化锂极易潮解，并产生离子电导，其电阻随湿度增加而减小。其电阻-湿度特性如图 3-43 所示。可看出相对湿度基本与电阻的对数成正比。

氯化锂的浓度不同，其感湿范围也不同，浓度高，对低湿度敏感；浓度低，对高湿度敏感。一般单片氯化锂湿度传感器的感湿范围仅在 20%～30%（如根据浓度不同在 10%～30%，20%～40%，40%～70%，70%～90%等）。把不同感湿范围的单片氯化锂湿度传感器组合起来，便可制成量程为 20%～90%的湿度传感器。

氯化锂湿度传感器的优点是精度较高，可达±2%RH。其主要缺点是不能在结露或污染环境中使用，寿命较短，工作温度一般在 5～50℃。

2. 陶瓷型

陶瓷型湿度传感器有许多优点：测湿范围宽，基本可实现全湿范围的测量；工作温度高，一般为 150℃，高温型的可达 800℃；响应时间短；抗污染能力强；制造工艺简单，成本低等。

现在使用的陶瓷湿敏元件材料有 $MgCr_2O_4$-TiO_2 系、TiO_2-V_2O_5 系、

$ZnCr_2O_4$系等，它们都为负特性陶瓷湿度传感器，即随环境相对湿度的增加，其阻值减小。

陶瓷湿度传感器的感湿机理在于半导体陶瓷感湿材料一般为多晶多相结构，由于半导体化的结果，使晶粒内产生了大量自由载流子——电子或空穴。水是一种强极性电介质，其介电常数接近 80。水分子的氢原子附近有很强的正电场，即具有很强的电子亲和力。当水分子被吸附在多孔陶瓷的晶界表面时，随着环境湿度的增加，多孔陶瓷吸附的水分子增多，使其阻值下降。图 3-44 示出了 $MgCr_2O_4$-TiO_2 系湿度传感器的电阻-湿度特性。

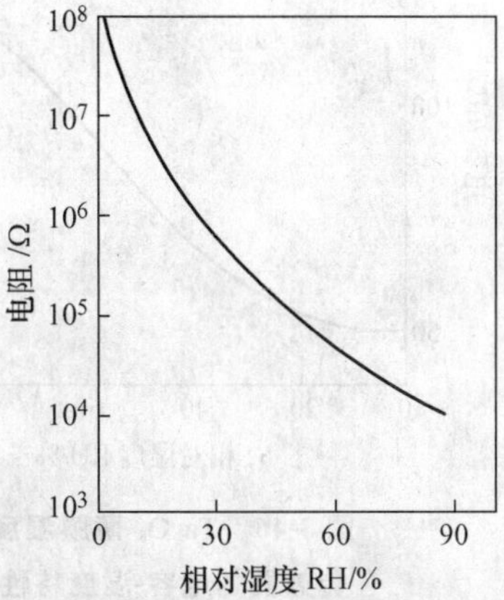

图 3-44 $MgCr_2O_4$-TiO_2 系湿度传感器的电阻-湿度特性

陶瓷湿度传感器分为烧结型、厚膜型、薄膜型。

(1)烧结型陶瓷湿度传感器　是将感湿材料经配比、研磨、成形、烧结等工序制成，其产量约占陶瓷湿度传感器的 50%。其不足之处是性能还不够稳定，工作中需要定时加热清洗，而这又加速了敏感陶瓷的老化，另外，它对湿度不能连续测量。

(2)厚膜型陶瓷湿度传感器　目前，陶瓷湿度传感器有从烧结型向厚膜型过渡的趋势，这是因为厚膜湿度传感器的分散性较小，阻值易于控制，互换性好，响应时间短，便于集成化等优点，因而受到重视。

常见的厚膜湿敏材料有 ZrO_2-Y_2O_3 系、$MnWO_4$ 系等。它是在氧化铝绝缘基片上蒸镀制成梳状电极，然后将研磨成超微细粉末的感湿材料与环氧树脂调成膏状，涂覆在梳状电极上，再经中温烧结制成，如图 3-45 所示。

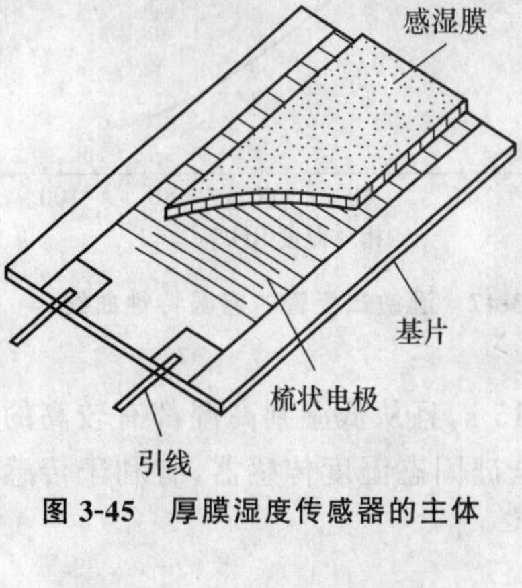

图 3-45　厚膜湿度传感器的主体

厚膜湿度传感器的性能较好。例如，以 ZrO_2 为湿敏材料的 HS-201 型厚膜湿度传感器，其功耗小，稳定性好，体积小，重量轻，具有良好的响应特性与耐久性，且不需要加热清洗，因而在空调、除湿器、环境湿度控制等方面得到广泛应用。

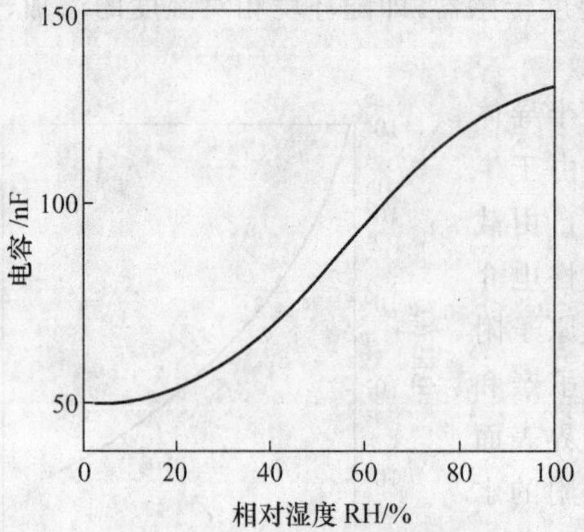

图 3-46 Ta_2O_5 薄膜湿度传感器的电容-湿度特性

(3)薄膜型陶瓷湿度传感器 是将感湿材料,如 Ta_2O_5 和 AL_2O_3 等,在硼硅玻璃或蓝宝石衬底上沉积一层氧化物感湿薄膜,然后在其上蒸镀一对梳状电极制成。

薄膜型陶瓷湿度传感器的感湿特征量大都采用电容量。由于水的介电常数大,所以,环境湿度增加时,薄膜吸附的水分子增多,使电容量增加。图 3-46 示出了 Ta_2O_5 薄膜湿度传感器的电容-湿度特性。

薄膜湿度传感器工作稳定,尤其在高温下更是如此,另外,由于薄膜湿度传感器的感湿膜很薄,所以其响应时间很短(1～3 s),特别适宜于在需要高速湿度响应的场合工作。

3. 半导体型

由 N 型硅材料和 SnO_2 形成 PN 结,即可构成湿敏二极管。工作时给其加上恒定的负偏压和负载使之处于雪崩区附近,此时,其反向电流的大小便与环境湿度直接相关。其反向电流与环境湿度的关系如图 3-47 所示。从图可以看出,随着相对湿度的增加,湿敏二极管的反向电流减小。这是由于湿敏二极管置于待测环境时,其 PN 结边缘处有水分子吸附,使耗尽层变宽(主要是向硅衬底方向扩展),使二极管雪崩电压提高,导致其反向电流减小。

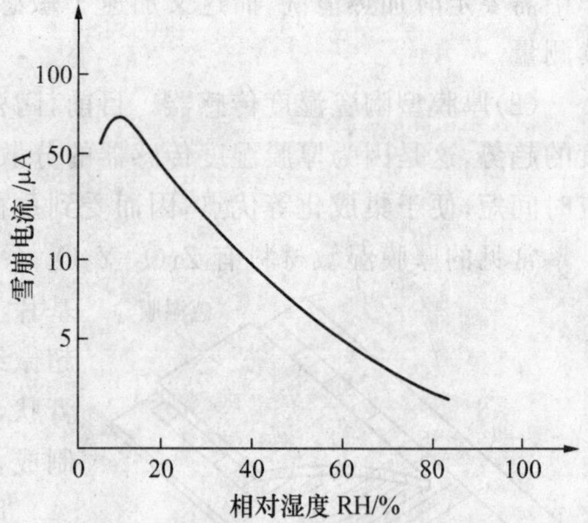

图 3-47 湿敏二极管的感湿特性曲线

这种湿敏二极管的响应速度很快,从 0～100%的湿度变化,响应时间仅 15 s,且从低湿到高湿都有较高的灵敏度。这种传感器是用半导体工艺制成的全硅固态湿度传感器,有利于传感器的集成化与微型化,很有发展前途。

4. 高分子型

利用高分子材料的吸湿性及吸湿后其电特性的明显变化，可制成高分子湿度传感器。

某些高分子电介质材料（如醋酸纤维素材料、酰胺纤维素、硝化纤维素）吸湿后，其介电常数明显改变，据此可制成高分子电容湿度传感器。

而某些高分子电解质材料（如苯乙烯磺酸锂）吸湿后其电阻值发生明显变化，据此可制成高分子电阻湿度传感器。

制作高分子湿度传感器时，是在玻璃、聚苯乙烯等绝缘基片上蒸镀梳状电极，然后，在其上通过涂覆、电解等工艺制成厚度约 0.5 μm 的高分子感湿薄膜。再在其上蒸镀一层极薄的多孔透水的另一电极，并加引线制成。

图 3-48(a)是高分子电容湿度传感器的电容-湿度特性，图 3-48(b)是高分子电阻湿度传感器的电阻-湿度特性。

高分子薄膜湿度传感器的缺点是不能用于 80℃以上温度环境和含有有机溶媒气体环境的湿度测量，性能还不够稳定。

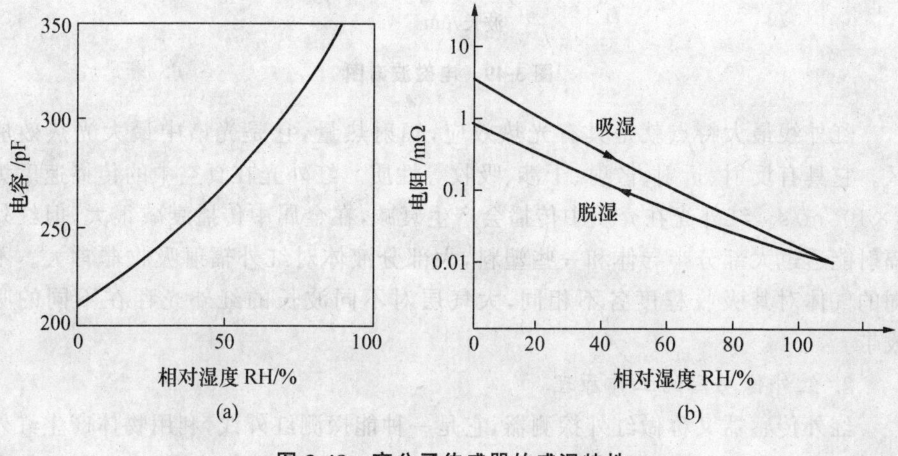

图 3-48 高分子传感器的感湿特性

3.3.6 红外传感器

1. 红外辐射

任何物体，当其温度高于绝对零度时，都将有一部分能量向外辐射，物体温度越高，则辐射到空间去的能量越多。辐射能以波动的方式传播，其中包括的波长范围很宽，可从几微米到几千米，包括有 γ 射线、X 射线、紫外线、可见光、红外线，一直到无线电波，它们构成了整个无限连续的电磁波谱，如图 3-49 所示。红外辐射是其中的一部分。红外线的波长大致在 0.76～1 000 μm，相对应的频率大致在 $4\times10^{4}\sim3\times10^{11}$ Hz。通常又按红外线与红色光的远近分为 4 个区域，即近红外、中红外、远红外和极远红外。

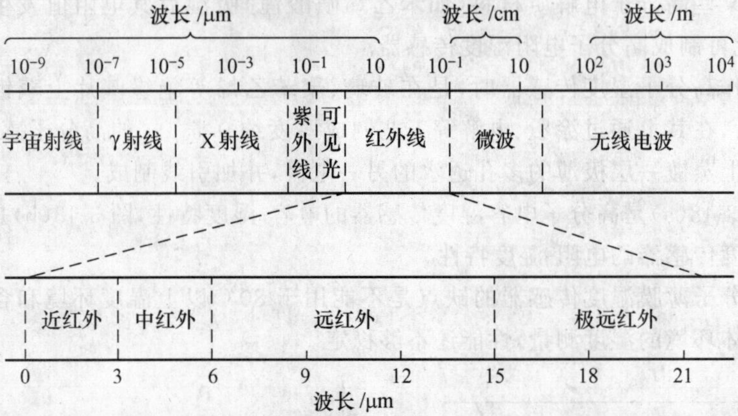

图 3-49 电磁波谱图

红外线最大特点就是具有光热效应，辐射热量，它是光谱中最大光热效应区。它具有反射、折射、散射、干涉、吸收等性质。红外光在真空中的传播速度为 3×10^{8} m/s。红外光在介质中传播会产生衰减，在金属中传播衰减很大，但红外辐射能透过大部分半导体和一些塑料，大部分液体对红外辐射吸收非常大。不同的气体对其吸收程度各不相同，大气层对不同波长的红外光存在不同的吸收带。

2. 红外传感器的工作原理

红外传感器又称做红外探测器，它是一种能探测红外线，利用物体产生红外辐射的特性来实现自动检测的器件。红外线传感器包括光学系统、检测元件和转换电路。光学系统按结构不同可分为透射式和反射式两类。检测元件按工作原理可分为热敏检测元件和光电检测元件。热敏元件应用最多的是热敏电阻。热敏电阻受到红外线辐射时温度升高，电阻发生变化，通过转换电路变成电信号输出。光电检测元件常用的是光敏元件，通常由硫化铅、硒化铅、砷化铟、砷化锑、碲镉汞三元合金、锗及硅掺杂等材料制成。

红外线传感器测量时不与被测物体直接接触，因而不存在摩擦，并且有灵敏度高，响应快等优点。

红外探测器是红外探测系统的关键部件。常见的红外探测器有两类，红外热探测器和红外光子探测器。

(1)红外热探测器　热探测器是利用探测元件吸收入射辐射而产生热、造成温升，并借助各种物理效应把温升转换成电量的原理而制成的器件。最常用的有热电偶型、热敏电阻型、气动型、热释电型等。

热电偶型探测器是将热电偶冷端置于环境温度下，将热端涂上黑层置于辐射中，可根据产生的热电势来测量入射辐射功率的大小。这种热电偶多用半导体材料制成。

气动型探测器是利用气体吸收红外辐射后温度升高、体积增大的特性来反映红外辐射的强弱，其结构原理如图 3-50 所示。红外辐射通过窗口照射到吸收薄膜上，吸收膜将吸引的能量传给气室，气室温度升高，气压增大，柔镜膜片变形。在气室的另一边，来自光源的可见光束通过透镜，光栅聚焦在柔镜上，经柔镜反射回来的栅状图像又经过光栅、反射镜投射到光电管上。当柔镜因气体压力增大而移动时，栅状图像与光栅发生相对位移，使落在光电管上的光量发生变化，光电管的输出信号反映了入射红外辐射的强弱。

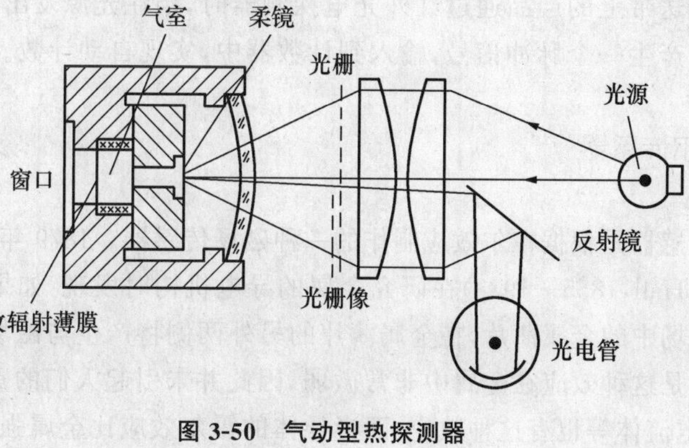

图 3-50　气动型热探测器

气动型探测器的光谱响应波段很宽，从可见光到微波，一般用于实验室内，作为其他红外器件的标定基准。

(2)红外光子探测器　红外光子探测器的工作原理是基于半导体材料的光电效应。通常有光电、光电导及光生伏特等探测器。由于任何物体都是一个红外辐射源，所以红外探测器能够探测到任何目标物的存在。制造光子探测器的材料有硫化铅、锑化铟、碲镉汞等。由于光子探测器是利用入射光子直接与束缚电子相互作用，所以灵敏度高，响应速度快；又因为光子能量与波长有关，所以光子探测器仅对具有足够能量的光子有响应,存在着对光谱响应的选择性。光子探测器通常在低温条件下工作,因此需要制冷设备。

3. 红外传感器的应用

红外热探测器主要用于温度检测和与温度相关的物理量的检测,广泛应用于工业、冶金、铁路、电力等行业。如在电力工业中,用来监测电力输电线上的接头处由于年长日久、接触不良而引起的接触点过热、老化情况,防止断线事故的发生。在冶金和锻造中,可以非接触地远距离测量锅炉炉膛温度和锻件温度,并实现轧钢、锻造等生产线的温度控制。热释电红外传感器主要用来检测红外线的增量,对于与背景温度高出几度的温差,将会做出迅速的响应,因此,热释电红外传感器可以用来检测运动的人体。当人体进入该传感器的有效视野范围时,传感器的输出端就会立即输出一个高电平,让执行器件做出反应。

红外热探测器还可以实现工件内部缺陷,如金属、陶瓷、塑料、橡胶等材料中的裂缝、孔洞、异物、气泡等的无损探伤以及金属构件焊接质量的检测。

红外光子探测器可以应用于大量的自动检测、控制、警戒以及计数等领域。还可以用于自动生产线上。在传送带两侧分别设置一个红外光源和一个红外探测器。当传送带上的产品通过红外光电探测器时,挡住光源发出的红外光,此时探测器输出产生一个脉冲信号,输入到计数器中,实现自动计数。

3.3.7 霍尔传感器

霍尔传感器是根据霍尔效应制作的一种磁场传感器。1879 年,美国物理学家霍尔(A. H. Hall,1855—1938)在研究金属的导电机构时发现:如果让恒定电流通过置于强磁场中的金属薄片,在金属薄片的另外两侧将产生与磁场强度成正比的电动势。只是这种效应在金属中非常微弱,因此并未引起人们的重视。后来发现半导体、导电流体等也有这种效应,而半导体的霍尔效应比金属强得多,利用这种现象制成了各种材料的霍尔元件。用霍尔元件做成的传感器称为霍尔传感器。它具有对磁场敏感,结构简单,体积小,频率响应宽,输出电压变化大和使用寿命长等优点,因此,在测量、自动化、计算机和信息技术等领域得到广泛的应用。霍尔效应也是研究半导体材料性能的基本方法。通过霍尔效应实验测定的霍尔系数,能够判断半导体材料的导电类型、载流子浓度及载流子迁移率等重要参数。

1. 霍尔效应

霍尔效应如图 3-51(a)所示,在和磁感应强度 B 垂直的半导体薄片中通以电流 I。设材料为 N 型半导体,则其中多数载流子为电子。电子 e 沿着和电流相反的方向在磁场中运动，因此受到洛伦兹力 F_L 的作用，电子在此力作用下向一侧偏转，并使该侧形成电子积累，与它相对应的一侧形成电子缺乏，这样就在两个横向侧面之间建立起电场 E，因此电子又要受到此电场的作用，其作用力为 F_E。当 $F_L=F_E$ 时，电荷的积累就达到动平衡。这时在两个横向侧面之间建立的电场称为霍尔电场 E_H，两侧面间的电位差称为霍尔电压 U_H。霍尔电压 U_H 与通过电流 I 和磁感应强度 B 成正比。即

$$U_H = K_H IB \tag{3-29}$$

式中：K_H 为霍尔灵敏度，它表示在单位磁感应强度和单位控制电流下得到的开路霍尔电压。对给定型号的霍尔元件，K_H 是常数。图 3-51(b)是霍尔传感器的表示符号。

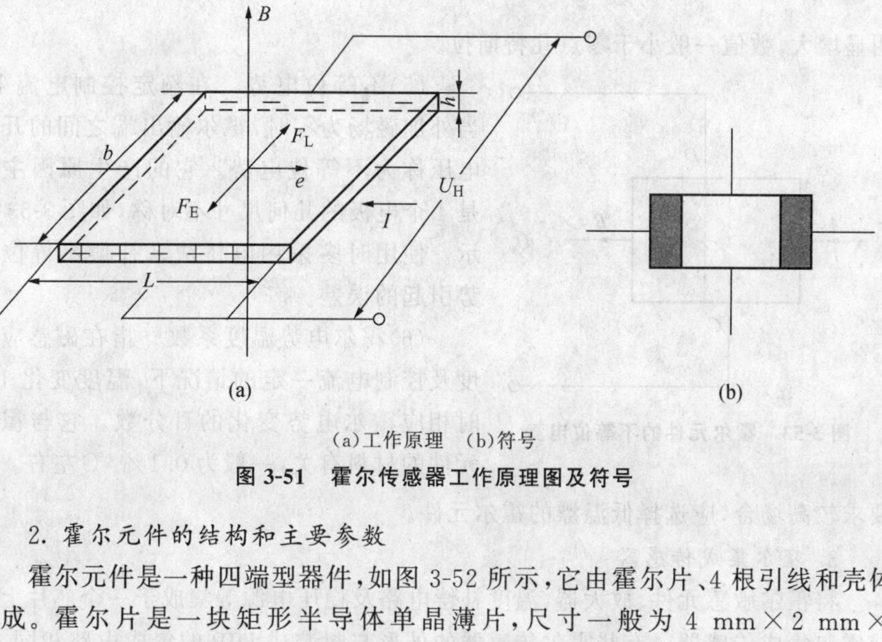

(a)工作原理　(b)符号

图 3-51　霍尔传感器工作原理图及符号

2. 霍尔元件的结构和主要参数

霍尔元件是一种四端型器件，如图 3-52 所示，它由霍尔片、4 根引线和壳体组成。霍尔片是一块矩形半导体单晶薄片，尺寸一般为 4 mm × 2 mm × 0.1 mm。通常 A、B 两个红色引线为控制电流 I 输入线，C、D 两个绿色引线为霍尔电势 U_H 输出线。

霍尔元件的主要特征参数有：

(1)额定控制电流 I　使霍尔片温升 10℃所施加的控制电流值。

(2)输入电阻 R_i　指控制电极间的电阻值。

(3)输出电阻 R_o　指霍尔电势输出极之间的电阻值。

(4)最大磁感应强度 B_m　磁感应强度超过 B_m 时，霍尔电势的非线性误差

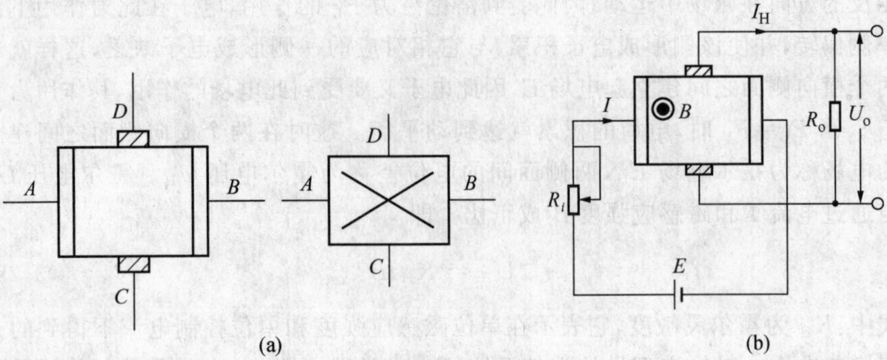

(a)符号 (b)电路

图 3-52 霍尔元件结构及电路图

明显增大,数值一般小于零点几特斯拉。

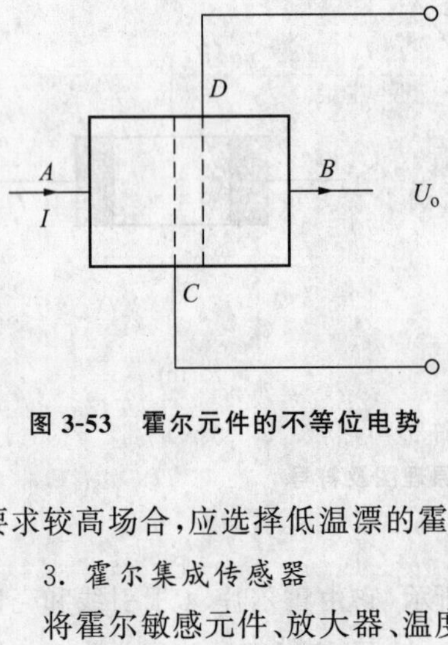

图 3-53 霍尔元件的不等位电势

(5)不等位电势　在额定控制电流下,当外加磁场为零时,霍尔输出端之间的开路电压称为不等位电势。它的产生原因主要是4个电极的几何尺寸不对称,如图3-53所示。使用时多采用电桥法来补偿不等位电势引起的误差。

(6)霍尔电势温度系数　指在磁感应强度及控制电流一定的情况下,温度变化1℃时相应霍尔电势变化的百分数。它与霍尔元件的材料有关,一般为0.1%/℃左右。在要求较高场合,应选择低温漂的霍尔元件。

3. 霍尔集成传感器

将霍尔敏感元件、放大器、温度补偿电路及稳压电源等集成于一个芯片上构成霍尔集成传感器。有些霍尔传感器的外形与封装成DIP的集成电路相同,故也称集成霍尔传感器。霍尔集成传感器分为开关型霍尔传感器和线性型霍尔传感器两种。

(1)开关型霍尔传感器　开关型集成霍尔传感器是将霍尔元件与稳压电源、信号放大器、施密特触发器及晶体管输出电路集成于一块硅芯片上。输出晶体管是集电极开路的,施密特电路起整形作用。如图3-54(a)所示,当有磁场作用在霍尔开关集成传感器上时,根据霍尔效应原理,霍尔元件输出霍尔电势U_H,

该电压经放大器放大后，送至施密特整形电路。当放大后的霍尔电势大于“开启”阈值时，施密特电路翻转，输出高电平，使晶体管导通，整个电路处于开状态。当磁场减弱时，霍尔元件输出的 U_H 电压很小，经放大器放大后其值仍小于施密特的“关闭”阈值时，施密特整形器又翻转，输出低电平，使晶体管截止，电路处于关状态。这样，一次磁场强度的变化，就使传感器完成一次开关动作。

开关型霍尔传感器的工作特性如图 3-54(b)所示，其中 B_{OP}为工作点“开”的磁感应强度，B_{RP}为释放点“关”的磁感应强度。当外加的磁感应强度超过动作点 B_{OP}时，传感器输出低电平，当磁感应强度降到动作点 B_{OP}以下时，传感器输出电平不变，一直要降到释放点 B_{RP}时，传感器才由低电平跃变为高电平。B_{OP}与 B_{RP}之间的滞后使开关动作更为可靠。利用这一特性，开关型集成霍尔传感器常用来测量转速及进行液位控制等。因为输出晶体管是集电极开路的，可以输出电流，如果要输出电压，必须在脚 3 与正电源之间接电阻，如图 3-54(c)所示。

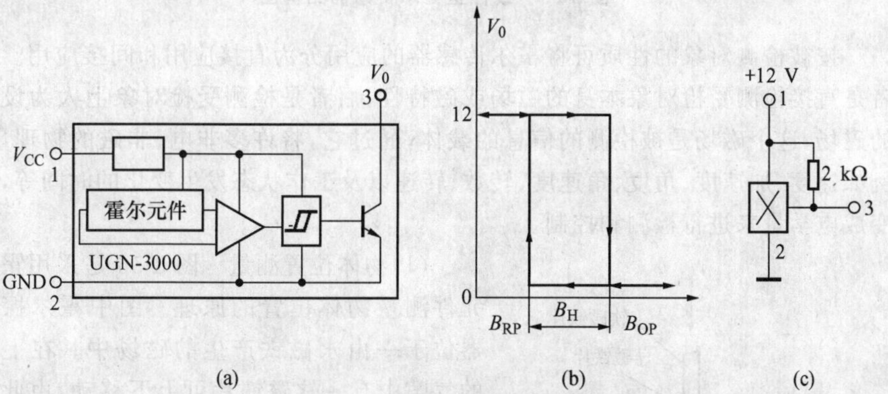

图 3-54 开关型霍尔传感器的工作特性

(2)线性型霍尔传感器 线性型霍尔传感器由霍尔元件、线性放大器和射极跟随器组成，它输出模拟量。线性型传感器的输出电压与外加磁场强度在一定范围内呈线性关系，其广泛应用于位置、力、重量、厚度、速度、磁场、电流等的测量、控制中。这种传感器有单端输出和双端输出(差动输出)两种电路，如图3-55所示。

4. 霍尔传感器与应用

霍尔线性器件的精度高、线性度好；霍尔开关器件无触点、无磨损、输出波形清晰、无抖动、无回跳、位置重复精度高(可达 μm 级)。取用各种补偿和保护措施的霍尔器件的工作温度范围宽，可达－55～150℃。

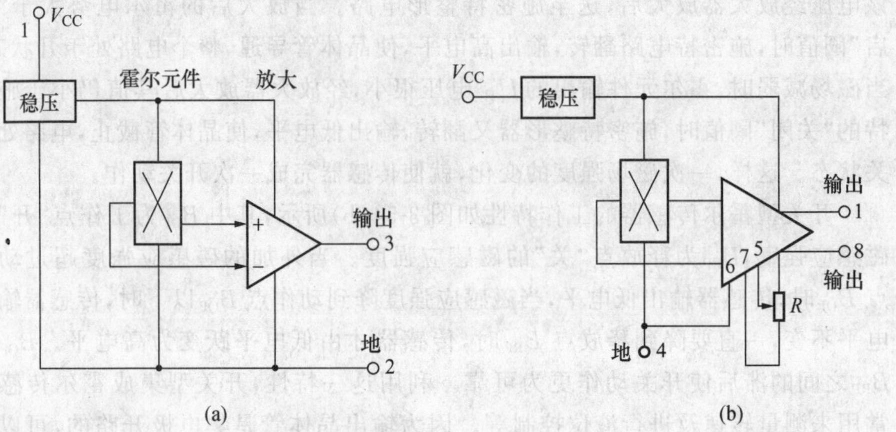

(a)单端输出 (b)双端输出

图 3-55 线性型霍尔传感器结构图

按被检测对象的性质可将霍尔传感器的应用分为直接应用和间接应用。前者是直接检测受检对象本身的磁场或磁特性，后者是检测受检对象上人为设置的磁场，这个磁场是被检测的信息的载体，通过它，将许多非电、非磁的物理量，例如速度、加速度、角度、角速度、转数、转速以及工作状态发生变化的时间等，转变成电学量来进行检测和控制。

(1)物体位置测量 图 3-56 是采用霍尔元件测量物体位置的原理。图中霍尔探测器位于一由永磁铁产生的磁场中。在上部的气隙中有一软磁铁片可上下移动，由此来控制流经霍尔板的磁通量，该磁通则用来度量软磁铁片的位置。该霍尔电压通过一电子线路中进行检测，该电子线路仅产生两个离散的电平，即0 V和 12 V。因此上述装置可用作终端位置开关，用来无接触地监测机器部件的位置。

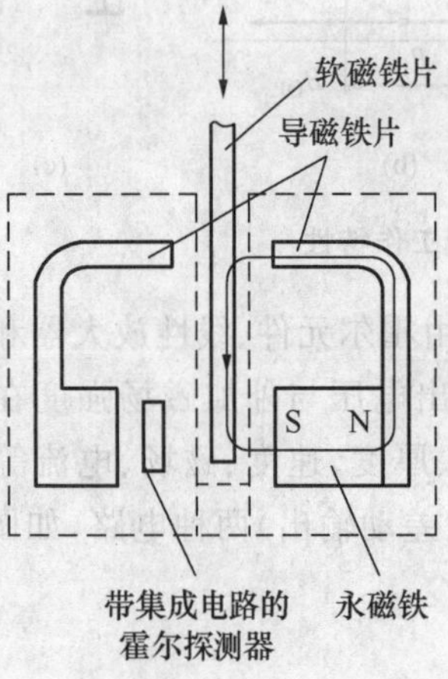

图 3-56 利用霍尔传感器测量物体位置

(2)损伤检测 图 3-57 是应用霍尔传感器检测钢丝断丝的装置。当钢丝绳通过霍尔元件时，钢丝绳中的断丝会改变永久磁铁产生的磁场，从而会在霍尔板中产生一个脉动电压信号。对该脉动信号进行放大和后续处理后可确定断丝根数及断丝位置。

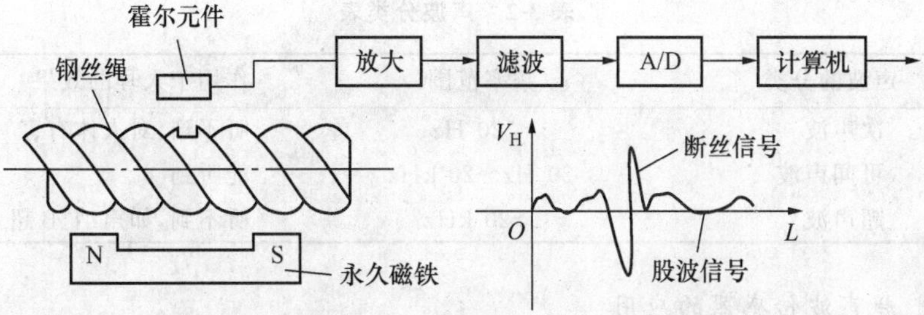

图 3-57 利用霍尔传感器检测钢丝断丝装置

3.3.8 超声波传感器

1. 声波概述

从物理学角度讲,声音是由物体振动产生的一种波,并通过媒质(一般是空气)传播而作用于我们的耳鼓,使我们能够感知。声音的传播需要媒质,在真空中声波不能传播。声音作为一种波,它具有波的所有特性,包括反射、干涉、衍射等。正常人能够听到频率为 20 Hz～20 kHz 的声波。

次声波是指频率低于 20 Hz 的声波。次声的特点是来源广,传播远,穿透力强。次声波频率很低,波长却很长,传播距离也很远。它比一般的声波、光波和无线电波都要传得远。例如,频率低于 1 Hz 的次声波,可以传到几千以至上万千米以外的地方。次声波具有极强的穿透力,不仅可以穿透大气、海水、土壤,而且还能穿透坚固的钢筋水泥构成的建筑物,甚至坦克、军舰、潜艇和飞机。由于次声波的频率与人体固有频率(0.01～20 Hz)相吻合,所以次声波会干扰人的神经系统正常功能,危害人体健康。一定强度的次声波,能使人头晕,恶心,呕吐,丧失平衡感甚至精神沮丧。某些频率的次声波由于和人体器官的振动频率相近,容易和人体器官产生共振,对人体有很强的伤害性,危险时可致人死亡。

超声波是指超过 20 kHz 的声波。超声波的特点是:频率高,波长短,能量大;绕射现象小,方向性好,沿直线传播,能够成为射线而定向传播。超声波在液体、固体中衰减很小,所以穿透本领大,尤其是在对光不透明的固体中,超声波能够穿透近几十米的长度,碰到杂质或分界面就会产生显著的反射。这些特征使超声波检测广泛地应用在工业生产中,常用来测量距离以及对结构体进行无损检测。

表 3-2 为声波分类表。

表 3-2　声波分类表

声波的分类	频率范围	作用于人耳的效果
次声波	＜20 Hz	听不到，对人体有害
可闻声波	20 Hz～20 kHz	能听到
超声波	＞20 kHz	听不到，如声纳、B 超

2. *超声波传感器的应用*

从超声波的走向来看，超声波传感器的应用有两种基本类型。图 3-58(a)所示为透射型，超声波发生器与接收器分别置于被测物体两侧。典型应用有遥控器、防盗报警器、接近开关等。图 3-58(b)所示为反射型，超声波发生器与接收器置于被测物体同侧。典型应用有接近开关、距离测量、液位或料位测量、金属探伤、厚度测量等。

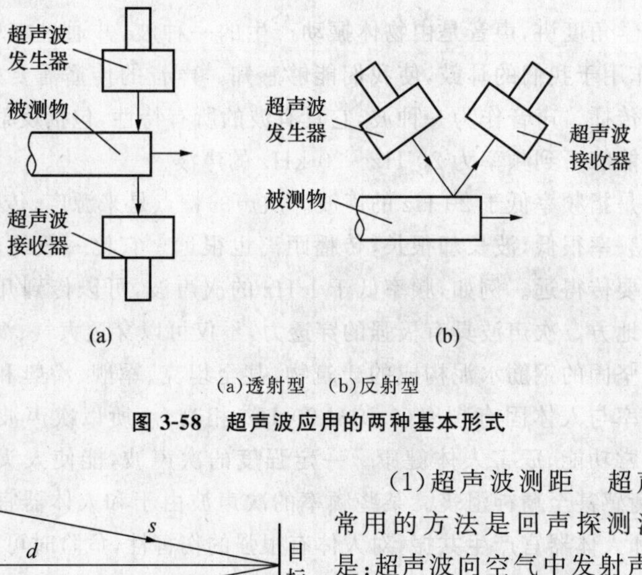

(a)透射型　(b)反射型

图 3-58　超声波应用的两种基本形式

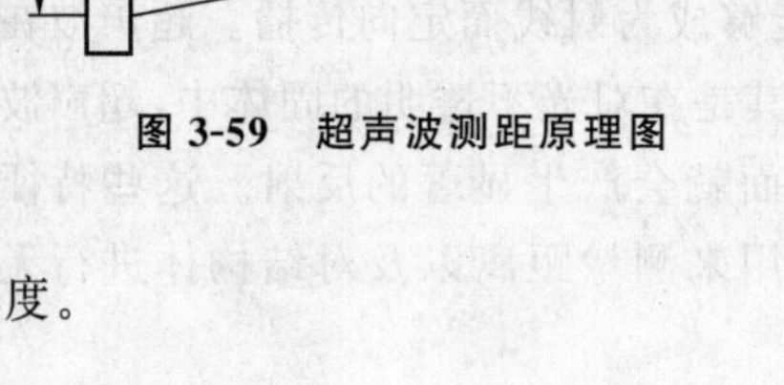

图 3-59　超声波测距原理图

(1)超声波测距　超声波测距最常用的方法是回声探测法。其原理是：超声波向空气中发射声脉冲，声波遇到被测物体反射回来，当声速确定下来之后，通过接收器测得超声波往返的时间，即可求得距离，如图 3-59 所示。也可以应用此原理测量试件的厚度。

已知声速为 v，测出第一个回波到达的时间与发射脉冲时的时间差 t，利用 $s=vt/2$，通过下式计算传感器与被测物之间的距离：

$$d=\sqrt{s^2-\left(\frac{h}{2}\right)^2} \tag{3-30}$$

当 $s\gg h$ 时，有 $d\approx s$。如果测距仪器采用收发同体超声波传感器，即 $h=0$，则有 $d=s$。

要测量预期的距离，产生的超声波必须要有一定的功率和合理的频率才能达到预定的传播距离，这是得到足够的回波功率的必要条件，只有得到足够的回波功率，接收电路才能检测到回波信号和防止外界干扰信号的干扰。经证明，频率为 40 kHz 左右的超声波在空气中传播的效率最高，因此，发射的超声波一般被调制成 40 kHz 左右、具有一定间隔的调制脉冲波信号。

(2)超声波无损检测　无损检测(non-destructive testing，NDT)，就是利用声、光、磁和电等特性，在不损害或不影响被检对象使用性能的前提下，检测被检对象中是否存在缺陷或不均匀性，给出缺陷的大小、位置、性质和数量等信息，进而判定被检对象所处技术状态(如合格与否、剩余寿命等)的所有技术手段的总称。

常规无损检测方法有超声检测、射线检测、磁粉检测、涡流检测等。其中，超声检测技术是目前使用最普遍、研究进展最快的一种无损检测方法。

超声波探伤仪即是运用超声检测方法来检测损伤的仪器。超声波探伤仪检测方法通常有穿透法、脉冲反射法、串列法等，以脉冲反射式超声波探伤仪应用最为广泛。工作原理为：在均匀的材料中，缺陷的存在将造成材料的不连续，这种不连续往往又造成声阻抗的不一致，由反射定理可知，超声波在两种不同声阻抗介质的交界面上将会发生反射，反射回来的能量大小与交界面两边介质声阻抗的差异和交界面的取向、大小有关，如图 3-60 所示。测试前，先将探头连接到探伤仪连接插座上，通过探伤仪的面板荧光屏可以知道工件中是否有缺陷、缺陷的大小及缺陷的位置。工作时，探头放置在被测工件上，并在工件上来回移动。探头发生的超声波以一定的速度向工件内部传播，如果工件中没有缺陷，则超声波传播到工件底部便产生反射，在荧光屏上只产生开始脉冲 T 和底部脉冲 B，如图 3-60(a)所示。如果工件中存在缺陷，一部分声波脉冲在缺陷处产生反射，另一部分继续传播到工件底部产生反射，这样在荧光屏上会出现开始脉冲 T 和底部脉冲 B 和缺陷脉冲 F，如图 3-60(b)所示。通过缺陷脉冲在荧光屏上的位置，可以确定缺陷在工件中的位置；根据缺陷脉冲幅度的高低可以推算缺陷的大小；通过探头的移动，可以确定缺陷的大致长度。

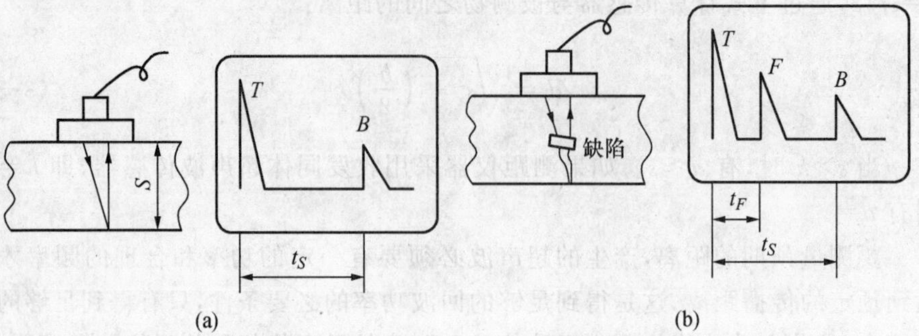

(a)无缺陷时超声波的反射及显示的波形　(b)有缺陷时超声波的反射及显示的波形

图 3-60　超声波探伤工作原理图

(3)超声波液位和物位测量　超声波液位和物位测量的工作原理是由超声波探头发出高频脉冲声波遇到液体或物体表面被反射回波被探头接收转换成电信号。由于采用非接触的测量，被测介质几乎不受限制，可广泛用于各种液体和固体物料高度的测量。如图 3-61 所示为超声波液位计测量示意图。在被测液体液位的上方安装一个空气传导型的超声波发生器和接收器。根据超声波的往返时间可以测出液体的液面高度。如果液面晃动，就会因为反射波散射而接收困难，因此可用直管将超声波传播路径限定在某一小的空间内。另外，由于空气

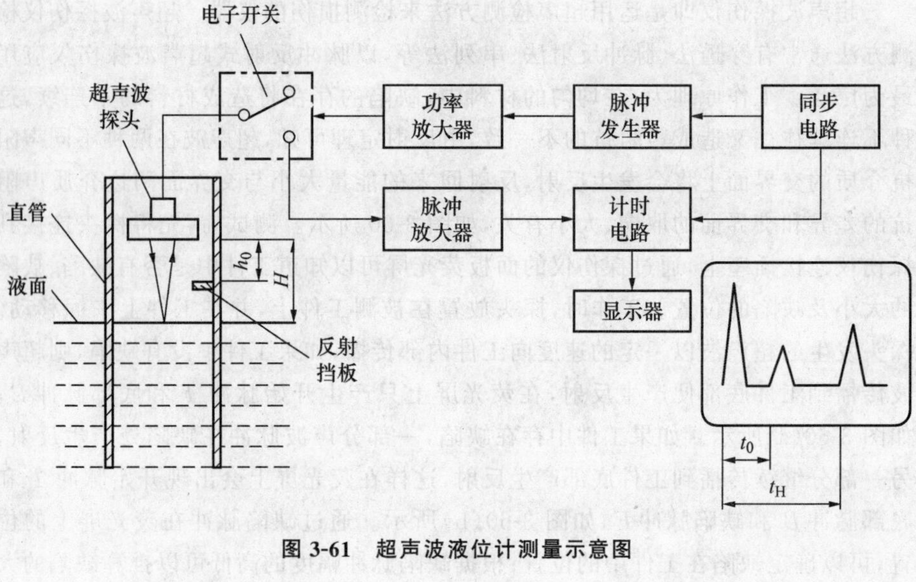

图 3-61　超声波液位计测量示意图

中的声速随温度变化而变化，造成由于温度变化带来的测量误差，所以在超声波的传播路径中设置一个反射性良好的小板做标准参照物，随时标定测量环境中的超声波的速度，以便计算修正温度变化造成的测量误差。温度补偿公式：

$$环境声速(m/s) = 331.5 + 0.6 \times 温度(℃) \tag{3-31}$$

3.3.9 工业CT检测技术

CT是computed tomography的缩写，即是计算机断层成像技术。它与一般辐射成像方法不同。普通辐射成像是将三维物体投影到二维平面成像，各层面影像重叠，造成相互干扰，不仅图像模糊，而且损失了深度信息，不能满足分析评价要求。CT是把被测体所检测断层孤立出来成像，避免了其余部分的干扰和影响，图像质量高，能清晰、准确地展示所测部位内部的结构关系、物质组成及缺陷状况，检测效果是其他传统的无损检测方法所不及的。

CT技术应用于医学领域，形成医学CT(MCT)技术，是一种功能齐全的病情探测仪器；应用在工业领域，形成工业CT(ICT)技术，是进行工业产品的无损检测和探伤的仪器。

1. CT成像基本原理

CT是用X线束对物体一定厚度的层面进行扫描，由探测器接收透过该层面的X线，转变为可见光后，由光电转换变为电信号，再经模/数转换器转为数字，输入计算机处理。图像形成的处理有如对选定层面分成若干个体积相同的长方体，称之为体素。扫描所得信息经计算而获得每个体素的X线衰减系数或吸收系数，再排列成矩阵，即数字矩阵。经数/模转换器把数字矩阵中的每个数字转为由黑到白不等灰度的小方块，即像素，并按矩阵排列，即构成CT图像。所以，CT图像是重建图像。每个体素的X线吸收系数可以通过不同的数学方法算出。

2. 工业CT检测系统的组成

工业CT的基本结构如图3-62所示，包括射线源、机械扫描装置、探测器系统(包括前后准直器)、电子学系统与接口、主计算机(包括硬件软件)、辅助设备(包括射线防护措施)等。

工业CT系统中使用的射线源可分为X射线源和γ射线源，其中X射线源又可分为低能X射线源(keV量级)和高能X射线源(MeV量级)。低能X射线一般从放射性同位素或X光管中获得，高能X射线主要从加速器(高压加速器、

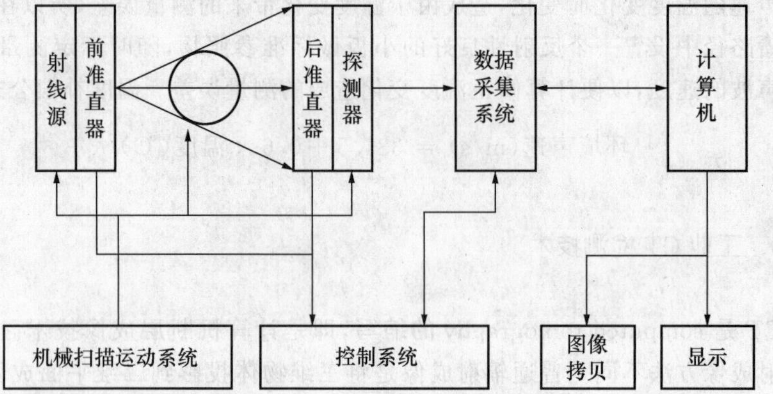

图 3-62 工业 CT 检测系统的基本结构

电子直线加速器、回旋加速器等)中获得,而 γ 射线源一般是从放射性同位素源得到,如钴等。射线能量的高低决定了被检测工件的尺寸大小,因为射线能量越高,波长越短,穿透能力越强,同时射线能量也对成像质量产生重要影响。应根据不同的使用场合及检测指标选择合适的探测器。

机械扫描装置(如回转检台)的步进与旋转精度决定了射线扫描的精度。应使用高精度的交流伺服电机直接驱动机扫装置,当完成一个步长时,机扫装置一次步进或旋转动作完成,则发出触发加速器的指令,完成射线扫描。

电子学系统包括前端数据采集与控制系统、后端图像处理系统,因此至少需要两台计算机来完成,前端计算机负责数据采集,发送电机运动信号,并协调整个 CT 系统运转(包括系统监测,停机措施等),还承担前后端的数据分离与校验。后端计算机主要承担图像重建运算和数字图像处理任务。在前端数据采集与控制系统中需防止高能 X 射线对数据采集及传输的影响,应使用高速数采板和光纤传输。对前端控制计算机可使用高性能的工业控制计算机及 Unix 操作系统。后端图像获取与处理系统视实际需要选择低端的微型计算机或高端的图形工作站。由于 CT 重建图像的计算量极其巨大,特别是检测大型工件获取全三维数字图像,若使用英特尔奔腾Ⅲ处理器的计算机,大约需数小时。为了提高图像获取速度,一般使用具有特殊硬件处理能力的专用工作站。美国 BIR 公司生产的 ACTIS-6000 型 9 MeV 工业 CT 则使用高速并行处理机作为图像处理系统,其一个切面数据量为 11~150 Mbytes,像素矩阵为1 024×1 024,重建时间为 2.7~18.5 min。此外对获取的 CT 影像的输出可用高质量的胶片输出设备、视频拷贝输出设备或高质量的激光打印输出设备。CT 影像的存储也是重要的一个环节，存储介质可用磁盘、光盘等，存储的数字影像可建成影像数据库，这对产品作数字化全寿命检查是必需的。

对获取的CT影像数据的后续处理有多平面重组，交互可视化，图像的增强，逆向CAD处理技术，图像的缩放、旋转、镜像、锐化，平滑滤波，边缘提取，亮度/对比度调整，伪彩色处理以及对图像进行标注、编辑等。多平面重组技术是把一系列的CT图像组合起来，提取目标对象的空间信息，在此基础上重建出三维图形，获得矢状、冠状、斜面及曲线面的影像。根据重建目标，可分为体数据生成和表面生成两大类。而交互可视化技术是最近新兴的一项技术，主要是把大量抽象的数据以及相互间的关系用图形、图像表示出来，达到直观，利于分析的目的；而且在用户和图形、图像数据间实现交互功能，使得用户可以按照自己的需要对图像进行各种操作，以提高更直观有效的视觉效果，提高信息的利用率。

在整个高能XCT系统中，射线的防护措施必不可少。包括两类：一是对操作人员的，特别是对泄漏的(散射)X射线会引起空气电离产生二次辐射的防护；二是对一些精密电子设备的防护，如对探测器放大电路、数据传输的防护。

3. 工业CT检测系统的应用

工业CT是一种飞速发展的高技术。主要用于工业产品的无损检测和探伤，根据被检工件的材料及尺寸选择不同能量的X射线。它能准确地再现物体内部三维立体结构，能定量地提供物体内部的物理、力学特性，如缺陷的位置及尺寸、密度的变化及水平、异型结构的形状及精确尺寸、物体内部的杂质及分布等。CT的功能和特性在很多方面超过其他无损检测手段，如常规X光检测、超声检测、涡流检测技术，为航空、航天、兵器等工业领域的精密零部件的无损检测提供了新的手段。工业CT技术被国际无损检测界称为最佳无损检测手段。

3.4 传感器应用中的技术问题

3.4.1 传感器非线性特性的线性化

1. 概述

希望传感器的输出与被测输入量之间为严格的线性关系，但工程实践中，大多数传感器的特性曲线总存在一定的非线性。其主要原因有以下两方面。

(1)传感器变换原理的非线性　大多数传感器的输出量与被测物理量之间的关系都存在一定的非线性，例如用热敏电阻传感器测量温度，其电阻值 R_t 与

温度 t 的关系为

$$R_t = A \cdot e^{B/T} \tag{3-32}$$

式中：绝对温度 $T=273+t$，t 为摄氏温度，℃；A，B 均为与材料有关的常数。显然 R_t 与 t 呈非线性关系。

再如，电容传感器的电容 C 与极板的距离 δ 之间的关系为

$$C = \frac{\varepsilon\varepsilon_0 A}{\delta} \tag{3-33}$$

显然也呈非线性关系。

(2)转换电路的非线性　转换电路在将敏感元件在被测量作用下的参数变化转换为传感器的电信号输出时，一般也存在一定的非线性。例如，电参数式传感器常用的电桥转换电路，在单臂工作时（设：$Z_1=Z_2=Z_3=Z_4=Z$，$Z_{fz}=\infty$），其输出电压 U_o 为

$$U_o = \frac{\Delta Z}{2(2Z+\Delta Z)}U \tag{3-34}$$

式(3-34)表明，U_o 与工作桥臂的阻抗变化量 ΔZ 的关系是非线性的。

还有不少通常被认为是线性关系的转换电路，均是相对于一定精度与测量范围而言的。

传感器位于测试系统的最前端，它的非线性对后级影响很大，因此为了保证测试系统的精度，应当对其进行线性化处理。

2. 非线性特性线性化

非线性特性线性化处理有硬件方法和软件方法两种。

(1)硬件校正方法

①并联电阻法。如式(3-32)中，热敏电阻 R_t 与绝对温度 T 呈非线性关系，见图 3-63 中细实线所示。在这种情况下，可以用附加电阻与热敏电阻并联，则并联后所形成的并联电阻 R_p 与 T 之间的整段特性曲线呈 S 形，如图中粗实线所示，非线性度大大减小，可认为它们之间呈近似线性关系。并联后的电阻值 R_p 可由下式确定：

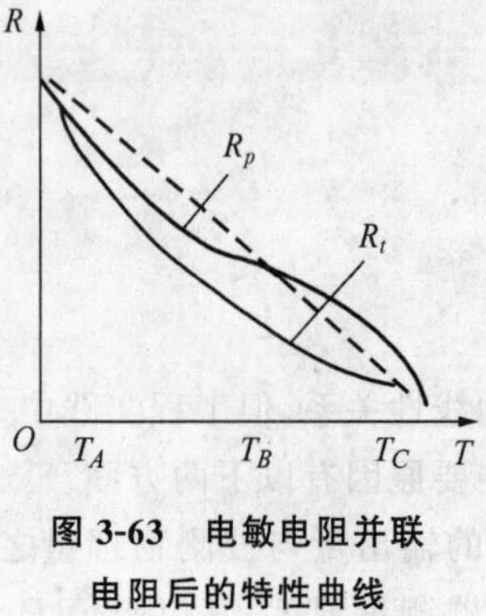

图 3-63　电敏电阻并联电阻后的特性曲线

$$R_p = \frac{R_B(R_A+R_C)-2R_A\cdot R_C}{R_A+R_C-2R_B} \tag{3-35}$$

式中：R_A，R_B，R_C 为热敏电阻在低温（T_A）、中温（T_B）和高温（T_C）下的电阻值。

②折线逼近法。这种方法是将传感器的特性曲线用连续有限的直线段来代替。如图 3-64 中所示，将传感器的输入—输出特性曲线 $y=f(x)$ 用连续有限的线段来代替，然后根据各转折点 x_i 和各段折线的斜率 p_i 来设计硬件电路。根据逼近法所作的各段折线可列出下面的方程：

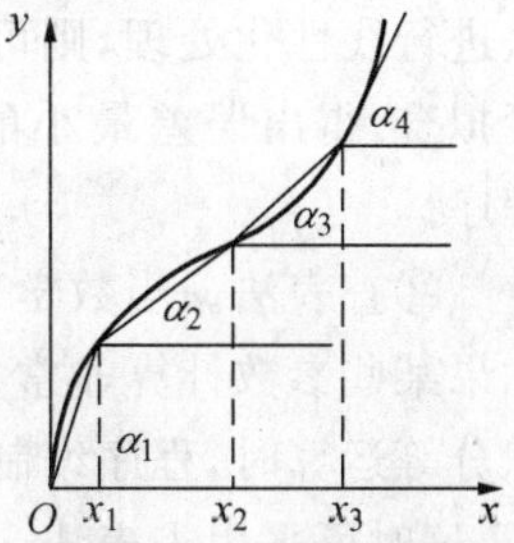

图 3-64　折线逼近法

$$
\begin{aligned}
&y=p_1x \qquad 0<x<x_1\\
&y=p_1x_1+p_2(x-x_1) \qquad x_1<x<x_2\\
&y=p_1x_1+p_2(x_2-x_1)+p_3(x-x_2) \qquad x_2<x<x_3\\
&\vdots
\end{aligned}
\tag{3-36}
$$

式中：x_i 为折线的各转折点；p_i 为各线段的斜率，$p_1=\tan\alpha_1$，$p_2=\tan\alpha_2$，$p_3=\tan\alpha_3$，……

可以看出，转折点愈多，折线愈逼近曲线，精度也愈高。但是若折点太多，则会因为线路本身误差而影响精度。在校正电路中通常采用运算放大器来实现，当输入电压为不同范围时相应地改变运算放大器增益来获得所需要的折线。

此外，还有抛物线逼近法、线性提升法等。这些校正方法由于本身需要采用较多的硬件电路，在实际上做到完全校正是很困难的，即使对于有一定实际经验的人来说，也不是件容易的事。随着计算机技术的广泛应用，在数据采集系统中用软件方法进行非线性校正得到越来越广泛的应用。用软件代替硬件进行线性化处理有很多优点，首先它省去复杂的硬件电路，简化系统，降低成本；其次它能充分发挥计算机的智能作用，可对多个通道，多个参数同时进行精确的校正与补偿，提高检测的精度；第三通用性强，适当改变软件内容，就可以对不同传感器及转换电路进行校正、补偿。

（2）软件校正法　用软件进行非线性校正，其方法有 3 种：计算法、查表法和线性插值法。

①计算法。当输出信号与传感器的参数之间有确定的数学关系时，就可采用计算法进行非线性校正。所谓计算法，就是在软件中编制一段数学表达式的计算程序。当被测参数经过采样、滤波和标度变换后，直接进入计算程序进行计算，计算后的数值即为经过线性化处理的输出结果。

在工程中，被测参数和输出电压常常是一组测定的数据，这时，如采用计算法进行线性化处理，则可应用数学上曲线拟合的方法，对被测参数和输出电压进行拟合，得出误差最小的近似表达式。然后，以此作为输出表达式，编制计算程序。

②查表法。当数学表达式比较简单，用计算法进行非线性校正是可行的，但如果某些参数计算非常复杂，特别是计算公式涉及指数、对数、三角函数、微分和积分等运算时，程序编制就比较麻烦，用计算法计算不仅程序冗长，而且又费时间，这时可采用查表法。

所谓查表法，就是根据 A/D 的转换精度要求，把测量范围内参数化分成若干个分点，然后由小到大按顺序计算出(如没有确定关系，则由实验测定出)这些分点相对应的输出数值。这些分点和其对应的输出的数据就组成了一张表，把这张数据表存放在存贮区中。在软件中编制一个查表程序，根据被测参数的值，通过查表程序就可直接从数据表中查出其对应的输出参数值。

与计算法相比较，查表法虽然没有计算过程，但查表照样要花费时间，另外数据表格要占用相当多的内存空间，表格的编制也比较麻烦。所以，实际使用时，常把计算法和查表法结合起来，这就形成了插值法。

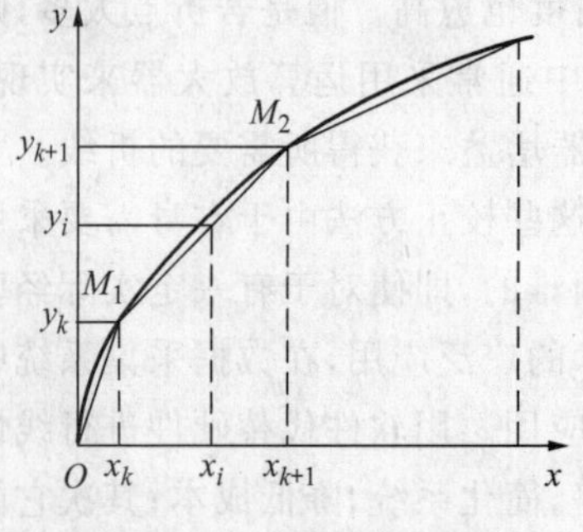

图 3-65 线性插值法

③线性插值法。所谓线性插值法，就是用直线段近似代替测量区间里的实际特性曲线，然后通过直线公式计算出输出值。具体做法就是在传感器输入-输出特性曲线中，把输入量 x 分成 N 个均匀的区间，则每个区间的端点 x_k 都对应一个输出 y_k，把这些 (x_k, y_k) 编制成表格存贮起来，供计算输出值时使用。对某实际的检测值 x_i，它一定会落在某个区间 (x_k, x_{k+1}) 内，即 $x_k < x_i < x_{k+1}$，如图 3-65 所示。此时，可用位于 x_i 两边的 $M_1(x_k, y_k)$，$M_2(x_{k+1}, y_{k+1})$ 两点的连接直线近似代替原特性。由图 3-65 可以看出，通过 M_1，M_2 的直线的斜率是

$$\alpha = \frac{\Delta y}{\Delta x} = \frac{y_{k+1} - y_k}{x_{k+1} - x_k} \tag{3-37}$$

则输出量 y_i 的计算表达式为

$$y_i = y_k + \alpha(x_i - x_k) = y_k + \frac{y_{k+1} - y_k}{x_{k+1} - x_k} \cdot (x_i - x_k) \tag{3-38}$$

实际使用线性插值时，线性化的精度由折线的段数决定，所分的段数越多，精度

和准确度越好，但是所分段数越多，所需表格存贮容量也越大。一般分成16～32段折线，具体分段时可以等分，也可以不等分，这可根据特性的具体情况而决定。

当检测值 x_i 确定后，首先通过查表确定 x_i 所在区间，查出后再顺序取出区间两端值 x_k, x_{k+1} 及其对应的 y_k, y_{k+1}。然后代入公式(3-38)计算出 y_i。

除线性插值外，还可采用抛物线插值法，以提高精度，但计算程序稍复杂些。

通过以上讨论，可以看出用软件进行线性化处理，不论采用哪种方法，都要花费一定的程序运行时间，特别是在实时测试和控制系统中，如果系统处理的问题很多，实时性要求很强，这时采用硬件进行线性化处理是合适的，因为硬件的执行速度要比软件快得多。当然，当控制系统的时间够用时，采用软件处理可以大大简化硬件电路。总之传感器的非线性处理方法，应根据工作任务和系统的具体情况全面考虑再决定。

3.4.2 传感器的选用原则

下面就如何根据测试目的与实际条件，合理地选用传感器作一概略介绍。

1. 灵敏度

一般讲，传感器的灵敏度以高为好，因为灵敏度高，意味着传感器所能感知的输入变化量小。但是，传感器的灵敏度愈高，外界干扰也愈容易混入。同时，过高的灵敏度会影响其测量范围和工作稳定性。

2. 响应特性

传感器的响应特性对测试结果有直接影响，特别是在动态测量时，应充分考虑被测量的频率(包括应考虑的高次谐波频率)变化范围，选择传感器的响应特性，使传感器工作在不失真的测量条件下。

3. 稳定性

稳定性表示传感器经过长期使用以后，其特性不发生变化的性能。对需长期使用的传感器或是在较恶劣的环境下工作，以及不易更换校准的传感器，须优先考虑其稳定性。例如，用于热轧机系统控制钢板厚度的 γ 射线检测装置，或在强的电场、磁场、振动、腐蚀等场合下使用时就是这样。

4. 精确度

并非在所有场合下使用的传感器都是精确度越高越好，还应考虑到经济性。一般传感器的精确度越高，价格越贵。因此，应从实际需要来选择。首先应了解测试目的，是定性分析还是定量分析。如果是定性分析，只需获得相对比较值即可，那么应要求传感器有较高的重复精度，而精确度无须很高。如果是定量分析，则要求有高的精确度，以获得准确的量值。

5. 测量方式

传感器在实际条件下的工作方式，也是选用传感器时应考虑的重要因素。例如，接触与非接触测量，破坏与非破坏性测量，在线与非在线测量等，条件不同，对传感器的要求亦不同。

复习与思考题

3-1 有一电阻应变片，其灵敏度 $S=2$，$R=120\ \Omega$，设工作时其应变为 $1\ 000\ \mu\varepsilon$，问 $\Delta R=$？设将此应变片作为一臂接入电桥电路，其余三臂均为 $120\ \Omega$ 的固定电阻，电桥供桥电压为直流 3 V，试求：

(1)无应变时电桥输出电压；

(2)有应变时电桥输出电压值。

3-2 把一个变阻器式传感器按题 3-2 图接线，它的输入量是什么？输出量是什么？在什么条件下它的输出量与输入量之间有较好的线性关系？要使其非线性误差不大于 5%，应满足什么条件？

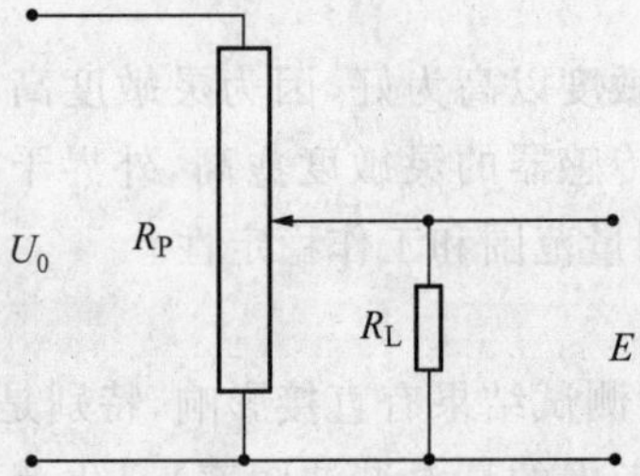

题 3-2 图

3-3 欲测量某电机的振动位移，请根据所学知识，选择 3 种传感器系统方案，并简述它们的工作原理。

4 非电量基本参数的测试方法

4.1 力和转矩的测量

力和转矩的测量以及由其产生的应力、应变测量在科学实验和工程测量中应用非常多，在计量和商业上大量应用的电子称重、称量衡器也是采用力测量方法。力或质量的测量方法可概括地分为两类：第一类为直接比较法，将被测力直接或通过杠杆系统与标准质量（砝码）的重力进行平衡的方法，也称重力称法，只适用于静态测量。直接比较法的优点是简单易行，在一定条件下可获得较高的精度。但这种方法往往是采用有级加载，其测量精度取决于砝码精度和砝码分级密度，另外还受到测量系统中如杠杆、刀口等连接件之间摩擦的影响。第二类为间接比较法，将被测力通过测力传感器，按比例转换为其他物理量，然后与标定值比较来求得力的大小。标定值是预先对传感器进行标定时得到的。用电测的方法测力即属于这种方法。间接比较法可用于动态测量，传感器的质量及标定是影响精度的主要因素。由于不同地区重力有大约±3%的变化，因此用间接法称重时，需注意修正或重新标定。

测力传感器常用的有电阻应变式、压阻式、电感式、电容式、压电式和压磁式等。以电阻应变片为敏感元件的电阻应变式传感技术应用最广。

4.1.1 常用的布片和接桥方式

在进行力或应变测量时所遇到的载荷是多种多样的，有单一的载荷，也有复合载荷，有单一应力状态，也有复合应力状态。同一载荷，同一应力状态，不同的布片位置，不同的接桥顺序，电桥输出不同，甚至会得到完全不同的结果。那么“应变片应该贴到什么位置?”“应变片应按怎样的顺序接成电桥?”，在测试或传感器设计时必须考虑，还要考虑输出尽量高，并能实现温度补偿。表4-1列出典型的应变片布片接桥形式。

表 4-1 应变片在弹性元件上典型的布片和接桥方式

弹性元件形式	应变片布片图和电桥联接图	弹性元件应变值	工作应变片	补偿应变片	输出电压/V	符号说明
柱体	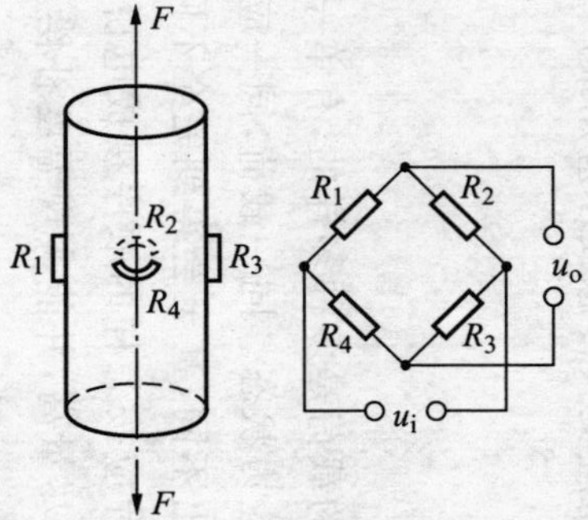	$\varepsilon=\frac{F}{AE}$	R_1、R_3	R_2、R_4	$u_o=\frac{K(1+\mu)u_i}{2AE}F$	A—柱体的截面积(m^2) 圆柱 $A=\frac{\pi}{4}d^2$ 圆筒 $A=\frac{\pi}{4}(D^2-d^2)$ 方柱 $A=ab$ d—圆柱直径或圆筒内径(m) D—圆筒外径(m) a、b—方柱边长(m)
环形	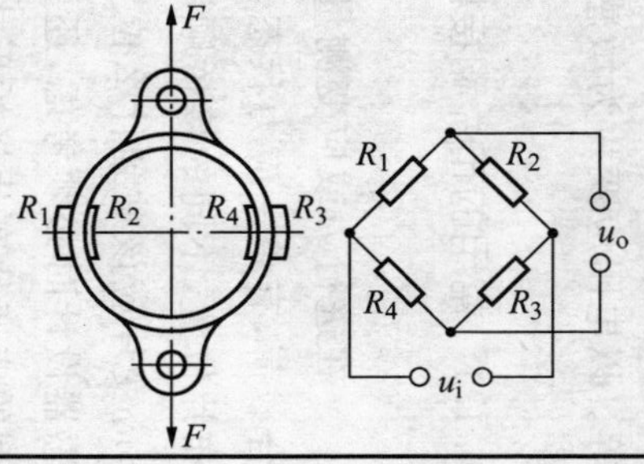	$\varepsilon=\frac{1.092FR}{bt^2E}$ ($R>20t$)	R_1、R_2、R_3、R_4	R_1、R_2、R_3、R_4 互为补偿	$u_o=\frac{1.092KRu_i}{bt^2E}F$	R—圆环半径(m) t—圆环厚度(m) b—圆环宽度(m)

续表 4-1

弹性元件形式	应变片布片图和电桥联接图	弹性元件应变值	工作应变片	补偿应变片	输出电压/V	符号说明
悬臂梁	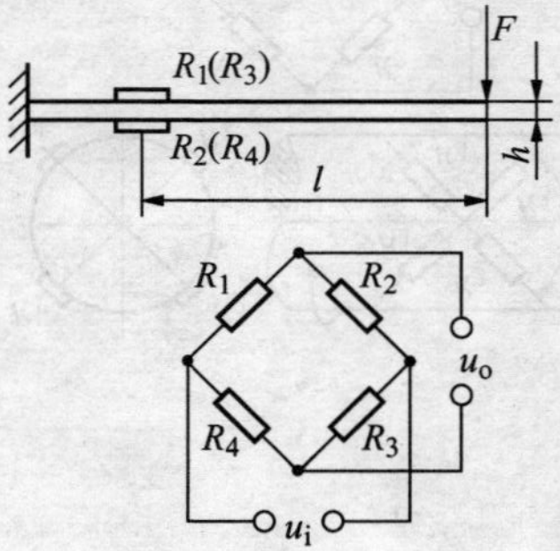	$\varepsilon=\dfrac{6Fl}{Ebh^2}$	R_1、R_2、R_3、R_4	R_1、R_2、R_3、R_4 互为补偿	$u_o=\dfrac{6Klu_i}{Ebh^2}F$	l—受力点至应变片中心距离(m) b—梁的宽度(m) h—梁的厚度(m)
两端固定梁	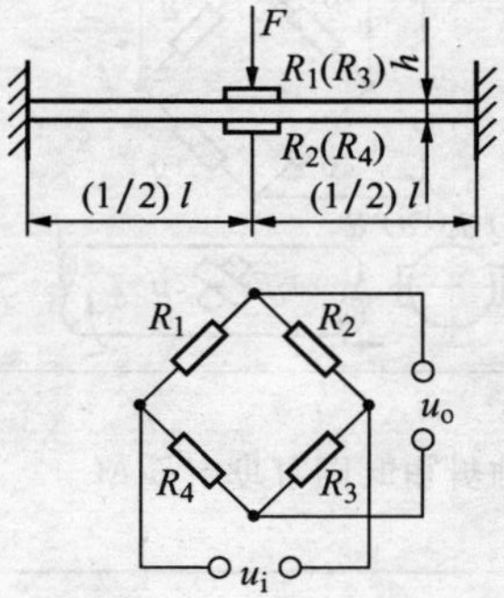	$\varepsilon=\dfrac{3Fl}{4Ebh^2}$	R_1、R_2、R_3、R_4	R_1、R_2、R_3、R_4 互为补偿	$u_o=\dfrac{3Klu_i}{4Ebh^2}F$	l—梁的长度(m) b—梁的宽度(m) h—梁的厚度(m)

续表 4-1

弹性元件形式	应变片布片图和电桥联接图	弹性元件应变值	工作应变片	补偿应变片	输出电压/V	符号说明
轴	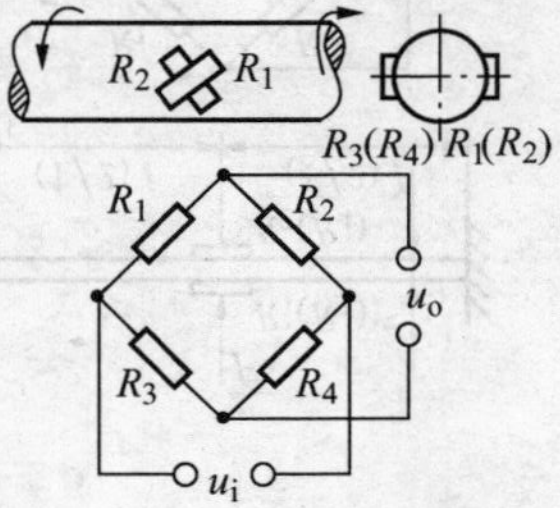	$\varepsilon=\frac{5(1+\mu)}{ED^3}M$	R_1、R_2、R_3、R_4	R_1、R_2、R_3、R_4 互为补偿	$u_o=\frac{K(1+\mu)u_i}{2.4D^3}M$	D—轴直径(m) M—扭矩(N·m)
轴	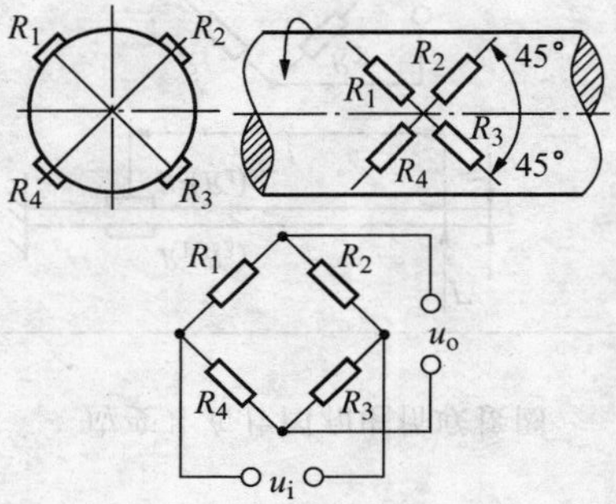	$\varepsilon=\frac{5(1+\mu)}{ED^3}M$ (实心) $\varepsilon=\frac{16(1+\mu)DM}{\pi E(D^4-d^4)}$ (空心)	R_1、R_2、R_3、R_4	R_1、R_2、R_3、R_4 互为补偿	$u_o=u_iK\varepsilon$	D—轴外径(m) d—轴内径(m) M—扭矩(N·m)

4.1.2　应变测量中的一些技术问题

1. 电桥平衡调节

由电桥测量原理，在测量前，电桥应处于初始平衡状态，即电桥没有输出。但接入电桥的每个应变片电阻不可能绝对相同，各桥臂的连接导线及接触电阻也不可能完全一样，因而需要设置电阻平衡调节装置；对于交流电桥，还必须设置电容平衡装置，以消除应变片线栅及接线的分布电容的影响。

2. 温度补偿

应变片由于温度变化会产生输出电阻的变化，使应变片电桥电路产生输出变化。此种现象称为应变片的热输出。其原因一是应变片电阻丝材料本身的特性(电阻温度系数不为零)，二是电阻应变片敏感栅与和它粘贴在一起的试件的材料的线膨胀系数不同，当试件与敏感栅感受同样温度时，由于两者相互牵制和线膨胀系数不相同，给敏感栅附加了拉伸或压缩的应变。当环境温度变化 Δt 时，由于电阻丝温度系数 α 而产生的电阻变化为

$$\Delta R_t = R\alpha \Delta t \tag{4-1}$$

式中：R_t 为应变片阻值。

如试件的线膨胀系数为 β_1，电阻丝的线膨胀系数为 β_2，当环境温度仍变化 Δt 时，则电阻丝产生的附加应变为 $(\beta_1 - \beta_2)\Delta t$。因而附加变形所引起的电阻变化为

$$\Delta R_t = RK(\beta_1 - \beta_2)\Delta t \tag{4-2}$$

式中：R 为应变片的阻值；K 为应变片的灵敏系数。

由于温度变化 Δt 而引起的总电阻变化为

$$\Delta R_z = R_\alpha \Delta t + RK(\beta_1 - \beta_2)\Delta t = R[\alpha + K(\beta_1 - \beta_2)]\Delta t \tag{4-3}$$

ΔR_z 值往往很大，有时甚至会超过测量值，对要求较高的测试，必须消除其影响。除温度影响的措施，称为温度补偿。温度补偿的方法常用的有两种，应变片温度自补偿法和应变片温度互补偿法。

(1)应变片温度自补偿法　是在电阻应变片的敏感栅上串联具有与敏感栅相反性质的电阻温度系数的材料，制成具有温度自补偿作用的特殊应变片。这种应变片在使用时要特别注意不同的适用材料。若对某种材料的试件可以自制补偿，而对其他材料的试件就不能进行补偿。还可以在应变片桥臂的后接电路

中串接适当的热敏电阻进行补偿。

(2)应变片温度互补偿法 这种方法是利用应变片的电桥测量电路的特点(电桥的自动加减特性)进行的。用两片参数和特性(灵敏系数 K、电阻 R、温度系数相等,最好是同一批产品)相同的应变片,一片作工作片,粘贴在待测的试样上;另一片作补偿片,粘贴在材料性质、环境温度与试样一样但不受力和振动的补偿块上;并使工作片和补偿片接在相邻桥臂上。

在测试时,当温度变化时,因补偿片和工作片的参数和特性一样,又因两者都贴在同一环境温度的相同材料上,则两者的附加变形也相等。这样一来,由于温度的变化而引起的电阻变化量 ΔR_z 绝对值相等,根据电桥的自动加减特性可知 ΔR_z 相互抵消,电桥没有输出,即达到补偿的目的。

当电桥两臂或四臂为工作臂时,只要满足上述补偿片的条件(不受力或振动除外),则可将各臂应变片看做互为补偿片。

4.1.3 转矩的测量

轴的转矩也称为扭矩,以符号 M 表示,单位为 Nm。通常用轴的扭转弹性变形程度来衡量转矩的大小。为此,往往要用一段传动轴连在原动机和负载之间,此传动轴称为敏感轴,其上安装有适当的传感器,以测出相距一定长度处两个横断面的相对扭转角度,根据此角度,便可求出转矩。

1. 应变片法

当圆轴受纯扭矩时,主应力的方向与轴线呈 45°夹角,而互相垂直的两个主应力 σ_1、σ_3 绝对值相等,符号相反;且此绝对值等于轴的横断面上的最大剪切应力 $\tau_{\max}$ 即 $-\sigma_1=\sigma_3=\tau_{\max}$。

按表 4-1 所示圆轴测扭图,在与轴线呈 45°的方向上贴应变片,即可测出此处的应变 ε。根据广义胡克定律,$\sigma=E\varepsilon/(1+\mu)$,则

$$\tau_{\max}=|\sigma|=\left|\frac{E\varepsilon}{1+\mu}\right| \tag{4-4}$$

而扭矩

$$M=\tau_{\max}W_{\mathrm{p}}=\left|\frac{E\varepsilon}{1+\mu}\right|W_{\mathrm{p}} \tag{4-5}$$

式中:E 为试件材料的弹性模量;ε 为所测应变值;μ 为试件材料泊松比;W_{p} 为抗扭截面系数。

必须注意的是,应变片粘贴在轴上并和轴一起转动,电桥和测量仪表是固定不动的,如何把电桥信号输出来就成为十分棘手的难题。通常是在轴上装设集

流环(与轴绝缘的导电滑环,用电刷和滑环接触形成电路),这种办法既不方便又容易引入干扰信号。

2. 磁导率法

铁磁性材料的轴,在转矩 M 作用下,轴表面不同方向上的磁导率会发生变化。利用这个现象可以测转矩,参看图 4-1。将电磁铁的磁极分别布置在与轴线呈 45°的 S_1、S'_1 及 S_2、S'_2 处,在转矩 M 作用下,S_1、S'_1 间因承受压力而磁导率变小,S_2、S'_2 间因受拉力而磁导率变大,从而可以测出转矩。这和利用压磁效应测力的原理相似。

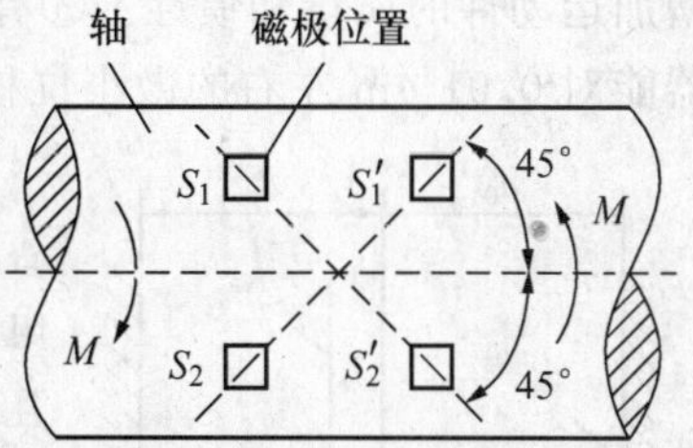

图 4-1 磁导率法测转矩

如果轴是非铁磁性材料制成的,或虽为钢铁材料但压磁灵敏度不高,则可局部粘贴坡莫合金片以提高灵敏度。

压磁传感器电源必须是交流,由磁导率变化所产生的输出信号也是交流,这就为电路的引出提供了方便。可利用变压器原理,使原边和副边一个处在静止的基座上,另一个处在转动轴上,既可传递电源或信号又不妨碍转动,比用滑环和电刷简单而可靠。

除上面介绍的测扭方法外,还有差动变压器法、光电或磁电相位差法等。

4.2 位移和厚度测量

4.2.1 位移的测量

位移和转角是机械量中最基本的参数,其他机械量参数常常和位移或转角有关。凡是能够把直线位移转变成电信号的传感器,只要在结构上稍加改变,几乎都能用来检测角位移,反之亦然。中、小位移测量常采用电阻式位移计、电感式位移计、电容式位移计、感应同步器、光电编码器、光纤位移计、磁栅位移计、容栅位移计、光栅位移计;大位移测量常采用激光、超声波、电磁波等手段。

用电阻构成的电位器是最简单的位移传感器,其空载输出电压与滑点位移成正比。其主要缺点是有摩擦阻力,且电阻丝会因磨损、沾污、氧化而影响使用。下面介绍几种无触点及数字化位移传感器。

1. 差动电容式位移测量

电容位移传感器有下列优点：①结构简单，适应性强，只要极板材料耐老化，便能长期稳定地工作。②无阻力，惯性小，电容极板间的吸引力可以忽略不计，极板的质量可以很小，若可动极板本身就由被测导电介质（或物体）所构成，则不增加运动件的质量和惯性。③有较高的灵敏度。设计恰当的情况下，电容传感器能对 0.01 μm 左右的微小位移有敏感作用。

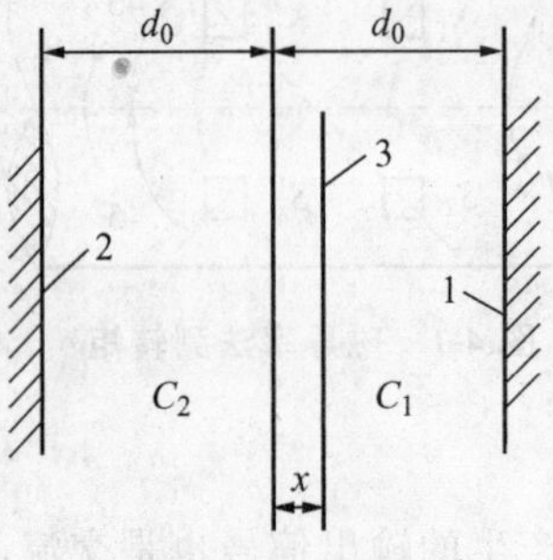

图 4-2　差动式电容位移传感器原理

但电容位移传感器测大位移有困难，寄生电容影响不容忽视，存在干扰等问题。特别是由于电容传感器本身的电容量 C_0 都很小，一般几十到几百皮法，其输出阻抗高，故必须用高输入阻抗的放大器或仪表与之相连使用。

为了改善非线性，提高灵敏度，抑制温漂，电容传感器常常做成差动形式的，图 4-2 所示为变极距差动式电容位移传感器。

图中动极板 3 与定极板 1 组成电容器 C_1，与定极板 2 组成电容器 C_2，设极板面积均为 S，介质介电常数均为 ε，动极板初始位置在 $x=0$ 处 即 $d_1=d_2=d_0$。此时两电容器的电容量均为 C_0。当动极板移动距离 x 后，C_1 的极距变为 d_0-x，C_2 的极距变为 d_0+x，不考虑边缘效应，并以 $\Delta C=C_1-C_2$ 作为输出时：

$$\Delta C=\frac{\varepsilon S}{d_0-x}-\frac{\varepsilon S}{d_0+x}=\left[\frac{d_0+x}{d_0^2-x^2}-\frac{d_0-x}{d_0^2-x^2}\right]\varepsilon S=\frac{2x}{d_0^2-x^2}\varepsilon S \quad (4\text{-}6)$$

图 4-3 显示了 C_1、C_2 和 ΔC 随着动极板位移 x 的变化规律。

进一步分析可知，在初始位置处，差动电容传感器的灵敏度是单电容的 2 倍。

单靠电容的两个极是不能完成测量任务的，要有测量电路与之配合。其功能是将电容位移传感器产生的电容变化转换成电压、电流或频率的变化信号并放大，然后显示或记录。测量电路有多种形式。

(1)电容桥式变换电路　图 4-4 为变压器电桥，其左边两臂为源变压器副边绕组，设电感电动势各为 $\dot{E}$，另外两臂为传感器的差动电容 C_{x1} 和 C_{x2}，其

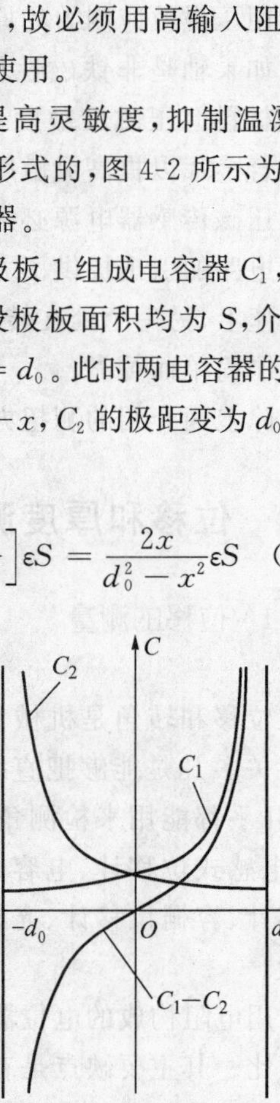

图 4-3　差动电容传感器电容-位移曲线

容抗分别为 $Z_1 = 1/(j\omega C_{x1})$ 和 $Z_2 = 1/(j\omega C_{x2})$。若输出端所接负载为 R_L,则输出电压 $\dot{U}_o$ 为

$$\dot{U}_o = \frac{j\omega(C_{x1} - C_{x2})}{1 + [R_L\, j\omega(C_{x1} + C_{x2})]}\dot{E}R_L \tag{4-7}$$

当 $R_L \to \infty$ 时,

$$\dot{U}_o = \frac{C_{x1} - C_{x2}}{C_{x1} + C_{x2}}\dot{E} \tag{4-8}$$

变压器电桥所接 R_L 应尽量大,例如接高输入阻抗的放大器就比较合适。

图 4-5 称为紧耦合电感臂电桥,有较高灵敏度和稳定性,且寄生电容影响极小,适合于高频工作。

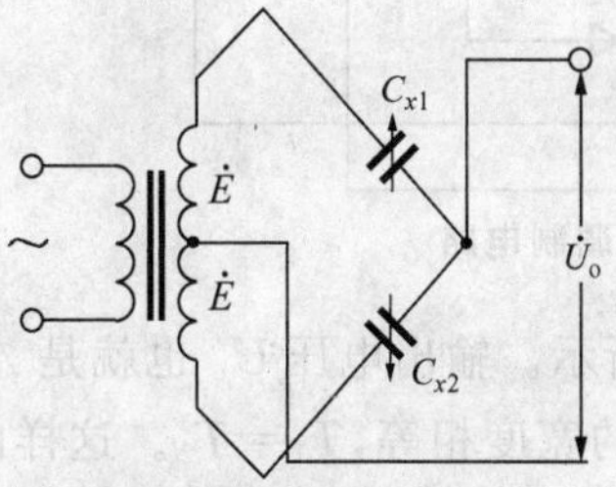

图 4-4　变压器电桥图

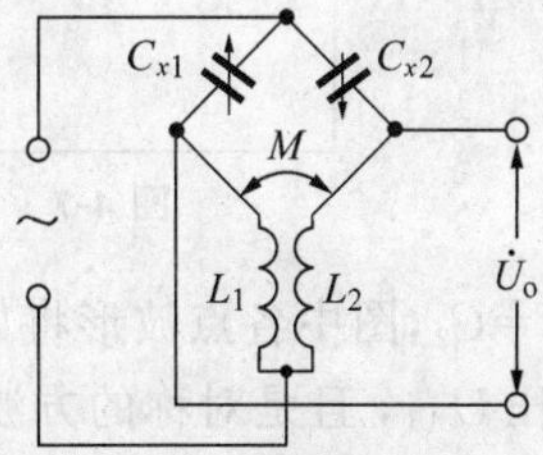

图 4-5　紧耦合电感臂电桥

凡是利用电桥构成的测量电路,灵敏度与电源电压成正比,所以电源电压应稳定。电容桥式位移计测量系统组成如图 4-6 所示。

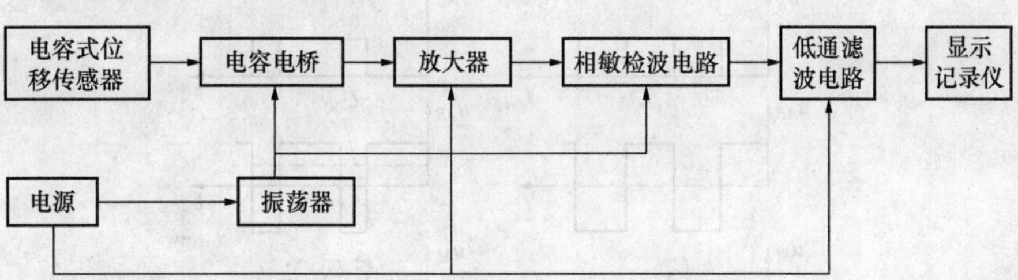

图 4-6　电容桥式位移计测量系统组成

(2)差动脉冲宽度调制电路　差动脉冲宽度调制电路如图 4-7 所示。图中 C_1,C_2 为被测差动电容,中间点 P 接地。由双稳态触发器的两个输出端 Q 及 $\overline{Q}$ 经电阻 R_1 及 R_2 对两个电容充电。在 Q 为高电平期间,C_1 上的电压升高,待 M 点电压升至超过参比电压 U_S 时,比较器 A_1 产生脉冲使双稳态触发器翻转,Q

变成低电平，$\overline{Q}$ 变成高电平。这时 C_1 上的电压经 D_1 迅速放电至接近零，$\overline{Q}$ 端的高电平开始向 C_2 充电，直到 N 点电压超过 U_S 时，比较器 A_2 产生脉冲使双稳态触发器重新翻回来。如此周而复始，Q 和 $\overline{Q}$ 端便可输出方波。

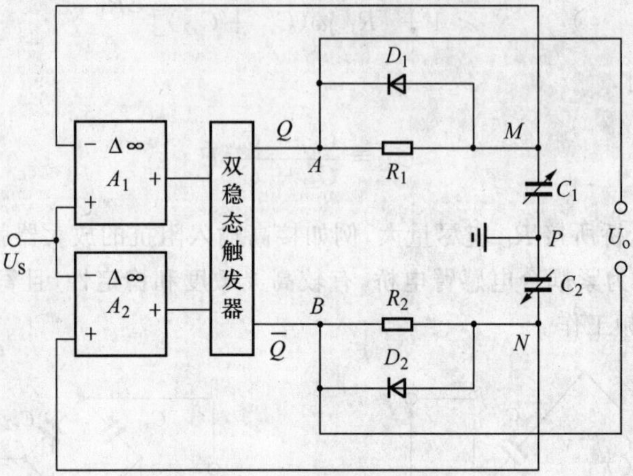

图 4-7 差动脉冲宽度调制电路

若 $C_1=C_2$，图中各点波形将如图 4-8(a)所示。输出电压 U_o 也就是 A，B 两点间的电压 U_{AB}，且是对称的方波，正负半周的宽度相等，$T_1=T_2$。这样的方波其直流分量为零。

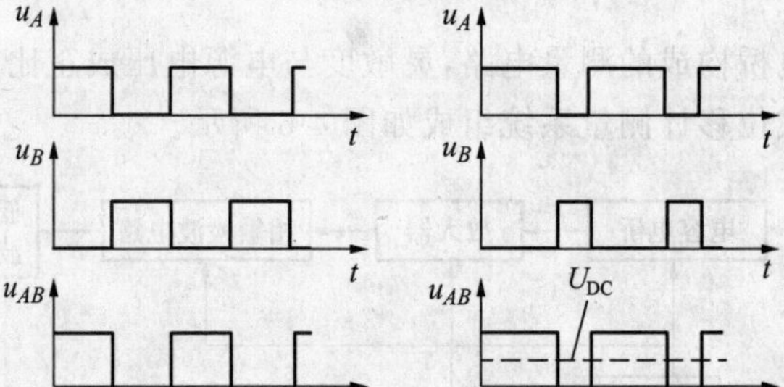

图 4-8 差动脉冲宽度调制的波形

若 $C_1 > C_2$，则 C_1 的充电时间 T_1 就要延长，出现 $T_1 > T_2$ 的波形，如图4-8(b)所示。这时，U_{AB} 的方波不对称，就会有直流分量，即图中的 U_{DC}，其极性是 A 为正，B 为负。

反之，$C_1 < C_2$ 也会出现直流分量，但 B 为正，A 为负。

如方波的频率较高(如 100 kHz 以上)，很容易由普通低通滤波器得到直流输出。

(3)运算放大器电路　单独一个电容传感器可按图 4-9 接成运算放大电路。图 4-9(a)是以已知电容 C_0 作为输入容抗，以被测电容 C_x 作为反馈容抗，构成反相比例放大运算电路。在开环放大倍数 A 和输入阻抗 Z_i (指放大器的输入阻抗)足够大的情况下，输出 $\dot{U}_o$ 为

$$\dot{U}_o = -\frac{1/(j\omega C_x)}{1/(j\omega C_0)}\dot{E} = -\frac{C_0}{C_x}\dot{E} \tag{4-9}$$

以 $C_x = \varepsilon S/d$ 代入，得

$$\dot{U}_o = -\frac{C_0\dot{E}}{\varepsilon S}d \tag{4-10}$$

式中负号表示输出交流与输入交流相位相反。

式(4-10)表明，电路原输出电压 $\dot{U}_o$ 与被测位移呈线性关系。这样，变极距式电容传感器即使单边工作(非差动)也能得到线性输出。但是该电路原输出不能从零开始，为了有零点调整的功能，可改为图 4-9(b)，用电位器 W 调零。

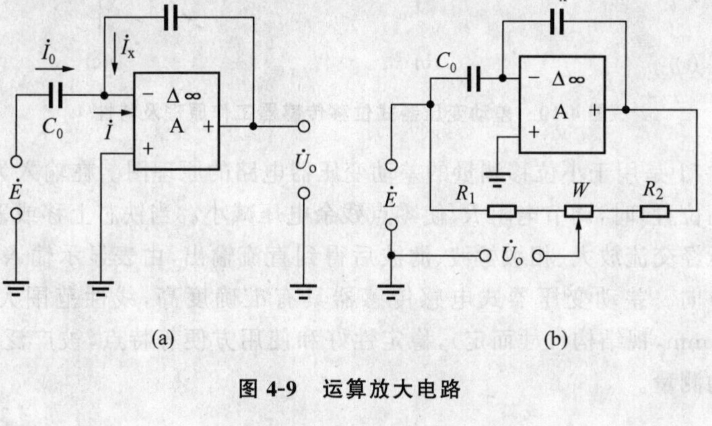

图 4-9　运算放大电路

2. 差动变压器型位移测量

差动变压器型位移测量装置属电感式传感器，优点是测量精度高，能测大位移，不必用高频电源，抗干扰和可减小寄生参数的影响。缺点是比较笨重，有电磁吸力，线圈发热。因此，在被测对象有足够定位力、动作不十分快且有安装空间的情况下，有广泛的应用。

按照变换方式的不同，电感式位移传感器可分为自感型与互感型、电涡流型等。实用上常常采用两个次级线圈组成差动式（互感型），其工作原理如图 4-10(a)所示。

变压器由一次侧线圈 W 和两个参数完全相同的二次侧线圈 W_1，W_2 组成。线圈中心插入柱形铁芯 P，二次侧线圈 W_1，W_2 反极性串联[图 4-10(b)]。当给一次侧线圈 W 加上交流电压 e 时，二次侧线圈 W_1，W_2 分别产生感应电势 e_1 和 e_2，大小与铁芯位置有关。当铁芯在中心位置时，$e_1=e_2$ 输出电压 $e_o=e_1-e_2=0$；铁芯向上运动时，$e_1>e_2$，向下运动时，$e_1<e_2$。e_o 的幅值随着铁芯偏离中心位置的距离增大而增大。其输出特性如图 4-10(c)所示。

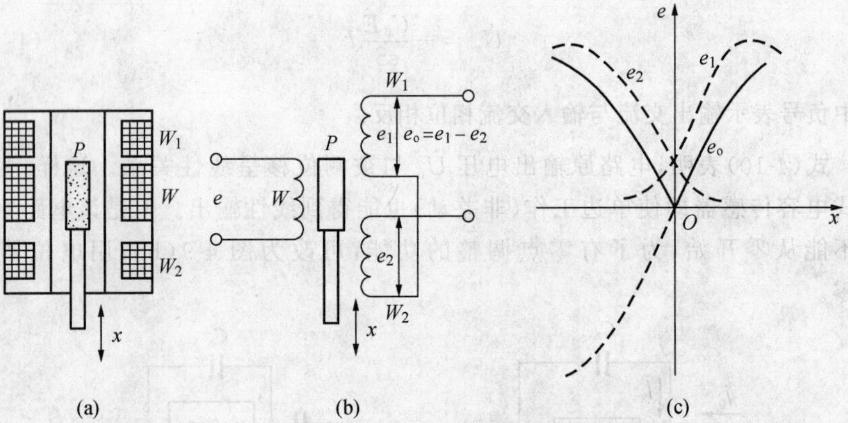

图 4-10　差动变压器式位移传感器工作原理及特性

图 4-11 是用于小位移测量的差动变压器电路的原理图。在输入为零（铁芯处于中间位置）时，调节电阻 R，使零点残余电压减小。当铁芯上移或下移时，其输出电压经交流放大、相敏检波、滤波后得到直流输出，由表显示输入位移量的大小和方向。差动变压器式电感传感器具有准确度高，线性范围大（可扩大到 ±100 mm，视结构尺寸而定），稳定性好和使用方便等特点，被广泛应用于直线位移的测量。

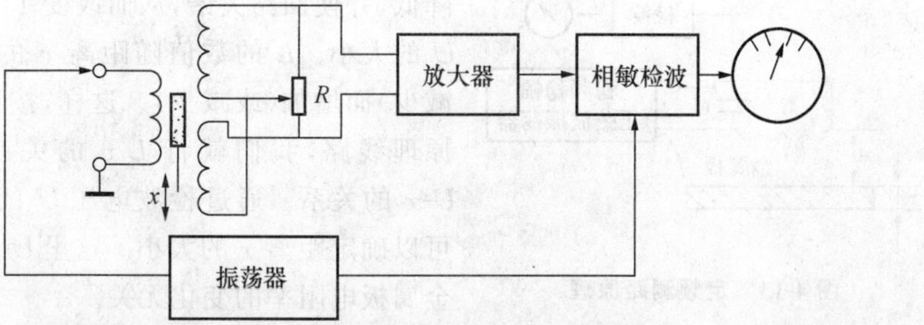

图 4-11　相敏检波式差动变压器位移测量电路

3. 涡流式位移测量

金属块置于变化的磁场中时，金属体内就要产生感应电流——涡流。涡流的大小与金属体内电阻率 ρ，磁导率 μ，厚度 t 以及线圈与金属的距离 x、线圈的激磁电流角频率 ω 等参数有关，固定其他参数，改变 x 就能按涡流的大小测量出位移。

涡流式位移测量的最大特点是可以进行非接触的连续测量。涡流式传感器在金属体内产生的涡流由于存在趋肤效应，使不同频率激磁电流产生的涡流的渗透深度不同。

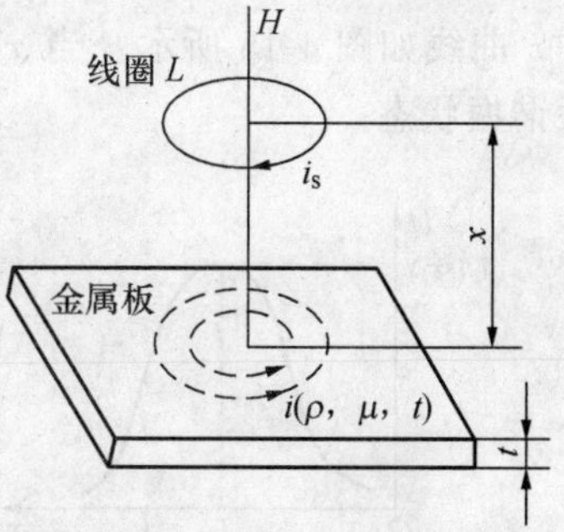

图 4-12　涡流的产生示意图

如图 4-12 所示，高频输入信号 i，施加于邻近金属的电感线圈 L 上，L 产生的高频电磁场作用于金属板的表面。由于趋肤效应，高频电磁场不能透过较厚的金属板，而仅作用于表面的薄层内。而金属板表面感应的涡流产生的电磁场又反作用于线圈 L 上，使得从输入端看线圈 L 的等效参数发生了改变，这种改变与线圈 L 自身的参数、线圈 L 至金属板之间的距离、金属板材料的电阻率 ρ 和磁导率 μ 以及 i_s 的频率等有关。对非导磁金属（$\mu\approx1$）而言，若 i_s 及线圈 L 等有关的参数已定，金属板的厚度远大于涡流渗透深度时，则感应的涡流 i 取决于线圈 L 至金属板的距离，而与板厚度及电阻率的变化无关。

高频反射式涡流传感器的测量电路基本上可分为定频测距和调频测距电路两类。

图 4-13 为定频测距原理线路。图中电感线圈 L 和电容 C 构成传感检测电路，稳频稳幅正弦波振荡器的输出信号经电阻 R 加到传感器上。电感线圈 L 产生的高频电磁场作用于金属板表面，由于表面的涡流反射作用，使 L 的电感量

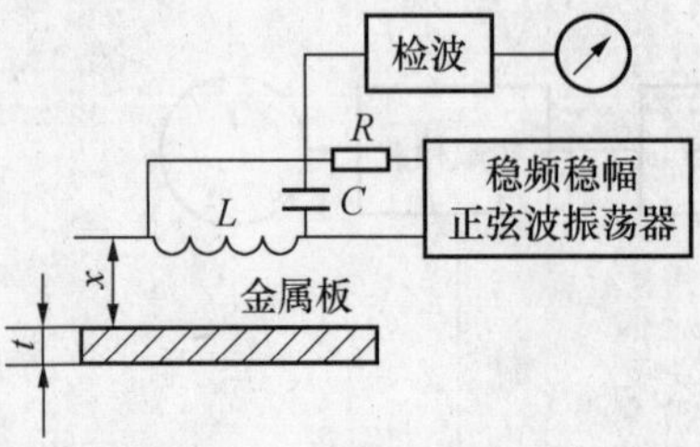

图 4-13 定频测距原理

降低，并使回路失谐，从而改变了检波电压 U 的大小。L 的数值随距离 x 的增加(或减少)而增加(或减少)。这样，按照图示的原理线路，我们就将 L-x 的关系转换成 U-x 的关系。通过检波电压 U 的测量，就可以确定距离 x 的大小。这里 U-x 曲线与金属板电阻率的变化无关。

去掉金属板，则 $L = L_\infty$(即 x 趋于 ∞ 时的 L 值)。如果在保持幅值不变的情况下，改变正弦振荡器的频率，则可以得到 U-f 曲线，即传感器回路的并联谐振曲线，如图 4-14 所示。谐振频率为

$$f_0 = \frac{1}{2\pi\sqrt{L_\infty C}} \tag{4-11}$$

有金属板时，若改变金属板至传感器之间的距离 x，振荡器的频率为 f_0，则 U-x 曲线如图 4-15 所示。当 x 足够大时(此时 $L = L_\infty$，$U = U_\infty$)。回路处于并联谐振状态。

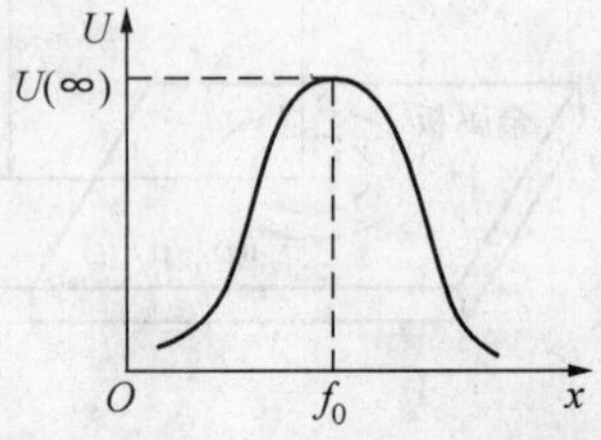

图 4-14 传感器回路并联谐振曲线

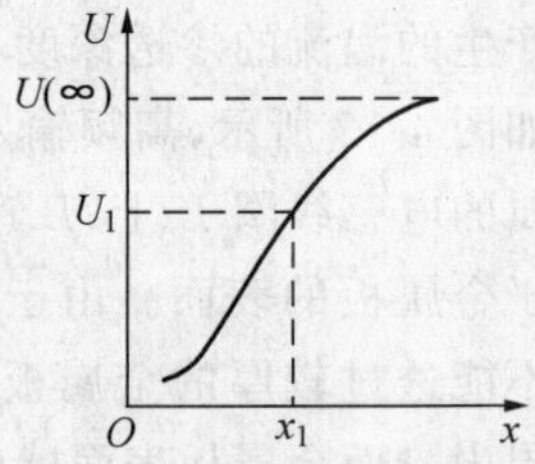

图 4-15 传感器的输出特性曲线

4. 光电式脉冲编码器角位移测量

脉冲编码器是一种旋转式脉冲发生器，它将机械转角或速度变化转换成电脉冲输出，是一种常用的角位移检测传感器。脉冲编码器有光电式、接触式和电磁感应式等。

光电式脉冲编码器中，在发光元件和光电接收元件之间，有一个直接装在旋转轴上的具有相当数量的透光与不透光扇形区的编码盘，当它转动时，就可得到与转角或转速成比例的脉冲电压信号。它具有非接触、精度高、响应快、可靠性高等特点，是精密数字控制、数控机械系统中常用的角位移数字式检测传感器。光电式脉冲编码器有增量式和绝对式两种。

(1)增量式编码器 增量式编码器需要一个计数和辨向系统，旋转的码盘通

过光电元件给出一系列脉冲，在计数中对每个基数进行加或减，从而记录下转动的方向和角位移。由于它只能反映对于上次转动角度的增量，所以称为增量式，如图 4-16 所示。

目前在数控系统中应用的增量式编码器，有每转产生 2 000，2 500，3 000，4 000脉冲等多种，最高速度可达 2 000 r/min。

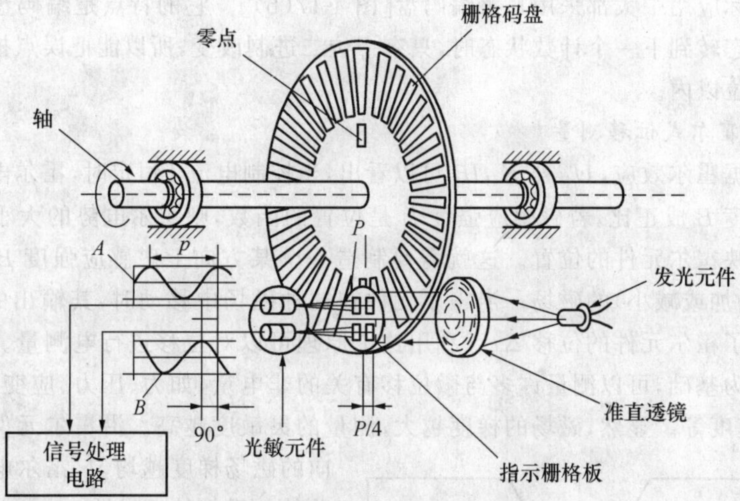

图 4-16 增量式编码器结构原理图

(2)绝对式编码器　绝对式编码器将被测转角转换成相应的代码，指示其绝对位置。这种编码器是通过读取编码盘(图 4-17)上的图案来表示数值的。

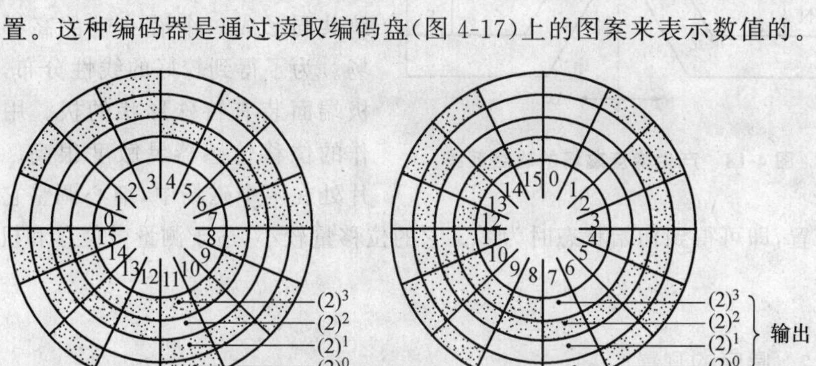

(a)二进制编码盘　(b)葛莱编码盘

图 4-17 绝对式编码盘

绝对式编码器编码盘能直接指示出机械转动的绝对位置，具有机械位置存储功能，停电后再次通电仍能找到编码盘上次指示的绝对位置。但这种码盘在位数较高时制作困难，成本高，而且在转数大于一转时，往往要将两个以上编码盘连接起来，组成多级检测装置。

普通二进制编码盘［图 4-17(a)］由于相邻两扇区编码图案易产生误码，因而在实际应用中大都采用葛莱编码盘［图 4-17(b)］。它的特点是编码盘从一个计数状态转到下一个计数状态时，只有一位二进制改变，所以能把误点控制在一个数单位以内。

5. 霍尔式位移测量

根据霍尔效应，$U_{H}=K_{H}IB$ 可以看出，当控制电流 I 恒定时，霍尔电势与磁感应强度 B 成正比，若磁感应强度 B 是位置的函数，则霍尔电势的大小就可以用来反映霍尔元件的位置。这就需要制造一个某方向上磁感应强度 B 呈线性变化(增加或减小)的磁场。当霍尔元件在这种磁场中移动时，其输出的 U_{H} 变化反映了霍尔元件的位移 Δx。利用这个原理可以对位移进行电测量。以测量微位移为基础，可以测量许多与微位移有关的非电量，如力、压力、应变、机械振动、加速度等。显然，磁场的梯度越大，测量的灵敏度越高。沿霍尔元件移动方向的磁场梯度越均匀，霍尔电势与位移的关系越接近线性。

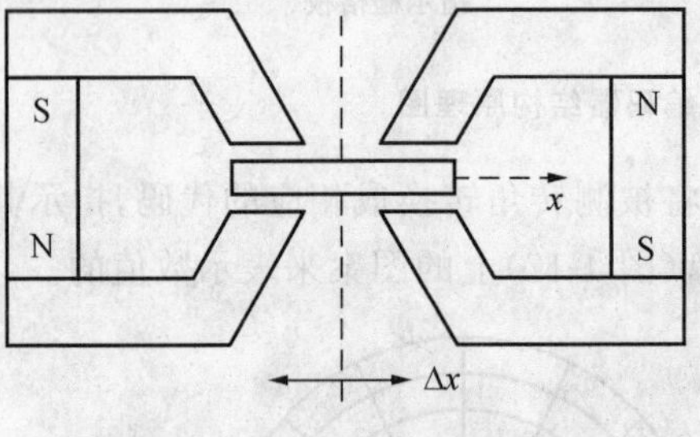

图 4-18 产生梯度磁场的磁路系统

图 4-18 所示为产生梯度磁场的磁路系统示意图。图中直流磁路系统共同形成一个沿 x 轴的高梯度磁场。为了得到较好的线性分布，在磁极端面装有特殊形状的极。用它制作的位移传感器灵敏度很高。霍尔片处在两个磁场中，细心调整它的初始位置，即可得到初始状态时为零。它的位移量较小，适于测量微位移和机械振动等。

4.2.2 厚度的测量

1. 电容测厚仪

电容测厚仪可用来测量金属带材在轧制过程中的厚度，其工作原理如图 4-19所示。在被测金属带材的上、下两侧安装一块面积相等、与带材距离相等的电容极板，把这两块极板接起来作为一个电极，而金属带材就是电容传感器的另一个极板。其总的电容量 C 应是两极板间电容之和，$C=C_1+C_2$。带材的厚度发生变化时，将引起电容量的变化，用交流电桥将这一变化电容检测出来，再经过放大，即可由显示仪器把带材的厚度变化显示出来。

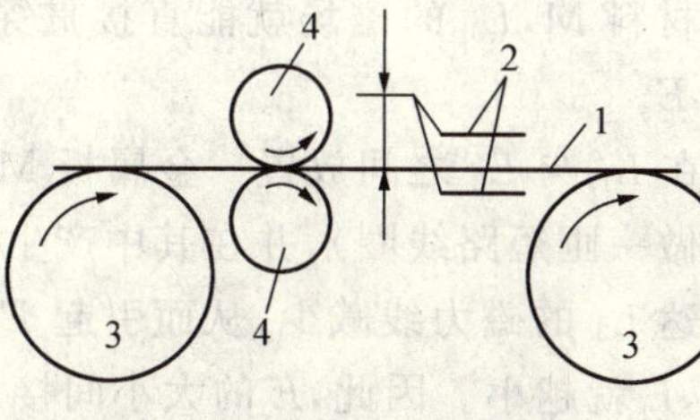

1. 金属带材　2. 电容极板　3. 传动轮　4. 轧辊

图 4-19　厚度的测量

这种电容式厚度传感器检测电路框图如图 4-20 所示。图中的多谐振荡器输出电压 E_1, E_2 通过 R_1, R_2（$R_1=R_2$）交替对电容器 C_1, C_2 充放电，从而使弛张振荡器的输出交替触发双稳态电路。当 $C_1=C_2$ 时，$U_o=0$；当 $C_1 \neq C_2$ 时，双稳态电路 Q 端输出脉冲信号，此脉冲信号经对称脉冲检测电路处理后变成电压输出，用数字电压表指示。

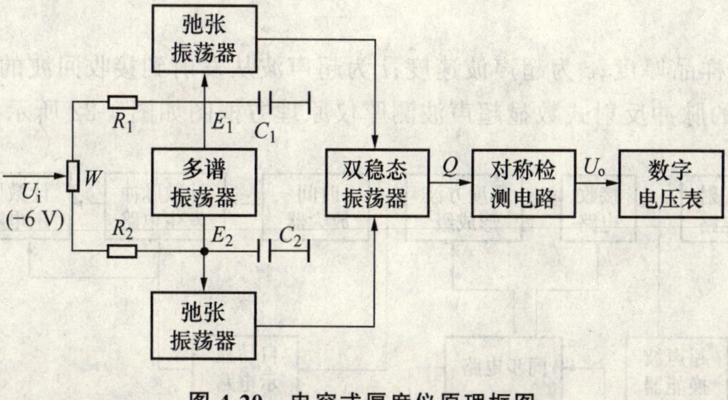

图 4-20　电容式厚度仪原理框图

电容测厚仪的结构比较简单，信号输出的线性度好，分辨力也比较高，因此在厚度检测中得到较为广泛的应用。

2. 低频透射式涡流测厚仪

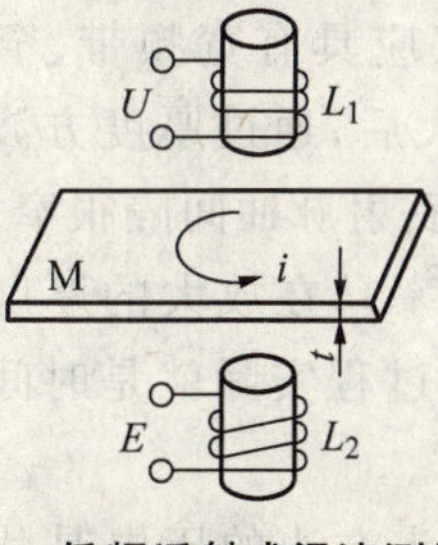

图 4-21　低频透射式涡流测厚原理

图 4-21 所示为低频透射式涡流测厚原理。发射线圈 L_1 和接收线圈 L_2，分别位于被测材料 M 的上、下方。由振荡器产生的音频电压 U 加到 L_1 的两端后，线圈中即流过一个同频率的交流电流，并在其周围产生一交变磁场。如果两线圈间不存在

被测材料 M，L_1 的磁场就能直接贯穿 L_2，于是 L_2 的两端会感生出一交变电动势 E。

在 L_1 与 L_2 之间放置一金属板 M 后，L_1 产生的磁力线必然穿过 M(M 可以看做一匝短路线圈)，并在其中产生涡流 i。这个涡流损耗了部分磁场能量，使到达 L_2 的磁力线减少，从而引起 E 的下降。M 的厚度 t 越大，涡流损耗也越大，E 就越小。因此，E 的大小间接反映了 M 的厚度 t，这就是测厚的依据。

3. 脉冲反射式超声测厚仪

超声波测量厚度按工作原理分，有共振法、干涉法及脉冲回波法等几种。由于脉冲反射法不涉及共振机理，与被测物表面的光洁度关系不密切，所以超声波脉冲反射式是最受用户欢迎的一种测厚方法。

脉冲反射式超声测厚原理是测量超声波脉冲通过试样所需的时间间隔，然后根据超声波脉冲在样品中的传播速度求出样品厚度为

$$d = \frac{1}{2}ct \tag{4-12}$$

式中：d 为样品厚度；c 为超声波速度；t 为超声波从发射到接收回波的时间。

典型的脉冲反射式数显超声波测厚仪原理方框图如图 4-22 所示。

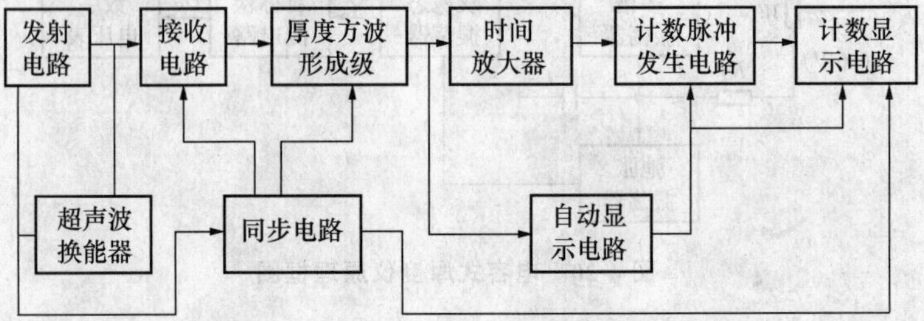

图 4-22 脉冲反射式数显超声波测厚仪原理框图

由图 4-22 可见，发射电路激励超声波换能器(应具有宽频带、窄脉冲特性)产生超声脉冲，接收电路将反射脉冲接收并放大后，通过厚度方波电路形成厚度方波。由于超声波在材料中传播速度很快，反射脉冲间隔很窄，需要在时间上加以放大。计数脉冲是时间标尺(厚度分辨率)，在放大的厚度方波内填充该计数脉冲即可实现厚度值的数字显示，这一过程实际就是时间间隔的测量过程。

图 4-23 所示是超声波测厚示意图。双晶直探头左边的压电晶片发射超

声波脉冲,经探头内部的延迟块延迟后,该脉冲进入被测试件,在到达试件底面时,被反射回来,并被右边的压电晶片所接收。这样只要测出从发射超声波脉冲到接收超声波脉冲所需要的时间间隔,根据公式即可求出超声波脉冲在被测件体内所经历的来回距离,也就代表了厚度值。在电路上只要在从发射到接收这段时间内使计数电路计数,便可达到数字显示之目的。使用双晶直探头可以使信号处理电路趋于简化,有利于缩小仪表的体积。探头内部的延迟块可减小杂乱反射波的干扰。

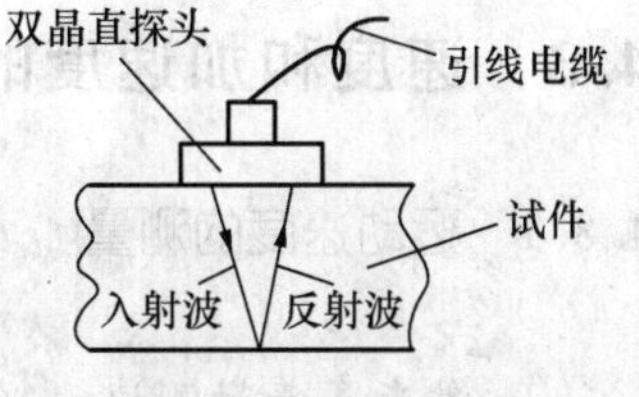

图 4-23 超声波测厚

4. 辐射测厚仪

辐射测厚仪是利用射线的散射与物体厚度的关系来测量物体厚度的。图 4-24 是利用差动和平衡变换原理测量镀锡钢带镀锡层的厚度测量仪。

图中 3、4 为两个电离室,电离室外壳加上极性相反的电压,形成相反的栅极电流,使电阻 R 上的压降正比于两电离室辐射强度的差值。电离室 3 的辐射强度取决于辐射源 2 的放射线经镀锡钢带镀锡层后的反向散射,电离室 4 的辐射强度取决于辐射源 8 的射线经过挡板 5 调制后的强度。利用 R 上的电压,经过放大后,控制电机转动,以此带动挡板 5 产生位移,使电极电流相等。用检测仪表测出挡板的位移量,即可测量镀锡层的厚度。

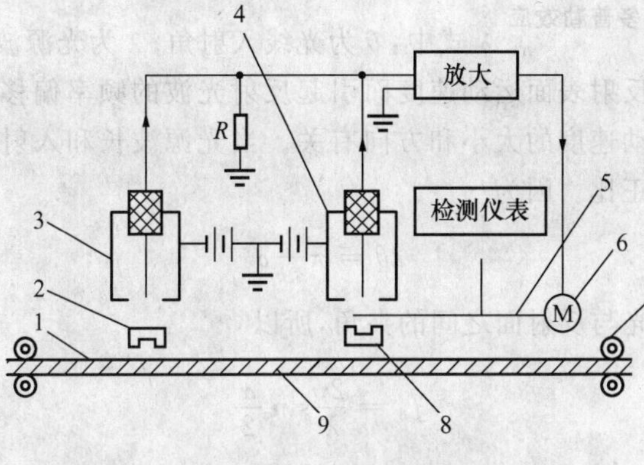

1. 镀层 2. 辐射源 3,4. 电离室 5. 挡板 6. 电机
7. 滚子 8. 辅助辐射源 9. 钢带

图 4-24 辐射测厚仪

4.3 速度和加速度的测量

4.3.1 运动速度的测量

1. 激光多普勒测速

当波源或观察者相对于介质运动时，观察者所接收到的波的频率不同于波源的频率，这种现象称为光或声的多普勒效应。不论是波源运动，或是观察者运动，或是两者同时运动，只要两者互相接近，接收到的频率就高于波源的频率；两者互相远离，接收到的频率则低于波源的频率。由多普勒效应而引起的频率变化数值称为多普勒频移值。

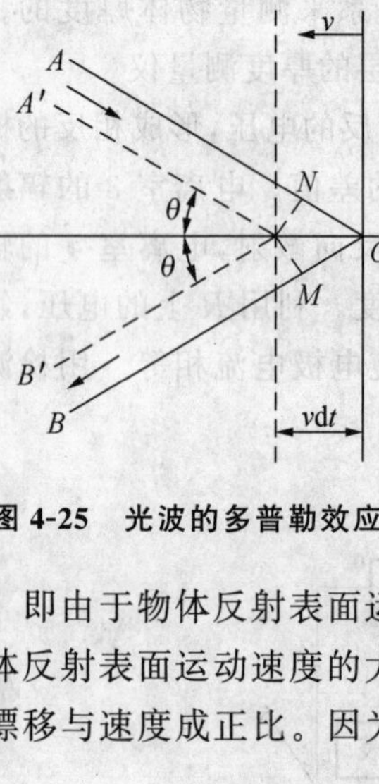

图 4-25 光波的多普勒效应

光波的多普勒效应是一种物理现象，如图4-25所示。由于物体反射面以速度 v 运动，使光束 A'、B' 的光程较原来物体表面静止时的光束 A、B 的光程缩短 $\mathrm{d}L$，有关系式

$$\mathrm{d}L = NO + OM = 2v\mathrm{d}t \cdot \cos\theta \quad (4\text{-}13)$$

由此引起的频率偏移为

$$f_{\mathrm{d}} = \frac{1}{\lambda} \cdot \frac{\mathrm{d}L}{\mathrm{d}t} = \frac{2v\cos\theta}{\lambda} \quad (4\text{-}14)$$

式中：θ 为光线入射角；λ 为光源波长。

即由于物体反射表面运动速度而引起反射光波的频率偏移，与光源波长及物体反射表面运动速度的大小和方向有关。当光源波长和入射方向一定时，频率漂移与速度成正比。因为

$$2\theta = \pi - \alpha \quad (4\text{-}15)$$

其中 $\alpha/2$ 为入射光与反射面之间的夹角，所以

$$f_{\mathrm{d}} = \frac{2v}{\lambda}\sin\frac{\alpha}{2} \quad (4\text{-}16)$$

如果入射光线垂直于反射表面，则有

$$f_{\mathrm{d}} = \frac{2v}{\lambda} \quad (4\text{-}17)$$

激光多普勒测速的方法是：激光作为光源照射运动物体，由于多普勒效应，被物体反射或散射的光的频率发生变化。把频率发生变化的光与原光拍频（求频率差的绝对值）比较，得到频率漂移 f_d，此信号经光电器件转换，即可得到与物体运动速度成正比的电信号。

多普勒效应测速的特点是精度高，测量范围宽，用激光可测 1 cm/h 超低速至超音速，属于非接触测量，但装置较复杂，成本较高。

2. 相关法测速

相关法测量运动物体的线速度是基于相关原理，即当两个平稳的随机信号 $u_1(t)$ 和 $u_2(t)$ 的波形完全一致时，其互相关函数 $\frac{1}{T}\int_0^T u_1(t)u_2(t-\tau_0)\mathrm{d}t$（其中 T 为有限平均时间，τ_0 为延迟时间）获得极大值。测量时在固定间距为 s 的两处安置两个特性相同的传感器，如光电式传感器（或电容式传感器，或超声波发射和接收传感器等），分别接收所在位置物体运动时的随机信号。当后一个传感器接收的信号波形与前一个的相似时，信号则延迟了 τ_0，由此测量两信号互相关函数取极大值的延迟时间 τ_0，即可求得物体的线速度为

$$v=\frac{s}{\tau_0} \tag{4-18}$$

图 4-26 是一测量轧钢过程中热轧钢带直线运动速度的相关测速系统。它是通过检测轧制钢带表面微小凹凸不平在运动过程中产生的随机信号，经互相关处理后计算出其瞬时速度的。

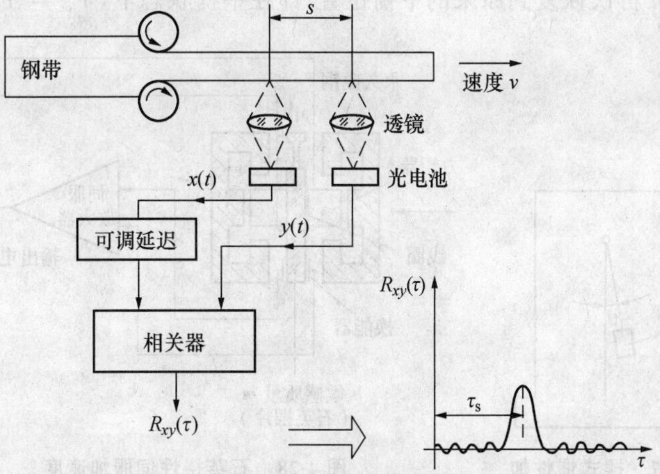

图 4-26 钢带运动速度的非接触测量

钢带表面的反射光经透镜聚焦在相距为 s 的两个光电池上。由于钢带表面存在不规则的微小凹凸不平度，当钢带做直线运动时，光电池接收到的反射光的强度是随机变化的。反射光强度的波动通过光电池转换为电信号。由于所形成的两个随机信号来自同一钢带，所以两个光信号 $x(t)$ 和 $y(t)$ 基本相同，仅有一时差 τ_s。将 $x(t)$ 经可调延迟电路后与 $y(t)$ 一起送入相关器进行互相关处理。当可调延迟时间 τ 等于钢带上某点由第一传感器运动到第二传感器所经过的时间 τ_s 时，互相关函数为最大值。由此可算得钢带的直线速度。

4.3.2 加速度的测量

1. 惯性加速度传感器

惯性加速度测量原理是"摆"的工作原理。如图 4-27 所示，当传感器壳体相对于地球重力方向有加速度 a 时，摆锤 m 相对壳体摆动一个角度。通过敏感元件检测出这个角度，就可换算成惯性加速度。

2. 石英挠性伺服加速度传感器

石英挠性伺服加速度传感器的结构原理图和原理方框图分别如图 4-28 和图 4-29 所示。它由敏感质量 m、换能器、伺服放大器和力矩器组成。当沿敏感轴方向输入加速度 a 时，敏感质量 m 相对平衡位置运动产生惯性力 F，换能器输出与力成正比的电信号 u，伺服放大器将电信号变成电流 i，该电流信号反馈到处于恒磁场中的力矩线圈，从而产生反力 F_{oc}，该力与惯性力 F 相平衡，直到敏感质量 m 再次恢复到原来的平衡位置，即在平衡状态下，$F_{oc} = F$。

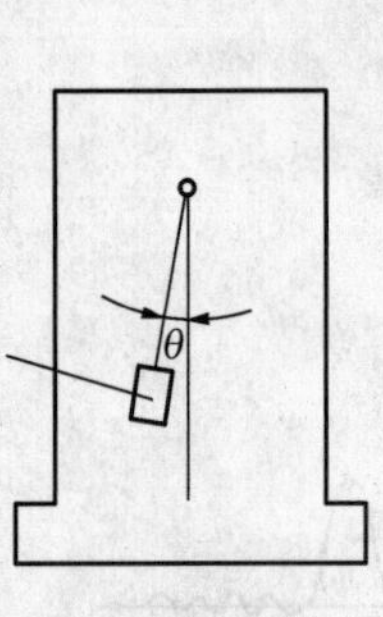

图 4-27 摆式惯性加速度测量原理

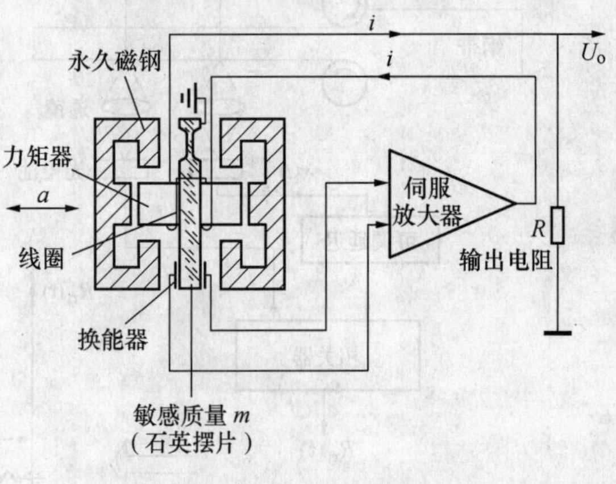

图 4-28 石英挠性伺服加速度传感器结构原理图

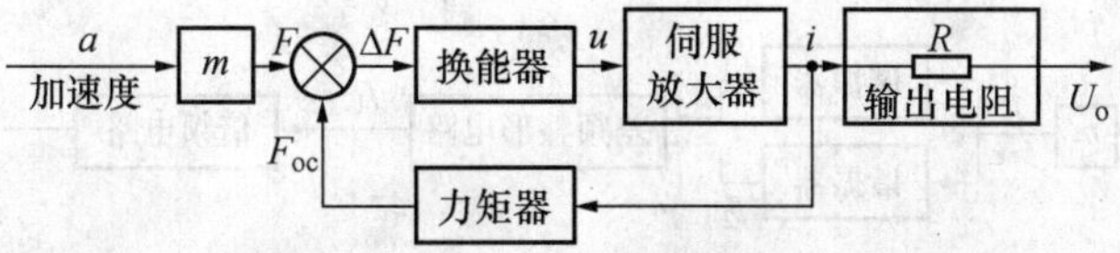

图 4-29 石英加速度测量原理

由牛顿第二定律可知

$$F = ma \tag{4-19}$$

恒磁场中线圈流过电流而受到电磁力为

$$F_{oc} = BLi \tag{4-20}$$

式中：B 为恒磁场的磁感应密度；L 为线圈导线总长度。

平衡时

$$ma = BLi, i = \frac{m}{BL}a = ka \tag{4-21}$$

即反馈电流 i 与加速度 a 成正比，输出电阻 R 上的输出电压 $U_o = iR$ 亦正比于加速度 a，因此检测出输出电压即可测得加速度 a。

石英挠性伺服加速度传感器是检测超低频微加速度（$10^{-5}g$）和静态角的良好装置。

3. 压电石英谐振式加速度传感器

压电石英谐振式加速度传感器是利用压电石英谐振器的力频特性来进行加速度的测量，可以直接输出频率信号，不需进行模拟放大和 A/D 变换。同时，由于压电石英谐振器作为摆臂，又作为敏感元件，因此在结构上采用开环结构，不需构成闭环。其结构图和原理方框图如图 4-30 和图 4-31 所示。

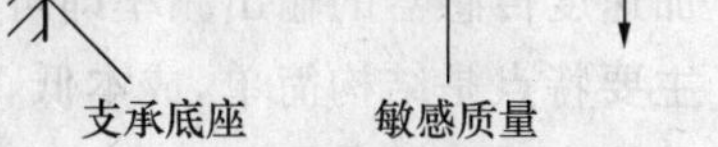

图 4-30 压电石英加速度传感器结构原理图

传感器由压电石英谐振器、晶控振荡器、支承底座、差频整形电路和倍频电路组成，采用基频相等（f_0）的两个压电石英谐振器作为敏感质量的支承梁，输出为两个压电谐振器的频率差。

当沿传感器敏感轴方向输入加速度 a 时，敏感质量 m 相对平衡位置产生惯性力 F，两个压电石英谐振器一个受正力压缩作用，另一个受负力拉伸作用，谐

图 4-31 压电石英加速度传感器原理方框图

振器的谐振频率分别为

$$f_1 = f_0 + \Delta f(\text{谐振器受压缩作用时})$$
$$f_2 = f_0 - \Delta f(\text{谐振器受拉伸作用时})$$

差频整形电路对两个压电谐振器的输出频率进行差频和整形，倍频电路用于提高差频信号的分辨。

根据压电石英谐振器的力-频特性，当压电石英谐振器处于谐振状态，谐振器受外力作用时，其谐振频率发生变化为

$$\Delta f = K_f \frac{f_0^2}{D_n} F \tag{4-22}$$

式中：Δf 为谐振器谐振频率的变化量；f_0 为谐振器的基准谐振频率；F 为压电石英谐振器的输入作用力；D_n 为传递力 F 截面的宽度；K_f 为谐振器的拉氏(Ratajski)系数。

则传感器的输出为

$$f = k(f_1 - f_2) = 2k\Delta f = 2K_f \frac{f_0^2}{D_n} kma \tag{4-23}$$

式中：k 为倍频系数。

即传感器的输出频率 f 与被测加速度 a 成正比，因此检测压电石英谐振式加速度传感器的输出频率即可测得加速度 a。压电石英谐振式加速度传感器的主要特点是结构简单，成本低，可靠性好，适用于航空航天、车辆、舰船及工业自动化中的加速度检测。

4. 压电式石英振动加速度传感器

压电式加速度传感器是一种以具有压电特性的材料(如石英)为敏感元件的机电转换装置，它能把振动的机械能转换为电能。当加速度计感受到振动信号时，其输出端产生一个与振动加速度成正比的电荷量输出。它不能测量频率太低的被测量，更不能测量静态量。

压电传感器体积小，重量轻，量程大，频带宽，工作可靠，精确度和灵敏度高，在

振动测试领域得到广泛的应用。由于输出阻抗高,需经过阻抗变换器和电荷放大器进行阻抗变换后,才能和一般放大器或电压表配接。经二次仪表积分运算,可以把加速度信号转换成速度或位移信号。传感器的几种结构形式如图4-32所示。

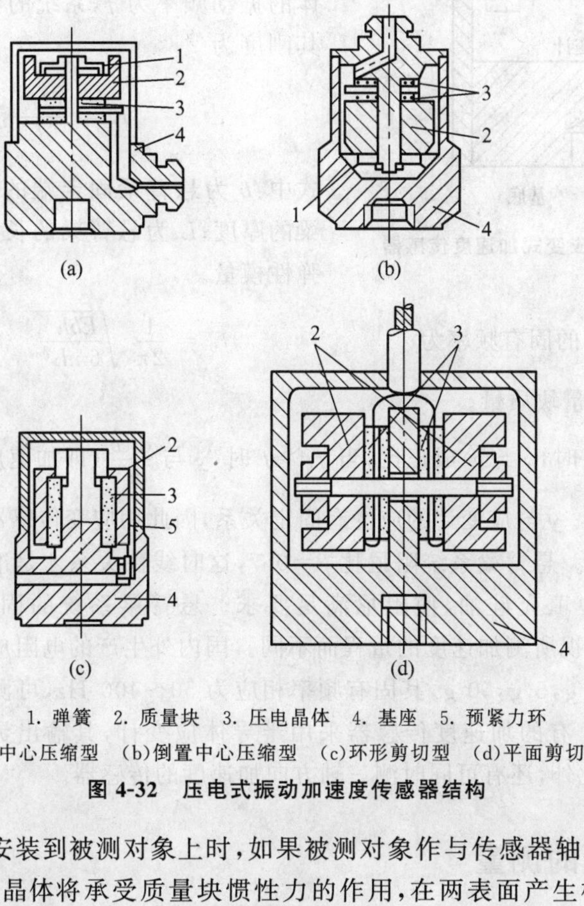

1. 弹簧　2. 质量块　3. 压电晶体　4. 基座　5. 预紧力环

(a)中心压缩型　(b)倒置中心压缩型　(c)环形剪切型　(d)平面剪切型

图 4-32　压电式振动加速度传感器结构

把传感器安装到被测对象上时,如果被测对象作与传感器轴线方向相一致的振动时,压电晶体将承受质量块惯性力的作用,在两表面产生极性相反的电荷。如果被测加速度频率远小于传感器的自振频率,则此惯性力正比于被测加速度,晶体上的电荷量也将正比于被测加速度,这种结构可承受连续的大的冲击和振动,自振频率高,但如果基座刚度不够大时,试件变形对输出会有一定影响。

5. 应变式振动加速度传感器

电阻应变式加速度传感器广泛应用于振动测量领域,其优点是低频特性好,价格低廉,输出灵敏度高及可测加速度较大(1～50 g 或更大)。

常用的加速度传感器采用悬臂梁为弹性元件,其原理如图 4-33 所示。梁一端固定在基底上,另一端安装一定质量的重块,悬臂梁轴线与被测加速度方

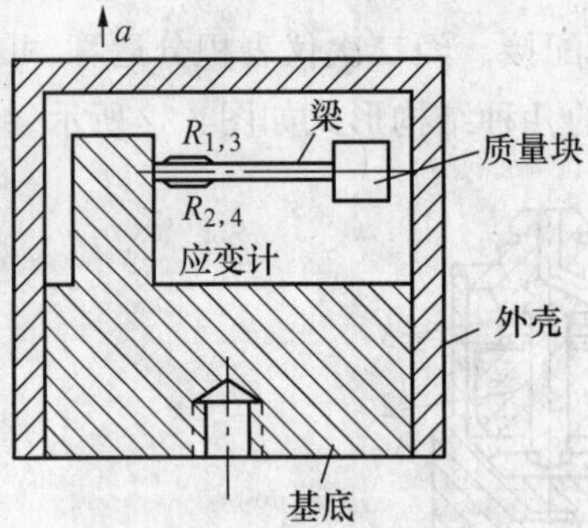

图 4-33　应变式加速度传感器

向垂直时，重块产生位移而使梁变形，梁根部粘贴的应变计组成全桥。设振动物体的位移为 x，重块振动幅度为 y，振动物体的振动频率为 f，系统的固有频率为 f_0。其刚度为

$$K=\frac{Ebh^3}{6L^3} \tag{4-24}$$

式中：b 为悬臂梁固定端的宽度；h 为悬臂梁的厚度；L 为悬臂梁的长度；E 为材料的弹性模量。

弹性系统的固有频率为

$$f_0=\frac{1}{2\pi}\sqrt{\frac{Ebh^3}{6mL^3}} \tag{4-25}$$

式中：m 为质量块质量。

当 $f_0 \ll f$ 时，y 与 x 成正比，当 $f_0 \gg f$ 时，y 与 $\frac{\mathrm{d}^2x}{\mathrm{d}t^2}$（即加速度 a）成正比，而 $y_{\max}=a_{\max}/f_0^2$。y 与应变计的应变有固定关系，因此用应变传感器可测量振动物体的加速度 a。悬臂梁系统阻尼比 $\beta=0.7$，这时线性关系才是准确的。通常加速度传感器中填充硅油，使阻尼满足要求。悬臂梁系统的固有频率一般在 100 Hz 以下，视所测加速度的量程而不同。国内外生产的电阻应变式加速度传感器量程有 1 g，5 g，50 g，其固有频率相应为 50～400 Hz，可测加速度频率为 30～200 Hz。有的加速度传感器采用半导体应变计，其输出灵敏度可到 1～25 mV/V。此外，还有可同时测三轴方向加速度的传感器。

4.4　振动的测量

4.4.1　测振用传感器

由于任何复杂的振动都可分解为一些简谐振动，而任何一个简谐振动的振动规律，可用位移、速度和加速度中的一个量与时间的关系来表征。这是因为位移、速度和加速度之间存在着微分和积分的关系，因而在选定一种参量传感器后，可以利用某些测量电路的微分和积分特性（现在多采用数据采集器用计算机软件实现数值积分和微分）获得另外两个参量与时间的关系曲线。例

如，若用速度传感器可测得振动速度的时间历程，若配用微分放大器可获得振动加速度的时间历程，配用积分放大器可获得振动位移的时间历程。因此，可利用本章前面介绍各种位移、速度或加速度传感器进行振动测量。这里就不再阐述了。

选择测振用传感器类型时，要根据测试要求（如要求测位移或测速度、加速度、力等）及被测物的振动特性（如待测的频率范围和估算的振幅范围等），使用环境情况（如环境温度、湿度、电磁场干扰等），结合各类传感器本身的各项性能指标来考虑。

(1)下列情况可采用位移传感器

①位移幅值特别重要时（例如，不允许某振动部件在振动时碰到别的部件即要求限幅）。

②测量位移幅值的场合，正好就是要分析应力的场合。

③低频振动。此时速度、加速度值太小，不便于采用速度或加速度计测量。

(2)下列情况可采用速度传感器

①位移幅度太小，便于测量的中频段。

②用在与声有关的振动测量，因为振动部件在空气中产生的声压正比于振动速度。

(3)下列情况可采用加速度传感器

①高频振动。

②测量那种对力、载荷或应力要作分析的部分时，因为力正比于加速度。

③不允许传感器体积大、质量大的场合，常采用压电加速度计。

4.4.2 测振用放大器

测振用传感器分为电参量型和发电型两大类，其测量电路也有相应的两种类型，见图 4-34。

电参量型测振传感器的输出信号是电阻、电感或电容的变化，通常使用调制放大器进行放大，而后送入记录和分析仪器。

发电型测振传感器的输出信号是电势或电荷的变化，可以直接利用电压放大和电荷放大器进行放大，并常配有微积分电路进行微分或积分运算。

常用的测振放大器有微积分放大器、电压放大器、电荷放大器、应变仪和差动变压放大器，而应变仪和差动变压器的原理已在前面叙述过。

微积分放大器一般是由输入衰减器、输入放大器、微积分运算器、功率放大

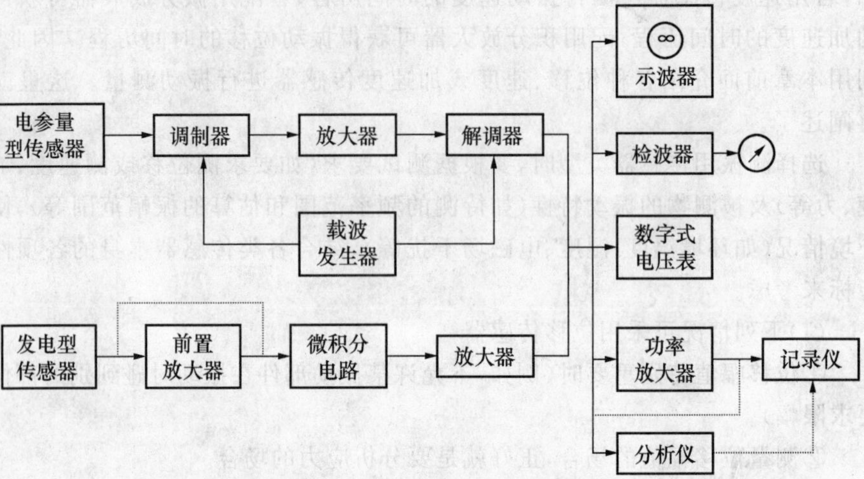

图 4-34 两类振动测量电路的方框图

器及输出衰减器组成,同时配有稳压电源和标定振荡器等附属电路。

电压放大器的功用是放大压电式加速度传感器的微弱输出信号,把传感器的高输出阻抗转换成较低的值。

电荷放大器输出电压与压电加速度传感器输出电荷成比例。一般由具有电容负反馈的、输入阻抗极高的高增益运算放大器构成。

电荷放大器与电压放大器相比较,由于输出电压与输入电路的电容无关,导线分布电容的变化不会影响到测量结果,因此在测量和标定时,所使用的导线长短、型号要求均不高。但是,由于电荷放大器的输出电压与输入电荷成正比的前提条件是放大器的放大倍数要足够大,使得电路比较复杂。从这点来看,电压放大器具有结构简单、价格便宜等优点。

4.4.3 振动测量

1. 机械阻抗及阻抗头

在振动测量中,经常对被测结构施加某一变化的外力,测定它的动态响应特性,即测定结构的振动运动与已知力的关系,这种测试称为机械阻抗试验或频率响应试验。

所谓机械阻抗,是指变化的激振力与结构运动响应的矢量比,即

$$机械阻抗(矢量)=\frac{输入激振力(矢量)}{输出运动响应(矢量)}$$

其倒数(输出比输入)称为机械导纳或机械转移。

由于测量机械振动所选用的参数有位移、速度和加速度之分,因而机械阻抗可分为位移阻抗、速度阻抗和加速度阻抗,机械导纳也相应地分为位移导纳、速度导纳和加速度导纳。

根据激振点和响应点的位置,可分为驱动点阻抗和传递阻抗。驱动点阻抗的激振点和测量的响应点是同一点,故称为点阻抗或简称阻抗。传递阻抗的激振点和测量响应点不是同一点,而是根据研究的对象和要求来选点。

传递阻抗常用测力传感器和测量振动参数的加速度传感器分别同时测量。在点阻抗的测量中,由于激振点和响应点是同一点,因此将测力传感器和测量加速度的传感器制成一个整体,专门用来测量点阻抗,这种传感器称机械阻抗头,如图 4-35 所示。测力传感器的两片压电晶体片 1 通过压块 2 与激振器相连,力信号从接头 3 输出。测量加速度传感器由两片压电晶体片 4 和质量块 5 构成,加速度信号由接头 6 输出,壳体 7 上的螺孔将机械阻抗头与被测结构相连。激振器工作时,激振力通过测力传感器传给结构,结构产生振动,机械阻抗头也跟着振动,质量块因而也产生一个与加速度有关的力加给压电晶体片 4。于是,两个压电晶体传感器一个输出力信号,一个输出加速度信号,送至测量系统。

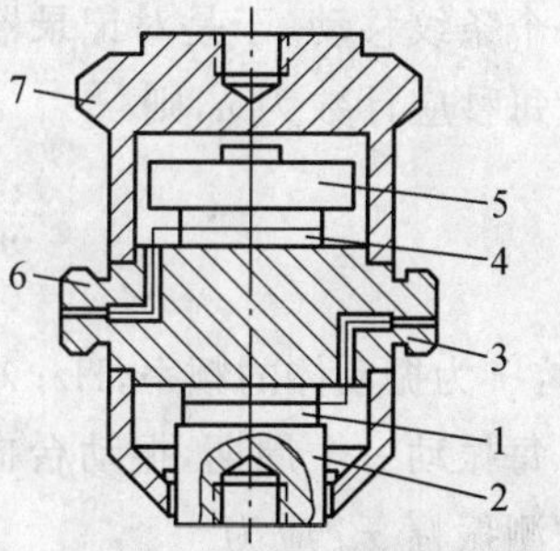

1,4. 压电晶体片　2. 压块　3,6. 接头
5. 质量块　7. 壳体
图 4-35　机械阻抗头

2. *激光测振方法*

激光测振仪是用激光波长作为长度标准来精确测定振动位移的幅度。由于激光单色性非常好,波长很稳定,因此用激光测振具有较高的精确度,当前在振动校准装置中被广泛采用。

下面介绍激光干涉测振法。

该法以迈克尔逊干涉仪为基础,用门控计数器来计算一个周期内明暗条纹的变化数而计算出振幅的大小。测量的最小振幅可达微米量级。一般只适于测稳定的周期性振动,不能测瞬态的冲击运动。该类激光干涉测振仪的基本原理方框图如图 4-36 所示。

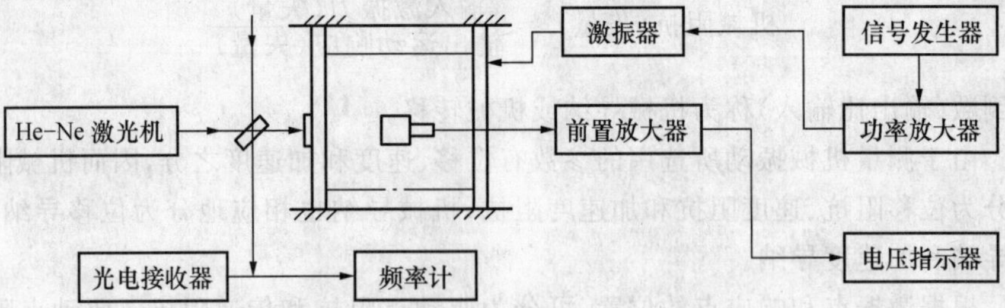

图 4-36　激光测振基本原理方框图

据干涉仪的原理，振动体每移动相干光的半波长即 $\lambda/2$ 就使光电接收器上有一个条纹移动，于是对记录器就输出一个脉冲信号。如果振动振幅为 x_m，频率计每秒应计数为 n，则

$$n=\frac{4x_m f}{\lambda/2}\text{（计数 /s）} \tag{4-26}$$

式中：f 为振动体的频率，Hz；λ 为激光波长，氦氖激光的波长为 $\lambda=0.633\ 28\ \mu m$。

每振动一个周期，振动台向上、向下各一次，位移量为振幅 x_m 的 4 倍。于是被测振幅 x_m 应为

$$x_m=\frac{\lambda n}{8f}(\mu m) \tag{4-27}$$

3. 多普勒效应测振

它是以多普勒频移原理为基础测量振动速度。

波源和接受器之间的相对运动会产生波的频率变化，称为多普勒效应。由光源发出一束频率为 f 的激光，照射到运动物体上，运动物体（即接受器）接收的光与原入射光频率不同，它们之间频率的差 Δf 称做多普勒频移，大小为

$$\Delta f=\frac{2v}{c}f \tag{4-28}$$

式中：v 为运动物体在激光入射方向的法向速度分量；c 为光速。

因此，只要能记录和测量出多普勒效应的频移大小，就可知振动物体的速度变化情况。而多普勒效应是在任何速度下都存在的，因而它可以测量周期性的振动，也可以测量非周期性的瞬态冲击现象。为了增加测量精度，可采用外差式的测量方案，它抗外界干扰的能力更强，更适于现场测量。图 4-37 是外差式激光测振仪原理方框图。它能测量的频率范围为 0.2～20 kHz，可测的最大运动

的速度为 5 m/s,能记录下振动或冲击的波形,其谐波误差≤2%,工作距离(即工作光出口的聚焦望远镜与被测物间距离)在 1 m 以上。

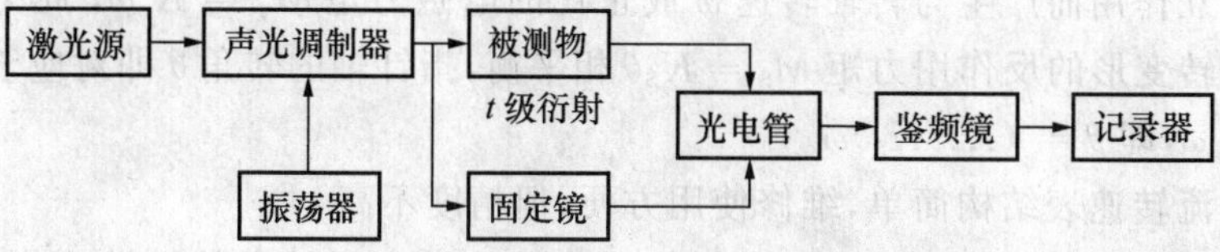

图 4-37 外差式激光测振仪原理方框图

4.5 转速的测量

旋转物体的转速一般采用间接的方法测量,即通过各种各样的传感器将转速变换为其他物理量,如机械量、电磁量、光学量等,然后再用模拟和数字两种方法显示。

常用的测速方法有机械式、电磁式、光电式、测速发电机式、霍尔效应式和闪光频率式等。

4.5.1 机械式转速计

常用的机械式转速计有涡流式和离心式。

图 4-38 所示是涡流转速表原理图。它是利用电磁感应原理把转速转变成转角的一种测量装置,主要由永久磁铁组件、金属导体件、游丝、指针和度盘组成。

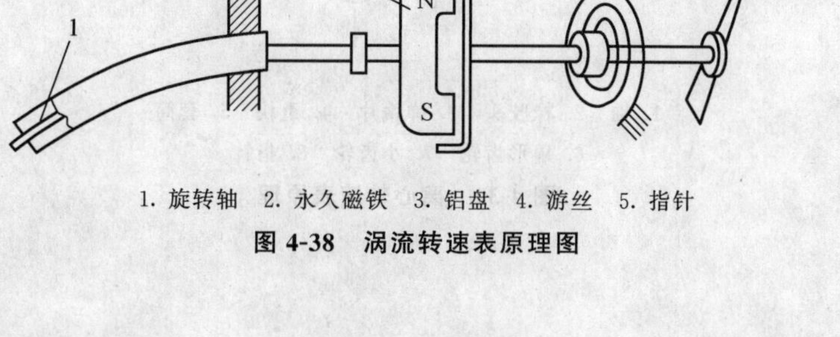

1. 旋转轴 2. 永久磁铁 3. 铝盘 4. 游丝 5. 指针

图 4-38 涡流转速表原理图

永久磁铁 2 与旋转轴 1 相固联，当它随被测轴一起旋转时，就等于一个旋转磁场，使临近的与指针 5 相固联的铝盘 3 内产生涡流，电涡流产生的磁场与旋转磁场相互作用而产生与转轴转速 ω 成正比的电磁力矩 $M_e = K_e\omega$，此力矩由游丝 4 扭转变形的反作用力矩 $M_S = K_S\theta$ 相平衡，指针轴的转角 θ 即对应于被测轴的转速 ω，即 $\theta = (K_e/K_S)\omega$。

涡流转速表结构简单，维修使用方便，但精度不高。

离心式转速表是利用离心力的作用将转速转变成转角的机械式仪表，其结构和原理如图 4-39 所示。轴 1 端部有锥形橡胶头 2，与被测轴一端的中心凹窝接触后一同旋转，离心力使弹簧片 3 上的重块 4 向外伸张，克服弹簧力之后将拉动套筒 5 向右端靠近。套筒上的凹槽使扇形齿轮 6 旋转，从而带动小齿轮 7 和指针 8，轴的转速根据指针在惯性离心力和弹簧力平衡时指针指示的位置来确定。

机械式转速计虽然结构简单，但它们是接触式测量，它们的探头必须与被测旋转体直接可靠地固联而同步旋转，它们要从被测对象中获取能量而推动仪表工作。在某些高转速、小转矩及旋转轴不允许装上转速测量装置等场合，机械式转速计就不再适用，必须采用非接触方式测量转速。

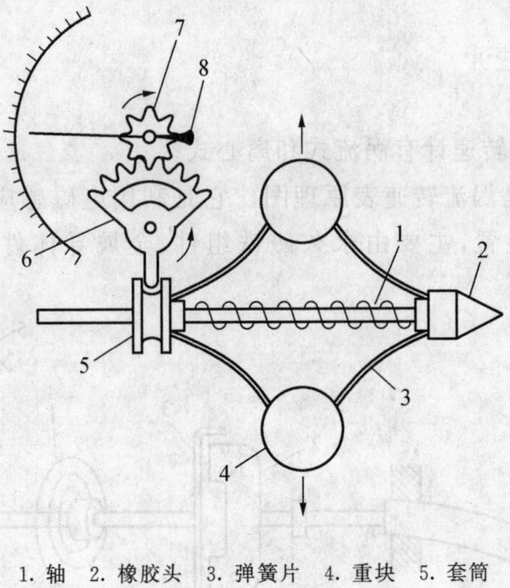

1. 轴　2. 橡胶头　3. 弹簧片　4. 重块　5. 套筒
6. 扇形齿轮　7. 小齿轮　8. 指针

图 4-39　离心转速表原理

4.5.2　电磁式转速仪

转动部件上若有凸起的铁磁物，如齿轮，可在近旁安装绕有线圈的磁铁，如图 4-40(a)所示。当齿轮的齿经过磁极时，磁通变化，在线圈上产生感应电动势 e，经过放大整形送入脉冲计数器，在一定时间间隔内累计脉冲数，便可得到转速。齿数越多，分辨力越强

若转动部件为非铁磁性物质，可用图 4-40(b)的方法，将开口钢丝环套在转动体上，环的缺口处磁化成一对磁极，用录音机磁头在近距离内检测磁极经过时的磁场波动信号，放大整形后计数，同样可以测出转速。由于钢环的磁场比磁带上的磁信号强得多，磁头不必与钢环接触，所以不会磨损。

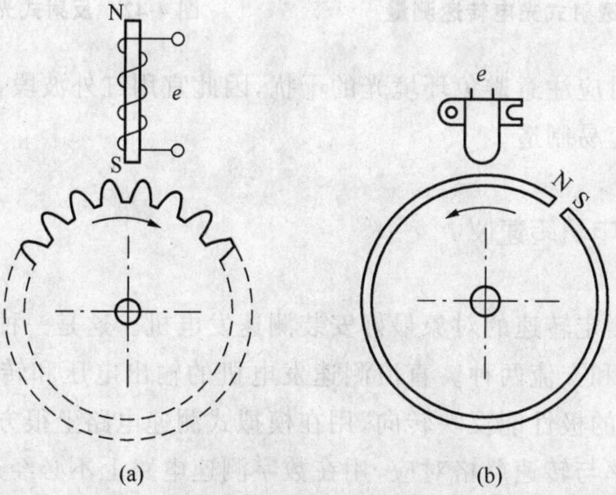

图 4-40　电磁感应转速传感器

以上这两种方法所产生的电脉冲幅值都和转速成正比，在很低的转速下信号微弱。但因结构简单容易实现，且输出为脉冲数，易于数字显示，所以应用广泛。

4.5.3　光电式转速仪

用光电法测转速也易于数字化，图 4-41 是透射式光电转速仪工作原理。在转动体上安装遮光盘，盘上开孔，采用集成化窄缝型光电耦合器作为发光和受光元件，遮光盘在窄缝中转动，每当小孔经过时产生一次脉冲，孔多则分辨力高。

图 4-42 为反射式，只要在转动件上涂抹黑白标记，用聚焦后的光线照射，根据反射光的强度变动次数计数。黑白条纹数多则分辨力强。

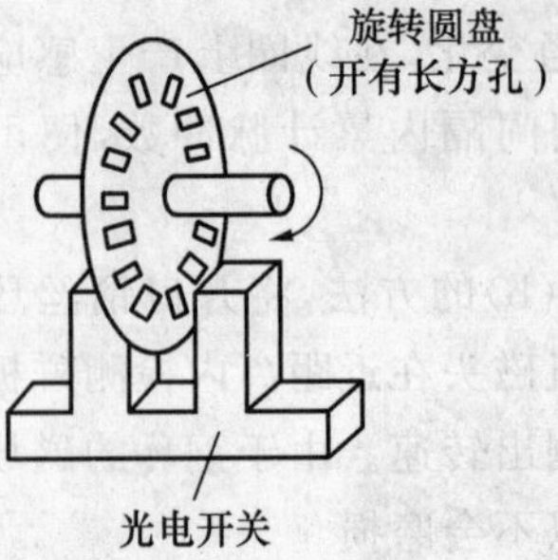

图 4-41 透射式光电转速测量

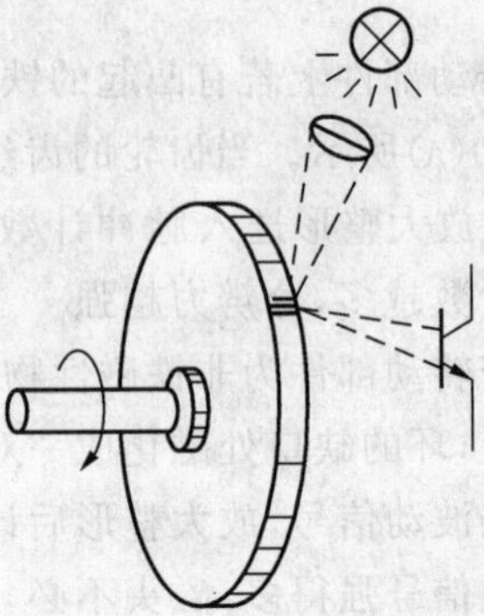

图 4-42 反射式光电转速测量

用光电法时应注意避免环境光的干扰，因此宜用红外波段，这种红外光源和光敏器件也很容易制造。

4.5.4 测速发电机转速仪

需要经常测定转速的对象最好安装测速发电机。这是一种专门测速的微型电机，分为直流和交流两种。直流测速发电机的输出电压和转速有较好的线性关系，并且直流的极性能反映转向，用在模拟式测速电路上很方便。交流测速发电机的输出频率与转速严格对应，用在数字测速电路上不必经过模数转换，只要放大整形求出频率值即可。

以上各种方法中，凡是输出频率信号的转速传感器，都可以利用频率转换器把频率信号变成 0～10 mA 或 1～20 mA 的直流标准信号，构成转速变送器。但是对于用计算机控制的系统，完全可以直接把脉冲频率送入串行输入通道，由计算机的时钟定时采样得到转速，不一定需要经过频率转换器。

4.5.5 霍尔效应式转速测量

集成霍尔传感器利用硅集成电路工艺将霍尔元器件与测量电路集成在一起，实现材料、元器件、电路三位一体，有开关型集成霍尔传感器和线性型霍尔传感器两种，如图 4-43 所示，线性型可根据外部磁力变动来改变其输出电压或电流的大小，从而测量转速；开关型只能根据外部磁力的改变确定输出电压或电流的高低电平。

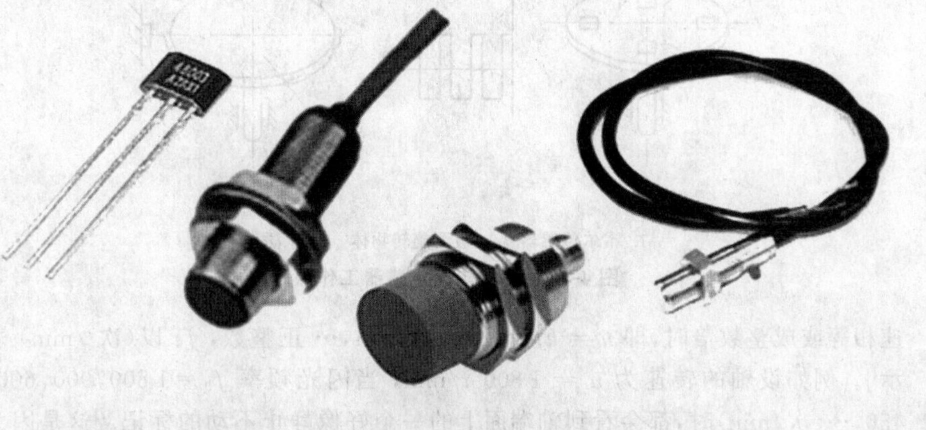

图 4-43 集成霍尔传感器

图 4-44 为霍尔转速传感器工作原理图，它是利用霍尔传感器的开关特性工作的。图 4-44(a)中把永磁体粘贴在非磁性材料制作的圆盘上部；图 4-44(b)把永磁体粘贴在圆盘的边缘。霍尔传感器的感应面对准永磁体的磁极并固定在机架上。机轴旋转便带动永磁体旋转。每当永磁体经过传感器位置时，霍尔传感器便输出一个脉冲。用计数器记下脉冲数，便可知转轴转过多少转。为提高测量转速或转数的分辨率，可以适当增加永磁体数。在安装磁体时一定要注意极性，因为集成开关霍尔传感器正常工作需要磁极的对应。

霍尔传感器测量转速属非接触式测量，对被测件影响很小，输出电压信号幅值与转速无关。转速测量范围可达 5×10^{5} r/min。

4.5.6 闪光频率式测速仪

闪光频率式测速仪是用已知频率的闪光去照射被测轴，利用频率比较的方法来测量转速的。它的原理是基于人的“视觉暂留现象”，所用的仪器称为闪光测速仪。

测量转速时，先在被测轴的端面远离圆心处，涂上一个白色标记(也可以另外安装圆盘等)，再用闪光测速仪照射旋转端面，同时调节闪光频率 f_0 使之与转

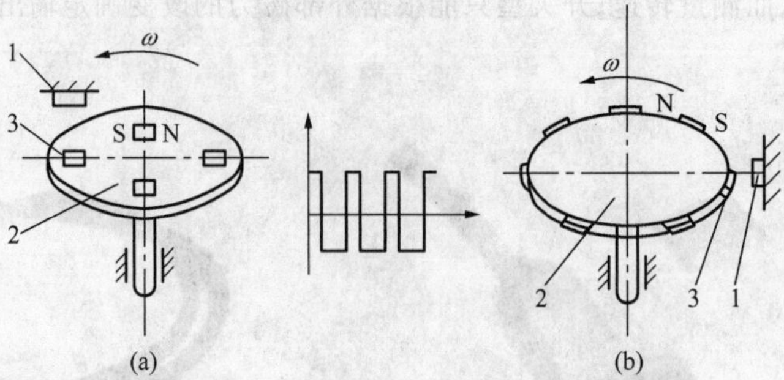

1. 霍尔传感器 2. 被测旋转物体 3. 永磁体

图 4-44 霍尔转速传感器工作原理

速相等或成整数倍时，即 $n = kf_0$[$k = 1,2,3,4,\cdots$ 正整数，f_0 以（次 /min）表示]。例如设轴的转速为 $n = 1\,800$ r/min，当闪光频率 $f_0 = 1\,800,900,600,450,\cdots$（次/min）时，都会看到轴端面上的一个好像静止不动的标记。这是因为闪光仪每次闪光时，轴端面的标记都正好转到同一位置；反之，当闪光频率 f_0 大于转速 n，并成整数倍即 $f_0 = k'n$ 时，$k' = 2,3,4,\cdots$ 正整数，则轴端分别可以看到沿圆周均布的 k' 个静止不动的标记。这是因为当旋转轴每转一转，闪光仪闪光 k' 次，可以在沿圆周均布的 k' 个地方看到标记。

这样，按照上述两种现象，确定转速的方法可以归纳为下述两种方式：

(1)使闪光频率由高向低调节，当轴端出现 k' 个标记时，则被测轴的转速为

$$n = \frac{f_0}{k'}\ (\text{r/min}) \tag{4-29}$$

式中：f_0 为闪光频率式测速仪上的读数，次/min。

(2)使闪光频率继续向低调节，轴端上所看到的标记数逐个减，当第一次看到出现一个标记时，此时的闪光频率 f_0 即等于被测转速 n。

闪光频率式测速仪的优点是非接触式测量，特别适用于测量高转速机械，还可以用来作为观察运动机件工作情况的一种手段。当运动机件的旋转频率或往复运动频率 f_x 与闪光频率 f_0 相等或成整数倍时，人们可以看到运动机件停留在某一位置，好像是原地静止不动一样，因此可以清楚地观察运动着的机件，如进排气阀、弹簧、叶片和齿轮等在工作中的状况。闪光测速的缺点是精度不很高。

4.6　噪声的测量

声音是机械振动在弹性介质中传播的波。一定频率范围的声波作用于人耳就产生了声觉。噪声是人所不希望的声音。噪声的测量实质上是对声音的测量。本节将对噪声度量与评价的基本参数、噪声测试仪器、噪声测试的基本方法进行介绍。

4.6.1　噪声度量与评价的基本参数

1. *声压与声压级*

声波是疏密波，它使传播介质——空气时而变密，压强增高；时而变疏，压强减小。若介质在没有声波传播时的压强称为静压强，则声压是指有声波时介质压强对其静压强的变化量，这是一个波动量，通常以其均方根值来衡量，并记为 p，其单位是 N/m^2，即帕(Pa)。正常人耳刚能听到的最小声的声压是 20 μPa(1 000 Hz纯音)，并称为听阈声压。普通谈话的声压是 20～70 mPa。大街上载重汽车、摩托车的声压为 0.2～1 Pa。当声压达到 20 Pa 时，能使人耳产生疼痛的感觉，称此声压为痛阈声压。当声压达到几百帕时，可以引起人耳鼓膜出血。

从听阈声压到痛阈声压，相差 100 万倍。因此，直接用声压值来表示声音的强弱是不方便的。为了方便起见，常用“声压级”来表示声音的强弱。声压级(L_p)的表示如下：

$$L_p = 20\lg\frac{p}{p_0} \tag{4-30}$$

式中：L_p 为声压级，dB；p 为声压，Pa；p_0 为基准声压，20 μPa，是1 000 Hz 纯音的听阈声压。

利用式(4-30)可以算出：

$$\text{听阈声压级} = 20\lg\frac{2\times10^{-5}}{2\times10^{-5}} = 0\ (\text{dB})$$

$$\text{普通谈话的声压级} = 20\lg\frac{2\times10^{-2}}{2\times10^{-5}} \sim 20\lg\frac{7\times10^{-2}}{2\times10^{-5}} = 60\sim71(\text{dB})$$

$$摩托车的声压级 = 20\lg\frac{2\times10^{-1}}{2\times10^{-5}} \sim 20\lg\frac{1}{2\times10^{-5}} = 80 \sim 94\ (\text{dB})$$

$$痛阈声压级 = 20\lg\frac{20}{2\times10^{-5}} = 120(\text{dB})$$

由此,用声压级这一参数表示的人的听阈范围为 0～120 dB。

2. *声强与声强级*

声波是一种物质波,必然具有一定的能量。因此,也可以用能量的大小来表示声音的强弱,这就是声强和与之对应的声强级。

(1)声强是在声音的传播方向上,单位时间内通过单位面积的声能,用 I 表示,单位是 W/m^2。

(2)声强级 L_I 的表示如下:

$$L_I = 10\lg\frac{I}{I_0} \tag{4-31}$$

式中:L_I 为声强级,dB;I 为声能,W/m^2。I_0 为基准声能,$10^{-12}\ \text{W/m}^2$。

3. *声功率与声功率级*

声功率是声源在单位时间内发射出的总能量,以 P_s 表示,单位为瓦(W),与之相应的声功率级 L_P 为

$$L_P = 10\lg\frac{P_s}{P_0} \tag{4-32}$$

式中:L_P 为声功率级,dB;P_s 为声功率,W;P_0 为基准声功率,10^{-12} W。

从能量角度来说,声音的 10 dB 变化,相当于能量有 10 倍变化,声音的 20 dB 变化,相当于能量有 100 倍的变化。

声功率级用来作为衡量噪声强弱的一种参数。但由于直接测声功率级比较难,在噪声测试中,常常是先测出声压级后,再换算成声功率级,也可通过同时测出标准声功率源和被测声源的声压级,进行比较而获得被测声源的声功率级。

人耳对声音的感受,不仅与声压有关,而且与频率有关,人耳的灵敏度在各个频率都不相同,在 1～6 kHz 最灵敏,而在较低频率和较高频率时灵敏度较低。声压级相同而频率不同听起来不一样响。不同声压级的声音,有时由于不同频率的配合,听起来倒是一样响。由此可知人耳对声音的感觉是比较复杂的,声压并不能完全描述噪声对人的影响程度。因此,必须根据人对噪声的主观感受程度来定义噪声的参数,它就是“响度”和“响度级”。它主要依赖于声压,但也

和频率、波形有关。

脉冲声响度的评定存在另外的问题。如果声音的持续时间短于 1 s,这种声音叫做脉冲声。打字机和锤击噪声是脉冲声的实例。因为这类声音的持续时间短,入耳感觉其响度的灵敏度较低。持续时间短于 70 ms 的声音的主观响度低于持续时间较长、声压级相同的声音的主观响度。

4. 响度与响度级

响度的单位是“哝”。定义频率为 1 000 Hz、声压级为 40 dB 的声音的响度为 1 哝。并规定声压级每升高 10 dB,响度增加 1 倍,即声压级 40 dB 为 1 哝,50 dB 为 2 哝,60 dB 为 4 哝等。

与之相应的响度级的定义为;以 1 000 Hz 的纯音(单一频率的声音)哝为基准声音,当一个噪声响度与某个声压级 (dB) 的基准声音的响度一样时,此基准音的声压级 (dB) 的值即是此噪声的响度级,单位为“叻”。如有一噪声的响度与声压级为 60 dB 的 1 000 Hz 的声音响度一样,则此噪声的响度级为 60 叻。显然,声音的响度级将声压级和频率用一个单位统一起来,更符合于人耳的感觉,而被作为人耳对噪声主观评价的主要参数。以典型的听者为标准,可以得到具有同样响度级的各种不同频率的纯音与各种声压级的组合,称之为等响度曲线,如图 4-45 所示。这些曲线中的每一条都表示了各种频率与声压级不同组合而响度相同的声音。曲线中最上面的一条是痛阈曲线,最下面的一条是听阈曲线。

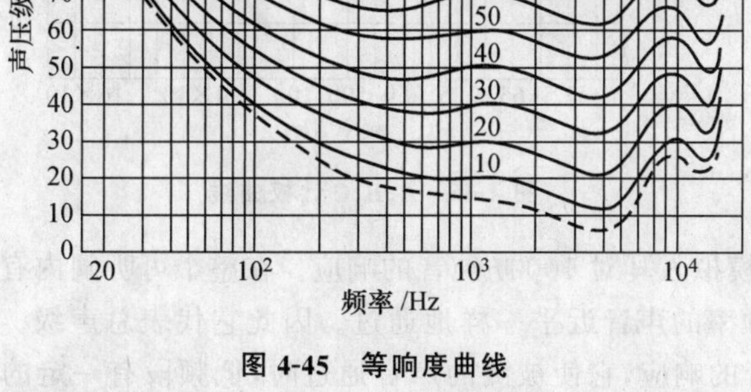

图 4-45 等响度曲线

等响度曲线反映了人耳对各种不同频率的纯音的敏感程度。从等响度曲线中,可以看到人耳听觉最敏感的声音的频率范围是 1～6 kHz,而对低频声音的感觉不够灵敏。例如 4 kHz 的纯音,其声压级达到 16 dB 时就能听到,而100 Hz 的纯音,声压级要达到 35 dB 时才能听到。

5. 声级网络

由于在噪声测试时,响度及响度级不能直接测得,而常常是用可以测出的声压级来表示噪声的强弱。为了使声压级能够描述人耳对噪声的实际感受程度,通常是从等响度曲线出发,在测试仪器中采用不同的电气网络对不同频率的声音信号按人耳对声音的敏感特点进行不同程度的修正和补偿,使得噪声测定仪器的读数(实际测得是声压值)能模拟地表达人耳对声音的响应。这种电气网络称为频率计权网络,常用的是 A,B,C 3 种计权网络。它对不同频率声音信号的影响,分别相当于倒置的 40、70 和 100 方纯音的等响度曲线,如图 4-46 所示。经过这样修正和补偿之后,仪器对噪声的响应正好和人耳对噪声的响应相似。

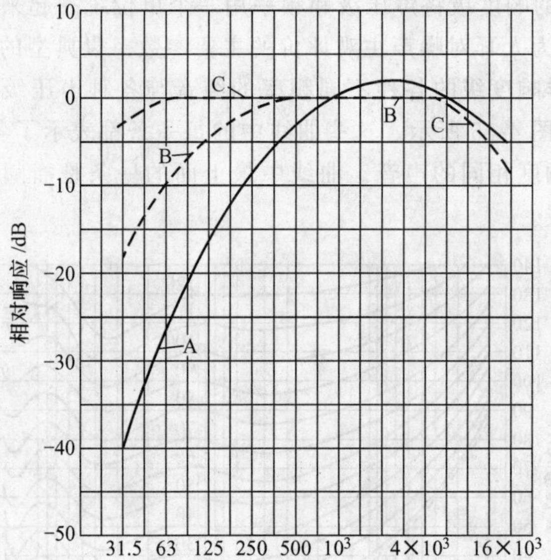

图 4-46 A,B,C 计权曲线

C 计权是模拟人耳对 100 方纯音的响应。在整个可听阈内有近乎平直的特性,它让所有频率的声音近乎一样地通过。因此它代表总声级。B 计权模拟人耳对 70 方纯音的响应,它使被测的声音通过时,低频段有一定的衰减。A 计权是模拟人耳对 40 方纯音的响应,它使被测的声音通过时,低频段有更大范围的衰减，使仪器对高频声音敏感，低频声音不敏感。从等响度曲线可知，这正与人耳对噪声的感觉一样。目前噪声的测定一般都用声压计来测定。在声压计中接入计权网络，即组成测定噪声的仪器，称为声级计。在噪声测定时常接入A计权网络，它所测定的值称为A声级，记为dB(A)以表示噪声的强弱。

6. 噪声的频谱

噪声是由多个不同频率、不同强度的声音无规律地组合而成的，噪声中的不同频率成分对人耳的听觉影响是不同的。因此，单知道噪声的总强度，仅能知道噪声的危害程度，还必须掌握组成噪声的各频率成分及其强度，才能寻找到噪声的组成源，进一步提出防治噪声的合理方法。为此，在测量过程中，必须对噪声做频谱分析，作出以频率为变量，以该频率成分噪声的声压级为因变量，在直角坐标系中的关系图(称噪声的频谱图)。

噪声的频率范围为人的可听阈范围(20～20 000 Hz)，由于这个范围比较宽，为了测试方便，常将这个频带划为几个频段(或叫频程)。规定每个频程以中心频率 f_0 来命名它。一个频程的中心频率 f_0 为该频程上、下限频率的比例中项，即

$$f_0 = \sqrt{f_a f_b} \tag{4-33}$$

式中：f_0 为频程的中心频率；f_a 为频程的上限频率；f_b 为频程的下限频率。

在频程的划分上，常用所谓倍频程的方法来划分，即

$$f_b = 2^n f_a \tag{4-34}$$

式中：n 为倍频程数。

当 $n=1$ 时，称 f_a 与 f_b 之间的频率范围为1倍频程。

当 $n=1/2$ 时，称 f_a 与 f_b 之间的频率范围为1/2倍频程。

当 $n=n$ 时，称 f_a 与 f_b 之间的频率范围为 n 倍频程。

4.6.2 噪声测试仪器——声级计

常用的噪声测试仪器是声级计，它以电容式传感器作为声电传感器，配以频谱分析仪做声压级的频谱分析，配以标准声功率源做声功率的测试。和声级计配套的还有校准器等。这里着重介绍传感器和声级计。

1. 声电传感器——传声器

传声器常见的有压电式、电动式、电容式3种。用于机械噪声测试一般都是

电容式，常与精密声级计配合使用。电容式传声器实际上是一个变极距型的电容传感器。被测声压推动电容器的动板振动，电容器的容抗产生变化，使电路的输出电压产生变化而达到声电转换。它的灵敏度高，频率响应平直，输出性能稳定，温度、湿度影响小。

2. 声级计

常见的声级计有普通声级计、精密声级计和脉冲精密声级计等，在机械噪声测定中常用的声级计是精密声级计。图 4-47 是国产 ND_2 型精密声级计原理图。

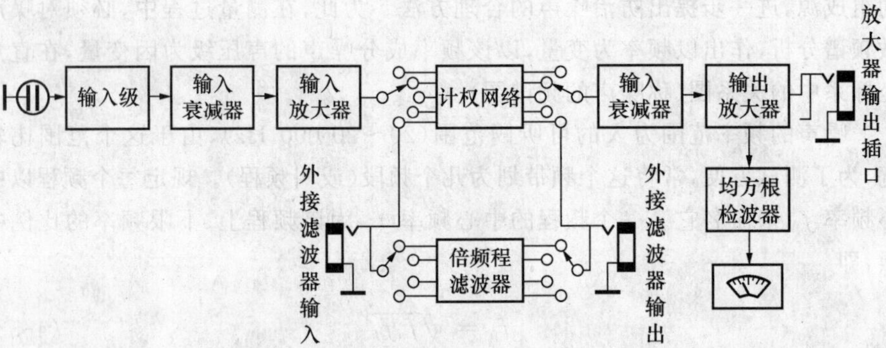

图 4-47　ND_2 型精密声级计原理框图

输入级是一个阻抗变换器，用来将高内阻的电容传声器与后级放大器匹配。

输入衰减器和输入放大器用来对输入信号进行处理，使得在指示电表上获得适当的偏转。

计权网络用以模拟人耳对声音的响应。当计权网络放在“线性”时，计权网络不接入电路，整个声级计的响应是线性的，测出值为被测声源的声压级值。当将开关置于“A”、“B”、“C”位置时，计权网络接入输入放大器与输出放大器之间，测出值是被测声源的声级值。当开关置于“滤波器”位置时，计权网络不接入电路，而将倍频程滤波器接入电路，用以进行频谱分析。

输出衰减器及输出放大器用来对输出信号进行处理，并从放大器输出插口输出交流电压信号，供记录仪及显示仪记录和显示。

均方根检波器用来对输出信号进行均方根运算，使输出信号为有效值。

倍频程滤波器常采用有源滤波器形式，各由 3 组 *RC* 选频放大器构成一个特有中心频率的倍频程带通滤波器。

现在已有多种采用数据采集器及微处理机的数字式精密声级计。它将采集的噪声信号经 A/D 转换，由微处理机进行数值分析与处理，其功能更全，精确度更高。

在测量过程中，如果用 A，B，C 网络分别测得声级值 L_A，L_B，L_C，就可以粗略地判断所测噪声的频率特性。

若 $L_A = L_B = L_C$，说明该噪声的声能主要集中在高频段，因为只有高频部分的噪声信号才都能无衰减地通过 3 个计权网络。

若 $L_C = L_B > L_A$，说明高频噪声较弱，噪声的声能主要集中在中频段。因为 A 网络对中低频信号有较大的衰减，因此测得值 L_A 较小，且只有中频噪声信号才能同时无衰减地通过 B，C 计权网络，所以有 $L_B = L_C$。

若 $L_C > L_B > L_A$，说明噪声的声能主要集中在低频段，因为 A，B 网络虽然对低频信号都有衰减，但 A 网络的衰减比 B 网络的大，因此有 $L_B > L_A$。

声级计的表头读数为有效值(均方根值)，分"快"、"慢"两挡，快挡(125 ms)用于测试随时间起伏小的噪声，当其起伏大于 4 dB 时，用慢挡(1 s)。

4.6.3 噪声测试的基本方法

1. 声级测试

(1)声音的传播　声音在空气中的传播可以与水波相比。这些波均匀地向四周展开，它们的幅度随着离开波源距离的增加而下降。在空气中，距离每增加 1 倍，幅度就减一半，也就是下降 6 dB。这样，假若从距声源 1 m 处移到距声源 2 m 处，声压级就会下降 6 dB。若移到 4 m 处，它会下降 12 dB，8 m 处下降 18 dB，以此类推。但是，这种情况只有当声途径上没有反射或阻挡物体时才是对的。这种理想的状况称为自由场状况。当声途径上有障碍物时，一部分声音被反射，一部分被吸收，而其余的则穿越物体透射出去。有多少声音被反射、吸收，或透射视物体的大小、它的吸声性质及声波的波长。一般说，物体必须大于一个波长才能显著地扰乱声传播。

(2)消声室(声吸收室)中噪声测量　如果想在完全没有反射物体的自由场中作测量，就需借助消声室。在消声室里，所有的墙壁、天花板及地板都用高吸声材料覆盖以消除反射。这样，噪声源任何方向上的声压级都可以不受干扰地得到测量。

(3)混响室(声反射室)中噪声测量　和消声室相反的是混响室。在混响室里，所有表面都尽量做得硬而反射性强，而且没有平行表面的存在。这造成一个所谓扩散声场，因为声能量在这里得到均匀的分布。在这种房间里可以测量噪声源的总声功率输出,但由于反射的缘故,在任何点上的声压级将是一个平均值。由于造价较消声室低,此类房间在机械噪声研究中获得普遍的使用。

(4)实际现场噪声测量　在现实中,大多数噪声测量都在既非消声也非混响,而是在介乎两者之间的房间里进行的。这使我们在希望测量一个指定声源所发射的噪声时,难以找到正确的测量位置。在测定单个声源所发射的噪声时,有几种可能引起误差的情形。首先,如果你靠近机器,只要很小的位置变化就会使声压级显著地涨落。当距离不足机器所发最低频率的一个波长长度,或机器最大尺寸的2倍(两者中较大的一个距离)时,这情形就会出现。这个区域叫做机器的近场,在这区域里尽可能不要作测量。

如果测量点离机器太远时,则一些别的误差可能出现。在这里,从墙壁及其他物体来的反射可能与直接声一般强,这使我们无法获得正确的测量。这个区域叫做混响场。处于混响场与近场之间的是自由场。一个声场是不是自由场可从距离声源加倍后声级是否下降6 dB看出。这里才是进行测量的好地方。诚然,在许多场合中,混响是如此的强,或者空间是如此的小,以至自由场完全不存在。在这种情况下,有些标准(如ISO 3746)建议了一个考虑到反射声的影响进行环境修正的方法。

在现场测量单机噪声时,由于声源多,房间大小又有一定限度,周围有许多反射面,为了减少其他声源发出的声波和反射声波的干扰,传声器应当接近被测声源的声辐射面。为此,一般都采用近声场测量法,即将传声器置于距被测声源1 m、距地面1.5 m处进行测量。

如果被测声源不是均匀地向各个方向散射噪声,则应围绕声源(机器)表面并与表面相距1 m、距地面1.5 m的几个不同位置上测量若干点。除A声级最大的点的数据作为评价声源噪声的依据外,同时应测出5点以上的数据的频谱,作为评价的参考,必要时还应作声源各个方向的声级分布测量。

测量时,应对测量环境的本底噪声对测试结果的影响加以修正。所谓本底噪声,是指被测声源未发声时,其环境的噪声。修正方法为:当被测噪声的A声级以及各频带的声压级分别高于本底噪声的A声级和各频带的声压级10 dB时,则可不计本底噪声的影响而不必修正。当测得噪声与本底噪声相差6～9 dB时,则应从测得值中减去1 dB,当两者相差4～5 dB时,则应减去2 dB。若两者相差3 dB,则应减去3 dB,两者相差小于3 dB,则测试无效。

在测量时,应注意反射声波的影响,声级计及测量者本身所引起的反射也不可忽视。为此,常用三脚架支撑声级计,或者加长传声器与声级计之间的距离。在加长距离时应将前置放大器与传声器放在一起,以减少电噪声等干扰。

在气流大的现场测量时，应在传声器前安装防风罩、防风锥等附件，以减少气流对测试结果的影响。

2. 声功率级的测试

在一定的工作条件下，机器辐射的声功率是一个恒定值，能够客观地表征机器噪声源的特性。因为机器在其周围产生的噪声强度受环境影响很大，当环境改变时，噪声强度就会有很大的变化；相反，如用声功率表示，在任何环境下都不受影响。这在研究机器噪声产生的机理、改进机器的设计、制造和控制噪声方面都有极大的实际意义及理论意义。因此，国外已广泛进行机器（特别是机床）噪声声功率的测量和研究工作。但目前一般都采用在特定条件下，先测量声压级再计算的方法求得。若机器装在具有声反射的地面上，周围环境的其他表面不反射声波，机器表面不吸收声波，在这种条件下声功率的测定是在以机器为中心的一个假想半球面（半径 r 大于机器最大尺寸的 2 倍）上的若干点，测出声压级，再以下列公式求得声功率级 L_P ：

$$L_P = \overline{L} + 20\lg r - K \quad (\text{dB}) \tag{4-35}$$

式中：$\overline{L}$ 为在半径为 r 的测量球面上几个点所测得的声压级的平均值；K 为常数。对于自由空间、无反射空间，$K=11$；对于放在开阔地面上的声源，$K=8$。

上述条件在一般厂房中很难满足。一般厂房对声音既非全吸收，又非全反射。介于自由场与混响场之间，常用下式计算：

$$L_P = \overline{L} + 10\lg\left(\frac{1}{2\pi r^2} + \frac{4}{R}\right) \quad (\text{dB}) \tag{4-36}$$

式中：r 为测量球半径；R 为房间系数，$R=\dfrac{S\overline{a}}{1-\overline{a}}$；$S$ 为房间总面积；$\overline{a}$ 为房间表面平均吸收系数。

声功率的另一种测定方法是标准声源比较法。用这种方法比较简便，又比较准确。所谓标准声源，是指能在一定频带内辐射均匀声功率级 L_{Pr} 的装置，它在声学实验室中标定好，然后拿到现场使用。用标准声源比较法测定噪声声功率级的方法是在距被测噪声源为 r 的半球面上测得平均声压级 $\overline{L}$ 后，关掉被测噪声源，然后将标准声源放在原被测噪声源同一位置，在同样的测量半球面上测得平均声压级 $\overline{L}_r$，则被测噪声源的声功率级为

$$L_P = L_{Pr} + \overline{L} - \overline{L}_r \tag{4-37}$$

式中：L_{Pr} 为标准声源的声功率级标定值，dB；$\overline{L}$ 为被测噪声的平均声压级，dB；$\overline{L}_r$ 为标准声源现场测出的平均声压级，dB。

4.7 压力的测量

4.7.1 压力测量概述

压力是一个非常重要的状态参数。物理学中将液体、气体或蒸汽介质垂直作用于单位面积上的力称为"压强"，工程上称为"压力"。压力用绝对压力和表面压力及真空度来表示。绝对压力 p_s 是被测介质作用于单位面积上的全部压力；大气压力 p_d 是地面上空气柱所产生的平均压力，它随地理位置、海拔高度和气象情况而变化；表面压力 p_b 是相对压力，是绝对压力值与大气压力值之差；它们之间的关系可用下式表示：

$$p_b = p_s - p_d \tag{4-38}$$

绝对压力比大气压力低的压力通常称为负压力或真空度。

在国际单位制中，压力单位为帕斯卡，简称为帕(Pa)。

4.7.2 压力测量仪表

压力测量仪表的种类很多，分类的方法也有好多种。可以根据压力仪表的工作原理、用途、结构特征、精度以及显示方式等进行分类。

①按仪表的工作原理分为液柱式压力计、弹性压力计及负荷式压力计等；

②按所测的压力范围分为压力计、气压计、微压计、真空计、差压计等；

③按仪表的精度等级分为标准压力计、工程压力计等；

④按显示方式分为指示式、自动记录式、远传式、信号式等。

常用的压力测量仪表有液柱式压力计、弹性压力计和负荷式压力计。

1. *液柱式压力计*

液柱式压力计是利用液体所产生的压力与被测介质压力相平衡，然后根据液柱高度来确定被测压力值的压力计。实用中可用不同密度的封液以得到不同的量程，并应采用化学性质稳定的液体隔离封液和被测介质。

常用的液体有水银、水、酒精、甲苯等。液柱压力计最后测量的是液面的相对垂直位移，对于水银液体，上限达 1 m 左右，借助于光学设备，其下限可测至

5 μm,因此液柱式压力计的使用范围为5 μm～1 m水银柱高压力。

液柱压力计包括U形管压力计(图4-48)、单管压力计、斜管微压计(图4-49)。液柱式压力计结构简单,使用方便,可用于实验室和现场测量压力和压力差。其缺点是体积大,玻璃管易于损坏。

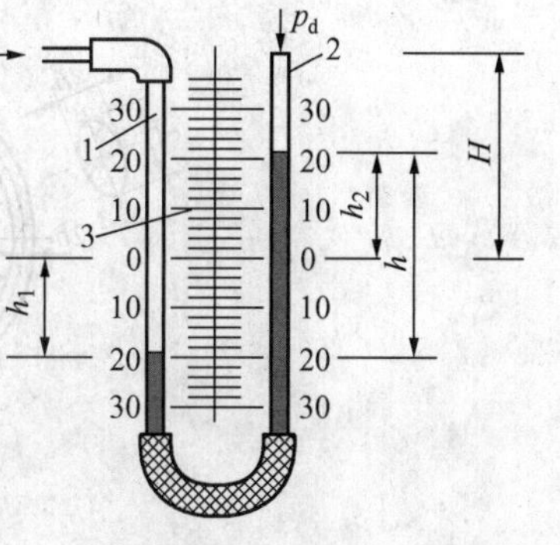

1,2. 玻璃管 3. 刻度

图4-48 U形管压力计

2. 弹性压力计

弹性压力计是把各种形式的弹性元件作为敏感元件来感受压力,并以弹性元件受压后变形产生的反作用力与被测压力平衡,此时弹性元件的变形是压力的函数,这样就可以根据测量弹性元件的变形(位移)来测得压力值。

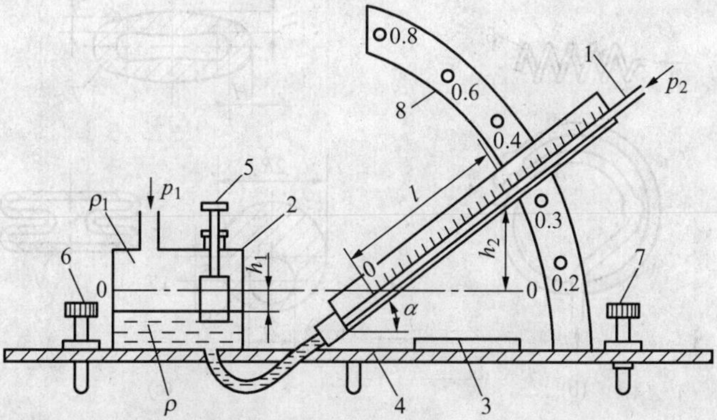

1. 斜管 2. 容器 3. 水平仪 4. 底座 5. 调零装置
6,7. 底调水平螺丝 8. 调斜管倾斜支架

图4-49 斜管微压计

弹簧管压力计中常用的弹簧管结构如图4-50所示,不同的结构形式适应不同的压力范围。常用的有膜片压力计、膜盒压力计、皱纹管压力计等。下面主要介绍弹簧管压力表。弹簧管压力表具有结构简单,价格低廉,读数直观方便等优点,是使用最为广泛的测压仪表。按准确度等级可分为0.16,0.25,0.4,1.2,1.5,2.5级等。

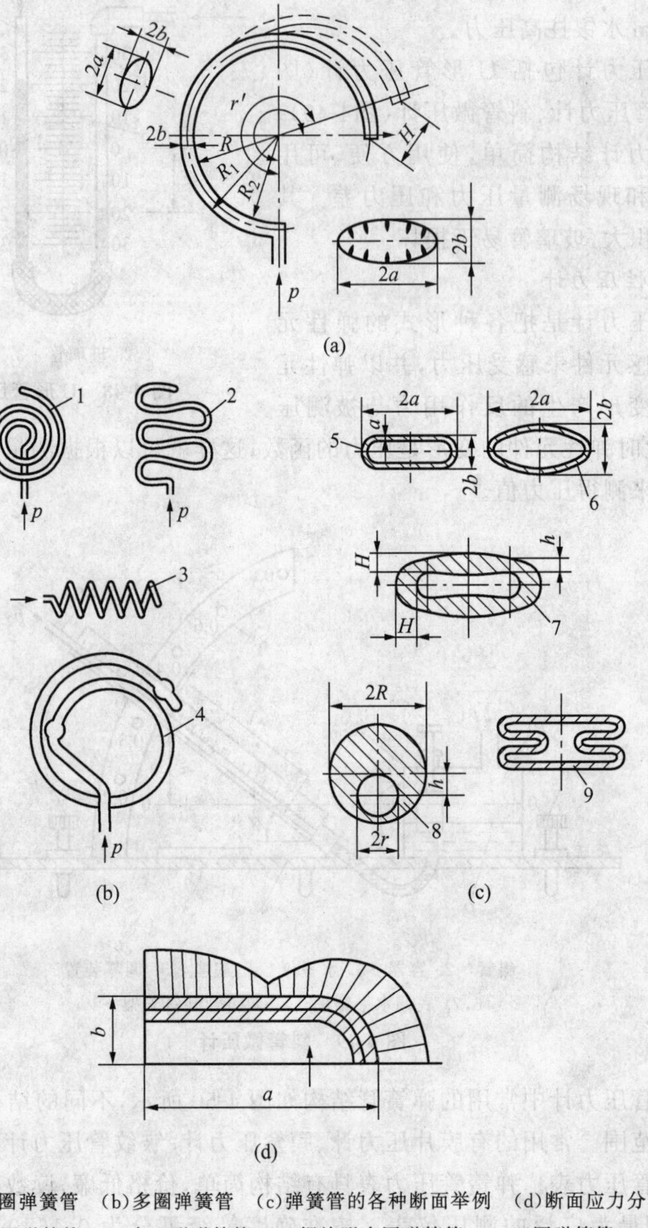

(a)单圈弹簧管　(b)多圈弹簧管　(c)弹簧管的各种断面举例　(d)断面应力分布

1. 盘旋多圈弹簧管　2. 多S形弹簧管　3. 螺旋形多圈弹簧管　4. 双圈弹簧管　5. 扁圆　6. 椭圆　7. 变壁弹簧管断面　8. 管内腔偏心的弹簧管断面　9. 波纹筒式断面

图 4-50　几种弹簧管结构示意图

(1)结构和原理 弹簧管压力表主要由波登管(弹性元件)、齿轮机构和指针(机械式位移变换器)及附件组成,如图 4-51 所示。

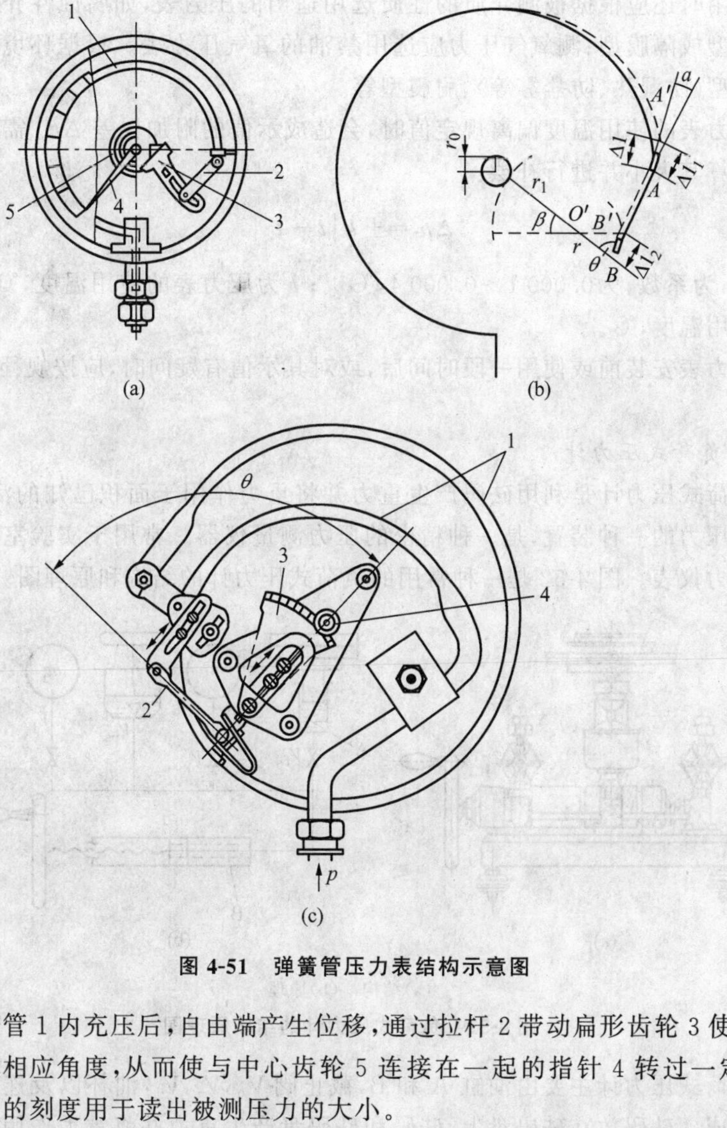

图 4-51 弹簧管压力表结构示意图

弹簧管 1 内充压后,自由端产生位移,通过拉杆 2 带动扇形齿轮 3 使中心齿轮 5 转过相应角度,从而使与中心齿轮 5 连接在一起的指针 4 转过一定角度。表盘面上的刻度用于读出被测压力的大小。

(2)弹簧管压力表的使用 为了便于读数并防止过载,压力表的量程应大于被测压力的最大值,或按工作压力的 2 倍选取量程。

准确度等级应根据使用要求确定,在满足使用要求的前提下,选用较低准确度的压力表。一般情况下，仪表的准确度等级越高对使用条件的要求越苛刻。现场指示仪表一般选1.5级。

选用时还应根据被测介质的性质选用适当的压力表，如腐蚀性介质应选用耐腐蚀型或隔膜型；测氧气压力应选用禁油的氧气压力表。根据环境条件可选用热带型（防湿热、防盐雾等）、耐震型等。

压力表的使用温度偏离规定值时，会造成示值的附加误差 Δp。需要时可由下式计算其大小并进行补偿：

$$\Delta p = \pm k \left| t - t_0 \right| \tag{4-39}$$

式中：k 为系数，为0.000 1～0.000 4，$℃^{-1}$；t 为压力表的使用温度，℃；t_0 为规定的使用温度，℃。

压力表安装前或使用一段时间后，或对其示值有疑问时，应按规程进行示值检定。

3. 负荷式压力计

负荷式压力计是利用砝码产生重力并将重力作用于面积已知的活塞上，从而产生压力的一种装置，是一种精密的压力测量仪器。常用于实验室和计量室检定压力仪表。图4-52是一种常用的负荷式压力计的结构和原理图。

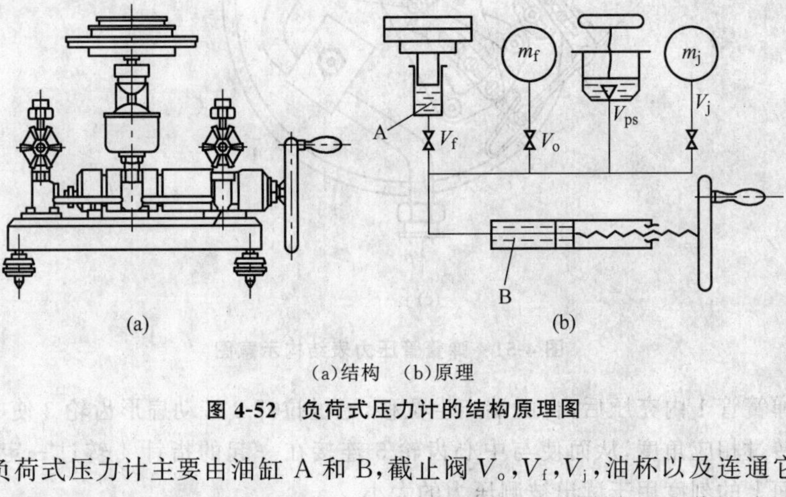

(a)结构 (b)原理

图4-52 负荷式压力计的结构原理图

负荷式压力计主要由油缸A和B，截止阀 V_o，V_f，V_j，油杯以及连通它们的油管组成。砝码放在砝码盘上，砝码和砝码盘产生重力并将重力作用在面积已知的活塞上，从而产生压力

$$p = (m_z - m_f)g/S \tag{4-40}$$

式中：m_z，m_f 为柱塞及标准砝码质量；S 为活塞有效面积；g 为当地的重力加速度。

由式(4-40)可知，更换不同质量的砝码，就可以产生不同的压力。油缸 B 有两种作用：一是用于调节砝码盘的高度，使砝码盘位于上下限之间；二是用于产生压力。用示值比较法检定压力仪表时关闭阀门 V_f 和 V_o，转动手柄，即可在油路中产生压力。

负荷式压力计主要用于压力表(压力传感器)的检定。检定方法有示值比较法和静重比较法。

(1)示值比较法　标准表和被检表安装在负荷式压力计上，关闭阀门 V_f 和 V_o，转动手柄，即可在油路中产生压力。以标准表的读数作为约定真值(标准表的综合误差应不大于被检表基本误差绝对值的 1/3)。通过比较标准表和被检表的示值求出被检表的误差。这里负荷式压力计仅作为压力发生装置。具体检定方法请参阅有关检定规程。

(2)静重比较法　打开阀门 V_f，关闭 V_o 和 V_j，在砝码盘上放上砝码，转动手柄使砝码盘上升到适当高度，利用砝码产生的重力作用于活塞上，从而产生压力。产生的压力由式(4-40)决定，以计算出的压力作为真值，比较被检表的示值。具体检定方法请参阅有关检定规程。

4.8 温度的测量

温度是表征物体冷热程度的一个物理量。温度的变化会影响到物体的尺寸、体积、密度、硬度、弹性系数、电导率、磁导率、热容量等值。

测量温度的仪表称之为温度计，用来衡量温度高低的称为温度标尺，简称温标。早期出现的摄氏、华氏和列式等温标，称为经验温标。

为了统一温度标准，根据第 18 届国际计量大会(CGPM)及第 77 届国际计量委员会(CIPM)的决议，自 1990 年 1 月 1 日开始，国际上正式采用国际温标(IST—90)。国际温标(IST—90)同时定义国际热力学温度 T(K) 和国际摄氏温度 t(℃)，T 和 t 之间的数值关系为

$$t = T - 273.15 \tag{4-41}$$

式中：T 为热力学温度，K；t 为摄氏温度，℃。

温度检测仪表的分类见表 4-2。

表 4-2　温度检测仪表分类

接触方式	温度检测仪表名称	测温原理	精度	特征	用途
接触式测温	膨胀式	物体受热体积膨胀	0.5～2.5	结构简单，直观，使用方便。不便于远传和自动记录。玻璃液体温度计易碎，其他形式抗震性能好	常用于－100～600℃，测各种气体、液体和固体的介质温度。压力式温度计可用在飞机、汽车上，也可作温度控制用
	热电阻	电阻值随温度而变化	0.5～2.5	精度较高，测量范围大，适用于自动测温中远传、多点测量、温控、报警等	常用于－200～500℃，低温可达1～3 K，高温可达1 000～13 000℃，测量各种气体、液体等介质温度
	热电偶	热电效应	0.5～1	精度较高，测温范围大，可作为基准器。输出信号为电压，使用方便，便于远传、自动记录、多点测温、温控	常用于－200～2 800℃的各种介质测温，还适用特殊的高温和超低温测温
非接触式测温	光学高温计	辐射测温亮度法	1～1.5	精度较高，结构简单，测量范围广，反应迅速，灵敏度高。光路系统的介质对热辐射能有吸收作用，杂散光影响大，视觉误差较大，不能实现自动记录和温控	常用于700～3 200℃，测量金属熔炼、浇铸、热处理、锻压、玻璃熔融等方面的温度
	辐射温度计	全辐射	1.5	结构简单，使用方便，性能稳定，广泛应用于测量工艺温度，输出信号可自动记录、报警、温控。光路系统受介质影响大	常用于100～2 000℃，适用于机械零件热处理、高温熔炉的测温
	部分辐射温度计	利用某一波段辐射能量法	1～1.5	精度较高，稳定性较好，光路系统受介质的影响大，可自动记录和温控	常用于测高、中温度，如机械零件热处理和高温熔炉等测温
	比色温度计	比较两波长（两种颜色）的亮度	1	精度高，测非黑体时，发射率影响小，测得温度比其他温度计测温更接近实际温度，光路系统受介质影响相对较小，结构复杂，可以自动记录	测温范围在50～3 600℃，特别适用于测量发射率较低，精度要求较高的测温场合中

4.8.1 热电阻测温系统

1. 配动圈式仪表的热电阻温度计

热电阻是利用电阻值与温度呈一定函数关系的金属导体或半导体材料制成的感温元件。当温度变化时,其电阻随温度而变化的值转换成直流毫伏信号,输入到动圈式显示仪表及调节器,以指示被测介质的温度。在一般测量中,热电阻作为一个桥臂接入到电桥电路时,引线电阻将会直接影响到仪表的输出。在目前工业测量中,热电阻与显示仪表配套时有下列两种接线方式。

(1)两线制热电阻的接线方式　两线制热电阻的感温元件用两根引出线如图4-53(a)所示。引出线的电阻值,对铜热电阻不应超过热电阻原阻值 R_0 的 0.2%,对铂热电阻不应超过热电阻原阻值 R_0 的 0.1%,否则会影响到测温的准确性。

(2)三线制热电阻的接线方式　三线制热电阻感温元件用三根引出线如图4-53(b)所示。使其中两条引线电阻分别加到电桥相邻的两个臂中,以保持对称变化,减小对显示仪表指示值的影响。

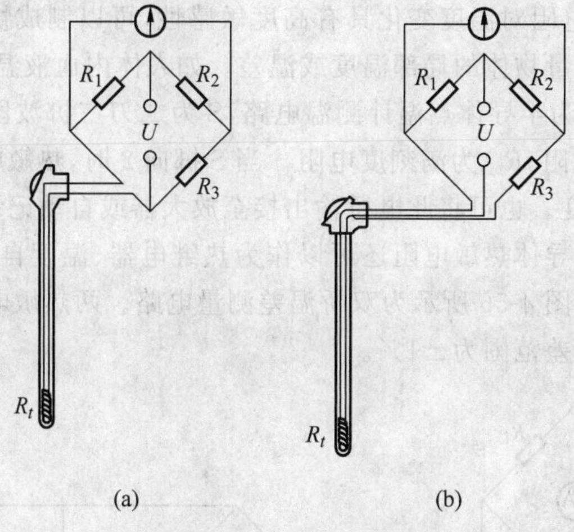

(a)两线制接线方式　(b)三线制接线方式

图 4-53　热电阻测量线路

为了更好地消除引线电阻变化对测温的影响,作为精密测温时用的热电阻,经常有 4 条引线(一对电流端引线,一对电位端引线)。

2. 配自动平衡电桥的三线制热电阻温度计

自动平衡电桥是利用平衡电桥法对热电阻的阻值进行测量,实现对温度的自动调节和自动记录，如图 4-54 所示。测量电桥为惠斯登电桥，当被测介质的温度变化时，热电阻 R_t 的阻值随之发生变化，电桥失去平衡。电桥输出端 a、b 有不平衡信号输出，经放大后驱动伺服电机转动，与此同时，指针指示并记录相应的温度值。

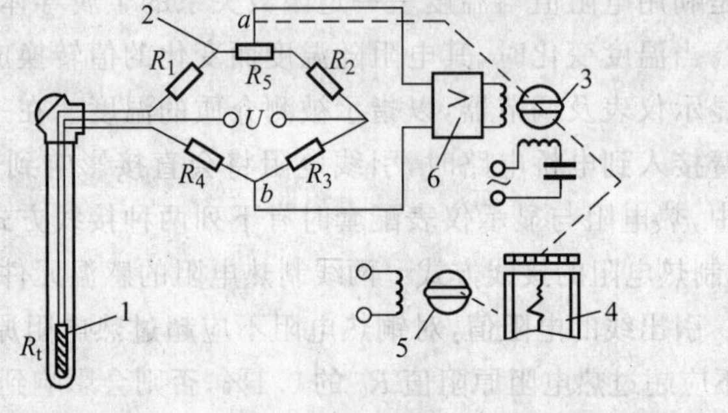

1. 热电阻 2. 测量电桥 3. 可逆电动机 4. 记录纸 5. 同步电机 6. 放大器

图 4-54 配自动平衡电桥的三线制热电阻温度计原理图

3. 半导体点温计

半导体热敏电阻对温度变化具有高度敏感性，可以制成快速反应的点温度计，特别适用于测量物体的局部温度或温差。如人体内血液温度、植物叶片温度等。图 4-55 所示为半导体点温计测温电路，S 为二刀三掷波段开关。当 S 掷向 1 时，R_1 为起始电阻，R_m 为满刻度电阻。当 S 掷向 2 时，热敏电阻 R_t 接入电桥，测量被测介质温度。也可将此电桥输出接至放大器或自动记录仪表上。

除此之外，半导体热敏电阻还可以作为热继电器、温度自动控制器、温度补偿、测量温差等。图 4-56 所示为双桥温差测量电路。两热敏电阻 R_t，R'_t 要求其特性相同，阻值误差范围为±1%。

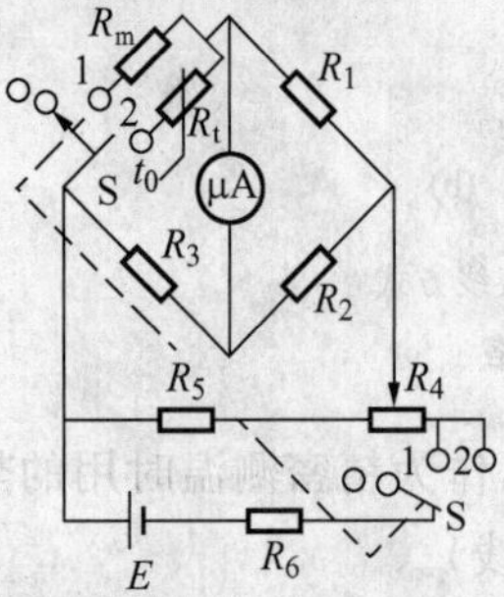

图 4-55 半导体点温计原理线路图

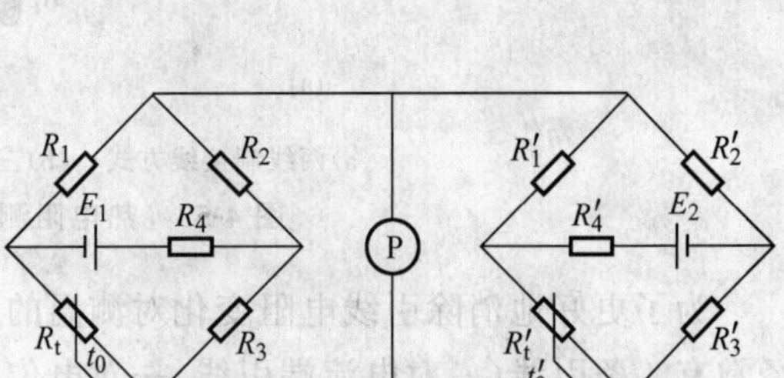

图 4-56 双桥温差测量电路

4.8.2　热电偶测温系统

1. 常用基本测温电路

(1)测量某点温度　一个测温热电偶配用一个仪表是用来检测某点温度的基本线路,如图 4-57(a)所示。连接用的导线应是补偿导线,阻值尽量小。

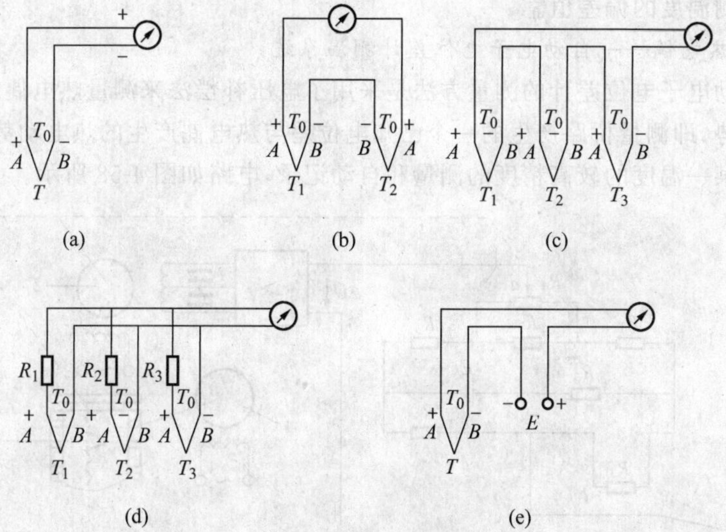

图 4-57　基本测温线路

(2)测量两点间的温差　如图 4-57(b)所示。由两支同型号热电偶配用相同的补偿导线反向串联,仪表的示值为 T_1、T_2 两点间的温差。

(3)测量平均温度　图 4-57(c)所示,为 3(或 n)支同类型的热电偶正负极依次相串联,设各热电偶的热电势为 $E_1,E_2,E_3,\cdots,E_n$,则总热电动势为

$$\sum E = E_1 + E_2 + E_3 + \cdots + E_n \tag{4-42}$$

式中:E 为 n 支热电偶串联时的平均热电势。所对应的温度可由热电偶分度表求得。

串联电路的优点是能测微小的温度,热电势大。缺点是某一热电偶烧坏断开,就要影响到整个测温系统的正常工作。

如图 4-57(d)所示为 3 (或 n) 个同类型的热电偶正、负极分别并联在一起,R_1, R_2, R_3 为平衡电阻,并联电路的热电动势平均值为

$$E=\frac{E_1+E_2+E_3+\cdots+E_n}{n} \tag{4-43}$$

该电路的优点是，当个别热电偶烧坏断开时，不会影响到整个测温系统工作。缺点是当某一热电偶烧断时不能很快被发现。

(4)温度偏差的测量　图 4-57(e)所示电路是在热电偶的测量回路中，接入一个与热电偶热电动势极性方向相反的已知定值电动势 E，此时显示仪表将显示出被测温度的偏差值。

2. 热电偶——自动电子电位差计测温系统

自动电子电位差计的测量方法是采用了电压补偿法来测量热电偶所产生的热电动势，即测量桥路产生的一个已知电位差与热电偶产生的热电动势相平衡，实现对某一温度的较高精度的测量和自动记录，电路如图 4-58 所示。

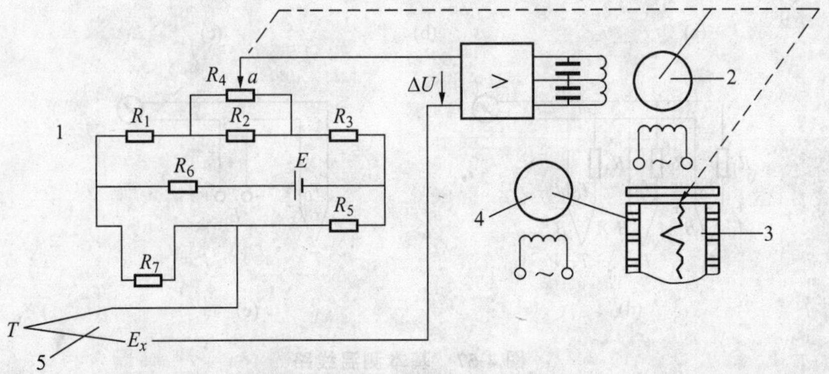

1. 测量电桥　2. 可逆伺服电机　3. 记录纸　4. 同步电机　5. 热电偶

图 4-58　自动电子电位差计测温系统

热电偶所产生的被测直流热电势 E_x 和测量桥路输出端的电位差反向串接相比较后，差值电压 ΔU 接到放大器的输入端，输出足够的功率以驱动伺服电动机。当热电动势与桥路输出的电位差大小相等方向相反时，差值电压为零，处于平衡状态，放大器输出为零。当热电动势发生变化时，与桥路输出电位差不等，产生一个极性可正可负的差值电压 ΔU。经放大后，驱动伺服电动机正转或反转，通过机械传动机构，一方面驱动测量桥路的滑线电阻触点 a，使补偿电压与被测的热电动势相平衡；另一方面还同时带动指针和记录机构，电路平衡时，放大器无输出，伺服电动机停止转动。

电阻 R_7 为冷端温度补偿电阻，以补偿热电偶冷端温度变化所产生的热电动势。

4.8.3 非接触式测温系统

1. 全辐射高温计

(1)工作原理 全辐射高温计是利用物体的温度与其全光谱范围内总辐射能量的关系来测量温度的。由检测元件测量出该物体的辐射能并转换成电信号,显示被测物体的温度。仪表的分度是以绝对黑体辐射能量与温度关系进行分度的。但在实际中,被测物体绝大部分为非绝对黑体,显示仪表示值温度将低于被测物体的真实温度,这个示值温度称为辐射温度。当用全辐射高温计测量非黑体温度时,显示仪表的示值为被测物体的辐射温度 T_F(K),通过查表 4-3 得知该物体的全辐射黑度系数 ε_T,即可按下式换算出被测物体的真实温度:

$$T = T_F \sqrt[4]{\frac{1}{\varepsilon_T}} \tag{4-44}$$

表 4-3 某些物质的全辐射黑度系数 ε_T

材料	温度范围/℃	ε_T	材料	温度范围/℃	ε_T
未加工的铸铁	925～1 115	0.8～0.95	镍铝合金	125～1 034	0.64～0.76
抛光的铁	425～1 025	0.144～0.377	铂丝	225～1 375	0.073～0.182
铁	1 000～1 400	0.08～0.13	硅砖	1 000	0.80
抛光的钢铸件	370～1 040	0.52～0.56	耐火黏土砖	1 000～1 100	0.75
磨光的钢板	940～1 100	0.55～0.61	煤	1 100～1 500	0.52
氧化铁	500～1 200	0.85～0.95	钽	1 300～2 500	0.19～0.30
熔化的铜水	1 100～1 300	0.15～0.13	钨	1 000～3 000	0.15～0.34
氧化铜	800～1 100	0.66～0.54	生铁	1 300	0.29
镍	1 000～1 400	0.056～0.069	铝	200～600	0.11～0.19
氧化镍	600～1 300	0.54～0.87	铬	100～1 000	0.08～0.26

(2)基本结构 全辐射高温计的种类很多,一般由以下几部分组成。

①光学系统。将被测物体的辐射能聚焦在灵敏的检测元件上。光学系统可分透镜式和反射镜式两种。

②辐射接收器。即检测元件,通常有热电堆、热敏电阻和双金属等热敏元件。

③测量仪表。一般采用动圈式或自动平衡式仪表，测量（放大）和显示被测物体的温度。

④辅助装置。指冷却和烟尘防护装置等。

目前常用的是 WFT-202 型全辐射高温计，其辐射感温器结构如图 4-59 所示。物镜 1 将辐射能聚焦于热电堆 5 上，一般热电堆由 8 对热电偶串联组成。人眼利用目镜 8 经小孔 9 瞄准被测物体，补偿光阑 2 用来调节投射到热电堆的辐射能量，以补偿由于环境温度变化而引起的高温计示值误差。

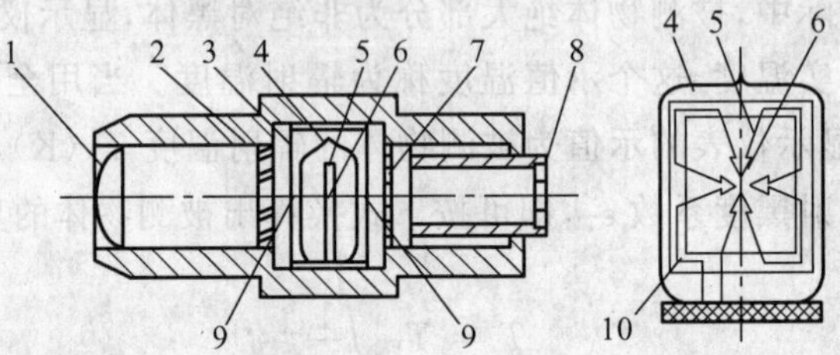

1. 物镜 2. 补偿光阑 3. 铜壳 4. 玻璃泡 5. 热电堆 6. 铂黑片 7. 吸收玻璃 8. 目镜 9. 小孔 10. 云母片

图 4-59 WFT-202 型辐射感温器结构示意图

全辐射高温计的示值还与仪器距目标的远近有关，一般都给出仪表的最佳工作距离和距离系数。距离系数表示感温器的前端物镜到被观察的物体表面间的距离 L 与被测物体有效直径 D 的比值，使用时应在规定范围以内。

当环境温度较高（＞100℃）变化较大时，虽有补偿光阑也不能得到完全补偿，感温器应有冷却辅助装置，以达到降温的目的。全辐射高温计一般应用在 700～2 000℃。

2. 部分辐射温度计

热敏元件采用光电池、光敏电阻以及各种红外探测元件，很多是具有光谱选择性的，特别适合测量被测物体辐射能量中某一部分的光谱能量，以实现辐射测温，这些在部分光谱范围内进行工作的辐射温度计均称为部分辐射温度计。

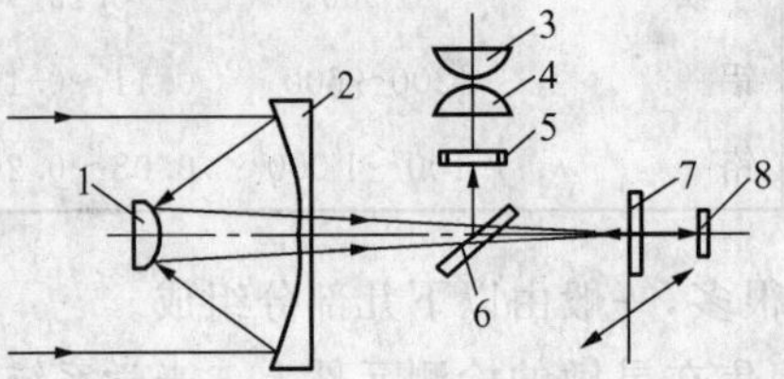

1. 次镜 2. 主镜 3，4. 目镜 5. 分化板 6. 滤光片 7. 机械调制片 8. 热敏元件

图 4-60 远程红外测温仪光路系统示意图

图 4-60 所示为一种远程红外测温仪的光路系统。物镜是由主镜和次镜组成的光反射系统，主镜为椭球反射面，次镜为球反射面，反射面真空镀铝，使反射

率提高到95%以上,使全光谱能量损失很小。光路系统的焦距可以通过移动次镜位置进行调整,使热敏电阻表面调节在最佳成像位置。在次镜到热敏电阻的光路之间装有倾斜45°角的锗单晶材料的滤光片,透过的波长为2～20 μm,使被测物体的红外辐射透射到热敏电阻,而可见光反射到目镜,透过目镜可以瞄准被测物体。

为了便于检测信号放大,采用机械式调制器,调制频率为30 Hz。测量线路包括输入测量桥路、前置放大器、选频级、移相放大及相敏整流等部分。

部分辐射温度计可测温度范围为0～200℃,测量距离为4～50 m,距离系数约为75。

4.9 湿度的测量

4.9.1 湿度及其测量原理

1. 湿度的表示方法

在大气中含有水汽的多少,用湿度来表示。大气湿度的表示方法有多种,例如混合比、比湿度、体积比、摩尔分数和饱和度等,它们都有各自的物理量和其相应的单位。经常使用的表示方法是绝对湿度、相对湿度、露(霜)点温度等。

(1)绝对湿度　在一定的温度和压力条件下,单位体积空气中所含的水蒸气量称为绝对湿度,其定义式为

$$\rho = \frac{m_v}{V} \tag{4-45}$$

式中:m_v为待测空气中的水汽质量;V为待测空气的总体积;ρ为待测空气的绝对湿度,g/m^3。

(2)相对湿度　相对湿度为待测空气的水汽分压与相同温度下的水的饱和水汽压的比值百分数。它是一个无量纲的量,常用RH %表示(RH为相对湿度),即

$$\text{相对湿度 } RH = \left(\frac{p_v}{p_w}\right) \times 100\% \tag{4-46}$$

式中:p_v为空气的温度为t时空气的水汽分压;p_w为温度为t时水的饱和水汽压。

(3)露点温度　当空气的温度下降到某一温度时,空气的水汽分压与同温度

下水的饱和水汽压相等，空气中的水汽就有可能转化为液态而凝结成露珠。这一特定的温度，称为空气的露点或露点温度。如果这一特定的温度低于0℃时，水汽将凝结成霜，此时称为霜点或霜点温度。通常对两者不予区分，统称露点温度，其单位为℃。

2. 湿敏传感器类型

把湿度物理量转换成电信号的器件称为湿敏传感器。湿敏传感器的分类方法很多，按与水分子的亲和力关系可分为水分子亲和力型和非水分子亲和力型。水分子亲和力型是利用水分子有较大的偶极矩，易于吸附并渗入固体表面内的特点所制成的湿敏传感器，如陶瓷湿敏器件、高分子和电解质湿敏元件等；另一类湿敏传感器与水分子的亲和力毫无关系，称为非水分子亲和力型湿敏传感器，如热敏电阻、红外吸收式、微波式湿敏传感器。按湿敏传感器测试功能可分为：相对湿度、绝对湿度、结露和多功能传感器；按检测方式可分为：电阻、电容和露点湿敏传感器；依据湿敏材料可分为：电解质、高分子、陶瓷、半导体和复合材料湿敏传感器；按元件的结构分为：体型、厚膜型、薄膜型湿敏传感器；按其量程可分为：低湿型(0.5～30)%RH、中湿型(30～70)%RH、高湿型(70～100)%RH和全湿型(0～100)%RH 湿敏传感器；按照工作温度范围，又可分为低温(<0℃)、中温(0～80℃)、高温(80℃以上)湿敏传感器。

3. 湿敏传感器的主要特性参数

(1)湿度量程　湿敏传感器能比较精确地测量环境相对湿度(或绝对湿度)的最大范围，称为湿敏传感器的湿度量程。传感器的湿度量程以0～100%RH为最好。

(2)灵敏度　湿敏传感器的灵敏度为感湿特征量(如电阻、电容等)随环境湿度改变而变化的最小值。

(3)湿度温度系数　在湿敏传感器感湿特征量 K 恒定的条件下，该感湿特征量值所表示的环境相对湿度随环境温度的变化率。若 α 表示传感器的湿度温度系数，则

$$\alpha = \frac{\mathrm{d}(RH)}{\mathrm{d}T}\Big|_{K=\text{常数}} \tag{4-47}$$

其单位为%RH/℃。如已知 α 值，即可算出由于环境温度的变化所引起的测湿误差。

(4)响应时间　敏传感器的响应时间是在规定的环境温度下，由起始相对湿度瞬时达到终止相对湿度时，传感器的感温特征量由起始值改变到终止相对湿

度时的对应值所需要的时间。

(5)湿滞回线的湿滞回差　湿敏传感器在吸湿和脱湿情况下,两个感湿特性曲线不相重复,而是形成一回线,称为湿滞回线。湿滞回差表示器件在吸湿和脱湿两种情况下,其感湿特征量的同一数值所指示的环境相对湿度的最大差值。

4.9.2 相对湿度的测量

传感器采用阻抗式湿度传感器,型号为 H104R,它具有阻抗式湿度传感器的共性。在环境温度为 25℃,传感器的供电频率为1 000 Hz 的情况下,40%RH 时阻抗为 68 kΩ,60%RH 时阻抗为 29 kΩ,80%RH 时阻抗为 7 kΩ。这些性能参数给用户调试带来了方便。

测量电路如图 4-61 所示。由于阻抗式传感器需要交流电压供电,一般都需要有振荡器。本电路由文氏振荡器 A_1、电压跟随器 A_2、加法器 A_3、电压放大器 A_4、温度补偿器 A_5 等组成。

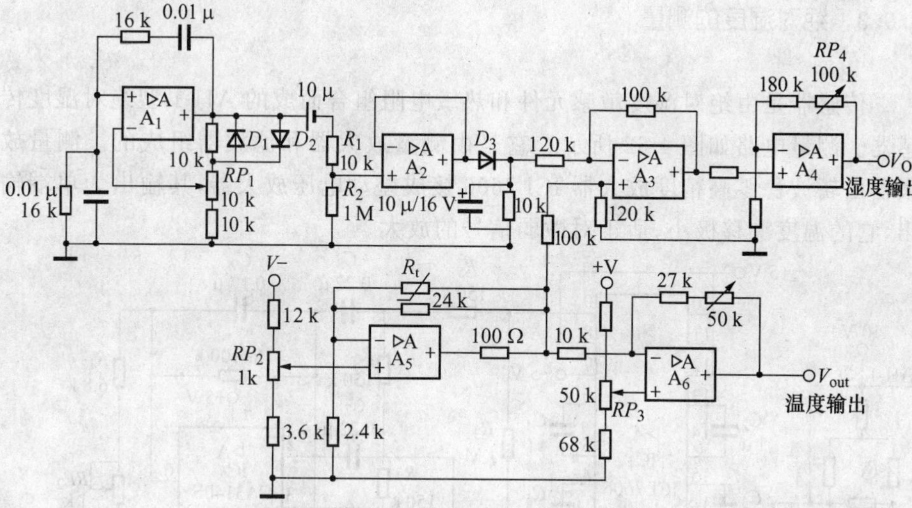

图 4-61　湿度检测仪电路图

文氏振荡器振 A_1 荡频率约为 1 000 Hz。振荡幅度由反馈量确定,调节电位器 RP_1 使输出电压为 4.5 V。文氏振荡器的输出电压作为阻抗式湿度传感器的工作电压。

电压跟随器 A_2 主要起阻抗变换作用。其电路的输入阻抗很高,以减弱对传感器信号的影响。传感器接在运放的同相端，这里采用了电阻 R_1，R_2 并联的方法，作为传感器的粗略线性补偿，这是经常采用的线性补偿方法。电压跟随器输出的是交流信号，而这里的检测信号需要直流，故在跟随器后加了二极管 D_3 整流及 10 μF，电容滤波，再加到加法器 A_3。

传感器有 0.7%RH/℃左右的温度系数，若不采取温度补偿措施，随着温度的变化，检测值将产生误差。为此采用 A_5 组成的热敏电阻温度补偿电路，该电路以相对湿度 60%RH 为中心值，在 5%～85%RH 的范围内，检测精度可达 ±4%RH，但要达到这样的精度还与传感器性能有关。热敏电阻 R_t 与 24 kΩ 电阻并联作为反馈电阻，当温度变化后输出与温度成比例的信号。A_5 的输出信号一路送到加法器进行温度补偿，另一路输入到 A_6 经放大后输出温度检测信号。

A_3 组成一个加法运算放大器电路，因为温度的变化对湿度传感器的输出信号影响很大，故采用加法器对温度的影响加以补偿。

A_3 输出的经温度补偿的湿度电压信号，再经电压放大器 A_4 的放大，最后输出与湿度成比例的电压放大信号，进行模拟显示或数字记录。

4.9.3 绝对湿度的测量

传感器是由绝对湿度敏感元件和热敏电阻组合而成的 AH-1 型绝对湿度传感器。测量电路如图 4-62 所示。它是由测量放大器和滤波器组成的。测量放大器由斩波稳零高精度放大器 ICL7606 接成差动电压放大器，其输出为单端输出，它的温度漂移极小，适于对微弱信号的放大。

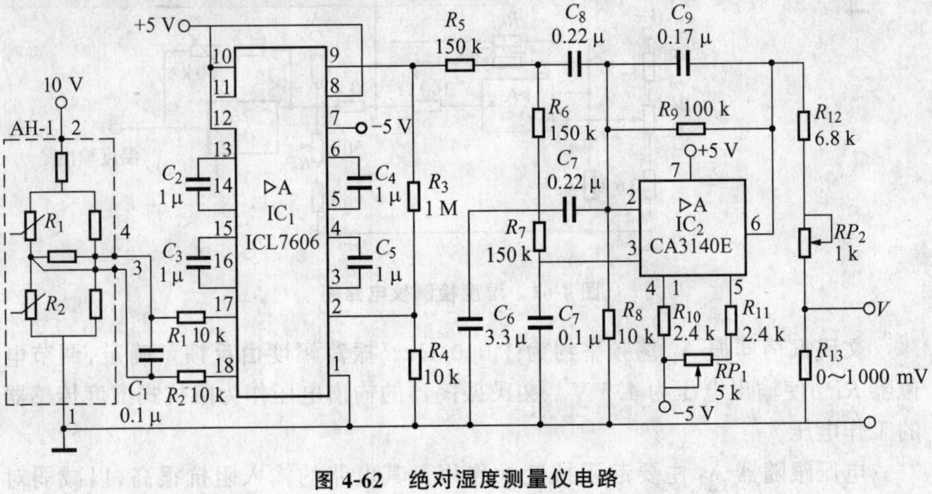

图 4-62 绝对湿度测量仪电路

滤波器由高输入阻抗运算放大器CA3140E组成，电路的整个输出特性基本能满足显示要求，其线性良好，无须再加线性校正电路，其特性如图4-63所示。

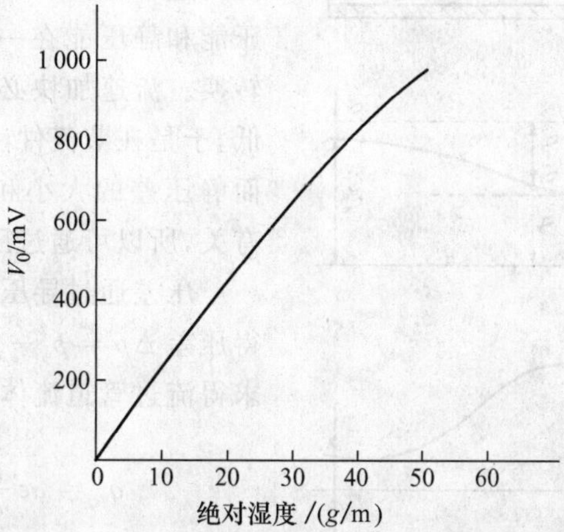

图4-63 输出特性曲线

4.10 流量的测量

4.10.1 概述

流量指单位时间内流过管道某一截面流体介质的体积或质量，前者称为体积流量，后者称为质量流量。用来测量流量的仪表统称为流量计。测量某一段时间内流过的流体量，即瞬时流量对时间的积分，称之流体总量。测量总量的仪表称为流体计量表。

在选用流量计时，一般需要考虑到被测流体的种类和状态（液体、气体、蒸汽、浆液、温度、压力、黏度、密度、导电性、腐蚀性等），流量的大小，工作压力，流量计的价格，工况条件等。

4.10.2 差压式流量计

1. 基本工作原理

如图4-64所示，在管道中安装一个直径比管径小的节流件，当充满管道的

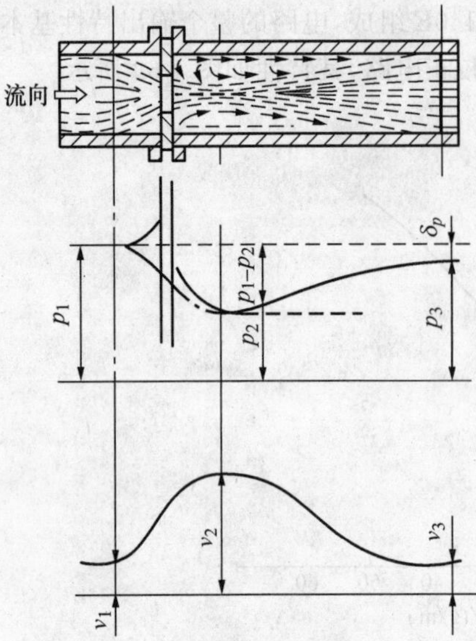

图 4-64 差压式流量计原理

流体经节流件时,由于流道截面突然缩小,流束将在节流件处形成局部收缩,使流速 v 加快。根据能量守恒定律,动压能和静压能在一定条件下可以互相转换。流速加快必然导致静压力 p 降低,于是在节流件前后产生静压差 Δp,而静压差的大小和流过的流体流量 Q 有关,所以可通过压差来求得流量。

压差通过导压管与压差计连接,测得压差 $\Delta p = p_1 - p_2$。经理论推导后可求得流过管道流体流量为

$$q_1 = \alpha\varepsilon \frac{\pi}{4} d_2 \sqrt{\frac{2\Delta p}{\rho}} \tag{4-48}$$

式中:α 为流量系数;ε 为气体膨胀系数,测定液体时,$\varepsilon=1$;d 为节流件开孔直径,m;Δp 为节流件上游侧压力 p_1 和下游侧压力 p_2 的差值,Pa/m;ρ 为液体介质密度,kg/m^3。

2. 节流件型式和取压方式

目前我国工业上应用最广泛的标准节流装置是孔板、喷嘴和文丘里管,如图 4-65 所示。

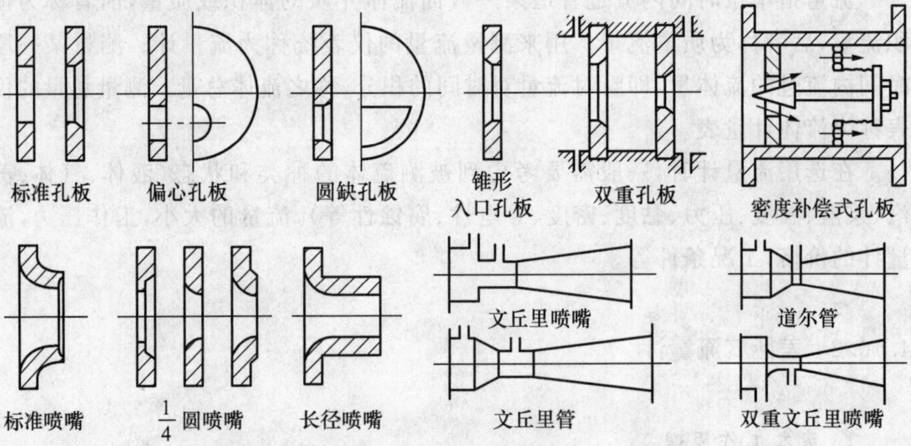

图 4-65 各种型式的节流件

节流装置以孔板为例有5种取压方式，各种取压方式的取压孔位置如图4-66所示。

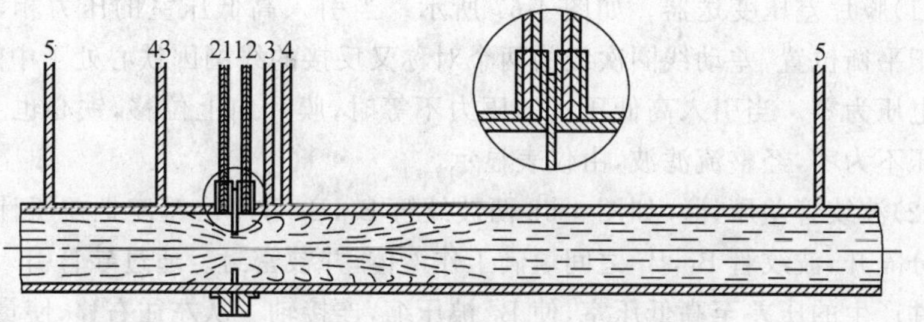

1. 角接取压 2. 法兰取压 3. 理论取压 4. 径距取压 5. 管接取压

图 4-66 各种取压位置图

(1)角接取压　上下游取压中心至孔板(喷嘴)前后端的间距各等于取压孔直径的一半或等于取压环隙宽度的一半，因而取压孔穿透处与孔板端正好相平。

(2)法兰取压　上下游取压中心至孔板前后端面的间距为 25.4 mm±0.8 mm。

(3)理论取压　上游的取压中心至孔板前端面为 $1D \pm 0.1D$，下游的取压孔中心至孔板前端面的间距见表4-4。

表 4-4 理论取压时下游取压位置

d/D	下游取压孔位置	d/D	下游取压孔位置
0.10	0.84D(1±0.30)	0.50	0.84D(1±0.25)
0.20	0.84D(1±0.30)	0.60	0.84D(1±0.25)
0.30	0.84D(1±0.30)	0.70	0.84D(1±0.10)
0.40	0.84D(1±0.25)	0.80	0.84D(1±0.10)

注：d 为节流装置的内直径，D 为管道内直径。

(4)径距取压　上游取压中心至孔板(喷嘴)前端面的间距为 D，下游取压孔中心至孔板(喷嘴)前端面的间距为 $D/2$。

(5)管接取压　上游取压孔中心至孔板前端面为 $2.5D$，下游取压孔中心至孔板后面为 $8D$。

经分析，角接取压容易实现环室取压，可提高测量精度。法兰取压安装方便。

3. 差压计

差压计常和节流装置配套使用，可测量液体、气体和蒸汽的流量，也可测量压差、压力、负压和液位。差压计种类很多,如膜片差压变送器、双波纹管差压计、力平衡式差压计等。

(1)膜片差压变送器　如图 4-67 所示。当引入高低压室的压力相等时,膜片处于平衡位置,差动线圈次级的两个对称又反接的线圈因铁心处于中间位置,输出电压为零。当引入高低压室的压力不等时,膜片向上位移,铁心也上移,输出电压不为零,经整流滤波,由仪表显示。

(2)波纹管差压计　如图 4-68 两波纹管 B_1,B_2 和中心基座把差压计的高低压室分隔开,波纹管 B_1,B_2 之间填满工作液体,并被密封。通过导管引入流体经节流件产生的压差至高低压室,使 B_1 被压缩,连接轴 1 从左往右移,使量程弹簧 10 伸长,带动固定在连接轴上的挡板 4、摆杆 7 使扭力管 5 动作,使心轴 6 产生角位移,传递到显示单元。

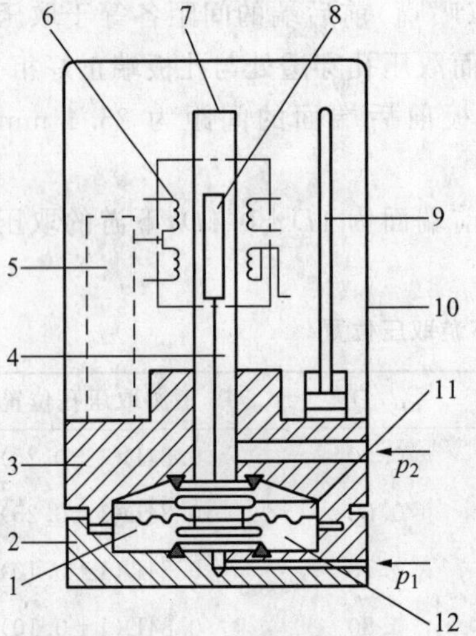

1. 膜片　2. 高压室座　3. 低压室座　4. 位移杆　5. 电源变压器　6. 差动线圈　7. 导管　8. 铁心　9. 电子线路板　10. 罩壳　11. 低压室　12. 高压室

图 4-67　膜片差压计原理图

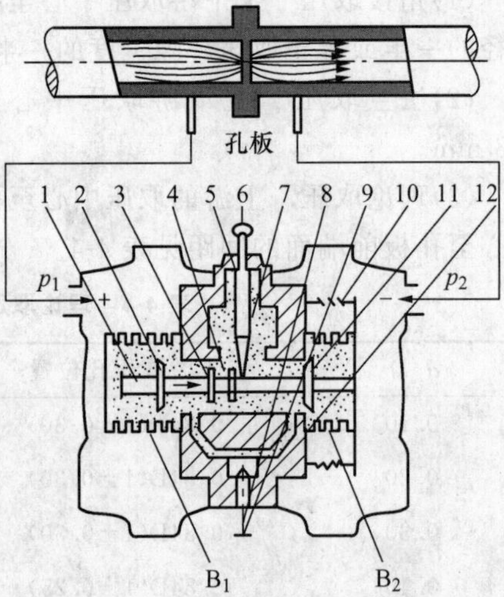

1. 连接轴　2,11. 单向保护阀　3. 阻尼环　4. 挡板　5. 扭力管　6. 扭力管心轴　7. 摆杆　8. 阻尼旁路　9. 阻尼阀　10. 量程弹簧组　12. 中心基座　B_1,B_2 测量波纹管

图 4-68　双波纹管差压计原理示意图

4. *差压流量计特点*

节流装置在国内外的流量测量中应用很广泛。它结构简单,适应性比较广,几乎能够测量各种工况下的单相流体和高温高压下流体流量。标准孔板、标准

喷嘴和文丘里管等结构都已标准化,实验数据可靠,使用寿命长,精度可达0.5%。缺点是安装要求严格,压力损失较大,刻度为非线性。

4.10.3 转子流量计

1. 基本结构和原理

如图 4-69 所示,在一根自下而上扩大的垂直锥管(玻璃管或金属管)中,放一只转子(即浮子)。当流体由下往上流过时,转子被托起,使锥管壁和转子之间的环隙逐渐增大。如果被测流体对转子产生的作用力和转子在被测流体中重量相等时,转子即浮在一定的平衡位置上,其高度代表相应的流量值。转子流量计的基本公式为

$$q_v = \alpha f_k \sqrt{\frac{2gV(\rho_f - \rho)}{\rho F}} \tag{4-49}$$

式中:q_v 为体积流量;α 为流量系数;f_k 为转子最大横截面和锥管间的环隙面积,m^2;g 为重力加速度;V 为转子(浮子)体积,m^3;ρ 为流体介质密度,kg/m^3;F 为转子最大横截面,m^2,ρ_f 为转子材料密度,kg/m^3。

转子流量计可分为直读玻璃管式和远传金属管式两类;图 4-69(a)属于玻璃管式的,主要测量元件有锥管和转子,转子用金属或非金属材料制成,可在锥管内上下自由浮动,也可在浮子中间串装导向杆。图 4-69(b)所示为远传金属管式,图中转子连杆上部装有磁钢,它与管外磁钢产生磁性耦合。再通过杠杆系统把转子的位移通过气动转换器(喷嘴—挡板系统)或电动转换器(差动线圈)转换成 0.01～0.1 MPa 的气压信号或 0～10 mA 的直流电信号进行远传。

2. 转子流量计的特点

可测多种介质的流量,特别适合于测量中小管径较低雷诺数的中小流量,量程较宽,刻度为线性,压力损失较小且恒定,维护简便工作可靠。计量精度受介质的比重、黏度、温度、压力、纯净度及安装位置等的影响。

4.10.4 电磁流量计

1. 基本工作原理

电磁流量计是以电磁感应定律为基础而工作的,如图 4-70 所示。由非磁性材料制成的管道 2 内流过导电液体 3(若流动方向为×),它相当于长度为直径

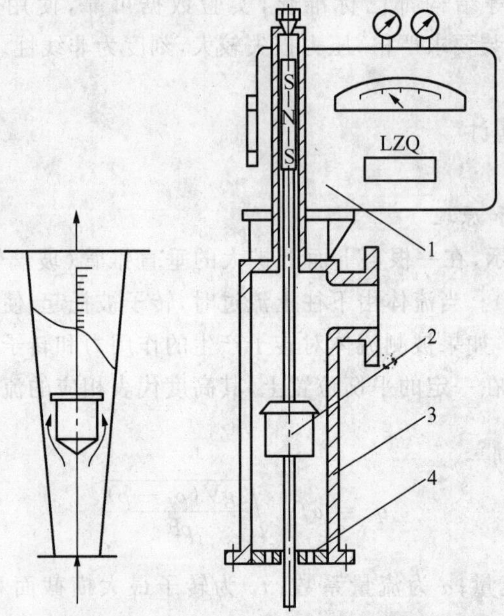

(a)直读玻璃管式　　(b)远传金属管式

1. 转换器　2. 浮子　3. 金属锥管　4. 导向环

图 4-69　转子流量计

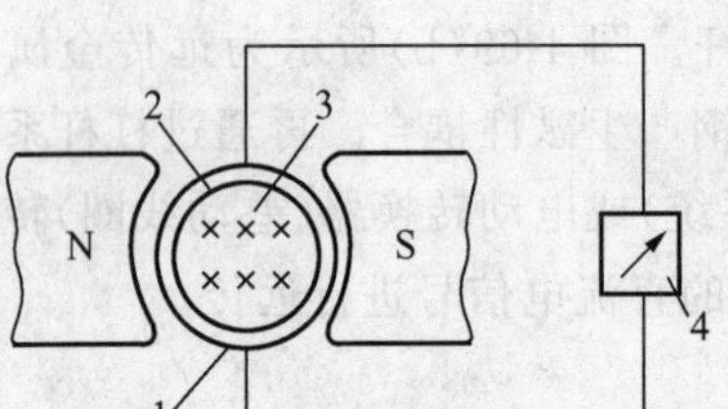

1. 电极　2. 管道　3. 导电液体流动方向　4. 指示仪表

图 4-70　电磁流量计原理图

D 的导体切割磁力线，在两个电极间产生的感应电动势 E 为

$$E = BDv \times 10^{8} \tag{4-50}$$

式中：B 为磁通密度，T；D 为道内径，cm；v 为液体平均流速，cm/s。

由平均流速与管道流通截面积的乘积可得体积流量为

$$qv = \frac{\pi}{4}\frac{E}{B}D \times 10^{8} \tag{4-51}$$

2. 检测器与转换器

检测器由磁路系统、测量导管、电极、外壳和正交干扰调整装置等组成。

磁路系统有直流磁场和交流磁场两种。直流磁场的缺点是电极容易产生极化现象，使检测器内阻增加，信号降低甚至断路。所以直流磁场一般仅用于测量不易发生极化现象的非电解性液体，如液态金属介质等。工业用检测器一般采用交流励磁的交变磁场，相应地在电极上产生交流信号，送至转换器转换为直流信号，以供显示、记录和调节、控制。但交变磁场的干扰较大。

转换器把检测器输出的微弱信号进行阻抗匹配、放大、整流和滤波。同时抑制干扰信号，输出为 0～10 mA 直流信号。

电磁流量计适用于测量导电液体的流量，如水、污水、纸浆、矿浆、酸、碱及盐溶液等，它压力损失小，可以测量脉动流量和双向流量。测量中流量计读数不受介质密度、黏度、温度、压力等影响，抗干扰能力强。

4.10.5　超声波流量计

图 4-71 所示是超声波流量计的原理图。在被测管道上下游的一定距离上，分别安装两对超声波发射和接收探头（F_1，T_1）、（F_2，T_2），其中（F_1，T_1）的超声波是顺流传播的，而（F_2，T_2）的超声波是逆流传播的。根据这两束波在流体中传播的速度不同，采用测量两个接收探头上超声波传播的时间差、相位差和频率差等方法可测出流体的平均流速，进而推算出流量。

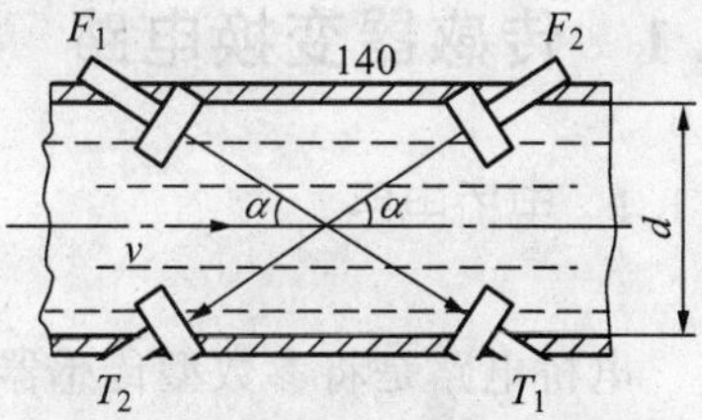

图 4-71　超声波流量计原理图

复习与思考题

4-1　利用超声波测量厚度的基本原理是什么？试设计一个超声液位检测仪方案。

4-2　说明波的多普勒效应及应用。

4-3　说明用差动变压器原理测位移和测速度有哪些差别。

4-4　说明应变加速度传感器的应用场合和条件。

4-5　说明振动测试的主要内容。

4-6　在用集成开关霍尔传感器测转速时磁铁的安装应注意什么？

4-7　噪声的物理度量参数有哪些？噪声的主观评价参数主要有哪些？

4-8　现场噪声测量中如何选择测点？

5 测试信号的处理

被测信号经过传感器变换后成为各种电参数。一般地说，这些电参数是不能直接推动记录器、控制器或输入计算机进行信号的分析与处理。这就需要对传感器输出的信号作进一步处理，如将电路性参数（电阻、电容、电感等）转换为可供传输、运算、处理、记录的电压或电流信号；若转换后的电压或电流较小，则需要放大；若信号中混有噪声，则需排除噪声以及在信号输入计算机之前作必要的特殊处理等。

5.1 传感器变换电路

5.1.1 电桥电路

电桥电路是将参数型传感器输出的电参量（电阻、电容、电感等）转换成电压或电流信号的电路。电桥电路以其结构简单、可靠性强、精度高和灵敏度高等特点，在实际测量中得到广泛应用。电桥按其激励电源类型分成直流电桥和交流电桥两种。

1. 直流电桥

直流电桥电路如图 5-1 所示。它由连接成环形的 4 个电阻组成，$R_1 \sim R_4$ 构成电桥的 4 个臂。A，C 对角线接直流电源，U 为供桥电压或桥源；B，D 对角线接负载称为输出端，R_g 为负载电阻。

由戴维宁（Thevenin）定理，将图 5-1 简化成一个恒定电动势 U_o 和一个等效电阻 R_0 串联的电路（图 5-2）。

U_o 为输出端开路时电桥的输出电压（取 A 点为零势点），即

$$U_o = U_{BD} = U_{DC} - U_{BC} = \left(\frac{R_3}{R_3 + R_4} - \frac{R_2}{R_1 + R_2}\right)U$$

$$= \frac{R_1 R_3 - R_2 R_4}{(R_1 + R_2) \cdot (R_3 + R_4)}U \tag{5-1}$$

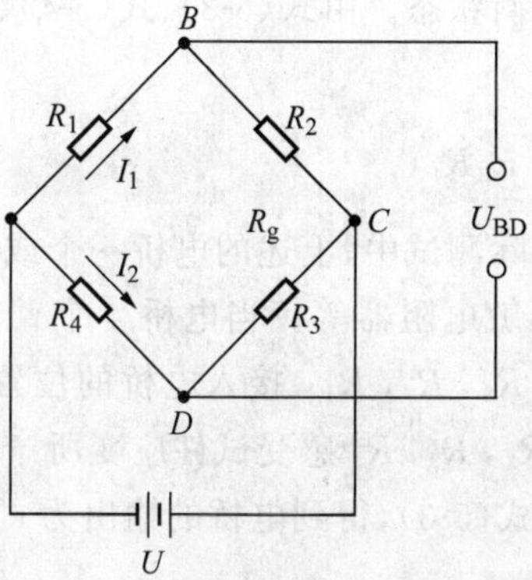

图 5-1 直流电桥

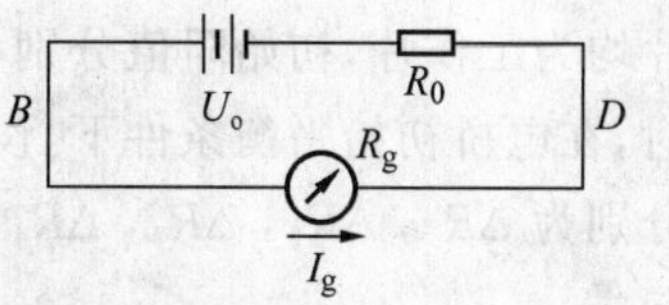

图 5-2 电桥等效电路

R_0 为桥源短路从输出端向里看的等效电阻，即

$$R_0=\frac{R_1R_2}{R_1+R_2}+\frac{R_3R_4}{R_3+R_4} \tag{5-2}$$

(1)电压输出　当输出端接入阻抗 R_g 很高的放大器时，可认为电桥的负载阻抗无穷大，输出端相当于开路状态，这时电桥仅有电压输出，称为电压桥。电桥的输出电压为

$$U_{BD}=\frac{R_1R_3-R_2R_4}{(R_1+R_2)\cdot(R_3+R_4)}U \tag{5-3}$$

(2)功率输出　当输出端无须接入放大器而直接接入的装置负载 R_g 较小时，电桥有电流输出，称为电流桥。输出电流为

$$I_g=\frac{U_o}{R_g+R_0}$$

$$=\frac{(R_1R_3-R_2R_4)\cdot U}{R_g(R_1+R_2)\cdot(R_3+R_4)+R_1R_2(R_3+R_4)+R_3R_4(R_1+R_2)} \tag{5-4}$$

当电桥的输出阻抗 $R_0=R_g$ 时，电桥的输出功率最大，输出电流为

$$I_g=\frac{U_o}{2R_0}=\frac{U}{2}\cdot\frac{(R_1R_3-R_2R_4)}{R_1R_2(R_3+R_4)+R_3R_4(R_1+R_2)} \tag{5-5}$$

输出电压为

$$U_{BD}=\frac{U}{2}\cdot\frac{R_1R_3-R_2R_4}{(R_1+R_2)\cdot(R_3+R_4)} \tag{5-6}$$

当电桥输出 $U_{BD}=0$ 时，电桥处于平衡状态。由式(5-3)、式(5-4)、式(5-5)、式(5-6)可见，直流电桥的平衡条件是

$$R_1R_3=R_2R_4 \tag{5-7}$$

(3)测试用电压桥的输出特性　在实际测试中，上述的电桥一个或多个桥臂要接入电阻应变片、电阻式感温元件或热敏电阻器等。当电桥 4 个臂上的电阻应变片均为工作片，初始阻值分别为 R_1，R_2，R_3，R_4，接入电桥的位置如图 5-1 所示时，在电桥初始平衡条件下，设 R_1，R_2，R_3，R_4 感受试件应变所产生的电阻增量分别为 ΔR_1，ΔR_2，ΔR_3，ΔR_4，代入式(5-3)，得到电桥的输出为

$$U_{BD}=\frac{R_1R_2}{(R_1+R_2)^2}\left(\frac{\Delta R_1}{R_1}-\frac{\Delta R_2}{R_2}+\frac{\Delta R_3}{R_3}-\frac{\Delta R_4}{R_4}\right)U \tag{5-8}$$

注意上式在推导过程中省略了分子中的 ΔR^2 项和分子中的 ΔR 项（由于 $\Delta R \ll R$）。

对于等臂电桥，4 个臂的初始阻值相等，即 $R_1=R_2=R_3=R_4=R$，如果所用的电阻应变片灵敏系数 K 均相等，感受的应变分别为 ε_1，ε_2，ε_3，ε_4，式(5-8)可写成：

$$U_{BD}=\frac{U}{4}\left(\frac{\Delta R_1}{R}-\frac{\Delta R_2}{R}+\frac{\Delta R_3}{R}-\frac{\Delta R_4}{R}\right)=\frac{UK}{4}(\varepsilon_1-\varepsilon_2+\varepsilon_3-\varepsilon_4) \tag{5-9}$$

式(5-9)为等臂电压桥的加减特性表达式。针对此式讨论实际测试用电压桥的几种工况：

①单臂工况：即只有 R_1 为工作臂，当 $\Delta R_1=\Delta R$、$\varepsilon_1=\varepsilon$ 时，电桥输出为

$$U_{BD}=\frac{U}{4}\cdot\frac{\Delta R}{R}=\frac{U}{4}\cdot K\varepsilon \tag{5-10}$$

②相邻半桥工况：即电桥的 R_1，R_2 为工作臂，当 $\Delta R_1=\Delta R_2=\Delta R$、$\varepsilon_1=\varepsilon_2$ 时，电桥输出 $U_{BD}=0$；当 $\Delta R_1=-\Delta R_2=\Delta R$，$\varepsilon_1=-\varepsilon_2=\varepsilon$ 时，电桥输出为

$$U_{BD}=\frac{U}{2}\cdot\frac{\Delta R}{R}=\frac{U}{2}\cdot K\varepsilon \tag{5-11}$$

可见，此时的电桥输出为单臂工作桥的 2 倍，测试的灵敏度提高。

③全桥工况：电桥的 R_1，R_2，R_3，R_4 臂皆接入应变片。当 $\Delta R_1=\Delta R_2=\Delta R_3=\Delta R_4=\Delta R$ 时，$U_{BD}=0$；当 $\Delta R_1=\Delta R_3=\Delta R$，$\Delta R_2=\Delta R_4=-\Delta R$ 时，电桥输出为

$$U_{BD} = U\frac{\Delta R}{R} = UK\varepsilon \tag{5-12}$$

此时电桥输出为单臂工作桥的4倍。

由上述分析可得出电桥的加减特性为:电桥的输出与相对臂电阻变化之和及相邻臂电阻变化之差成正比;与桥压成正比。若将产生电阻增量极性相同(应变极性相同)的应变片接入相对臂或将产生电阻增量极性相反(应变极性相反)的应变片接入相邻臂时,电桥的输出相叠加;反之,电桥输出则相减。利用电桥的这一特性可方便地进行测试,实现温度互补偿和提高测试电桥的输出灵敏度,同时也能根据需要排除某些参数对测试的影响。它是测试组桥的重要准则。

直流电桥测量电路简单,电桥的预调平衡仅须作电阻调平衡,测试精度高,中间环节少,对连接电缆要求低,不会引进分布参数,但其存在对直流电源要求高,对后续放大器的特性要求高等缺点。直流电桥常用于静态测量。

2. 交流电桥

载波放大式电阻应变仪都采用交流电桥,以下讨论交流电桥的输出及其平衡条件。

交流电桥的供桥电压 U 为正弦交流电压,即

$$U = U_{\mathrm{m}}\sin\omega t \tag{5-13}$$

式中:U_{m} 为供桥电压的幅值;ω 为供桥电压的圆角频率。

由于在测试时,交流电桥的桥臂上要接入电阻应变片,应变片与被测体以及连接导线之间存在着分布电容,故电桥的4个臂要以复阻抗 Z_1,Z_2,Z_3,Z_4 表示,如图5-3(a)所示。设4个桥臂的电阻分别为 R_1,R_2,R_3,R_4,电容为 C_1,C_2,C_3,C_4,则各桥臂复阻抗分别为

$$Z_1 = \frac{1}{\frac{1}{R_1}+\mathrm{j}\omega C_1} \quad Z_2 = \frac{1}{\frac{1}{R_2}+\mathrm{j}\omega C_2} \quad Z_3 = \frac{1}{\frac{1}{R_3}+\mathrm{j}\omega C_3} \quad Z_4 = \frac{1}{\frac{1}{R_4}+\mathrm{j}\omega C_4} \tag{5-14}$$

交流电桥的输出电压为

$$U_{BD} = \frac{Z_1 Z_3 - Z_2 Z_4}{(Z_1+Z_2)\cdot(Z_3+Z_4)}U_m \sin\omega t \tag{5-15}$$

交流电桥的平衡条件为

$$Z_1 Z_3 = Z_2 Z_4 \tag{5-16}$$

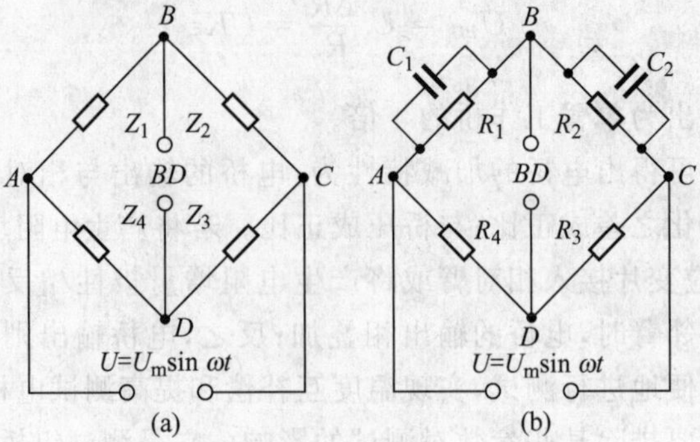

(a)　　　　　　　　(b)

图 5-3　交流电桥

当组成半桥测量时，如图 5-3(b)所示。R_1，R_2 为电阻应变片，R_3，R_4 为纯电阻，即 $Z_3=R_3$，$Z_4=R_4$，代入式(5-15)得

$$\frac{R_3}{R_2}+R_3\mathrm{j}\omega C_2=\frac{R_4}{R_1}+R_4\mathrm{j}\omega C_1 \tag{5-17}$$

由此可得半桥测试时交流电桥的平衡条件

$$\begin{cases}R_1/R_2=R_4/R_3\\C_1/C_2=R_3/R_4\end{cases} \tag{5-18}$$

交流电桥在测试中得到广泛应用，它不仅能测试动态信号，也能测静态信号。交流电桥的电源必须具有良好的电压波形和频率稳定度，一般采用 1～35 kHz 频率的正弦信号作为电桥激励电源。这样交流电桥实际上相当于一个调幅器，其输出信号的特点将在 5.2.2 节中讨论。

3. 带感应耦合臂的电桥

带感应耦合臂的电桥是将感应耦合的两个绕组作为桥臂而组成的电桥，一般有下列两种形式。

图 5-4(a)是用于电感比较仪中的电桥，感应耦合的绕组 W_1，W_2 与阻抗 Z_3，Z_4 构成电桥的 4 个臂。绕组 W_1，W_2 相当于变压器的二次边绕组，这种桥路又称为变压器电桥。平衡时，指零仪 G 指零。

另一种形式如图 5-4(b)所示，电桥平衡时，绕组 W_1，W_2 的激磁效应互相抵消，铁心中无磁通，所以指零仪 G 指零。

以上两种电桥中的感应耦合臂可代以差动式三绕组电感传感器，通过它的敏感元件——铁心，将被测位移量转换为绕组间互感变化，再通过电桥转换为电

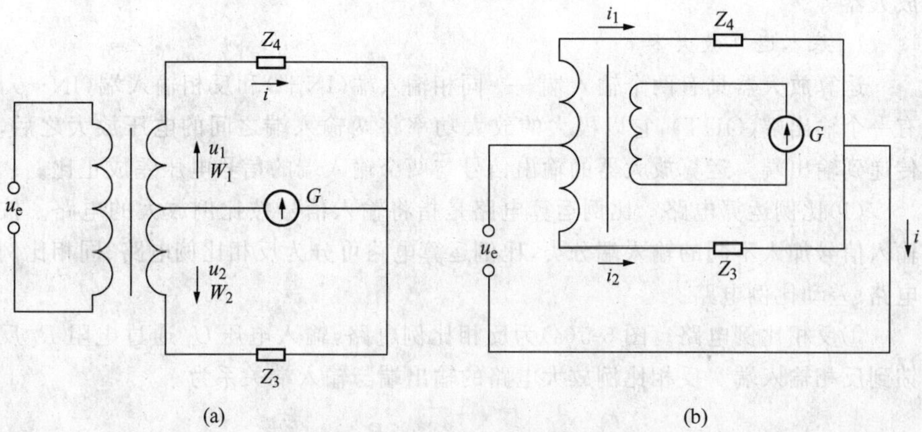

图 5-4 带电感耦合臂的电桥

压或电流输出。

带感应耦合臂的电桥与一般电桥比较，具有较高的精确度、灵敏度以及性能稳定等优点。

5.1.2 信号放大电路

一般情况下，传感器输出的信号比较微弱，无法直接进行显示、记录或 A/D 转换，所以信号检测出来之后，需要通过放大器进行放大，作为输入量提供给后续电路进行处理。

为了保证检测系统的不失真、响应速度和测量精度的要求，放大电路应具有如下性能：

(1)宽频带，且能放大直流信号；

(2)足够的放大倍数；

(3)高输入阻抗，低输出阻抗；

(4)抗共模干扰能力强；

(5)精度高、线性度好；

(6)低零漂、低噪声。

运算放大器是由集成电路组成的一种高增益的模拟电子器件。由于价格低廉、组合灵活，而得到广泛应用。随着电子技术的发展，各种新型、高精度的通用与专用放大器大量涌现，如测量放大器、可编程增益放大器、隔离放大器及电荷放大器等。

1. 基本运算放大器

运算放大器具有两个输入端——同相输入端(IN+)和反相输入端(IN−),有一个输出端(OUT),它以极大的放大功率将两输入端之间的电压放大之后,传递到输出端。运算放大器的输出信号与两个输入端的信号电压差成正比。

(1)比例运算电路　比例运算电路是指将输入信号按比例放大的电路。按输入信号加入不同的输入端分类,比例运算电路可分为反相比例电路、同相比例电路、差动比例电路。

①反相比例电路。图 5-5(a)为反相比例电路,输入电压 U_i 通过电阻 R_f 反馈到反相输入端。反相比例放大电路的输出端与输入端关系为

$$U_o = -I_f R_f = -\frac{R_f}{R_1} U_i \tag{5-19}$$

式中的负号表示输出电压与输入电压反相,放大倍数只取决于 R_f 和 R_1 的比值,具有很大的灵活性,广泛用于各种比例运算中。

②同相比例电路。图 5-5(b)为同相比例电路,输入电压 U_i 直接从同相输入端加入,而输出电压 U_o 通过电阻 R_f 反馈到反相输入端。反相比例放大电路的输出端与输入端关系为

$$U_o = \left(\frac{R_1 + R_f}{R_1}\right) \quad U_i = \left(1 + \frac{R_f}{R_1}\right) U_i \tag{5-20}$$

由式(5-20)可见,同相比例放大电路的放大倍数也只取决于 R_f 和 R_1 的比值,此数值为正,说明输出电压和输入电压同相,而且其绝对值也比反相比例放大电路的多 1。

③差动比例电路。图 5-5(c)为差动比例电路,两个输入电压 U_{i1},U_{i2} 分别经 R_1,R_2 输入到运算放大器的反相输入端和同相输入端,输出电压 U_o 通过电阻 R_f 反馈到反相输入端。电路中要求 $R_1 = R_2$,$R_f = R$,差动比例放大电路的输出端与输入端关系为

$$U_o = \frac{R_f}{R_1}(U_{i2} - U_{i1}) \tag{5-21}$$

由式(5-21)可见,差动电路是对两个输入信号进行求差运算。

差动比例电路最突出的优点是能够抑制共模信号。共模信号是指在两个输入端所加的大小相等、级性相同的信号。理想的差动比例电路对共模输入信号的放大倍数为零,所以差动比例电路的零点漂移最小。来自外部空间的电磁波干扰也属于共模信号,它们也会被差动比例电路所抑制,所以说差动比例电路的

抗干扰能力极强。

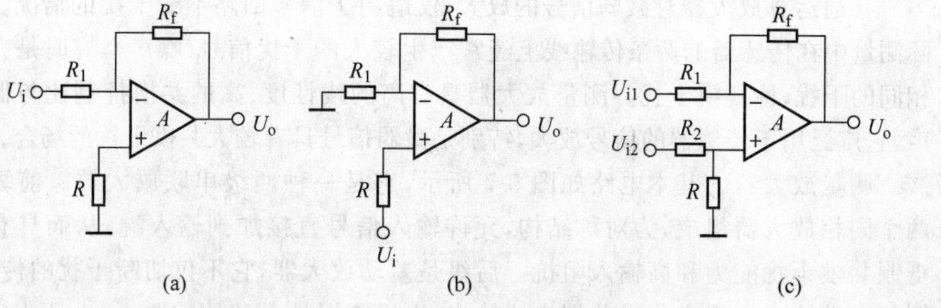

(a)反相比例电路 (b)同相比例电路 (c)差动比例电路

图 5-5 比例运算电路

(2)积分微分电路

①积分电路。积分电路可实现积分运算及产生三角波形等。积分运算是输出电压与输入电压呈积分关系,其电路图如图 5-6(a)所示,它是利用电容的充放电来实现积分运算。它的输出电压与输入电压的关系为

$$U_o = -\frac{1}{RC}\int_{t_0}^{t_1} u_i \, dt + U_C \big|_{t=0} \tag{5-22}$$

其中,$U_C \big|_{t=0}$ 表示电容两端的初始电压值。如果电路输入的电压波形是方形,则产生三角波形输出。

②微分电路。微分是积分的逆运算,它的输出电压与输入电压呈微分关系,其电路图如图 5-6(b)所示,它的输出电压与输入电压的关系为

$$U_o = -RC\frac{dU_i}{dt} \tag{5-23}$$

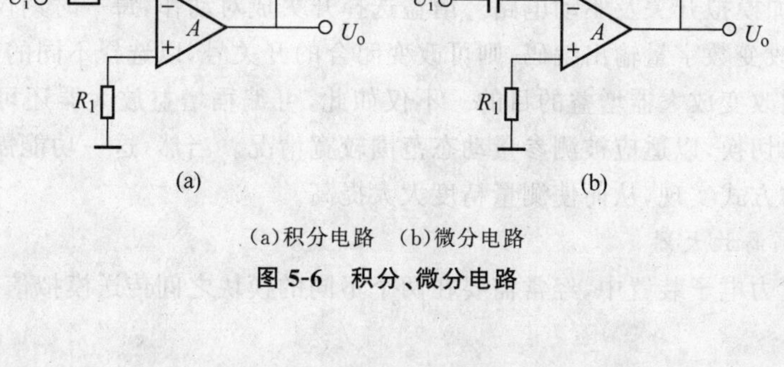

(a)积分电路 (b)微分电路

图 5-6 积分、微分电路

2. 测量放大器

普通运算放大器对微弱信号的放大,仅适用于信号回路不受干扰的情况。实际测量中在传感器的两条传输线上经常产生较大的干扰信号(噪声),有时是完全相同的干扰,称共模干扰。测量放大器具有高的线性度、高的共模抑制比与低噪声,它广泛用于传感器的信号放大,特别是微弱信号具有较大共模干扰的场合。

测量放大器的基本电路如图 5-7 所示,它是一种两级串联放大器。前级由两个同相放大器组成,为对称结构,允许输入信号直接加到输入端,从而具有高抵制共模干扰能力和高输入阻抗。后级是差动放大器,它不仅切断干扰的传输,还将双端输入方式变化成单端方式输出,以适应对地负载的需要。

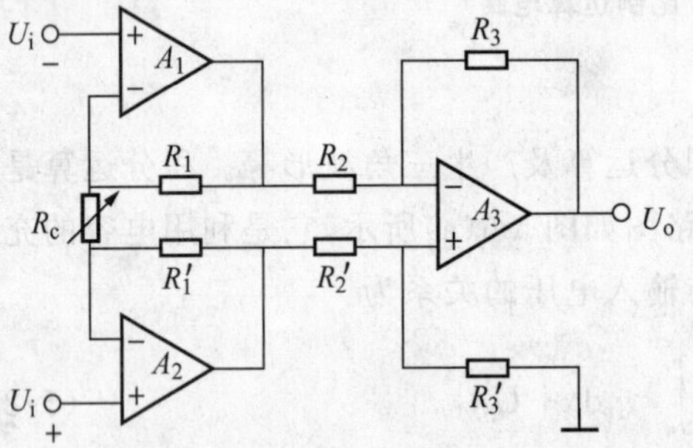

图 5-7　测量放大器原理图

3. 可编程增益放大器

由于传感器输出信号往往变化很大(从微伏到伏),特别是在多回路、多参数检测系统中的问题尤为突出,因此必须提供各种量程的放大器,才能保证送到计算机的信号一致。在模拟系统中,为了放大不同的信号,往往使用不同放大倍数的放大器,造成结构上的复杂且成本提高。随着计算机的应用,为了减少硬件设备,可以使用可编程增益放大器(PGA,programmable gain amplifier)。它是一种通用性很强的放大器,其放大倍数可以根据需要用程序进行控制。采用这种放大器,可通过程序调节放大倍数,使 A/D 转换器满量程信号达到均一化,因而大大提高测量精度。所谓量程自动转换,就是根据需要对所处理的信号利用可编程增益放大器进行倍数的自动调节,以满足后续电路和系统的要求。

图 5-8 为可编程增益放大器的原理电路图,它为图 5-7 测量放大器电路的扩展,增加模拟开关及驱动电路。增益选择开关成对动作,每一时刻仅有一对开关闭合,改变数字量输出编码,则可改变闭合的开关号,以选择不同的反馈电阻,从而达到改变放大器增益的目的。不仅如此,可编程增益放大器还可以实现量程的自动切换,以适应被测参量动态范围较宽情况。当然,这一功能需要通过软件编程的方式实现,从而使测量精度大大提高。

4. 隔离放大器

在电力电子装置中,经常需要在两个不同的模块之间传送模拟信号,并且要

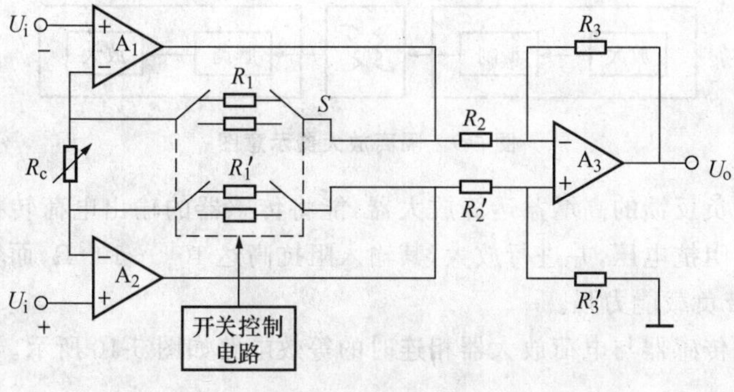

图 5-8 可编程增益放大器原理图

保证安全可靠地传送。通常两个不同模块之间的电位可以相差几百伏乃至几千伏，比如电机控制中的隔离电枢电流和电压传感器，电动机地与控制系统地的隔离等。特别在一些以微处理器为核心的电力电子装置中，需要传送代表输出特性的参考信号，而运行于高频开关状态的功率电路与控制电路往往不在同一电路板上，为了防止强电磁干扰串到微机系统导致系统运行异常，并降低 EMI 和工频干扰，在信号传送的时候需要严格隔离。在工业过程控制与测量系统中更是普遍需要用到模拟量隔离传输技术，如热电偶、压力电桥、应变计、传感器的数据隔离放大均是例子。因此，研究精确可靠的传输方案对于保证系统的整体性能具有重要意义。

隔离放大器可应用于高共模电压环境下的小信号测量，对被测对象和数据采集系统予以隔离，从而提高共模抑制比，同时保护电子仪器设备和人身安全。分别数字量隔离和模拟量隔离。隔离放大器按耦合方式的不同，可以分为磁耦合、电容耦合和光电耦合 3 种。磁耦合隔离方法是最常用的耦合隔离方法。

隔离放大器的表示方法如图 5-9 所示。输入部分包含输入运算放大器和调制器，输出部分包括解调器和输出运算放大器，中间部分则由信号耦合变压器和隔离电源组成。输入部分的作用是将传感器的输出信号滤波及放大，并调制成交流信号，通过隔离变压器耦合到输出部分。而输出部分的作用，是把交流信号解调成直流信号，再经过滤波及放大，最后输出 0～±10 V 的直流电压。由于放大器的两输入端都是浮空的，所以，它能够有效地作为测量放大器，又因采用变压器耦合，所以输入和输出部分是隔离的。同时，这 4 部分以模块结构的形式组装在一起，不但便于使用，而且也提高了可靠性。

5. 电荷放大器

电荷放大器是供压电式传感器专用的一种前置放大器，它实际上是一个具

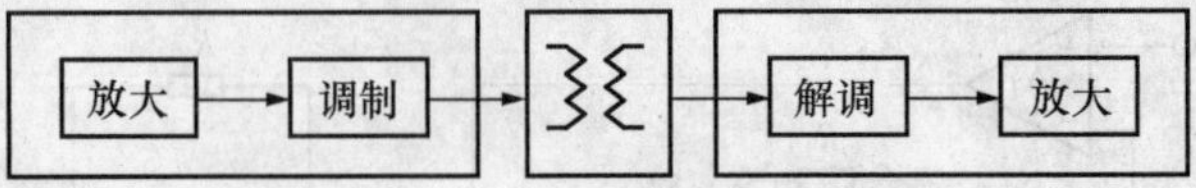

图 5-9 隔离放大器示意图

有电容深度负反馈的高增益运算放大器，能将传感器的输出电荷转换成一定比例关系的低阻抗电压，并进行放大，其输入阻抗高达 $10^{10}\sim10^{12}\ \Omega$，而输出阻抗小于 100 Ω，带负载能力强。

压电式传感器与电荷放大器相连时的等效电路如图 5-10 所示。

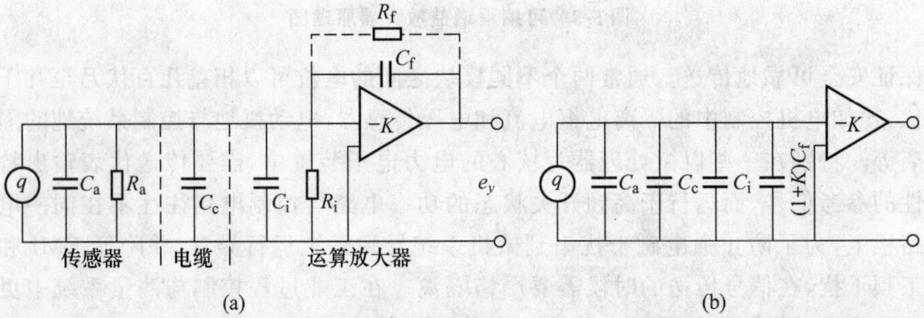

图中 q 为传感器输出的电荷量；C_a 为传感器固有电容；R_a 为传感器绝缘电阻；C_c 为连接电缆的电容；C_i 为放大器输入电容；R_i 为放大器输入电阻；C_f 为放大器反馈电容，R_f 为放大器反馈电阻；K 为运算放大器开环增益。

图 5-10 压电式传感器、电缆、电荷放大器组合的等效电路

由于传感器的绝缘电阻 R_a、电荷放大器的输入电阻 R_i 极高，所以可认为传感器所产生的总电荷 q 没有在 R_a 和 R_i 上产生泄漏。根据“虚地”的概念，反馈电容 C_f 为折算到放大器输入端的有效电容为 $(1+K)C_f$。由于放大器输入电容 C_i、折算到放大器输入端的电容 $(1+K)C_f$ 与传感器固有电容 C_a 和电缆电容 C_c 并联，因此传感器中压电元件产生的电荷 q 不仅对反馈电容充电，同时也对所有电容充电。放大器输入端的电压 e_i 为

$$e_i=\frac{q}{C_a+C_c+C_i+(1+K)C_f} \tag{5-24}$$

放大器输出端的电压 e_y 为

$$e_y=-Ke_i=\frac{-Kq}{C_a+C_c+C_i+(1+K)C_f} \tag{5-25}$$

如果放大器的开环增益足够高，满足 $(1+K)C_f \gg C_a + C_c + C_i$，则电缆电容 C_c、传感器固有电容 C_a 和放大器输入电容 C_i 可略去不计，此时放大器的输出电压为

$$e_y \approx -\frac{q}{C_f} \tag{5-26}$$

式(5-26)表明，在一定条件下，电荷放大器的输出电压与传感器的电荷量成正比，并且基本与电缆分布电容无关。也就是说，压电式传感器与电荷放大器配套使用时，允许使用很长的电缆，即使电缆长达数百米，灵敏度也无明显变化，这就扩大了压电式传感器的现场使用范围，这是电荷放大器的一个突出优点。当然电缆也不能无限制地加长，为了保证电缆的分布电容 C_c 保持在可忽略的范围内，一般取 $KC_f > 10(C_a + C_c + C_i)$，对于长电缆可取 $KC_f > 10C_c$。当运算放大器的开环增益很高时，放大器下限截止频率为

$$f_{下} = \frac{1}{2\pi C_f R_f} \tag{5-27}$$

可见电荷放大器对低频测试信号的适应性也是好的。

5.2 调制与解调

5.2.1 调制与解调概述

从传感器变换电路中所述可以看出，直流电桥的输出信号与被测量直接对应，它的输出信号是非调制信号，虽然电路简单，但抗干扰能力差。为了提高测试系统选择信号、抗干扰的能力和尽可能减小各种干扰的影响，通常采用调制手段对信号作调制处理。如在图 5-3 中，利用载波信号对传感器供电，以实现信号调制。在电容、电感和磁栅式传感器中也采用类似的方法。

所谓调制，指的是用一个低频信号对一高频信号的某一参数进行控制。低频信号称为调制波，高频信号称为载波或被调制信号，调制出来的信号被称为已调制波。实际上，调制的过程就是高频载波的某一参数随低频调制信号的变化而变化的过程。

调制的类型很多，载波若用的是高频正(余)弦波，可调制的参数可以是幅值、频率和相位，从而可形成幅值调制、频率调制和相位调制 3 种调制形式。载波若用高频周期方脉冲波，则有脉幅调制、脉宽调制和脉位调制等调制

形式。

解调则是对已调制波作适当的处理,使之恢复成原来的低频信号的过程,它是调制的逆过程。

一般来说,调制与解调总是成对出现的。本节重点讨论工程测试技术最常用的以正(余)弦为载波的调制与解调。

5.2.2 幅值调制与解调

1. 幅值调制

幅值调制(AM)简称调幅,它是用低频(被测信号)波来控制高频载波的振幅,使得载波的振幅按调制信号的规律变化。

实现幅值调制实际上就是调制波与载波之间在时域内作乘法运算。图 5-3 所示的交流电桥就是一个调幅器。若图中为纯电阻电桥,桥源电压 $U = U_m \cos 2\pi f_0 t$,电桥初始平衡。单臂工作时,电桥的输出电压则为

$$e_y = \frac{1}{4}\frac{\Delta R}{R}U = \frac{1}{4}\frac{\Delta R}{R}U_m \cos 2\pi f_0 t \tag{5-28}$$

若 ΔR 是一常值(即交流电桥作静态测量) a,则电桥的输出

$$e_y = \frac{1}{4}\frac{a}{R}U = cU \tag{5-29}$$

若 ΔR 是一个余弦变化量 $\Delta R = \Delta R_m \cos 2\pi f t$,则输出为

$$e_y = \frac{1}{4}\frac{\Delta R_m}{R}U_m \cos 2\pi f_0 t \cdot \cos 2\pi f t \tag{5-30}$$

交流电桥输出的信号 e_y 是一个调幅波。调幅波具有以下特点:调幅波与载波的频率相同;当调制波为正时,调幅波与载波同相,当调制波为负时,调幅波与载波反相;调幅波的外包络线含有调制波的形状并随其变化。

幅值调制在频域里是一个什么过程呢?若载波信号是频率为 f_0 的一余弦信号,根据傅里叶变换的性质可知:在时域内两个信号相乘,在频域里则对应于两信号的卷积,即

$$x(t) \cdot y(t) \Leftrightarrow X(f) * Y(f) \tag{5-31}$$

而余弦函数的频谱是一对脉冲谱线,即

$$\cos 2\pi f_0 t \Leftrightarrow \frac{1}{2}\delta(f-f_0)+\frac{1}{2}\delta(f+f_0) \tag{5-32}$$

一个函数与单位脉冲函数的卷积结果就是将此函数图形的坐标原点移至脉冲函数处。所以,幅值调制过程的时、频域对应关系为

$$\begin{aligned} x(t)\cos 2\pi f_0 t &\Leftrightarrow \frac{1}{2}X(f)*\delta(f-f_0)+\frac{1}{2}X(f)*\delta(f+f_0) \\ &=\frac{1}{2}X(f-f_0)+\frac{1}{2}X(f+f_0) \end{aligned} \tag{5-33}$$

式(5-33)表明:调幅过程在时域中是低频调制信号控制高频载波幅值的过程;而在频域内则是一个频移的过程。调幅过程的时、频域对应关系见图5-11。

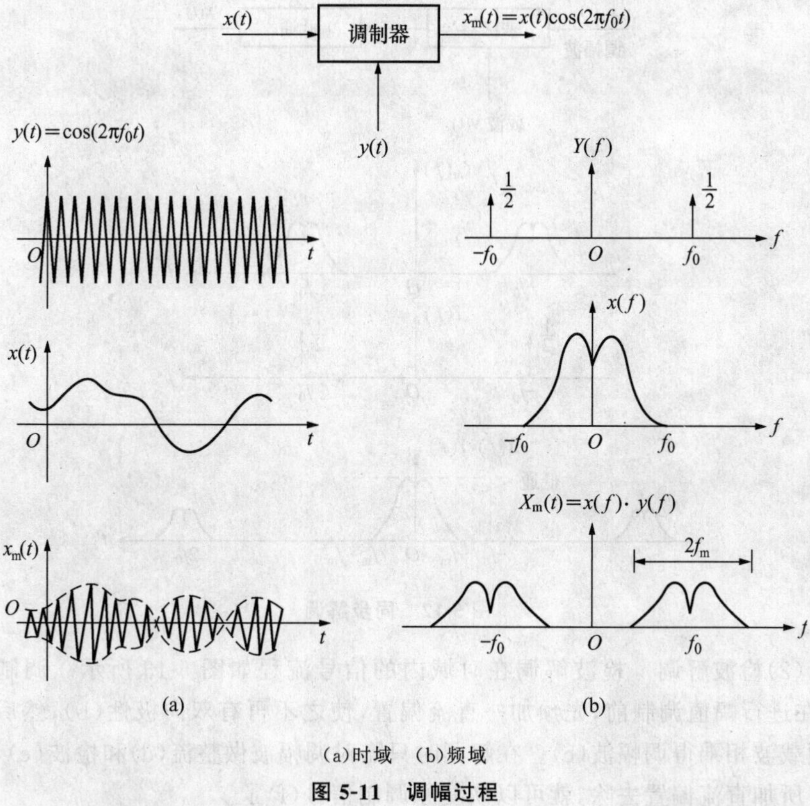

(a)时域 (b)频域

图5-11 调幅过程

2. 幅值的解调

幅值的解调过程是将调幅波恢复为原调制波的过程。实现这一过程有同频

解调、检波解调、相敏解调等主要方式。

(1)同频解调　对调幅波 $e_y(t)=x(t)\cos\omega_0 t$ 的两端同乘以 $\cos\omega_0 t$，得

$$e_y(t)\cos\omega_0 t = x(t)\cos^2\omega_0 t \tag{5-34}$$

由三角关系得

$$x(t)\cos^2\omega_0 t = x(t)\frac{1+\cos 2\omega_0 t}{2} = \frac{x(t)}{2} + \frac{x(t)\cos 2\omega_0 t}{2} \tag{5-35}$$

由式(5-35)可知，调幅波信号再乘以载波信号，所得到的信号中包含有原调制波 $x(t)$ 和高频信号 $x(t)\cos 2\omega_0 t$ 两部分，若采用适当的技术手段将高频成分滤除，剩余的部分即是原调制波。其解调过程见图 5-12。

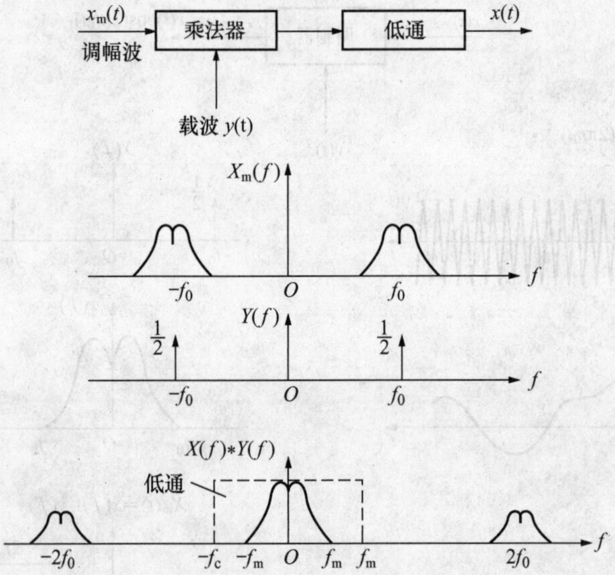

图 5-12　同步解调

(2)检波解调　检波解调在时域内的信号流程如图 5-13 所示。调制信号(a)在进行幅值调制前，先预加一直流偏置，使之不再有双向极性(b)，然后再与高频载波相乘得调幅波(c)。在解调时只需对调幅波做整流(d)和检波(e)，最后再将所加直流偏置去除，就可以恢复原调制信号(f)了。

(3)相敏检波解调　相敏检波器的工作原理是基于调制信号在过零线时极性(+、-)发生突变，此时，调幅波的相位与载波的相位相比较相应的也会发生 180° 跳变这一特点，使得相敏检波器在调制信号为正值时，输出的是调幅波的

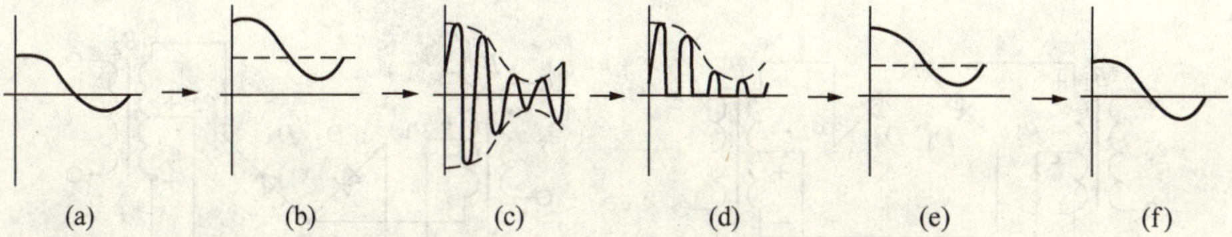

图 5-13　检波解调流程

正值部分，调制信号为负时，输出的是调幅波的负值部分，从而鉴别出原调制信号的极性。

图 5-14 是一个实现全波相敏检波解调的电路工作原理图。它由 4 个阻值相等的电阻和 4 个特性相同的二极管 D_1，D_2，D_3，D_4 顺向连接组成的桥式电路以及变压器 B_1 和 B_2 等组成。图中 e_y 为调幅波(待解调信号)，U 为参考电压(与载波同频、同相，且 $U > 2e_y$)，o_1 和 o_2 分别为变压器 B_1 和 B_2 次级绕组的中心抽头，R_L 负载电阻。

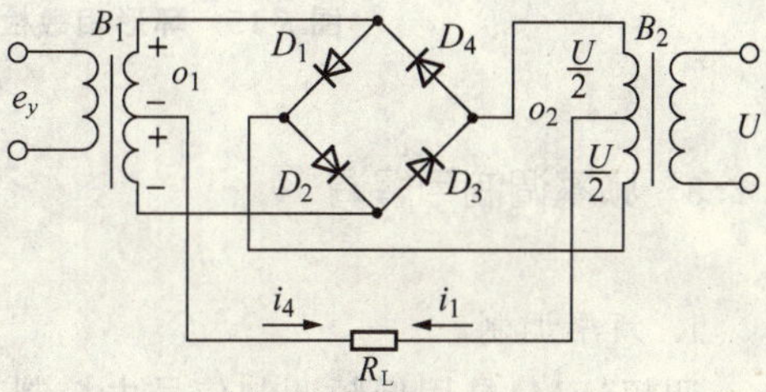

图 5-14　环形相敏检波器

当 ΔR 为正极性($\Delta R > 0$)时，e_y 与 U 同相。如果 e_y 与 U 同处正半周，D_1，D_4 导通，D_2，D_3 截止，电路可简化图 5-15(a)的形式。此时，流经 R_L 的电流有 $i_1(a—D_1—d—o_2—R_L—o_1—a)$ 和 $i_4(c—D_4—a-o_1—R_L—o_2—c)$，在 i_1 回路中起作用的电势是 $U/2+e_y/2$，而在 i_4 回路中起作用的电势是 $U/2-e_y/2$，所以 $i_1 > i_4$，这样，最终流过 R_L 的电流 i_L 为 i_1-i_4，i_L 的方向与 i_1 相同。如果 e_y 与 U 同处负半周，D_2，D_3 导通，D_1，D_4 截止，电路简化形式如图 5-15(b)所示。在 i_3 回路中($b—D_3—c—o_2—R_L—o_1—b$)起作用的电势是 $U/2+e_y/2$，而在 i_2 回路中($d—D_2—b—o_1—R_L—o_2—d$)起作用的电势是 $U/2-e_y/2$，$i_3 > i_2$，因此，最终流过 R_L 的电流 i_L 为 i_3-i_2，i_L 的方向与 i_3 相同。

同理，当 ΔR 为负极性($\Delta R > 0$)时，e_y 与 U 反相。当 U 处于正半周、e_y 处于负半周时，D_1，D_4 导通，D_2，D_3 截止，$i_4 > i_1$，R_L 上流过的电流为 i_4-i_1，i_L 的方向与 i_4 相同。当 U 处于负半周、e_y 处于正半周时，D_2，D_3 导通，D_1，D_4 截止，$i_2 > i_3$，R_L 上流过的电流为 i_2-i_3，i_L 的方向正与 i_2 方向相同。达到了鉴别原调制信号极性的目的。

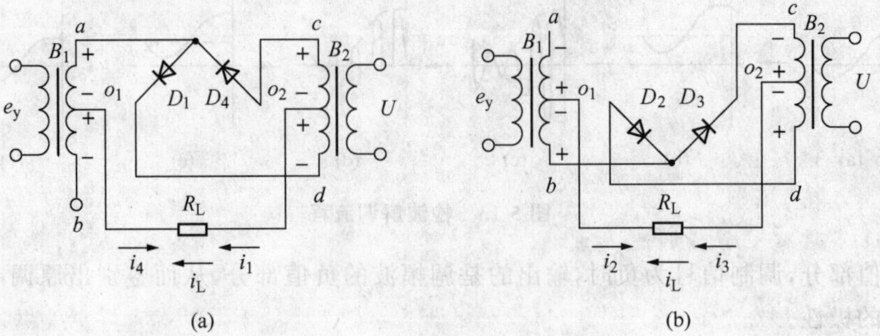

图 5-15　环形相敏检波器工作原理图

5.2.3　频率调制与解调

1. 频率调制

调频(FM)是用低频调制信号去控制高频载波的频率的变化。在频率调制过程中,载波的幅度保持不变,仅载波的频率随调制信号的幅制呈正比变化。其波形如图 5-16 所示。

由于噪声干扰会直接影响信号的幅度,而调频对于幅制变化的噪声敏感性下降,所以调频较之调幅的主要优越性在于它的抗干扰能力较强。

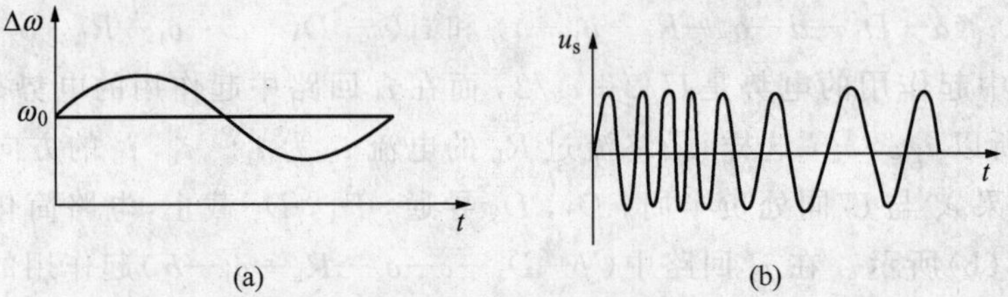

(a)调制信号　(b)调频信号的波形

图 5-16　调频信号的波形

调频信号的数学表达式为

$$U_s = U_m \cos(\omega_c + mx) \cdot t \tag{5-36}$$

式中:U_m、ω_c 分别为载波信号的幅制和角频率;m 为调制灵敏度;x 为被测量信号(调制信号)。

许多传感器的输出信号都是调制信号。如把电感式传感器的线圈或电热容接入振荡器中，那么，振荡器就输出调频信号。在测试系统中常用的调频方法有直接调频法和参数调频法。

(1)直接调频法　有些传感器被测参数的变化直接引起其输出信号频率的变化，即传感器本身输出的就是调频波；将传感器输出的电压信号直接输入电压—频率变换器也可实现直接调频，也有采用压控振荡器调频等。直接调频法的优点是可以得到很大的频偏，其主要缺点是载频会发生漂移，需要附加的稳频电路。

(2)参数调频法　此法的基本原理是传感器将被测参数转换为诸如 L，R，C 等参数的变化，将传感器的线圈、电容和电阻接入一定的振荡回路中，这样被测参数的变化就会影响振荡器振荡频率的变化而输出调频信号。振荡器可采用 LC 振荡、RC 振荡、多谐振荡等。

图 5-17 是一个基本的 LC 振荡电路。根据物理学分析，该回路 LC 两端如果没有衰减是作简谐振动变化的，其振荡的角频率为

$$\omega_0 = \frac{1}{\sqrt{LC_0}} \tag{5-37}$$

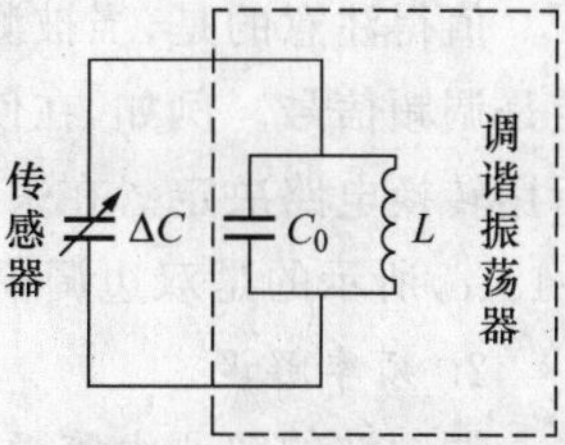

图 5-17　LC 振荡器

ω_0 就是调频器的载波。如将 C_0 用一电容传感器接入，测试时传感器有 ΔC 的电容变化，则在回路中的电容就变成 $C_0 + \Delta C$，回路的振荡角频率变成为

$$\omega = \frac{1}{\sqrt{L(C_0 + \Delta C)}} \tag{5-38}$$

式(5-38)可写成

$$\omega = \frac{1}{\sqrt{LC_0\left(1 + \dfrac{\Delta C}{C_0}\right)}} = \frac{1}{\sqrt{LC_0}\sqrt{\left(1 + \dfrac{\Delta C}{C_0}\right)}} = \omega_c \frac{1}{\sqrt{\left(1 + \dfrac{\Delta C}{C_0}\right)}} \tag{5-39}$$

将式(5-39)中的 $\dfrac{1}{\sqrt{1 + \dfrac{\Delta C}{C_0}}}$ 用级数展开并忽略高阶项得

$$\frac{1}{\sqrt{1 + \dfrac{\Delta C}{C_0}}} = 1 - \frac{\Delta C}{2C_0} \tag{5-40}$$

式(5-40)代入式(5-39)得

$$\omega = \omega_0\left(1-\frac{\Delta C}{2C_0}\right)=\omega_0-\Delta\omega \tag{5-41}$$

式中：$\Delta\omega=\dfrac{\Delta C}{2C_0}\omega_0$。

式(5-41)的物理含义是，当被测物理量变化引起振荡回路中电容变化时，振荡回路的角频率由原来的 ω_0 叠加了一个频率偏移量 $\Delta\omega$，这一 $\Delta\omega$ 随 ΔC 也就是被测物理量而变化，所以，振荡回路角频率受控于被测物理量，这一过程就是调频过程。图 5-16 示出了上述电容的调频过程。已调频波的角频率 ω 是变量，即在 ω_0 的基础上增减 $\Delta\omega$，当 $\Delta\omega$ 为正时，$\omega=\omega_0-\Delta\omega$，而使振荡频率下降；当 $\Delta\omega$ 为负时，会使振荡频率提高。在图中就表现出已调频波(振荡波)的疏密变化。

值得注意的是，当被测参数本身就是频率，例如振动频率时，输出信号不一定是调频信号。例如，在使用电容式传感器来测量振动时，其输出信号的形式由所用转换电路决定。在采用差动式、电桥或运放式转换电路的情况下，输出的图 5-13(c)所示的是双边调幅信号，而不是调频信号。

2. 频率解调

调频波的解调由鉴频器来完成。其功能是将已调频波的频率变化转化成电压的变化，以恢复出原被测信号的波形。常用的鉴频器有微分鉴频、谐振回路鉴频等。

图 5-18 是常用的一种谐振振幅鉴频器。它由两部分组成，左半部为线性变换部分，其作用是把调频信号变为调频调幅信号；右半部为幅值检波部分，它可将调频调幅波变换成含有被测信息的电压变换波形。线性变换电路的工作原理是基于谐振回路的频率特性，图中已调频波 e_f 经过 L_1，L_2 的耦合加于由 L_2，C_2

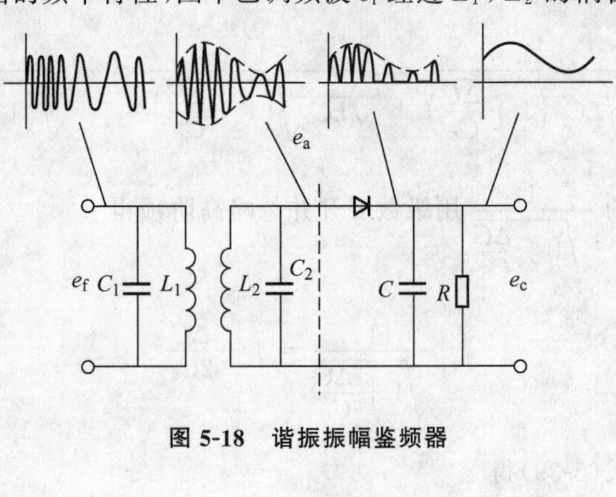

图 5-18 谐振振幅鉴频器

组成的谐振回路上，在回路的谐振频率处 ω_n，线圈 L_1，L_2 中的耦合电流最大，副边输出电压 e_a 也最大。e_f 频率偏离 ω_n，e_a 也随之下降。所以，e_a 的频率与 e_f 保持一致的变化，同时 e_a 的幅值随谐振曲线上 e_f 频率所对应的电压而变化。通常利用谐振曲线亚谐振区近似直线的一段来工作，将调频时的载波频率 ω_0 设置在直线工作段的中点附近，当有偏频 $\Delta\omega$ 时则在 ω_0 附近工作。图 5-19 表示偏频 $\Delta\omega$ 是一个正弦波，那么 $\omega_0 \pm \Delta\omega$ 所对应的线性变换输出为一频率为 $\omega_0 \pm \Delta\omega$、幅值随这些频率变化对应的谐振曲线上各 e_a 点上的值。所以，e_a 是一个既有频率变化又有幅值变化的调频调幅波。由于是在特性曲线的直线段工作，所以 e_a 的幅值变化与 $\Delta\omega$ 变化呈线性关系。后续的幅值检波电路是最常见的整流滤波部分，它将调频调幅波变换成只剩下其包络线的电压变化波形，此波形与原始的偏频信号 $\Delta\omega$（即与被测量相对应的 ΔC 信号）在幅值上是完全一致的。

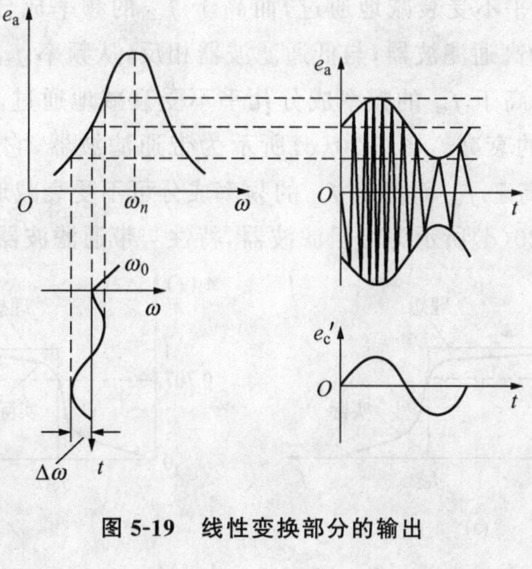

图 5-19 线性变换部分的输出

5.3 滤波原理

对信号作滤波处理是现代测试技术中常用的技术手段之一。它可在噪声背景下提取有用信号。滤波器可看成是一“频率筛”，信号通过它后，可筛选出人们感兴趣的频率成分。它是各类频谱分析仪的基础，也是模拟信号输入数字信号处理系统前为解决“混叠”问题必不可少的预处理装置。

对于一个滤波器，能通过它的频率范围称之为该滤波器的通带，被它所抑制或极大地衰减的信号频率范围称之为该滤波器的频率阻带，通带与阻带的交界点称之为截止频率。

按处理信号的性质分有模拟、数字滤波器两大类，随着计算机的发展，数字滤波器得以很大的发展，但其基本原理仍源于模拟滤波器，且在自动检测、自动控制以及电子测量仪器中仍然广泛的使用模拟滤波器，因此本节主要讨论模拟滤波器。

5.3.1 滤波器分类

滤波器的种类很多，分类方法也不同。按能通过的信号频率范围分为 4 类，即低通、高通、带通、带阻滤波器。滤波器的幅频特性见图 5-20。其中图 5-20(a)所示是低通滤波器，从 0～f_{c2} 频率之间，幅频特性平直，它可使信号中低于 f_{c2} 的频率成分几乎不受衰减地通过，而高于 f_{c2} 的频率成分受到极大的衰减。图 5-20(b)所示为高通滤波器，与低通滤波器相反，从频率 f_{c1}～∞ 其幅频特性平直，它使信号中高于 f_{c1} 的频率成分几乎不受衰减地通过，而低于 f_{c1} 的频率成分将受到极大的衰减。图 5-20(c)所示为带通滤波器，它的通频带在 f_{c1}～f_{c2}，它使信号中高于 f_{c1} 而低于 f_{c2} 的频率成分可不受衰减地通过，而其他成分受到衰减。图 5-20(d)所示为带阻滤波器，特性与带通滤波器刚好相反。

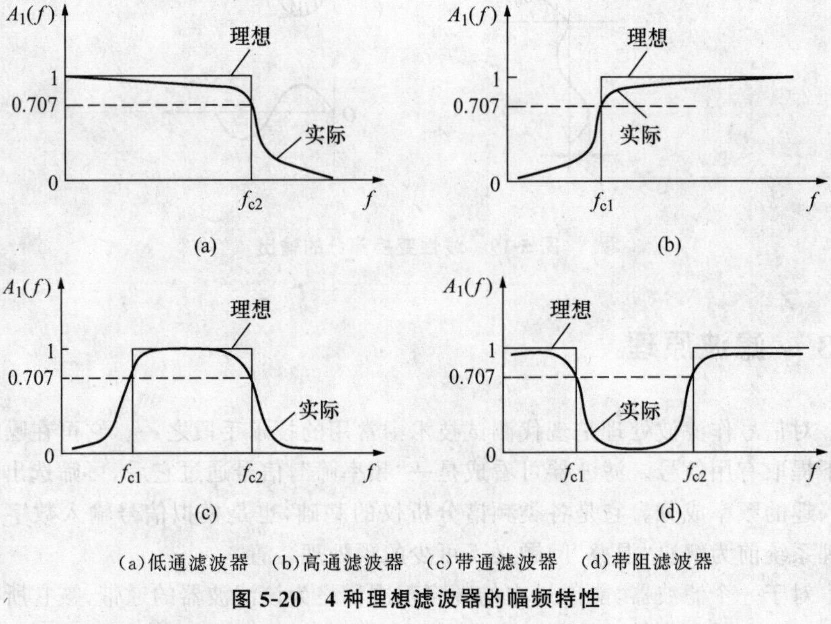

(a)低通滤波器　(b)高通滤波器　(c)带通滤波器　(d)带阻滤波器

图 5-20　4 种理想滤波器的幅频特性

需要指出的是,在每种滤波器中,在通带与阻带之间都存在一过渡带,在此带内,信号受到不同程度的衰减,这个过渡带是实际滤波器不可避免的。

按滤波器电路中有无有源器件来分,还有无源与有源滤波器两种。由电阻、电容、电感等元件构成的滤波电路不用电源就可进行滤波,称为无源滤波器。由运算放大器和阻容滤波网络构成有源滤波器。无源滤波器按电路的元件类型分为 RC 滤波器和 LC 滤波器。

5.3.2 理想滤波器

1. 模型

一个理想的滤波过程应是在通带内输入信号的频率成分得以不失真的传输,而通带外的频率成分全部被衰减掉。能达到此目的的滤波器称为理想滤波器。理想低通滤波器的频率响应函数、幅频特性、相频特性(图 5-21)分别为

$$H(f) = A_0 e^{-j2\pi f t_0} \tag{5-42}$$

$$|H(f)| = \begin{cases} A_0, & -f_c < f < f_c \\ 0, & \text{其他} \end{cases} \tag{5-43}$$

$$\varphi(f) = -2\pi f t_0 \tag{5-44}$$

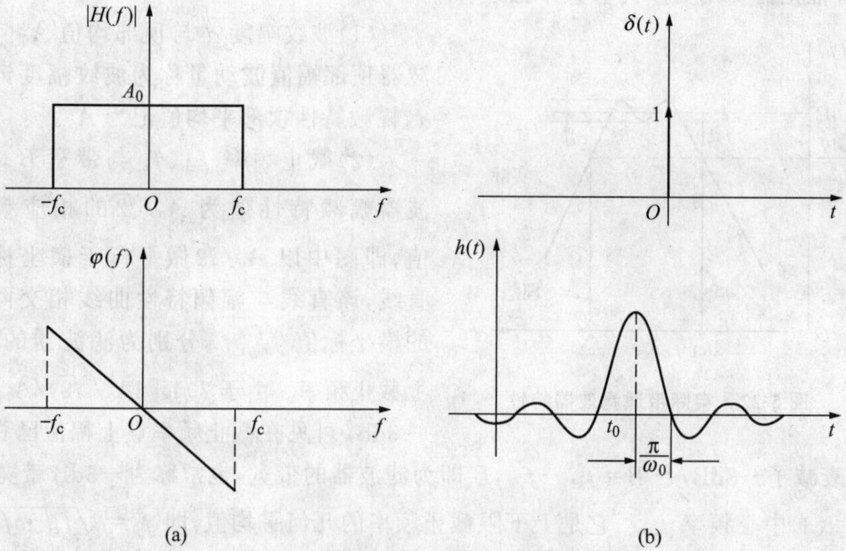

(a)频率特性 (b)冲击响应

图 5-21 理想低通滤波器频率特性及冲击响应

式中：A_0，t_0 均为常数。在通带内其幅频特性为常值 A_0，相频特性为通过原点的直线，在通带外幅频特性为零。

2. 脉冲响应

将 $H(f)$ 进行傅里叶逆变换，可求得理想滤波器的冲激响应

$$h(t)=\frac{1}{2\pi}\int_{-\infty}^{+\infty}H(\omega)\mathrm{e}^{\mathrm{j}\omega t}\mathrm{d}\omega=\frac{\omega_c}{\pi}\frac{\sin\omega_c(t-t_0)}{\omega_c(t-t_0)} \tag{5-45}$$

此式表明，它是一个峰值处于 t_0 处的 $\mathrm{sinc}(t)$ 函数。这就引起一个思考，激励信号 $\delta(t)$ 是在 $t=t_0$ 时刻加入的，可响应却在 $t=t_0$ 之前就已出现，显然有悖于系统的因果关系，它也表明，理想的滤波器是无法实现的。可以实现的滤波器不可能有这种直角锐边的幅频特性，只能做到相当接近于理想滤波器的特性，其通带以外的频率只能极大地衰减，却不能完全消除。

5.3.3 实际滤波器

1. 实际滤波器特征参数

图 5-22 为实际滤波器的幅频特性图。细实线表示理想带通滤波器的幅频特性，该特性尖锐、陡峭，各项技术指标均明确。而由粗实线表示的实际滤波器的特性则需要用更多的参数来描述。

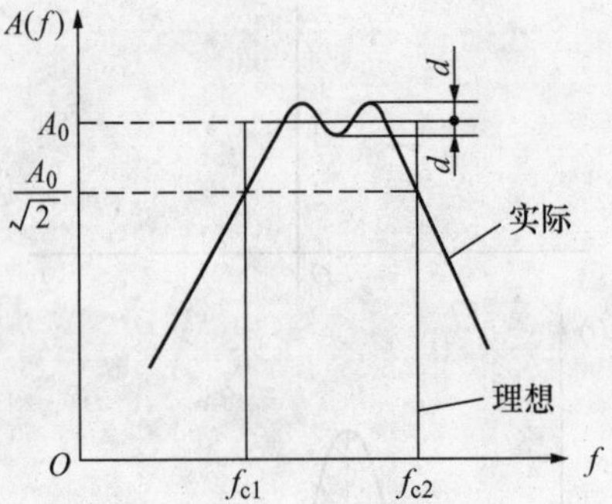

图 5-22 实际带通滤波器特性

(1)波纹幅度 d 与顶部均值 A_0　滤波器顶部幅值波动量称为波纹幅度记作 d，幅频特性顶部平均值记为 A_0。

(2)截止频率 f_{c1}、f_{c2} 与带宽 B　滤波器幅频特性值为 $A_0/\sqrt{2}$ 的相应频率值，即图中以 $A_0/\sqrt{2}$ 做平行于横坐标的直线，该直线与幅频特性曲线相交两点的横坐标值 f_{c1}、f_{c2} 分别为滤波器的下、上截止频率。由于 $20\lg[(A_0/\sqrt{2})/A_0]=-3\mathrm{dB}$，可见在截止频率点上幅值已相对 A_0 衰减了 $-3\mathrm{dB}$，令 $B=f_{c1}-f_{c2}$，B 即为滤波器的带宽，也常称为 $-3\mathrm{dB}$ 带宽。

(3)中心频率 f_0　它是上下限截止频率的几何平均值，即 $f_0=\sqrt{f_{c1}\cdot f_{c2}}$。

(4)品质因数 Q　通常把中心频率 f_0 与带宽 B 之比称为滤波器的品质因数，即 $Q=f_0/B$。

(5)选择性　它是滤波器的一个重要指标。有两种定义方法：一是用幅频特性来定义，称为倍频程选择性，定义是：

$$20\lg \frac{A(f_{c1}/2)}{A(f_{c1})}(\mathrm{dB}) \tag{5-46}$$

或

$$20\lg \frac{A(2f_{c2})}{A(f_{c2})}(\mathrm{dB}) \tag{5-47}$$

理想滤波器的倍频程选择性等于零。而实际滤波器的倍频程选择性总是小于零的，其越接近于零，表明幅频特性越接近理想滤波器。二是用滤波器带宽来定义，称为滤波器因数或矩形系数，即

$$\lambda = \frac{B_{-60\mathrm{dB}}}{B_{-3\mathrm{dB}}} \tag{5-48}$$

λ 表明了滤波器从阻带到通带过渡的快慢程度，λ 值总是大于等于 1，$\lambda=1$ 时，表征幅频特性曲线的两侧边下降沿是陡峭的，正是理想滤波器的选择性。

2. *RC* 调谐式滤波器的基本特性

在测试系统中常用的是 *RC* 滤波器，仅由电阻、电容等无源元器件组成。因为在机械工程测试系统领域中信号的频率一般不高，而 *RC* 滤波器电路简单，抗干扰能力强，具有较好的低频特性，易通过标准阻容元件来实现，与 *LC* 滤波器相比，具有制造简单、容易实现的特点。

(1)一阶 *RC* 低通滤波器　其原理线路如图 5-23(a)所示。根据电路原理可分析得出电路输入 e_x 、输出电压 e_y 间的方程为

$$RC\,\frac{\mathrm{d}e_y}{\mathrm{d}t} + e_y = e_x \tag{5-49}$$

令 $RC=\tau$(时间常数)，并对上式求傅里叶变换得频率响应函数为

$$H(\mathrm{j}\omega) = \frac{1}{\mathrm{j}\omega\tau + 1} = \frac{1}{\mathrm{j}2\pi RCf + 1} \tag{5-50}$$

这是一个典型的一阶系统，其幅频特性、相频特性如图 5-23(b)所示。

幅频特性为

$$A(\omega) = \frac{1}{\sqrt{1+(\omega\tau)^2}} \tag{5-51}$$

相频特性为

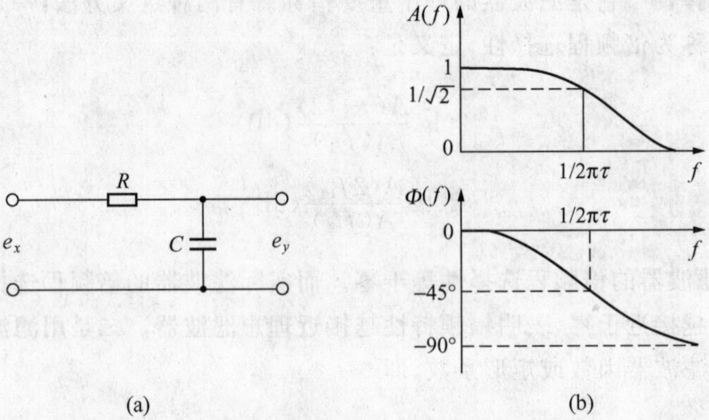

图 5-23 一阶 *RC* 低通滤波器及其频率特性

$$\Phi(\omega) = -\arctan(\omega\tau) \tag{5-52}$$

由此特性曲线可以看出：当 $f = \dfrac{1}{2\pi RC}$ 时，$A(f) = 1$ 信号几乎不衰减地通过，$\Phi(f) = -2\pi fRC$，相频特性曲线近似于一条通过原点的直线。可以认为在此情况下，RC 低通滤波器近似为一个不失真传输系统。

当 $f = \dfrac{1}{2\pi RC}$ 时，$A(f) = \dfrac{1}{\sqrt{2}}$，即上截止频率为 $f_{c2} = \dfrac{1}{2\pi RC}$，表明 RC 值决定着低通滤波器的上限频率。因为 $20\lg \dfrac{1/\sqrt{2}}{1} = -3$，也即以最大幅频特性值 1 为参考，$1/\sqrt{2}$ 相对于 1 衰减了 -3 dB，所以又把幅频特性值的 $1/\sqrt{2}$ 所对应的截止频率称为 -3 dB 截止频率。

当 $f = \dfrac{1}{2\pi RC}$ 时，$A(f) = 0$，输出 e_y 与输入 e_x 的积分成正比，即 $e_y = \dfrac{1}{RC}\int e_x \mathrm{d}t$，此时，$RC$ 滤波器起着积分器的作用。实际滤波器过渡带曲线的倾斜程度表明了幅频特性衰减的快慢。它决定着滤波器对带宽外频率成分衰阻的能力。对高频成分的衰减率为 -20 dB/10 倍频程（或 -60 dB/倍频程）。如要加大衰减率，应提高低通滤波器的阶数，可将几个一阶低通滤波器串联使用。

(2)一阶 RC 高通滤波器　RC 高通滤波器电路原理如图 5-24(a)所示，其幅频、相频特性如图 5-24(b)所示。依据电路原理同样可分析出此电路的输出、输入电压微分方程式为

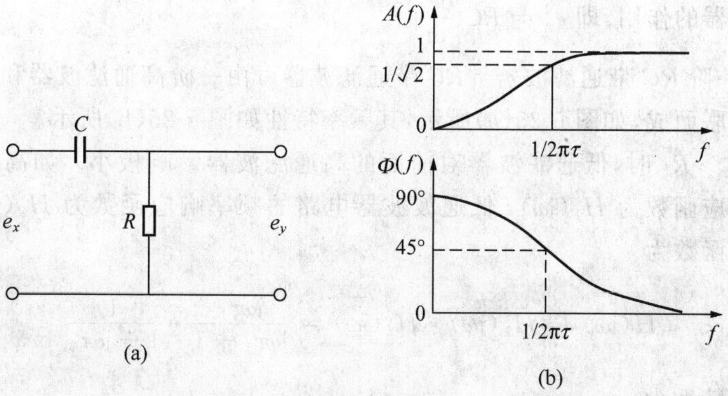

图 5-24 一阶 *RC* 高通滤波器及其频率特性

$$e_y + \frac{1}{RC}\int e_y \mathrm{d}t = e_x \tag{5-53}$$

对式(5-52)两边求傅里叶变换,得其频响函数:

$$H(\mathrm{j}\omega) = \frac{\mathrm{j}\omega\tau}{\mathrm{j}\omega\tau + 1} \tag{5-54}$$

式中:$\tau = RC$,为时间常数。

幅频特性为

$$A(\omega) = \frac{\omega\tau}{\sqrt{1 + (\omega\tau)^2}} \tag{5-55}$$

相频特性为

$$\Phi(\omega) = \arctan\left(\frac{1}{\omega\tau}\right) \tag{5-56}$$

当 $f = \frac{1}{2\pi RC}$ 时,$A(f) = \frac{1}{\sqrt{2}}$,此滤波器的$-3$ dB截止频率为 $f_{c1} = \frac{1}{2\pi RC}$。

当 $f = \frac{1}{2\pi RC}$ 时,$A(f) = 1$,信号可以几乎不受衰减地通过,$\varphi(f) = 0$。即当 f 相当大时,幅频特性接近于1,相移趋于零,此时,可将高通滤波器视为不失真传输系统。

当 $f = \frac{1}{2\pi RC}$ 时,$A(f) = 0$,*RC* 高通滤波器的输出与输入的微分成正比,

起着微分器的作用，即 $e_y = RC\dfrac{\mathrm{d}e_x}{\mathrm{d}t}$。

(3)一阶 RC 带通滤波器　RC 带通滤波器可由一阶高通滤波器和一阶低通滤波器串联而成，如图 5-25(a)所示，其频率特性如图 5-25(b)所示。

在 $R_2 \gg R_1$ 时，低通滤波器对前面的高通滤波器影响极小。如高通波滤器的频率响应函数为 $H_1(\mathrm{j}\omega)$，低通波波器电路的频率响应函数为 $H_2(\mathrm{j}\omega)$，串联后的传递函数为

$$H(\mathrm{j}\omega) = H_1(\mathrm{j}\omega)\cdot H_2(\mathrm{j}\omega) = \frac{\mathrm{j}\omega\tau_1}{\mathrm{j}\omega\tau_1 + 1}\cdot\frac{1}{1+\mathrm{j}\omega\tau_2} \tag{5-57}$$

幅频特性为

$$A(\omega) = A_1(f)\cdot A_2(f) = \frac{\omega\tau_1}{\sqrt{1+(\omega\tau_1)^2}}\cdot\frac{1}{\sqrt{1+(\omega\tau_2)^2}} \tag{5-58}$$

相频特性为

$$\Phi(\omega) = \Phi_1(\omega) + \Phi_2(\omega) = \arctan\left(\frac{1}{\omega\tau_1}\right) - \arctan(\omega\tau_2) \tag{5-59}$$

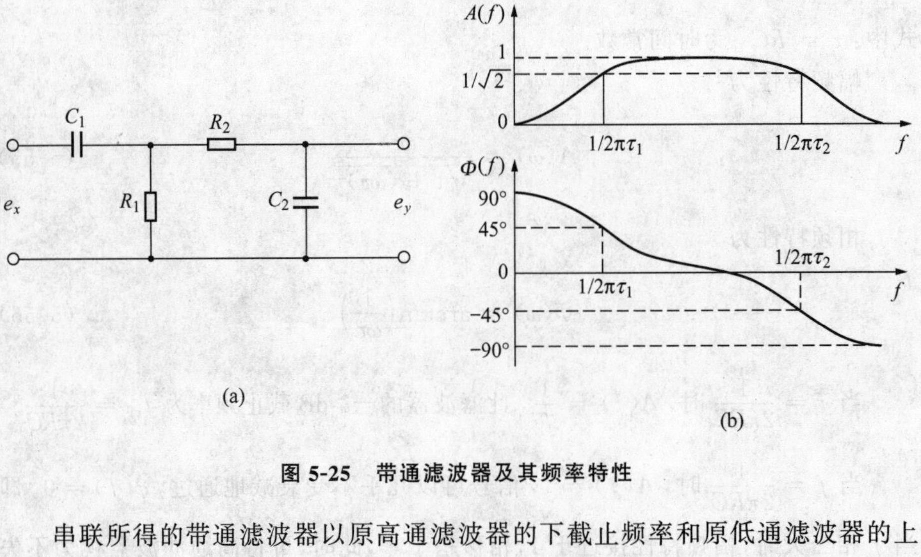

图 5-25　带通滤波器及其频率特性

串联所得的带通滤波器以原高通滤波器的下截止频率和原低通滤波器的上截止频率为其下、上限截止频率。分别调节高、低通滤波器的时间常数 τ_1 和 τ_2，可得到不同的上、下限截止频率和带宽的带通滤波器。但应注意，高、低通两级串联时，应消除两级耦合时的相互影响，因为后一级会成为前一级的负载，而前

一级又是后一级的信号源内阻，改变了原电路参数，需作隔离处理。所以实际的带通滤波器各级电路之间常用射级输出器或者运算放大器进行隔离。实际的带通滤波器常是有源的。

(4)*LC* 滤波器　电感和电容一起使用可以使滤波器的谐振特性相对于一阶 *RC* 滤波器产生较为陡峭的滤波器边缘。图 5-26 中给出了一些 *LC* 滤波器的

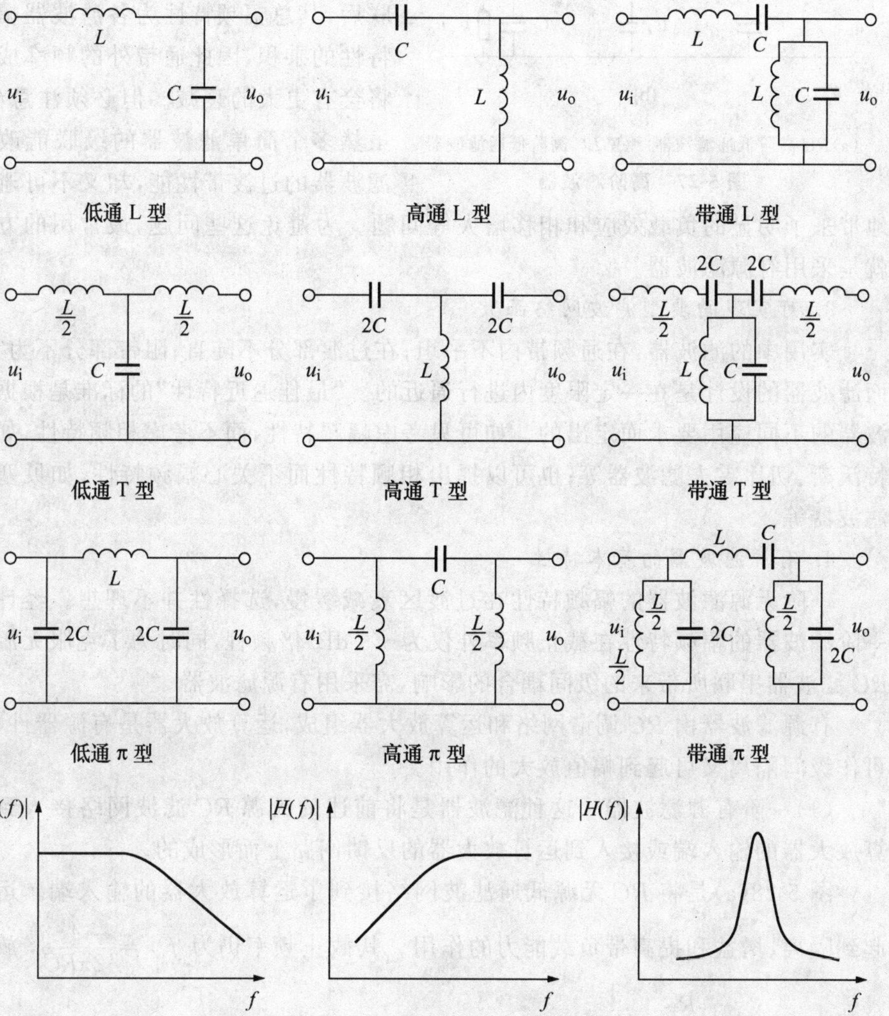

(a)低通幅频特性　(b)高通幅频特性　(c)带通幅频特性

图 5-26　*LC* 滤波器构成方法

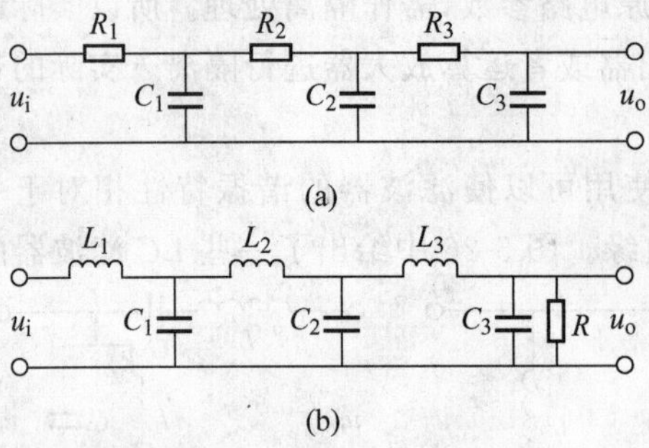

(a)RC 高阶低通滤波器 (b)LC 高阶低通滤波器

图 5-27 高阶滤波器

构成方法。通过采用多个 RC 环节或 LC 环节级联的方式图 5-27,可以使滤波器的性能有显著的提高,使过滤带曲线的陡峭度得到改善。这是因为多个中心频率相同的滤波器级联后,其总幅频特性为各滤波器幅频特性的乘积,因此通带外的频率成分将会有更大的衰减。但必须注意到,虽然多个简单滤波器的级联能改善滤波器的过渡带性能,却又不可避免地带来了明显的负载效应和相移增大等问题。为避免这些问题,最常用的方法就是采用有源滤波器。

3. 可实现的典型滤波网络函数

实用中的滤波器,在通频带内不平坦;在过渡部分不陡直;阻带部分不为零。而滤波器的设计是在一定限度内进行逼近的。"最佳逼近特性"的标准是根据滤波器的不同应用要求而定出的。如可只考虑幅频特性,而不考虑相频特性,如巴特沃斯、切比雪夫滤波器等;也可以提出相频特性而不关心幅频特性,如贝塞尔滤波器等。

4. 有源滤波器的基本特性

一阶无源滤波器的幅频特性在过渡区衰减缓慢,选择性并不理想。经计算一阶滤波器的幅频特性在截止频率外仅为−6 dB/倍频程,同时为了克服无源的 RC 滤波器串联所带来的级间耦合的影响,需采用有源滤波器。

有源滤波器由 RC 调谐网络和运算放大器组成,运算放大器是有源器件,既可作级间隔离又可起到幅值放大的作用。

(1)一阶有源滤波器 这种滤波器是将前述的无源 RC 滤波网络接入到运算放大器的输入端或接入到运算放大器的反馈回路上而形成的。

图 5-28(a)是将 RC 无源低通滤波网络接到了运算放大器的输入端。运放起到隔离、增益和提高带负载能力的作用。其截止频率仍为 $f_{c2}=\dfrac{1}{2\pi RC}$,放大倍数为 $k=1+\dfrac{R_F}{R_1}$。

图 5-28(b)是把高通网路作为运算放大器的负反馈,根据控制理论对反馈传递函数的分析,结果是获得低通滤波器的效果。其截止频率为 $f_{c2}=\dfrac{1}{2\pi R_F C}$,

放大倍数为 $k=\dfrac{R_F}{R_1}$。

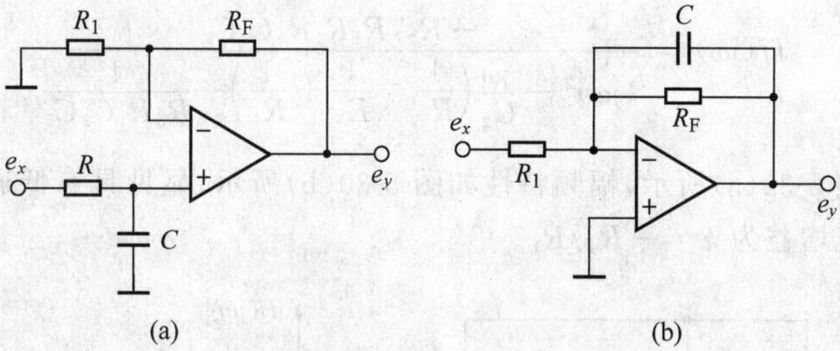

(a)滤波网络接到放大器输入端　(b)滤波网络作负反馈

图 5-28　一阶有源低通滤波器

(2)二阶有源滤波器　二阶有源滤波器可由较为复杂的滤波网络与运算放大器组合而成，该类滤波器有两种形式：

①多路负反馈型。它是把滤波网络接在运算放大器的反相输入端，其线路结构如图 5-29 所示。图中 Y 是各元件的导纳，假设运算放大器具有理想的参数，由克希霍夫定律可写出图中各节点的电流方程。

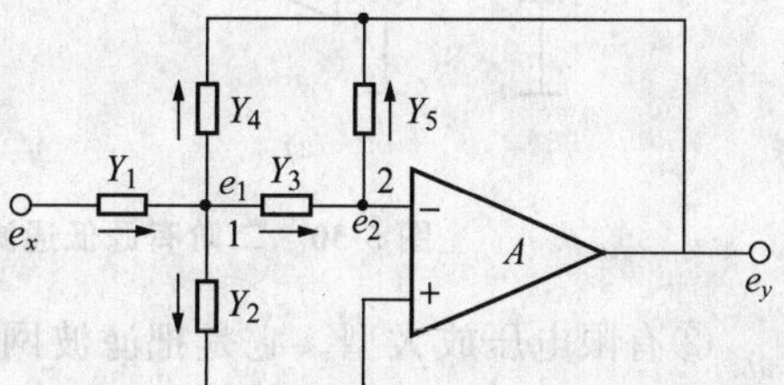

图 5-29　多路负反馈型滤波器

节点 1 的电流方程：

$$(e_x-e_1)Y_1=(e_1-e_y)\cdot Y_4+(e_1-e_2)\cdot Y_3+e_1Y_2 \tag{5-60}$$

节点 2 的电流方程：

$$(e_1-e_2)\cdot Y_3=(e_2-e_y)\cdot Y_5 \tag{5-61}$$

根据理想运放特性

$$e_2=0 \tag{5-62}$$

解上述三方程得 e_x 与 e_y 的关系后取傅里叶变换，得此电路的传递函数：

$$H(\mathrm{j}\omega)=\frac{E_y(\omega)}{E_x(\omega)}=\frac{-Y_1Y_3}{Y_5(Y_1+Y_2+Y_3+Y_4)+Y_3Y_4} \tag{5-63}$$

式(5-63)是多路负反馈二阶滤波器原形表达式。若将 $Y_1\sim Y_5$ 各用电阻、电容来代替，则可组合成二阶低通、高通、带通和带阻等不同类型的滤波器。如取 $Y_1 = 1/R_1$，$Y_2 = j\omega C_2$，$Y_3 = 1/R_3$，$Y_4 = 1/R_4$，$Y_5 = j\omega C_5$ 带入式(5-63)得：

$$H(j\omega) = \frac{-R_4/R_1R_3R_4C_2C_5}{(j\omega)^2 + \frac{j\omega}{C_2}\left(\frac{1}{R_1}+\frac{1}{R_3}+\frac{1}{R_4}\right)+\frac{1}{R_3R_4C_2C_5}} \tag{5-64}$$

其结构如图 5-30(a)所示，幅频特性如图 5-30(b)所示，显见具有低通滤波特性。该电路电流增益为 $k = -R_4/R_1$。

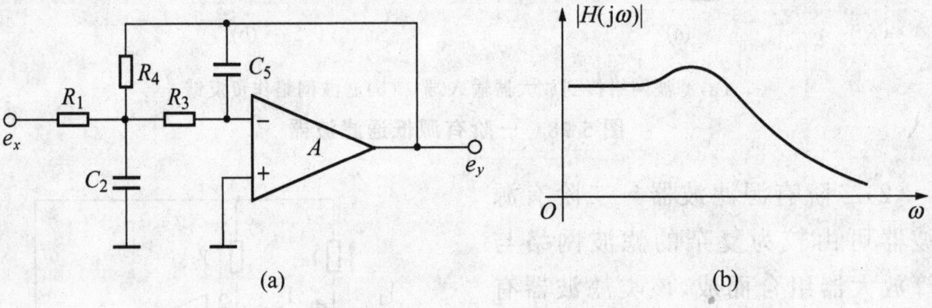

图 5-30　二阶有源低通滤波器的结构与幅频特性

②有限电压放大型。它是把滤波网络接在运算放大器的同相输入端，如图 5-31 所示。

这种电路可以得到较高的输入阻抗。用分析多路负反馈类似的方法同样可推导出该电路的频响函数：

$$H(j\omega) = \frac{E_y(\omega)}{E_x(\omega)} = \frac{A_F Y_1 Y_3}{Y_4(Y_1+Y_2+Y_3)+Y_3[Y_1+Y_2(1-A_F)]} \tag{5-65}$$

其中 $A_F = R_F/R_5$ 为运放的闭环增益。

同样，用不同元件按此电路做不同组合也能得到特性不同的滤波器。

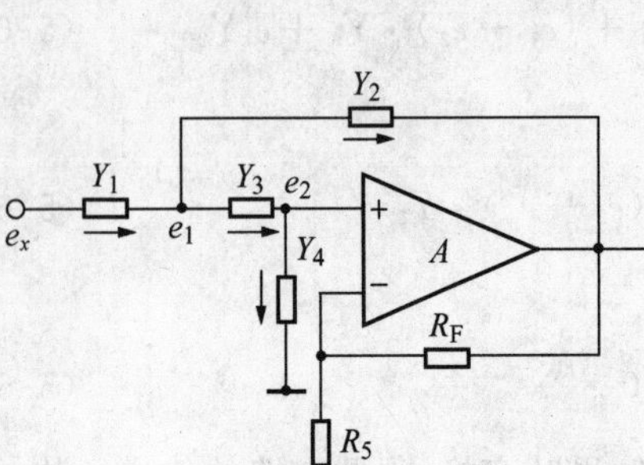

图 5-31　有限电压放大型有源滤波器

5.3.4　滤波器的组合应用

1. 多路滤波器的并联形式

为了对信号作频谱分析或提取信号中的某些频率成分，常常使信号通过放大倍数相同而中心频率各不同的多个滤波器，各个滤波器的输出主要反映信号中在该频段内频率成分的量值。可以有两种做法：一种是使带通滤波器的频率是可调的，通过改变调谐参数而使其中心频率跟随所需要分析的信号频段，其可调范围一般是有限的。另一种做法是使用一组各自中心频率固定但又按一定规律相隔的多个滤波器。对于作频谱分析的滤波器组，各滤波器的通带应互相搭接，覆盖整个感兴趣的频率范围，这样才不至于使信号中的频率成分“丢失”。通常是前一个滤波器的－3 dB 上截止频率（高端）就是后一个滤波器－3 dB下截止频率（低端）。这样一组滤波器将覆盖整个频率范围，滤波器间也彼此“邻接”。当然，滤波器对其各个中心频率应有同样的放大倍数。

（1）恒带宽比滤波器　若采用具有同样 Q 值的调谐滤波器做成邻接式滤波器组，则该滤波器组是由一些恒带宽比的滤波器组成的。在滤波器组中随着滤波器中心频率的增高，其带宽也越大。

假若一个带通滤波器的低端截止频率为 f_{c1}、高端截止频率为 f_{c2}，f_{c1} 和 f_{c2} 总存在如下关系：

$$f_{c2} = 2^n f_{c1} \tag{5-66}$$

式中：n 为倍频程数。$n=1$ 时称为倍频程滤波器，若 $n=1/3$，则称为 1/3 倍频程滤波器。因为滤波器中心频率 $f_0 = \sqrt{f_{c1} \cdot f_{c2}}$，综合上述两式可得 $f_{c2} = 2^{n/2} f_0$ 和 $f_{c1} = 2^{-n/2} f_0$，并由 $f_{c2} - f_{c1} = B = f_0 / Q$ 得

$$Q = \frac{1}{2^{\frac{n}{2}} - 2^{\frac{-n}{2}}} \tag{5-67}$$

故对于倍频程滤波器，$n=1$，$Q=1.41$；$n=1/3$，则 $Q=4.38$；$n=1/5$，$Q=7.2$。

对一组邻接的滤波器组也很容易证明：后一个滤波器的中心频率 f_{02} 与前一个滤波器的中心频率 f_{01} 之间也有下列关系：

$$f_{02} = 2^n f_{01} \tag{5-68}$$

由式（5-67）和式（5-68）知，只要选定 n 值，就可设计覆盖给定频率范围的邻接式滤波器组。$n=1$ 的倍频程滤波器组各中心频率与带宽的关系见表 5-1，$n=1/3$ 的倍频程滤波器组各中心频率与带宽的关系见表 5-2。

表 5-1　$n=1$ 倍频程滤波器组各中心频率与带宽的关系

中心频率/Hz	16	31.5	63	125	250
带宽/Hz	11.05	22.09	44.19	88.36	176.75

表 5-2　$n=1/3$ 的倍频程滤波器组各中心频率与带宽的关系

中心频率/Hz	12.5	16	20	25	31.5	40	50	633
带宽/Hz	2.9	3.6	4.6	5.7	7.2	9.1	11.5	14.5

(2)恒带宽滤波器　对一组增益相同的恒带宽比滤波器而言，其通带在低频段内较窄，而在高频段内较宽，因而滤波器组的频率分辨力在低频段较好，在高频段内较差。

为了使滤波器在所有频段都具有良好的频率分辨力，可采用恒带宽的滤波器。图 5-32 是恒带宽比滤波器和恒带宽滤波器的特性对照图。为说明原理，图中滤波器的特性画成了理想的形式。

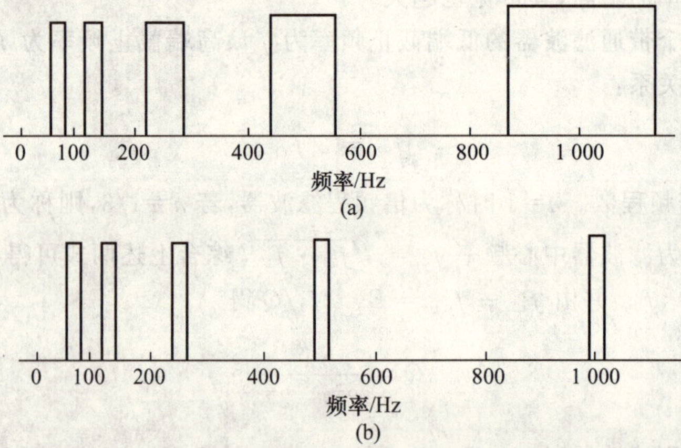

(a)恒带宽比滤波器　(b)恒带宽滤波器

图 5-32　理想的恒带宽比滤波器和恒带宽滤波器的特性对照

为了提高滤波器的分辨力，带宽应窄一些，这样为覆盖整个频率范围所需要的滤波器就不宜采用固定中心频率的方式。一般应用一个定带宽和定中心频率的滤波器加上可变参考频率的差频变换来适应各种不同中心频率的定带宽滤波要求。参考信号的扫频速度应能满足建立时间的要求，尤其是滤波器带宽很窄时参考频率变化不能太快。实际使用中，只要对扫频的速度作限制，使它不大于 $(0.1\sim0.5)B^2$ Hz/s 就能得到相当精确的频谱图，B 为带宽。

常用的恒带宽滤波器有相关滤波和变频跟踪滤波两种。这两种滤波器的中心频率都能自动跟踪参考信号的频率，读者可参阅有关书籍。

2. 中心频率可调式

扫描式频率分析仪采用一个中心频率可调的带通滤波器，通过改变中心频率使该滤波器的通带跟随所要分析信号频率范围要求来变化。调节方式可以是手调或者外信号调节，如图 5-33 所示。用于调节中心频率的信号可由一个锯齿波发生器来产生，用一个线性升高的电压来控制中心频率的连续变化。由于滤波器的建立需要一定的时间，尤其是在滤波器带宽很窄的情况，建立时间越长，所以扫频速度不能过快。这种形式的分析仪也采用恒带宽比的带通滤波器。

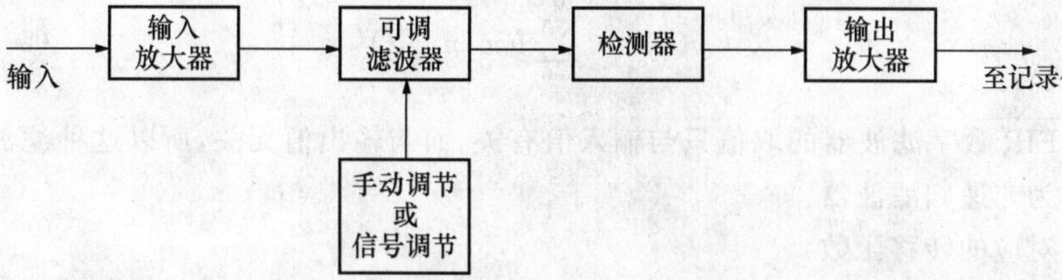

图 5-33 扫描式频率分析仪框图

5.3.5 数字滤波器

数字滤波器是指输入、输出均数字信号，通过计算机处理程序实现某种算法改变输入信号所含频率成分的相对比例，或者滤除某些频率成分。数学滤波器与模拟滤波器的作用是相同的，但它们的信号形式以及实现滤波的方法却是不同的。

数字滤波器由计算机某一特定的运算关系来构成，因此数字滤波器具有体积小、精度高、稳定可靠、不需要阻抗匹配等优点。

1. IIR 数字滤波器

无限冲击响应（infinite impulse response）滤波器简称 IIR 滤波器，其差分方程的一般形式为

$$y(n) = \sum_{r=0}^{M} b_r x(n-r) - \sum_{k=1}^{N} a_k y(n-k) \tag{5-69}$$

对应的传递函数

$$H(z) = \frac{\sum_{r=0}^{M} b_r z^{-r}}{1 + \sum_{k=1}^{N} a_k z^{-k}} \tag{5-70}$$

这种滤波器的取值不仅取决于输入值，而且还取决于以前的输出值，所以这

种滤波器又称为递归滤波器。由于这种滤波器包含零点和极点，所以系统在一定条件下才能稳定。

2. FIR 数字滤波器

有限冲击响应(finite impulse response)滤波器简称 FIR 滤波器，其差分方程的一般形式为

$$y(n)=\sum_{r=0}^{M}b_r x(n-r) \tag{5-71}$$

FIR 数字滤波器的取值只与输入值有关，而与输出值无关，所以这种滤波器又称为非递归滤波器。

对应的转移函数

$$H(z)=b_n+b_1z^{-1}+\cdots+b_mz^{-m} \tag{5-72}$$

可见滤波器的转移函数只有零点而没有极点，所以称为全零点滤波器，这种滤波器的系统总是稳定的。

把输出 $y(n)$ 写成输入 $x(n)$ 与单位脉冲响应 $h(n)$ 的卷积形式：

$$y(n)=x(n)*h(n)=\sum_{k=0}^{\infty}h(k)x(n-k) \tag{5-73}$$

与滤波器的差分方程比较，可见，单位冲击响应序号就是差分方程的差数序列。

5.4 模拟和数字转换

5.4.1 模拟和数字转换概述

在生产过程和科学实验中，需要测量的物理量如温度、压力、流量、速度和加速度等一般都是随时间变化的物理量，这些量经传感器转换成相应幅值随时间连续变化的电压或电流信号，这些信号称为模拟信号。

随着数字技术的发展，尤其是微型计算机在自动控制和自动检测系统中的广泛应用，用数字电路处理模拟信号的情况非常普遍。在这些系统中作传输、运算、分析、处理以及存储等运行的都是数字信号。在测试中，为了能使用数字电路处理模拟信号，必须把模拟信号转换成数字信号，以便于数字系统进行处理，在数字系统处理数字信号后，还要以模拟信号形式传送出去作显示、记录或控制

执行元件，这就需将数字信号再转换成模拟信号。

将模拟量转换成与之相对应的数字量称为模/数(A/D)转换；反之，将数字量转换成与之相对应的模拟量称为模/数(D/A)转换。

任何 A/D 与 D/A 转换器的最基本特性是转换位数和转换时间。在同样模拟输入电压下，A/D 转换器的位数越高，标志着它的量化精度越高，但同时带来转换速度减慢和转换器价格上升的问题。转换时间是指完成一次完整的 A/D 或 D/A 转换所占有的时间间隔，有低、中和高速 A/D、D/A 变换器之分。

5.4.2 数字—模拟(D/A)转换器

1. D/A 转换器的工作原理

D/A 转换器的原理很简单，可以总结为“按权展开，然后相加”。换句话说：D/A 转换器要把输入数字量中每位都按其权值分别转换成模拟量，并通过运算放大器求和相加。因此，其内部必须有一个解码网络，以实现按权值分别进行 D/A 转换。

二进制数 D 的最左一位是符号位，以“0”代表正，“1”代表负；后面的各个位以 0、1 表示是 0 或是 2 的位数次方的十进制数，它总的代表模拟电平值是各位数所代表的十进制数的总和乘以最后位所代表的电平值，即量化当量 Δ。

$$\text{模拟量}\ A=(2^0a_0+2^1a_1+2^2a_2+\cdots+2^{n-1}a_{n-1})\Delta \qquad (5\text{-}74)$$

式中：n 为数字量编码从右向左数的位数；a_n 等于 0 或 1，以表示该位存在与否。所以一个二进制编码数字信号可表达为 $a_sa_n\cdots a_3\ a_2\ a_1\ a_0$($a_s$ 是符号位)。一个 D/A 转换器实际上是一个解码电路。

解码网络通常有两种：二进制加权电阻网络和 T 型电阻网络。在二进制加权电阻网络中，每位二进制数的 D/A 是通过相应位电阻加权实现的，这必然造成电阻阻值差别极大。例如，如某 D/A 转换器有 12 位，当最高位加权电阻为 10 kΩ 时的最低位加权电阻应是 10 kΩ×2^{11}，如此大的电阻值在技术上是很难制造出来的，即使制造，其精度也很低。因此，现代 D/A 转换器几乎毫无例外地采用 T 型电阻网络进行解码。

图 5-34 是一个 4 位数 T 型电阻网络 D/A 转换器原理图。图中，虚框内为 T 型电阻网络，OA 为运算放大器，也可以外接，A 点为虚拟地，接近零伏；V_{REF} 为参考电压，由稳压电源提供；S_3 为 S_0 为电子开关，受 4 位 DAC 寄存器中 b_3，

b_2，b_1，b_0 控制。为了分析问题，设 b_3，b_2，b_1，b_0 全为“1”，故 S_3，S_2，S_1，S_0 全部与“1”端相联(图 5-34)。根据克希霍夫定律有

$$I_3 = \frac{V_{REF}}{2R} = 2^3 \cdot \frac{V_{REF}}{2^4 R} \tag{5-75}$$

$$I_2 = \frac{I_3}{2} = 2^2 \cdot \frac{V_{REF}}{2^4 R} \tag{5-76}$$

$$I_1 = \frac{I_2}{2} = 2^1 \cdot \frac{V_{REF}}{2^4 R} \tag{5-77}$$

$$I_0 = \frac{I_1}{2} = 2^0 \cdot \frac{V_{REF}}{2^4 R} \tag{5-78}$$

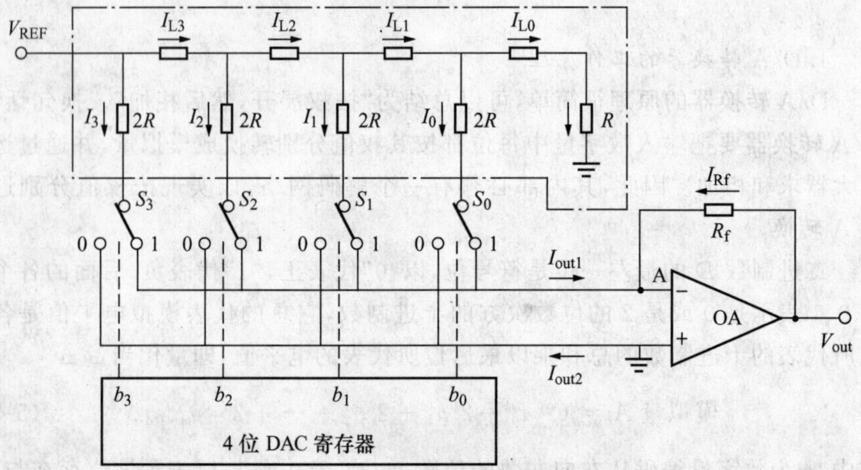

图 5-34 T 型电阻网络 D/A 转换器

事实上，$S_3 \sim S_0$ 的状态是受 b_3，b_2，b_1，b_0 控制的，并不一定全是“1”，若它们中有些位为“0”，$S_3 \sim S_1$ 中相应开关会因“0”端接通而无电流流过。为此，可得通式

$$I_{out1} = b_3 I_3 + b_2 I_2 + b_1 I_1 + b_0 I_0 = (b_3 2^3 + b_2 2^2 + b_1 2^1 + b_0 2^0) \frac{V_{REF}}{2^4 R} \tag{5-79}$$

选取 $R_i = R$，并考虑 A 点为虚拟地，有

$$I_{Rf} = - I_{out1} \tag{5-80}$$

因此，可以得到

$$V_{\text{out}} = I_{\text{Rf}} \cdot R_{\text{f}} = -(b_3 2^3 + b_2 2^2 + b_1 2^1 + b_0 2^0)\frac{V_{\text{REF}}}{2^4 R}R_{\text{f}} = -B\frac{V_{\text{REF}}}{16} \tag{5-81}$$

对于 n 位 T 型电阻网络,式(5-81)可变为

$$V_{\text{out}} = -(b_{n-1}2^{n-1} + b_{n-2}2^{n-2} + \cdots + b_1 2^1 + b_0 2^0)\frac{V_{\text{REF}}}{2^n R}R_{\text{f}} = -B\frac{V_{\text{REF}}}{2^n} \tag{5-82}$$

综上所述,D/A 转换过程主要是由解码网络实现,且是并行工作的。即 D/A 转换器是并行输入数字量的,每位代码也是同时被转换成模拟量的,这种转换方式的速度快,一般为微秒级,有的可达几十毫微秒。

当前使用的 D/A 转换器中,大部分是集成电路芯片。既有分辨率较低、较通用、价格较低的 8 位芯片,也有速度和分辨率较高、价格较高的 16 位芯片;有的内部带有数据寄存器,有的内部不带数据寄存器;有电流输出和电压输出两种形式。具体芯片的工作原理请参阅相关书籍。

2. D/A 转换器的性能指标

其主要性能指标有 4 个:

(1)分辨率　分辨率是指 D/A 转换器能分辨的最小输出模拟增量,取决于输入数字量的二进制位数,一个 n 位的 D/A 所能分辨的最小电压增量定义为满量程值的 2^{-n} 次倍。例如:满量程值为 10 V 的 8 位 D/A 芯片其分辨率为 10 V× 2^{-8} = 39 mV。

(2)转换精度　转换精度和分辨率是两个不同的概念。转换精度是指满量程时 D/A 的实际模拟输出值和理论值的接近程度。对 T 型电阻网络的 D/A,其转换精度与参考电压、电阻和电阻开关的量程有关。例如:满量程时理论输出值为 10 V,实际输出值为 9.99～10.01 V,其绝对转换精度为±10 mV。通常用相对转换精度(转换精度相对于满量程输出的百分数)来表示,有时也用最低位(LSB)的几分之几来表示,例如,一个 D/A 转换器的相对转换精度为 1/2 LSB,这就意味着,可能出现的最大相对误差为:$\Delta A = \frac{1}{2}\frac{FS}{2^n} = \frac{FS}{2^{n+1}}$,$FS$ 为满量程输出电压。

(3)转换速率　转换速率是指大信号工作时,模拟输出电压的最大变化速度,单位为 V/μs。

(4)线性度　线性度是指 D/A 的实际转换曲线和理想直线之间的最大偏差。一般线性度不应超出 $\pm\frac{LSB}{2}$。

5.4.3 模拟—数字(A/D)转换器

实现A/D转换的方法较多，常见有计数法、双积分法和逐次逼近法。

1. 双积分式A/D转换

双积分式A/D转换器的原理如图5-35所示。它是一种典型的电压—频率型转换器。由于一次采样值的转换过程需运行两次积分，故得其名。开始转换前，逻辑控制电路切换开关S接地，积分器输出为零，计数器复位，整个电路处于初始休止状态。

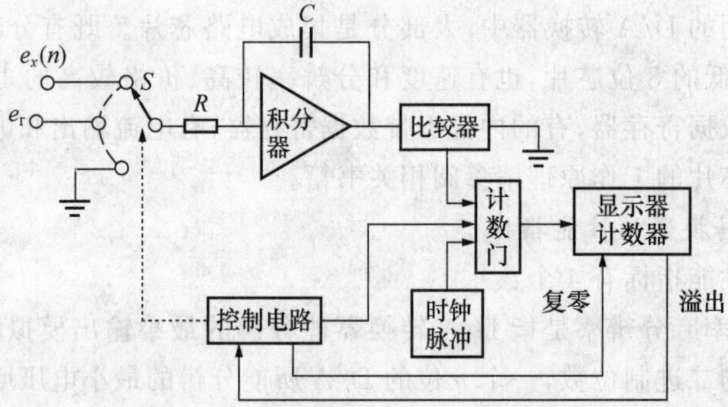

图5-35 双积分式A/D转换器原理图

转换开始时，令切换开关S接通采样信号中的一个模拟幅值$e_x(n)$，将此电压送入积分器进行积分运算。在此阶段内，由前面的采样保持电路保持$e_x(n)$值不变，这时积分器对常值电压$e_x(n)$积分而输出斜变电压，经过一常值固定时间T_1(图5-36)，令开关S接通基准电压e_r，至此采样阶段结束。因该阶段进行的是定时积分，所以积分器最后输出的电压值e_{c0}取决于采样电压幅值$e_x(n)$。当开关S接通与$e_x(n)$极性相反的基准电压e_r后，积分器开始反向积分，其输出从原来的e_{c0}值向零电平方向斜变，与此同时，计数门受控打开，时钟脉冲通过，计数器从

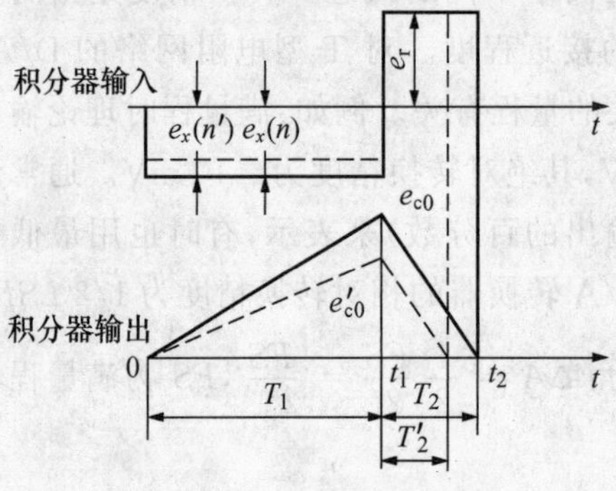

图5-36 双积分波形图

零开始计数。当积分器输出下降至零时，比较器翻转，关闭计数门，计数器停止计数，其计值为 N_2。在这一比较阶段，被积分的电压是恒定的基准电压 e_r，因而积分器输出电压的斜率是固定的。积分过程何时使积分器输出到达零值取决于积分器在前一阶段最后的输出值 e_{c0} 的高度(图 5-36)。故积分器在本阶段所取的积分时间 T_2 也取决于 e_{c0} 的值，从而计数器在 T_2 时间内所计数值 N_2 也取决于 e_{c0} 的数值。由上述所知，e_{c0} 取决于 $e_x(n)$ 的值，因此，最后的 N_2 值取决于模拟电压采样值 $e_x(n)$。这样就完成了由模拟电压采样幅值向计数脉冲数值的转换，最后再经编码，以十进制的数字量显示出来，完成从模拟量向数字量的转换。

双积分式 A/D 转换的优点是精度高、干扰小，但速度慢。

2. 逐次逼近式 A/D 转换

逐次逼近式 A/D 转换(图 5-37)是用得最多的一种 A/D 转换方法，多数 A/D 转换集成电路芯片通常采用这种方式工作。逐次逼近式 A/D 转换时，D/A 转换器的输出电压来驱动运算放大器的反相端，逐次逼近寄存器存放转换好的数字量。转换结束时，将数字量送到缓冲寄存器中。随着集成电路的发展，市场上有各种集成电路的转换芯片，它们内部包含了 A/D、D/A 转换器、比较器、逐次逼近器、控制电路和数据输出缓冲器。使用时，只要连接供电电源，将模拟信号加到输入端，向控制端加一个启动信号，A/D 转换器即可工作。转换结束时，芯片通过一个输出引脚给出结束信号，通过 CPU 即可读取数据。

当启动信号由高电平变为低电平时，逐次逼近寄存器清零，这时，D/A 转换器输出电压 V_o 也为 0，当启动信号变为高电平时，转换开始，与此同时逐次逼近

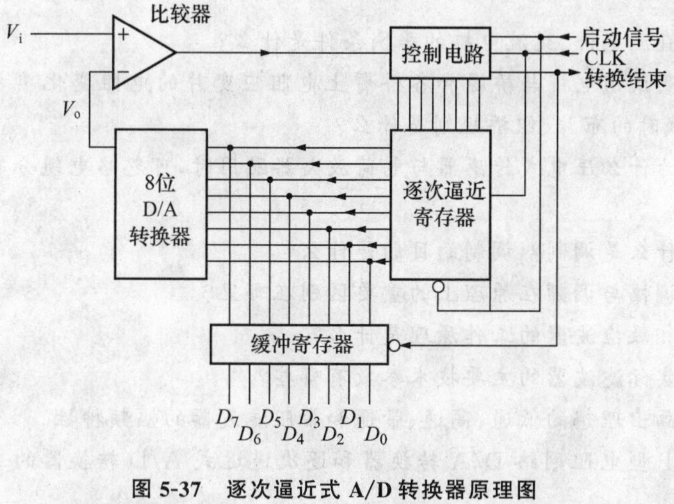

图 5-37　逐次逼近式 A/D 转换器原理图

寄存器进行计算。

逐次逼近寄存器工作时与普通计数器不同，它不是从低位向高位逐一进行计数和进位，而是从最高位开始，通过设置试探值来进行计数。具体讲，在第一个时钟脉冲时，控制电路把最高位送到逐次逼近寄存器，使它的输出值为10 000 000，此输出数字一出现，D/A 转换器的输出电压 V_o 就成为满量程值的128/255。这时，如果 $V_o > V_i$，则作为比较器的运算放大器的输出就变为低电平，控制电路据此清除逐次逼近寄存器的最高位；如果 $V_o \leqslant V_i$，则比较器输出高电平，控制电路使最高位的 1 保留下来。

若最高位被保留下来，那么逐次逼近寄存器的内容为10 000 000，下一个时钟脉冲使次高位 D_6 为 1。于是，逐次逼近寄存器的值为11 000 000，D/A 转换器的输出电压 V_o 到达满量程值的 192/255。此后，如果 $V_o > V_i$，则比较器输出低电平，从而使次高位 D_6 复位；如果 $V_o < V_i$，则比较器输出高电平，从而保留次高位 D_6 为 1。再下一个时钟脉冲对 D_5 位置 1，然后根据 V_o 和 V_i 的比较，决定是保留还是清除 D_5 位上的 1。不断重复上述过程，直到 $D_0 = 1$ 再与输入电压比较，经过 N 次比较之后，逐次逼近寄存器中得到的值就是转换后的数据。

转换结束后，控制电路送出一个低电平作为结束信号，这个信号的下降沿将逐次逼近寄存器中的数字量送入缓冲寄存器，从而得到数字量输出。

用逐次逼近法时，如果设计合理，用 8 个时钟脉冲就可以完成 8 位转换，这种方法作 A/D 转换的速度是很快的。

复习与思考题

5-1　直流电桥、交流电桥的平衡条件是什么？

5-2　测试用电桥与桥源和各桥臂上电阻应变片的电阻变化率之间的关系如何？测试时的布片、组桥规则是什么？

5-3　为什么压电式传感器与电荷放大器配用时，可忽略电缆分布电容对测试的影响？

5-4　什么是调制？调制的目的是什么？

5-5　调幅与调频在原理上的重要区别在哪里？

5-6　相敏检波器的工作原理是什么？

5-7　实际滤波器的主要技术参数有哪些？

5-8　画出理想的低通、高通、带通和带阻滤波器的幅频特性。

5-9　T 型电阻网络 D/A 转换器和逐次逼近式 A/D 转换器的工作原理各是什么？

6 测试信号的记录

6.1 常用记录仪器

6.1.1 记录仪器概述

1. 记录仪器的作用

记录仪器用以记录反映被测物理量变化过程的信号。它是测试系统中不可缺少的环节,记录仪器所起的作用主要有如下两个方面。

(1)测试所获取的信号经过加工或处理后,得到了人们所需要的时域、频域或其他特征量变化情况的“合格”的信号,但是要能使它们提供给人们观测和分析,需要用记录仪器变成视觉能见的各种波形或可读取的数值。

(2)在实际实验研究时,往往因为现场远离具有高级分析处理仪器的实验室,需要将测试结果在当时记录下来,事后再作分析、处理;有时实验研究的过程甚快,需迅速捕捉下来,在信号消失后还能重放出来从容地进行分析;有些信号含有许多有用的信息,需反复重放作多种处理和分析,或需存档以备需要时重放分析,所以就需要一种能够记录信号,而后又能重放的记录仪器。

2. 记录仪器的分类

记录仪器的类型繁杂,从使用观察的角度分有显式记录仪和隐式记录仪。显式记录仪是一种提供视觉能见波形的记录仪,例如各种笔式、感光式、打点式的记录仪器,它们都能提供直接观测的波形。隐式记录仪不能直接观察到波形,如磁带记录仪。测试所获信号经加工后大多已成电信号,根据所提供电信号的类型可分为电压信号和电流信号两种记录仪器,另外根据所提供信号的取值情况可分为模拟信号记录仪器和数字信号记录仪器;根据输入信号的数量可以有单参数记录、双参数函数关系记录(如 X—Y 记录仪)和多维函数关系记录(如瀑布图、坎贝尔图的绘制等等),但多维函数记录在记录仪器结构实现上仍是两维参数的记绘。

3. 记录仪器的基本组成

记录仪器的最基本组成部分是记录头和记录介质。记录头的作用是将被记录信号幅值通过机械的、光学的、磁的或其他形式的运动作用于记录介质上，记录介质与记录头的作用相互配合在记录介质上留下记迹，以便观测或重放。记录介质可以是纸、感光带、磁带等。

除了基本部分外，记录仪器还需配以许多必要的辅助部分，如记录介质的驱动部分、光路系统、电气系统等，以使记录仪器能相互协调地工作。

6.1.2 描笔式记录仪

描笔式记录仪是用笔尖(墨水笔、电笔等)在记录纸上描绘被测量相对于时间或某一参考量之间函数关系的一种记录仪器。其主要类型有电流记录和电压记录两种。它们分别记录已转换成电压或电流幅值变化的波形。

1. 检流计式记录仪

检流计式记录仪的主要部分相当于一个磁电式检流计，其原理结构如图6-1所示。当记录信号电流进入线圈，受磁场的作用线圈产生偏转，此时游丝产生与转角成正比的弹性复位力矩与电磁力矩相平衡，使一定的电流幅值对应于一定的转角，从而使在线圈轴上安装的记录笔在记录纸上作放大幅值的偏斜。记录纸匀速移动，笔就在纸上绘出被记录信号的波形。笔式记录仪由于活动部分具有一定的转动惯量，致使其工作频率不高。目前最高工作频率在笔尖幅值为10 mm范围内可达125 Hz。另外，由于笔尖与纸接触所引进的摩擦力矩较大，因而造成较大的滞后误差。

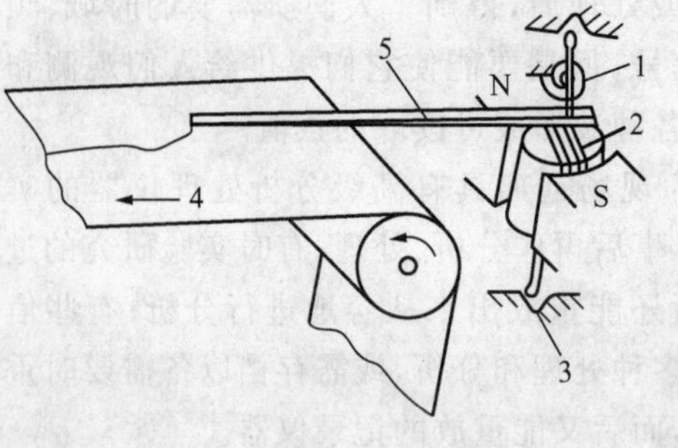

1. 游丝 2. 线圈 3. 轴承 4. 记录纸 5. 笔杆

图 6-1 检流计式笔式记录仪

2. 电位计式记录仪

电位计式记录仪是用来记录已转换成电压的信号。其采用的系统原理如图6-2所示。图6-2(a)是其机电结构原理，被记录电压信号为 u_x，是该记录仪的输入。u_b 是标准电池经精密电位器分压后所提供的标准参考电压。此电压的大小可随着与记录笔一起移动的电位器电刷位置变化。

若输入信号电压 $u_x=0$，同时使电位器参考电压 u_b 也处于零位，记录笔在匀速移动的记录纸上绘出一条零电压线。当记录的电压信号 u_x 与参考电压 u_b 不等时，则有差值 Δu 输出。该电压经调制、放大及解调后驱动伺服电动机，电动机轴的转动通过皮带等传动机构转化为滑杆的直线运动，一是带动记录笔做直线运动实现信号的记录，二是使电位器的滑动触点随之移动，改变 u_b 的大小。等到 $u_b = u_x$ 时，$\Delta u = 0$，后续电路没有输出，伺服电机停止转动，记录笔停止不动。输入电压不断变化，则电位器电刷位置也不断变化，使 u_b 不断跟踪 u_x 的变化，同时记录笔也不断在记录纸上改变位置，这些位置的变化也跟踪 u_x 的变化，从而成为 u_x 数值变化的真实记录。图 6-2(b)是这一系统原理方框图，它是一带有电压反馈的随动系统。如果电位器是线性变化的，记录笔的运动幅值则与被记录电压信号 u_x 的幅值成正比变化。

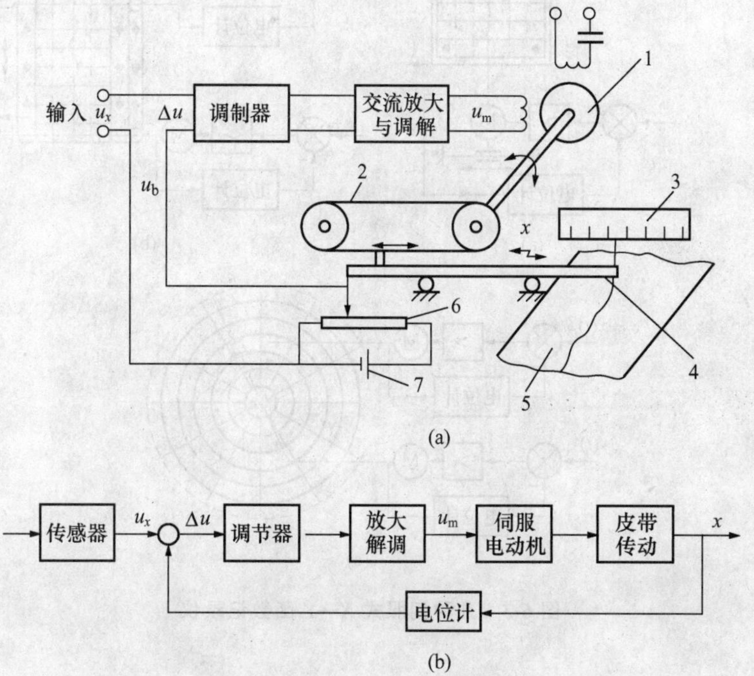

1. 伺服电动机 2. 皮带 3. 刻度尺 4. 记录笔 5. 记录纸 6. 电位计 7. 标准电池

图 6-2 电位计式记录仪

根据上述基本原理，可以形成如图 6-3 所示的各种 X—Y 记录仪，它们在 X 和 Y 方向上各采用了一套基本相同的伺服记录系统。图 6-3(a)是记录纸不动，两套驱动系统分别驱动记录笔在两个互相垂直的方向上做与被记录的信号 $x(t)$ 和 $y(t)$ 成比例的运动。图 6-3(b)则是以 $x(t)$ 信号驱动走纸机构，而以 $y(t)$ 信号驱动记录笔运动，在记录纸上绘出图形。图 6-3(c)是用来绘制极坐标图形的，$x(t)$ 驱动电动机，由电动机驱动底板做旋转运动[对应旋转角度 $\theta(t)$]，而 $y(t)$ 则驱动安装于底板上的走笔机构做径向运动 $r(t)$。记录纸是固定的,记录笔则是 $\theta(t)$ 和 $r(t)$ 两个运动的复合,因此在静止的记录纸上画出极坐标二维图形。当然极坐标图还可以有另一种画法[模仿图 6-3(b)],即由 $x(t)$ 驱动极坐标记录纸转动,而由 $y(t)$ 驱动一个径向位置固定的笔相对于静基座做径向移动。

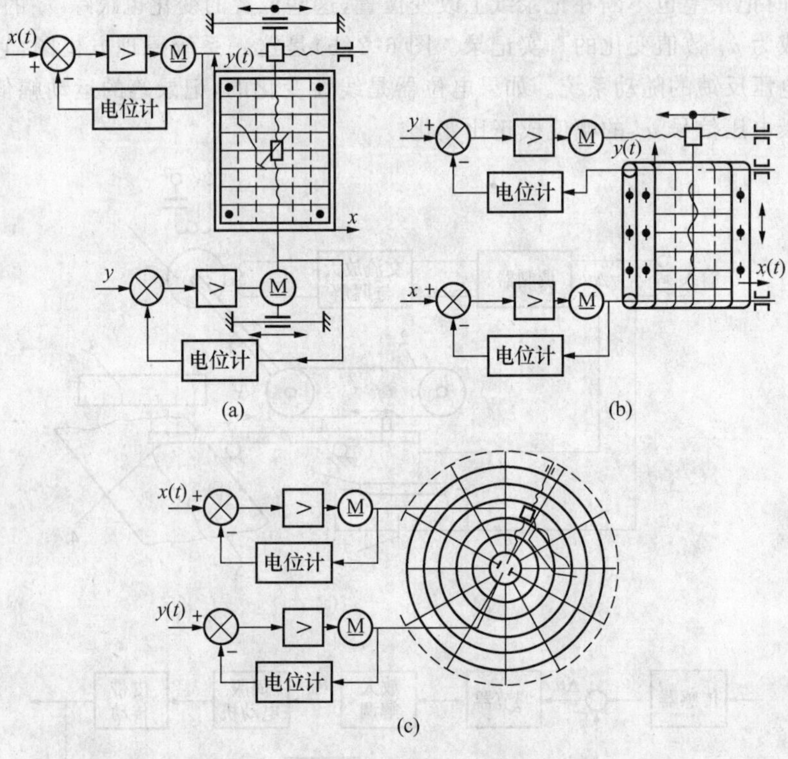

图 6-3 几种伺服式 X—Y 函数记录仪

6.1.3 光线示波器

1. 光线示波器的工作原理及组成

光线示波器是光学、机械、磁电综合的通用记录仪器,其工作原理如图 6-4 所示,振动子(简称振子) G 中,处于磁场中的线圈当有被测信号电流流过时,线圈便带动小镜片偏摆。高压水银灯光源 D_1 经光学系统把一束光线投射到小镜片上,于是反射光线也随之偏摆,偏摆的光线经光学系统,照射在感光记录纸上,传动系统带动记录纸匀速运动,便在记录纸上形成模拟记录曲线,于是,被测的信号便以模拟记录曲线形式被记录下来。此外，D_2 是脉冲氙灯，发出一定频率的闪光时标信号，经光学系统，在记录纸上形成时标直线。图中的光源 D_1 经另一路光学系统，把一束光线投射到分格线光栅 S 上，于是在记录纸上形成有利于数据处理的分格线，光线示波器一般由振子和磁系统、光学系统、记录纸传动和控制系统以及时标装置等组成。

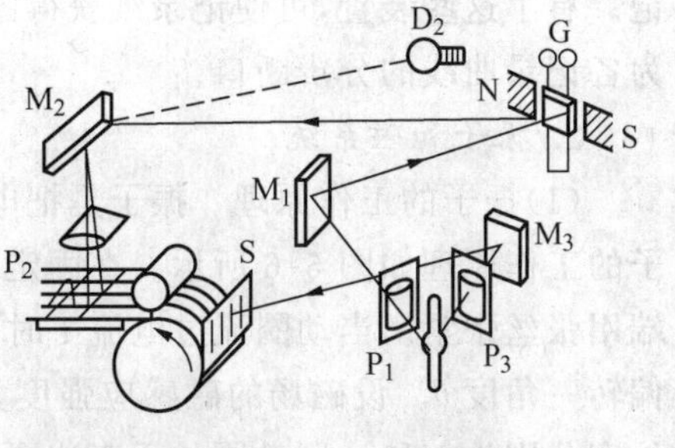

D1，D2 光源　P_1，P_2，P_3 聚焦透镜

M_1，M_2，M_3 平面反射镜

S. 光栅　G. 振动子

图 6-4　光线示波器工作原理

(1)振子和磁系统　振子和磁系统的作用是将被记录信号的电量准确地转换成光点的运动，磁系统和振子座安装在一起，在振子座上可调节振子的仰角和方位。为保证振子阻尼 $\xi=0.7$ 左右，磁系统还设有恒温装置。振子是光线示波器的核心，正确地选择和使用它是保证记录精度的关键。

(2)光学系统　光学系统通常由聚光透镜、反射镜和光栅组成。由图 6-4 可看出其光路图，有被测信号记录光路（振子光路）、分格线光路和时标光路。振子光路是主光路，其作用是把来自光源的光线通过聚光透镜和光栅及反射镜变成均匀的光量适度的平行光带照射到各个振子上，同时将各个振子反射出来的光线束，再通过反射镜和聚光镜，变成光点照射到记录纸上。分格线光路的作用是把来自光源的光线通过聚光镜、光栅、反射镜和分隔线缝隙板照射到记录纸上，使记录形成间隔为 2 mm 的分隔线。时标光路的作用是把来自光源的时标光脉冲，通过反射镜和聚光镜投射到记录纸上，记录下时间间隔。

(3)记录纸传动和控制系统　记录纸传动机构由电动机、变速箱和控制机构组成。变速箱的作用是使记录纸的记录速度随被记录电流的变化速度而改变，既要保证记录曲线的可分辨度又要保证不浪费记录纸。速度是由装在仪器面板上琴键开关控制的。

(4)时标装置　时标装置是一个时间信号发生器，每隔一定时间发出一个信号脉冲，常用的时间间隔有 1 s，0.1 s，0.01 s 三挡。其作用是在记录纸上记录时间信号，有了时间信号就可考察记录信号随时间变化的规律。

除了上述主要机构外，还有一些辅助机构，如分辨线装置、标记装置等。分辨线装置是在多点同时记录时用来分辨各信号的记录曲线。标记装置是在记录过程中，遇有一特殊变化而需要在数据处理过程中加以特别注意时，用来打上标记。有了这些装置,可使记录纸获得图 6-5 所示的各种记录效果,图中①②③④为各记录曲线的分辨断口。

2. 振子和磁系统

(1)振子的工作原理 振子是把电信号变换成光线摆动信号的核心部件,振子的工作原理如图 6-6 所示。在固定磁场上装有可动的线圈(动圈),动圈的两端用张丝张紧。当动圈流过电流 I 时,在磁场的作用下产生电磁力矩,而使动圈偏转一角度 θ。设磁场的磁感应强度为 B,线圈匝数为 n,动圈的宽度和垂直边长度分别为 b 和 l,则动圈的垂直边要产生电磁力 F(该力用左手判断方向),动圈受电磁力作用要产生电磁力矩 M_I,该电磁力矩 M_I 和通入的电流大小成正比,即

$$M_I = BnblI(t)\cos\theta = kI(t) \tag{6-1}$$

式中:k 为比例系数,与磁场强度、线圈面积和匝数有关,$k=Bnbl\cos\theta$。

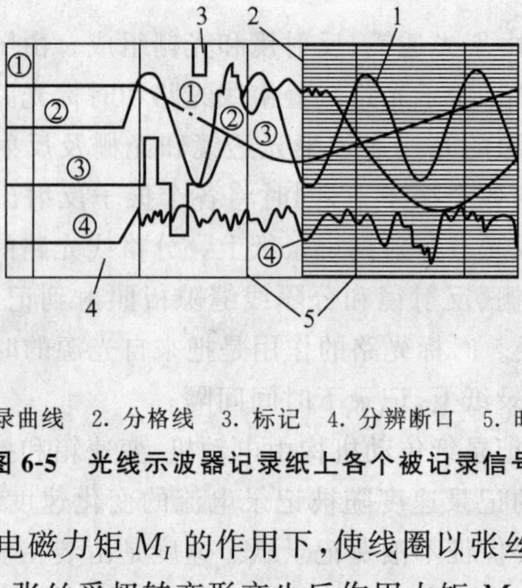

1. 记录曲线 2. 分格线 3. 标记 4. 分辨断口 5. 时标线

图 6-5 光线示波器记录纸上各个被记录信号

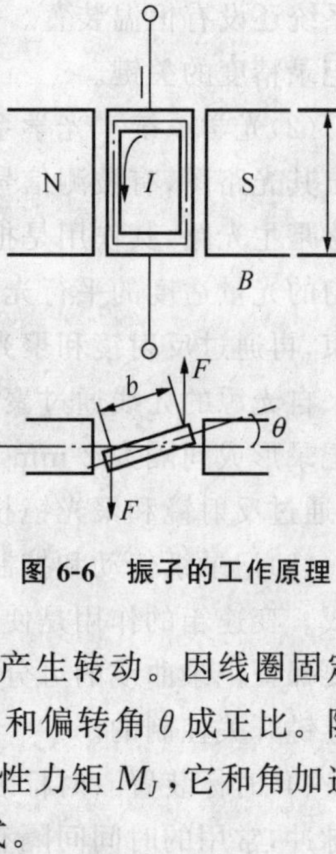

图 6-6 振子的工作原理

在电磁力矩 M_I 的作用下,使线圈以张丝为中心产生转动。因线圈固定在张丝上,张丝受扭转变形产生反作用力矩 M_G,其大小和偏转角 θ 成正比。除上述两个力矩外,还有线圈、镜片、张丝等质量产生的惯性力矩 M_J,它和角加速度成正比。下面分析上述 3 个力作用下线圈的运动方式。

若给线圈一恒定的信号电流,则在转动力矩作用下线圈转动,随着线圈的转动张丝反作用力矩 M_G 增大,当 $M_I=M_G$ 时,希望线圈停止在一个平衡位置上。但由于还有惯性力矩 M_J 作用,线圈不会简单的到达平衡位置后就停下来,而是超过平衡位置继续转动,然后在反作用力矩 M_G 作用下使线圈停转并向相反方

向转动,在回到平衡位置时,由于惯性力矩 M_J 作用,又超过平衡位置,此后在转动力矩 M_I 作用下线圈停转并改变方向,在达到平衡位置时又超过,就这样线圈在平衡位置附近来回摆动。振子线圈这种运动称为自由振荡,这一振荡的频率称为振子固有频率或自由振荡频率 f_0,固有频率是振子的重要参数。我们希望振子的偏转角 θ 只随信号电流大小的变化而变化,若输入信号一定,偏转角 θ 也应迅速成为一相应的确定值。显然,如果这种衰减的自由振荡持续时间较长就不能保证这一点,因此这样的振子也无法应用。为此,必须采取措施吸收转动过程中这部分动能,使线圈在极短的时间内达到平衡位置,从而使线圈的位置只取决于输入电流大小的定值,吸收动能的措施称为阻尼。阻尼是振子正常工作必不可少的,用油吸收动能的振子称为油阻尼振子;用电磁办法吸收动能的振子称为电磁阻尼振子。那么,有阻尼振子的线圈除了受到上面提到的电磁力矩 M_I、扭转力矩 M_G 和惯性力矩 M_J 外,还受阻尼力矩 M_C 的制动作用。阻尼力矩的特点是和线圈的转动速度成正比,转动越快制动作用越大,线圈静止时制动作用消失,这样才能既有效地吸收动能又不影响振动子的正常工作。

振动子转动部分的运动方程式为

$$J\frac{\mathrm{d}^2\theta}{\mathrm{d}t^2}+c\frac{\mathrm{d}\theta}{\mathrm{d}t}+G\theta=kI \tag{6-2}$$

式中:J 为转动部分的转动惯量;c 为阻尼系数;G 为张丝的扭转刚度。

(2)振子的静态特性　振子的静态特性是描述振子在输入恒定电流 I 时,输入与输出间的关系。此刻输出为镜片的偏转角 θ,即

$$\theta=(k/G)I=S_\theta I \tag{6-3}$$

式中:S_θ 为振动子常数,$S_\theta=\theta/I=k/G$。S_θ 表示单位电流下偏转角的大小,单位电流下偏转角越大振子灵敏度越高。S_θ 值的提高将受到振子结构尺寸和固有频率的限制,一般常用尽量增大磁场强度 B 的方法来满足 S_θ 值的要求。

实际上由于 θ 角不便于测量,真正测量到的是光点偏移量 Y 值(图 6-7)。振子动圈偏转带动镜片偏转同一角度 θ,从而使投射到记录纸上的光点有一位移量 Y。

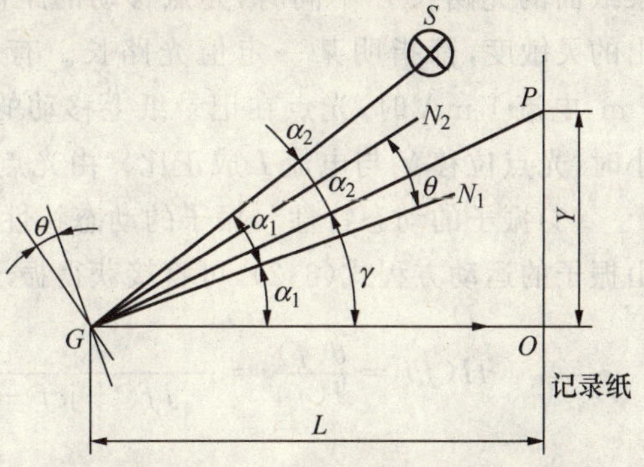

图 6-7　镜片偏转角与光点位移的关系图

镜片在原始位置时，镜面的法线为 GN_1，从光源 S 来的光线经镜片反射后，投射到记录纸上的 O 点，α_1 为此时的入射角和反射角，当镜片偏转 θ 角度时，镜面的法线为 GN_2，入射角和反射角为 α_2，经镜片反射的光线投影到记录纸的 P 点，反射光线的偏转角为 γ。根据图中反射角的关系有

$$\gamma = 2\alpha_1 - 2\alpha_2 = 2(\alpha_1 - \alpha_2) \tag{6-4}$$

而
$$\theta = \alpha_1 - \alpha_2 \tag{6-5}$$

故
$$\gamma = 2\theta \tag{6-6}$$

即经过光学系统的反射，使反射光线偏转角 γ 比镜片偏转角 θ 增大 1 倍。光点的位移 Y 为

$$Y = L\tan\gamma = L\tan 2\theta \tag{6-7}$$

式中：L 为振子镜片到记录纸面的光路长，一般称为示波器的光臂或光杆杆长。

当 θ 很小时，$\tan 2\theta \approx 2\theta$，故

$$Y = 2L\theta = S_0\,\theta = S_0\,S_\theta\,I \tag{6-8}$$

式中：S_0 为光线示波器光系统的灵敏度，$S_0 = Y/\theta = 2L$。

令 $S_i = S_0 S_\theta$ 则

$$Y = S_i\,I \tag{6-9}$$

S_i 为光线示波器振子电流灵敏度，它表示单位电流流过振子时，光点在记录纸上移动的距离(即振子直流电流灵敏度)。流过单位电流光点移动距离越大，灵敏度越高，反之移动距离小，灵敏度低。当偏转角相同时，由振子镜片到记录纸面的光路长 L 不同时，光点移动的距离也不同。所以，振子技术数据中给出的灵敏度，都指明某一定值光路长。有时为了便于比较，都折算光路长为 1 m，电流 1 mA 时，光点在记录纸上移动的距离。式(6-9)表明，当偏转角 θ 很小时，光点位移 Y 与电流 I 成正比。由光点位移的大小就可知电流的大小。

(3)振子的动态特性　振子的动态特性直接反映了光线示波器的动态特性。由振子的运动方程式(6-2)，可直接获得振子的频率响应函数

$$H(f) = \frac{\theta(f)}{I(f)} = \frac{k_i}{-Jf^2 + \mathrm{j}cf + G} = \frac{k_i}{G[(1-\eta^2) + \mathrm{j}2\xi\eta]} \tag{6-10}$$

式中：f 为输入电流信号的频率；ξ 为振子转动系统的阻尼比，$\xi = \frac{c}{2\sqrt{GJ}}$；$\eta$ 为频

率比，$\eta=f/f_n$；f_n 为振子转动系统的固有频率，$f_n=\frac{1}{2\pi}\sqrt{\frac{G}{J}}$。

幅频特性为

$$A(\eta)=\frac{K}{G}\frac{1}{\sqrt{(1-\eta^2)^2+4\xi^2\eta^2}} \tag{6-11}$$

相频特性为

$$\Phi(\eta)=-\arctan\frac{2\xi\eta}{1-\eta^2} \tag{6-12}$$

式中：K/G 为单位静态电流引起的偏转角。

(4)振子的阻尼　振子的阻尼是影响其动态特性的一个重要参数。理论上最佳阻尼比为 $\xi=0.707$，一般选用阻尼比在 0.6～0.8 范围内。振子的阻尼通常采用油阻尼和电磁阻尼两种方式。

①油阻尼(或液体阻尼)。对于固有频率 $f_n>400$ Hz 的较高频的振子常采用油阻尼方式。该振子的转动部分浸在油中，形成阻尼液。通常选用化学及稳定性好的有机硅油作为阻尼液。由于有机硅油的黏度温度系数很小，在温度升高 10℃时就会产生 10%左右的变化，因此为保证阻尼液不受环境温度的影响，光线示波器中装有 45℃±5℃振子恒温装置。所以在使用中，为了减小温度变化引起 ξ 改变造成的误差，必须把振子插入磁系统预热 30 min 以上，才能正式记录；暂时停机再启动测量时，也应有必要的预热时间后再记录。

②电磁阻尼。对于固有频率≤400 Hz 的较低频振子往往采用电磁阻尼方式。电磁阻尼的原理如图 6-8 所示。图中 R 为包括信号源的输出电阻在内的外电路电阻，R_n 为振子线圈内阻。当振子线圈在磁场中运动时，像发电机一样会产生感应电势，这一电动势就将在线圈和信号源输出回路组成的闭合电路中，产生感应电流，感应电流方向和信号电流方向相反，由它产生的力矩方向也与转动力矩方向相反，于是产生阻尼力矩那样的制动作用，转速越高，制动作用越强。这种由感应电流产生的制动力矩，就是电磁力矩。改变线圈回路中的电阻 R 将改变回路电流，也就改变了电磁力矩，即改变了电磁阻尼。

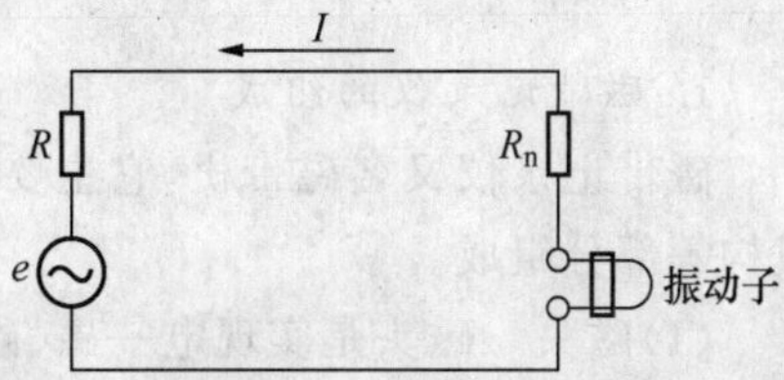

图 6-8　电磁阻尼

(5)振子的选用原则　振子选择一般有两条原则：

①振子 f_0 和 ξ 的确定。$\xi=0.7$；被测信号频率 f_x 与振子固有频率 f_0 之比应小于 0.5，可使幅值误差小于 5%。如被记录信号是非正弦信号，则在将此非正弦信号用傅氏级数展开时，不可忽略高次谐波的频率。例如记录三角波，如果

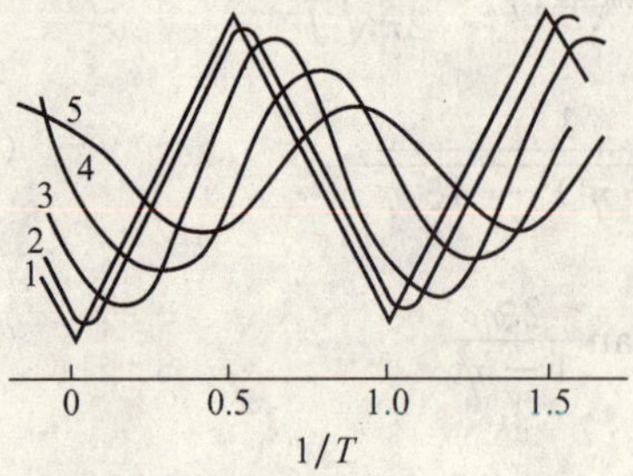

1. 三角波原形　2. $f_0=10f_x$　3. $f_0=2f_x$

4. $f_0=f_x$　5. $f_0=f_x/2$

图 6-9　不同频率的振子所记录的三角波曲线

任意选用振子，就会给记录曲线带来严重失真。图 6-9 表示用 4 种不同频率的振子记录同一个周期性三角波的曲线。由图可看出，当振子的固有频率 f_0 等于基波频率 f_x 的 10 倍时，记录曲线很接近原三角形波形，当振子的固有频率 f_0 等于基波频率 f_x 时，记录曲线就完全不是原来的三角波形。因此对于没有很陡前沿的波形，通常取 10 倍于基波频率作为选择振子工作频率的依据。选 $\xi=0.7$，对于油阻尼振子，由工作时恒温来保证。对于电磁阻尼振子，由匹配外阻 R 来保证。

②振子最大允许电流值的选定。要根据被记录信号的电流大小，合理地选用振子。当被记录信号的最大电流超过振子的最大允许电流值时，张丝会因强烈扭转而变形，若持续一段时间，则线圈便被烧毁。

6.1.4　磁带记录仪

1. 磁带记录仪的组成

磁带记录仪又名磁带机，它主要由磁头、磁带、声频放大器、偏磁电路及走带机构等部分组成。

(1)磁头　磁头是实现电—磁、磁—电转换的重要“桥梁”。按功能可分为记录磁头、重放磁头、消磁磁头和记录重放两用磁头。在记录过程中，磁头将被记录的电信号转换成磁带的磁化状态储存起来。在重放过程中，重放磁头将磁化状态还原成电信号。当被储存的信号无用时，用消磁磁头抹去信号。

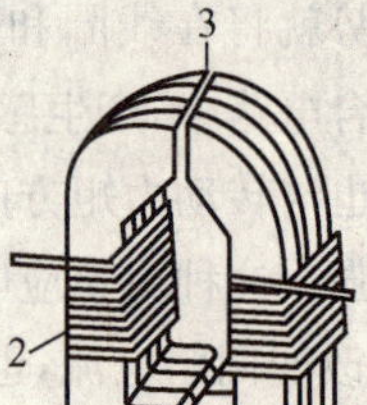

1. 铁心　2. 线圈　3. 前隙　4. 后隙

图 6-10　磁头的基本结构

磁头实际上就是一个制造精密的电磁铁，它由铁心、线圈和屏蔽外罩组成，如图 6-10 所示。一般磁头铁心都是由高磁导率的软磁材料制成，铁心两边绕有相同绕组的线圈，它与一般电磁铁不同的是铁心前后开有两条缝隙，与磁带接触的前隙是工作缝隙，隙间用磁导率极低的铍铜、磷铜等填充，以增加磁阻；后隙叫做辅助缝隙（重放磁头、消磁磁头及盒式录音机磁头一般没有后隙），用来防止铁心饱和。屏蔽罩的作用是防止外界磁场的干扰。

（2）记录放大器和重放放大器　记录放大器将输入信号放大，并转换成最适合于磁带记录的形式供给记录磁头。它能够以模拟量的形式供给磁头，也可以转换成二进制的数字量形式供给磁头，因而构成了模拟磁带记录器和数字磁带记录器。重放放大器将重放磁头送来的信号进行放大，并转换成需要的形式输出。

（3）磁带及走带机构　磁带是磁带记录器的记录介质，它是由带基和磁性涂层组成。带基要求柔韧、抗拉、抗撕裂、温度湿度影响小、变形小及表面缺陷小，它主要由聚酯薄膜带组成，厚约 50 μm。磁性涂层一般采用在塑料黏合剂中弥散很少的硬磁性材料粉末（如 γ-Fe_2O_3）制成，涂层厚约 10 μm。走带机构要保证磁带沿着磁头稳速平滑地移动，以使信号的录、放顺利进行。

2. 基本工作原理

图 6-11 表示磁带记录的原理，磁带在磁带传送机构驱动下，沿记录磁头和重放磁头移动。

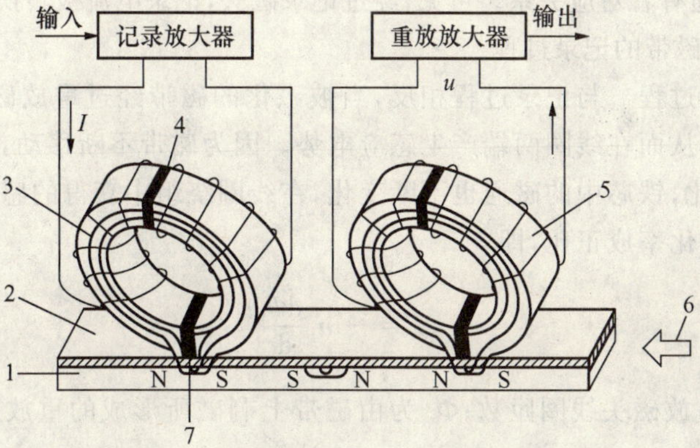

1. 磁带　2. 氧化铁涂层　3. 记录磁头　4. 后缝隙　5. 重放磁头　6. 磁带运动方向　7. 前缝隙

图 6-11　磁带记录的原理

（1）记录过程　当信号电流通过记录磁头的线圈时，铁心中产生随信号电流而变化的磁通。由于工作间隙的磁阻较高，大部分磁力线便经磁带上的磁性涂层回到另一磁极而构成闭合回路。磁极下的那段磁带上所通过的磁通和其方向随瞬间电流而变。当磁带以一定的速度离开磁极，磁带上的剩余磁化信息就反映输入信号的情况。

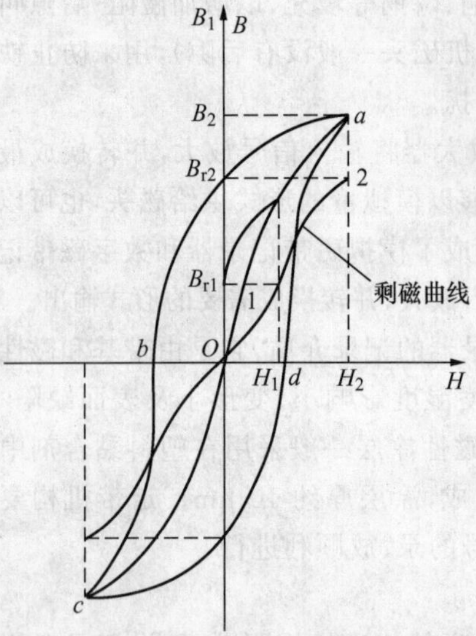

图 6-12 磁带磁化过程和剩磁曲线

图 6-12 反映了磁带上的磁化过程，$a—b—c—d$ 是磁滞回线，$c—O—a$ 是磁化曲线。磁场强度 H 和电流成正比。当磁场强度为 H_2 时，磁极下工作间隙内磁带表层的磁感应强度为 B_2。当磁带离开工作间隙，外磁场去除，磁感应强度沿着磁滞回线到 B_{r2}，这就是在与信号电流相对应的外磁场强度 H_2 下磁化后的剩磁感应强度。对应于不同电流 I 值的剩磁曲线就如图 6-12 所示。剩磁曲线通过 O 点，但并非直线，在 O 点附近有明显的非线性现象。对应于不同电流 I 值的磁化强度 H_i 便会产生不同的剩磁感应强度 B_{r1}。由于 I 与 B 有对应关系，而 B 与 B_r 有对应关系，则 I 与 B_r 有着对应关系，即记录电流和剩磁通有着对应关系。可见，经过记录磁头，记录电流被转换为磁带上的剩磁通，这就是磁带的记录过程。

(2)重放过程　与记录过程相反，当被磁化的磁带经过重放磁头时，剩磁通线穿过铁芯，从而在线圈两端产生感应电势。因为磁带不断移动，磁带上留存的剩磁不断变化，铁芯中的磁通也不断变化，在线圈绕组中获得的感应电动势就和磁通 Φ_r 的变化率成正比，即

$$E = -n_1 \frac{d\Phi_r}{dt} \tag{6-13}$$

式中：n_1 为重放磁头线圈匝数；Φ_r 为由磁带上剩磁所形成的重放磁头铁芯中的磁通。

因为磁通 Φ_r 和磁带剩余磁感应强度成正比，也即和记录时的电流信号 I 有关，所以重放时的线圈电压输出也将是与记录信号电流的微分有关。

如果记录信号电流为

$$i(t) = I_0 \sin(\omega t) \tag{6-14}$$

则

$$\Phi_r = Ki(t) = KI_0 \sin\omega t \tag{6-15}$$

式中：K 为比例系数。

故重放磁头线圈中所产生的感应电动势为

$$E=-n_1KI_0\omega\cos\omega t=n_1KI_0\omega\sin\left(\omega t-\frac{\pi}{2}\right) \tag{6-16}$$

由式(6-16)可见,重放磁头的感应电动势 E 的大小不仅取决于被记录信号电流的幅值,而且还与其频率有关,另外,重放磁头的感应电动势和被记录信号电流在相位上还差 $\pi/2$,若被记录信号是由多种频率成分组成,重放时将引起幅值畸变和相位畸变,即产生严重失真。为补偿重放磁头的这种微分特性,其重放放大电路应具有积分放大的特性,如图 6-13 所示。

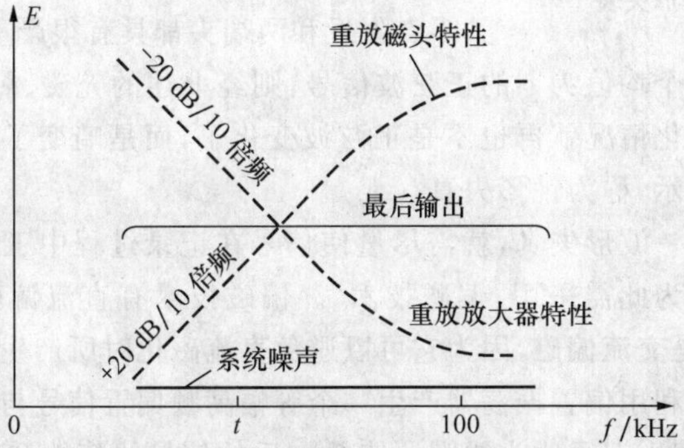

图 6-13 重放磁头及其放大器特性

(3)消磁过程 磁带存储的信息可以消除。消除的方法是利用“消磁磁头”通入高频大电流(100 mA 以上)。如走带速度为 v,频率为 f 的信号电流在磁带上的记录波长 $\lambda=v/f$。如果 λ 远小于磁头工作间隙 d,那么磁带上的一个微段在行经工作间隙时就受到正、反方向多次反复磁化。当这微段逐渐离开工作间隙,高频磁场强度逐步减弱,故微段磁带上剩磁减弱,最后宏观上不再呈现磁性。

3. 记录方式

按照信息记录方式,磁带记录可分为模拟与数字记录两类。

(1)模拟记录方式

①直接记录式。直接记录式(简称 DR 式)的优点是记录器结构简单、价格比较便宜。但它存在以下一些问题,使其应用受到限制。

一是重放磁头所反映的是磁带上剩磁所提供的磁通量的变化率,即输入信号的微分,因此直接记录在重放时对低频信号的灵敏度必然很低,对直流信号因变化率为零而使重放输出为零。所以,直接记录方式不能记录 50 Hz 以下的低频信号,而且信噪比较低。由于在重放时对输入信号作微分处理,因而在幅值上引入了频率因子使其高频输出增益大,低频输出增益小;在相位上使各种频率成分均有 90°相移,这样使输出信号相对于输入信号有很大的失真。为了解决这一问题,应使重放放大器具有积分特性,使信号在幅值上得到"等化"处理,而在相位上则作了相应的 90°反相移,从而使重放放大器输出信号与输入信号波形趋于一致。

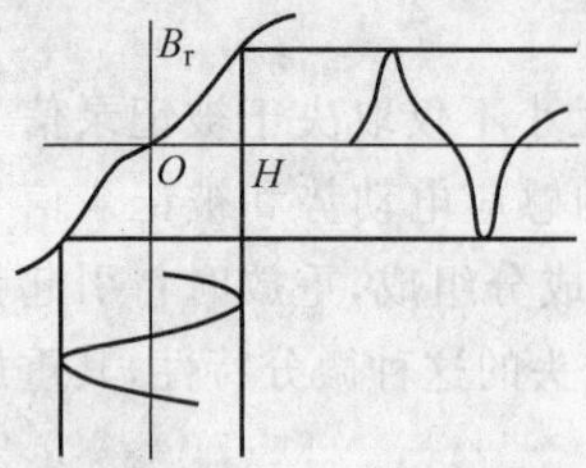

图 6-14 钟形失真

二是在记录信号时对磁带磁化的非线性造成重放时信号的严重失真。根据图 6-12 的磁化曲线可见,B_r 与 H 在所有各段上不都是线性关系,在其零点附近和两端头都具有很严重的非线性关系。这样若要记录一个均值为零的正弦波信号,则经上述的充磁、剩磁过程,在磁带上记录的剩磁变化情况就再也不是正弦波变化了,而是畸变了的波形——钟形波,如图 6-14 所示,称为钟形失真。

为了克服这一波形失真,就需尽量使信号在记录过程中工作在 B_r-H 曲线的近似线性段。为此需采用"偏磁技术"。偏磁技术有直流偏磁和交流偏磁两种,用得较多的是交流偏磁,因为它可以避免直流磁化时所产生的直流噪声。

交流偏磁是利用偏置振荡器产生一个等幅高频偏置信号与放大后的输入信号叠加在一起,馈入记录磁头线圈。使叠加后的信号幅值能和磁带的剩磁曲线(B_r-H 曲线)的线性段相对应。这样虽然在记录过程中通过 0 点的高频振荡都产生钟形失真,但高频振荡上的低频信号(反映为叠加后信号的上下包络线)却是不失真的,如图 6-15 所示。

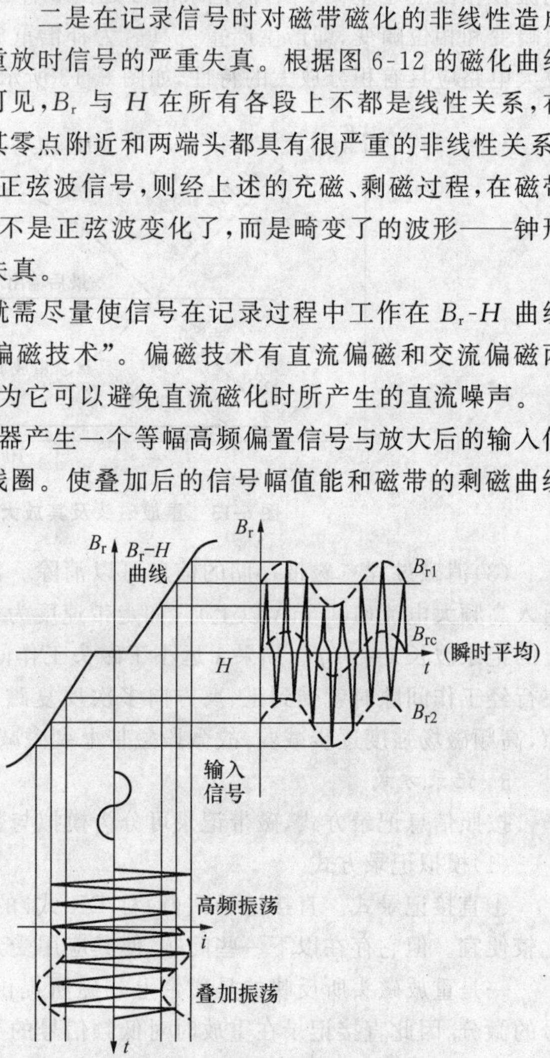

图 6-15 高频磁偏原理

②频率调制式(简称 FM 方式)。图 6-16 表示了频率调制式方框图。输入信号经过 FM 调制器,将幅值的变化变为频率的变化,其频率偏移正比于输入信号的幅值。当输入正信号时,载波频率增加,当输入负信号时,

载波频率减小。图中表示了输入矩形波或正弦波时频率时增时减的变化情况。重放时，重放磁头所拾取的频率信号经频率解调器和低通滤波器后，将信号还原成被记录信号。

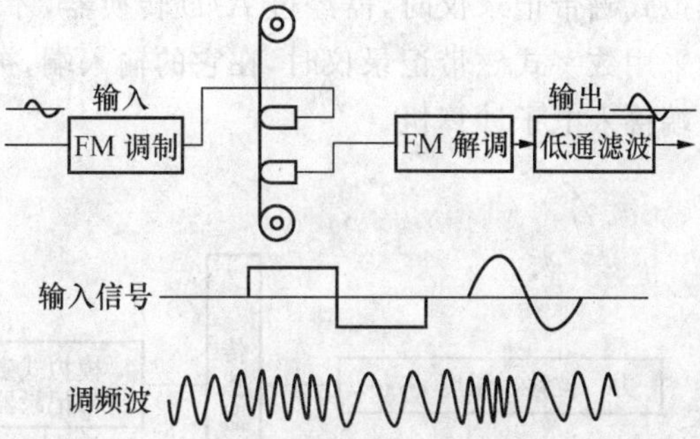

图 6-16 频率调制方式

(2)数字记录方式 数字式记录是把待记录信号放大后，经过采样保持，A/D 转换后变成二进制代码脉冲，这些脉冲由磁带记录下来，重放时这些代码经由 D/A 转换再变为模拟信号恢复被记录波形，或将脉冲码直接输入数据处理装置中去进行处理和分析。

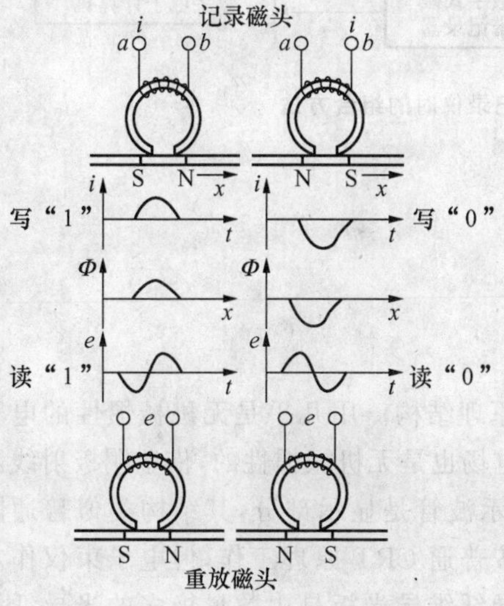

图 6-17 写入与读出过程

数字记录方法的特点是被记录的信息只是二进制的“0”和“1”。磁带的数字记录是基于磁带正负方向磁层的饱和磁化。图 6-17 表示了数字式记录器写入、读出“1”与“0”的过程。在写入“1”时，记录磁头电流方向由 $a \to b$，此时磁层磁化方向为 S→N，磁通 Φ 为正值；当读出“1”时，在重放磁头线圈输出端为先负后正的感应电动势，这个电动势通过放大器和鉴别线路后取出“1”信号。在写入“0”时，记录磁头电流方向由 $b \to a$，同理可读出“0”。

4. *磁带记录仪的应用*

图 6-18 表示应用磁带记录仪时仪器的组合方案，在其输入端，被测量力、位移、温度等经过传感器转换为电压信号后，即可输入磁带记录器。一般磁带记录仪的额定输入为 1～10 V，如果输入信号超过此值，应采用衰减器。如信号微弱，则采用放大器。

在它的输出端，可以接到电子示波器、光线示波器及频率分析仪等，进行波形显示或分析，磁带记录仪的输出阻抗较高，适宜与电子示波器、A/D 转换器等配套。如需接低阻抗负载的光线示波器、笔录仪等，则需进行阻抗变换。当采用模拟式磁带记录仪时，需经过 A/D 转换器，才能接入电子计算机进行数据处理。当采用数字式磁带记录仪时，在它的输入端，被测信号经过 A/D 转换，而它的输出端接入电子计算机。

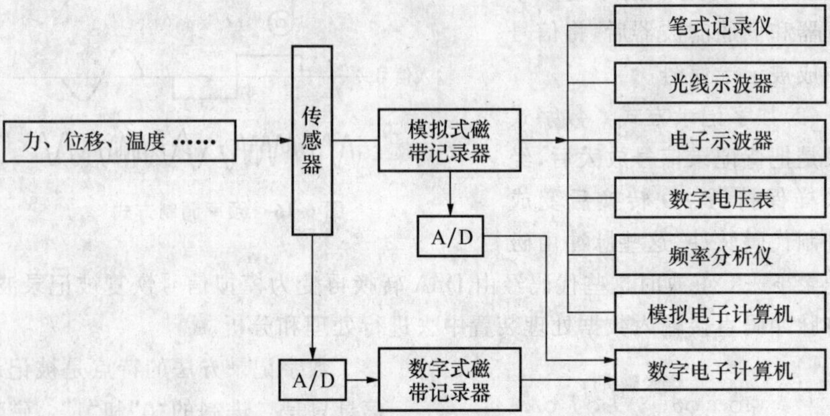

图 6-18 应用磁带记录仪时的组合方法

6.2 新型记录仪

6.2.1 无机械惯性记录系统

图 6-19 是无机械惯性记录系统的原理结构。用几乎是无机械惯性的电子束作“记录笔”，控制电子束偏转的高压电场也是无机械惯性的，借鉴阴极射线示波管(CRT)。图 6-19(a)中的阴极射线示波管是显示部分，其结构类似普通阴极射线示波管，其内电子束偏转控制仍按普通 CRT 原理工作，但电子束仅作左右摆动的单方向运动；紧贴荧光屏的光导纤维导光板是由数量极多的光导纤维纵向密排而成，如图 6-19(b)所示；感光记录纸紧贴光纤导光板磨光平面作垂直走纸。工作时电子束在荧光屏上轰击出光点，它所产生的光线通过该点及其周围的光导纤维直接传导到感光记录纸上，使其感光留下记迹。被记录信号加在控制电子束方向的偏转电极上，使电子束随被测信号作左右偏转，而使记录纸上的感光点作左右移动，在记录纸作匀速走纸时，光点就在其上记录下随被记录信号变化的波形。

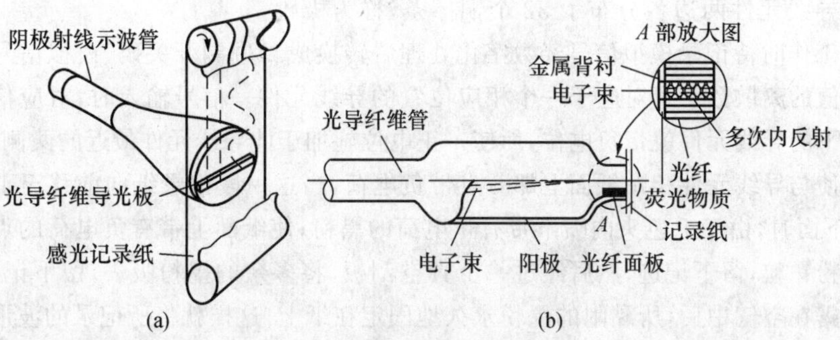

图 6-19 无机械惯性记录系统

6.2.2 阵列式记录仪器

这种记录仪器是数字技术、薄膜技术、现代光学等技术在记录仪器中的综合应用。记录用的阵列目前有:静电阵列、热阵列和光闸门阵列等。

1. 静电阵列式记录仪

静电阵列式记录仪主要部分的原理结构如图 6-20 所示。它是由记录头 3、上色头 4、背衬平板 2 和记录纸 1 等主要部分组成,另外还有辅助部分真空刮板 5。记录头头部是具有 1 000 条导线元件的直线阵列,排列在 250 mm 长度上,所以每 1 mm 宽度上具有 4 个导线元件,它们在记录时与记录纸相接触;在记录头

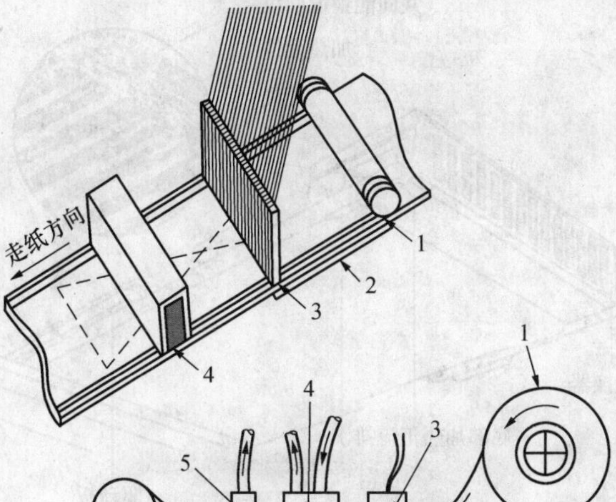

图 6-20 静电阵列式记录仪原理结构图

端头导线元件两边各分布了 32 个铜棒条，称为极靴。

工作时待记录模拟信号经数字化处理后转换成二进制开关码，模拟信号每一个幅值的离散数字量对应于一个相应位置的导线元件。信号输入时，对应信号幅值点下的导线元件就带负电位，而使一正电位施加于此导线元件最近的两侧极靴。这样使与导线元件相贴纸面上那一点带负电荷，当这一段记录纸向前移至上色头 4 的下面时，由于上色头内喷下带有正电荷的黑粉，使纸面上带有负电荷的点就吸附墨粉颗粒，留下记迹，然后经过一个真空刮板，将多余的墨粉吸去，留下记迹，最后暴露在空气中后，所黏附的墨粉永久地固定在纸上，这样就将所记录的波形完全固定在记录纸上。纸的走速通常采用等于或低于导线元件宽度(即 1/4 mm)的增量向前移动，每移动一步信号变换幅值一次，以形成随被记录信号幅值变化的波形。应当看到，这样记录下的波形是以许多小段相互衔接的波形。例如，信号幅值以每秒 1 000 次的速率变化，则 100 Hz 的正弦信号就以每周期 10 小段相接的曲线记录下来；而 100 Hz 的方波如此记录可得到非常准确的尖锐过渡角波形。

2. 热阵列式记录仪

热阵列式记录仪结构如图 6-21 所示。输入信号的变换如静电阵列，但其记录头是加热元件阵列，它也是在记录纸宽方向上以每毫米 4 根的密度均布。记录纸是热-色敏感性的，沿加热元件阵列的纵向紧贴其走纸(图中未绘出)。记录头在技术上有些特殊要求，目前仍属专利，它基本上是一个薄膜微电子电路，其上布有密排极细导线通过薄膜电阻(如圆框中放大图所示)与共用总线

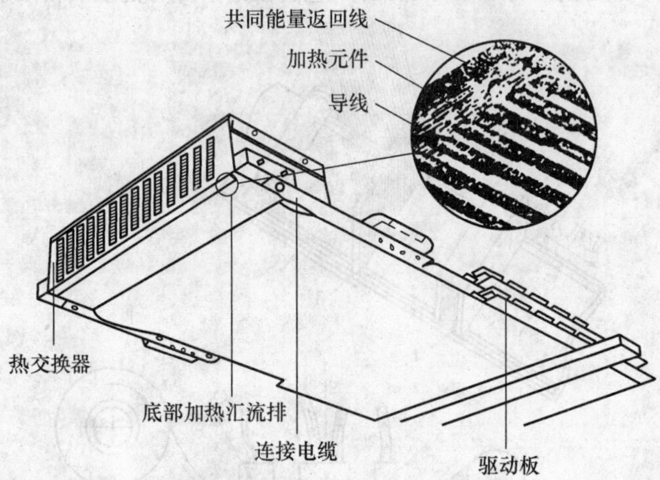

图 6-21 热阵列式记录仪

相连。薄膜电阻排列成直线形成加热头阵列。薄膜电阻加热元件后面具有一个高导热性的背衬，以便将多余热量通过热交换器迅速散去，热交换器以强迫通风方法冷却，保证在加热头工作时不致因余热波及边缘。薄膜电路的前端是驱动电路，它是用来分配馈电顺序的控制以及提供一定功率的加热元件用电流。工作时待记录信号经过数字化处理后送入驱动电路，信号幅值的每一离散值均成正比地对应于相应位置的加热元件，它们按数值高低顺序排列，信号幅值处于某数值时，驱动电路给相应位置的加热元件馈电，该加热元件发热，覆盖其上的热-色敏感记录纸上留下一个记迹点，信号幅值不断变化，对应于信号幅值的加热元件位置不断变化，也就是对记录纸的加热点随信号幅值相应地变化，在记录纸匀速向前移动时，记录纸上就形成与待记录信号相对应的记录波形。

3. 光闸门阵列记录仪

光闸门阵列记录仪原理结构如图 6-22 所示。紫外线光源 1 所发的光由凹面镜 2 反射成一排平行光束，这是一组未经偏振化的光束，该光束经水平偏振滤波片 3 就变成水平方向的偏振光束。图 6-22(a)中 4 为一光闸门阵列，是记录仪的关键器件，它由宽 12 英寸内均匀排列 960 个(约每毫米 3 个)光闸门单元所组成，每一光闸门均与将占时 20 μs 的斜坡编码信号分成 960 个等分时间间隔中的一个相对应[图 6-22(b)]。当模拟信号输入时，模拟信号依时间顺序与斜坡编码作比较，若信号幅值等于斜坡编码信号中某值时，比较器使此值所处的时间间隔对应的光闸门打开，所以与前两种阵列相类似，每一光闸门依次与被记录模拟信号的一个幅值相对应。光闸门单元由电偏晶体(如磷酸二氢类等)制成，这种电偏晶体具有电光效应，相当于一个特殊的“电子开关”，在不馈电时，偏振光可以不改变偏振方向通过；馈电后，偏振光通过时偏振方向旋转 90°，它可在施以电信号后 1 μs 内改变光的偏振方向。这样，由水平偏振滤波片 3 过来的水平偏振光遇到此光闸门阵列，因绝大多数光闸门未馈电而使偏振光不改变偏振方向通过。只有一个，即对应于当时模拟信号幅值大小的那个位置的光闸门单元处于馈电状态，使经过这一光闸门的水平偏振光变为垂直偏振光。这些光束再经过垂直偏振光滤波片 5 后将水平偏振光全部滤去，仅剩唯一的一束垂直偏振光通过，最后落在感光记录纸上，形成一个光点使感光记录纸上留下一点记迹被记录波形的幅值变化，光闸门阵列中被馈电光闸门单元位置随之相应变化，而使在记录纸上的光点不断随被记录波形幅值变化，在记录纸匀速走纸时即绘出被记录的波形。图中所绘偏振光似有一定的振幅，这主要是为了说明偏振方向，实际上是宽度很小的一束光线，在记录纸上成像时也仅是一个很小的光点。

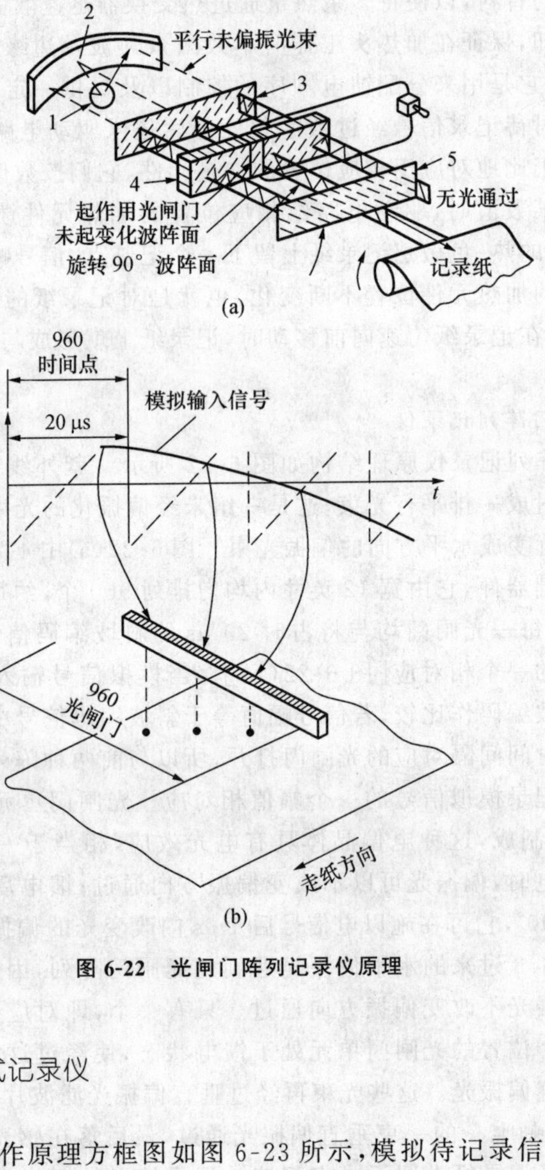

图 6-22　光闸门阵列记录仪原理

6.2.3　波形存储式记录仪

波形存储器工作原理方框图如图 6-23 所示，模拟待记录信号输入后，先经抗混滤波处理，然后经采样、保持和 A/D 转换后，模拟信号就转化为数字信号，将数字信号在存储器中存储起来。在需要绘制波形时，就由存储器中取出数字信号，经 D/A 转换后返变为模拟信号，但此时信号尚不能送入记录仪，因所得信号尚有数字信号幅值分段跳跃的痕迹，记录出的信号近于直方图波形，所以还需通过波形重构滤波器，把直方图中表现为尖角部分的高频成分滤除后，才能恢复原模拟信号的光滑过渡波形，将此波形送入普通的显式记录仪记录下被测信号。如果数据采集系统的速度和位数都足够高，而存储器的容量又足够大，那么存储器对于一些具有高频成分的信号均能精确、充分地予以记忆。这种记录方式的最大特点在于将存储器所记忆的数字信号重放时可以根据后续记录仪器所能接受的频响范围人为控制重放信号时的速度。如一个高频信号在用普通记录仪器直接记录时，由于频响的限制，难以不失真地记录下其波形。但在存储式记录仪器中可以在高速存储后，采用较慢的速度由存储器中重放，此时再配合以较高的记录纸走纸速度，普通记录仪就可以较好地将波形准确地记录下来。这样在记录某些时域波形密集、含高频成分较多的瞬态过程时，就可以充分扩展时间坐标；频响也在普通记录仪不失真记录范围内，将其准确地展开地记录下来。图 6-24 是其一例。待记录的波形是一过程极快的冲击瞬态信号，如图 6-24(a)所示。经波形存储、慢速重放、加快走纸速度后记录下的波形[图 6-24(b)]可以对其冲击过程波形发展一览无遗。

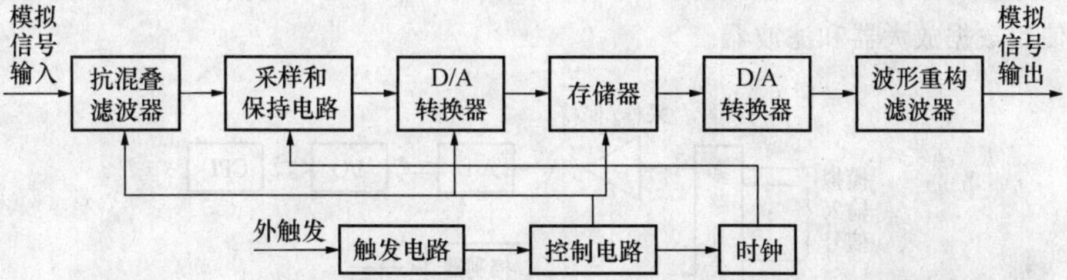

图 6-23 波形存储器原理图

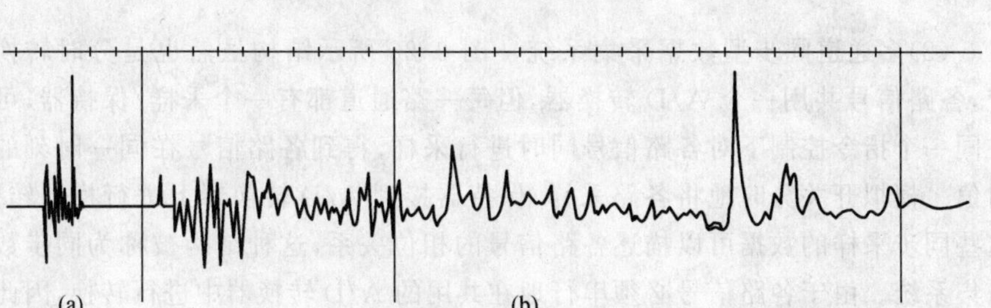

图 6-24 瞬态波形的展开记录

6.3 计算机在数据记录中的应用

6.3.1 信号输入和数据输出通道基本结构

1. 信号输入通道的基本结构

(1)多通道共享采样/保持器和 A/D 转换器　如图 6-25 所示,这种结构形式采用分时转换的工作方式,各路被测参数共用一个采样/保持器和一个 A/D 转换器。在某一时刻,多路开关只能选择其中某一路,把它接入到采样/保持器的输入端。当采样/保持器的输出已充分逼近输入信号(按给定精度)时,在控制命令的作用下,采样/保持器由采样状态进入保持状态,A/D 转换器开始进行转换,转换完毕后输出数字信号。在转换期间,多路开关可以将下一路接通到采样/保持器的输入端。系统不断重复上述操作,实现对多通道模拟信号的数据采集。采样方式可以按顺序或随机进行。这种结构形式简单,所用芯片数量少,它适用于信号变化速率不高,对采样信号不要求同步的场合。如果信号变化速率慢,也可以不用采样/保持器。如果信号比较弱,混入的干扰信号比较大,还需要使用数据放大器和滤波器。

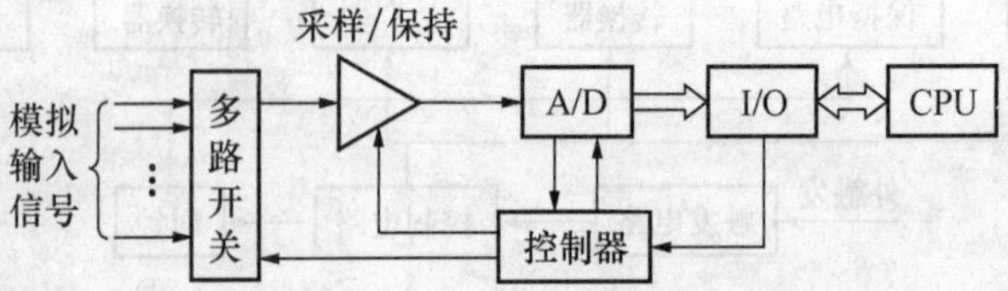

图 6-25　多通道共享采样/保持器和 A/D 转换器

(2)多通道同步型数据采集系统　图 6-26 所示结构虽然也是分时转换系统,各路信号共用一个 A/D 转换器,但每一路通道都有一个采样/保持器,可以在同一个指令控制下对各路信号同时进行采样,得到各路信号在同一时刻的瞬时值。模拟开关分时地将各路采样/保持器接到 A/D 转换器上进行模数转换。这些同步采样的数据可以描述各路信号的相位关系,这种结构被称为同步数据采集系统。由于各路信号必须串行地在共用的 A/D 转换器中进行转换,因此这种结构的速度较慢。

(3)多通道并行数据采集系统　图 6-27 中,每个通道都有独自的采样/保持器和 A/D 转换器,各个通道的信号可以独立进行采样和 A/D 转换。转换的数

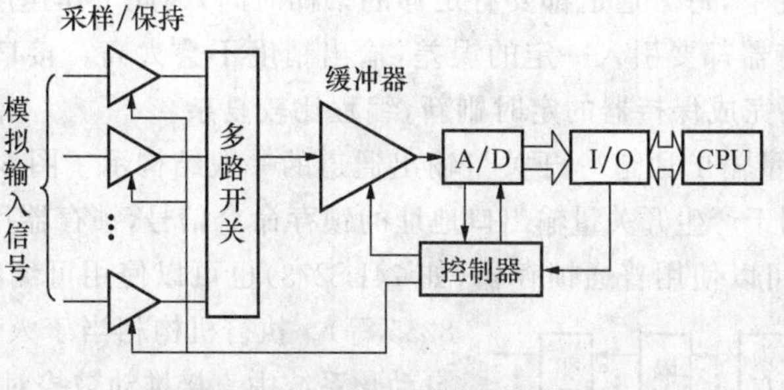

图 6-26 多通道同步型数据采集系统

据可经过接口电路直接送到计算机中，数据采集的速度快。另外，如果系统中的被测信号较分散，模拟信号若经过较长距离传输后再采样，势必会受到干扰。这种结构形式可以在每个被测信号源附近加采样/保持器和 A/D 转换器，就近进行采样保持和模数转换。转换的数字信号也可以通过光电转换变成光信号再传输，从而使传感器和数据处理中心在电气上完全隔离，避免接地电位差引起的共模干扰。

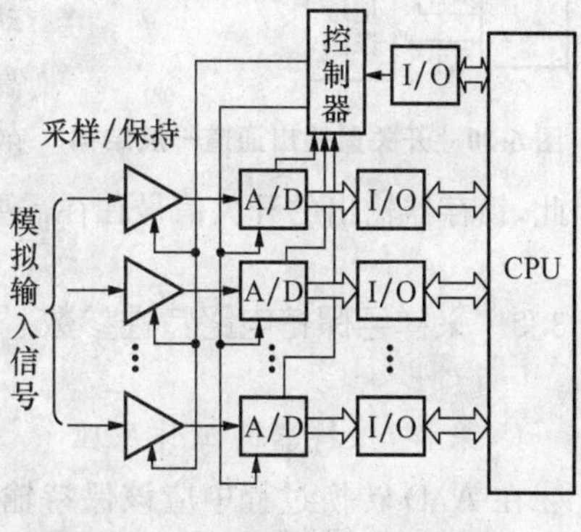

图 6-27 多通道并行数据采集系统

多通道并行数据采集系统所用的硬件多，成本高。这种结构形式适用于高速系统、分散系统以及多通道并行数据采集系统。

2. 数据输出通道基本结构

(1)多路模拟量输出通道

①每路通道使用独立的 DAC，如图 6-28 所示。

这种情况下，各路通道采用独立的数字锁存器来完成输出信号的保持，每路可以单独刷新，工作速度快，编程比较简单。

②多路通道共享一个 DAC，分时输出采样到保持器中，如图 6-29 所示。

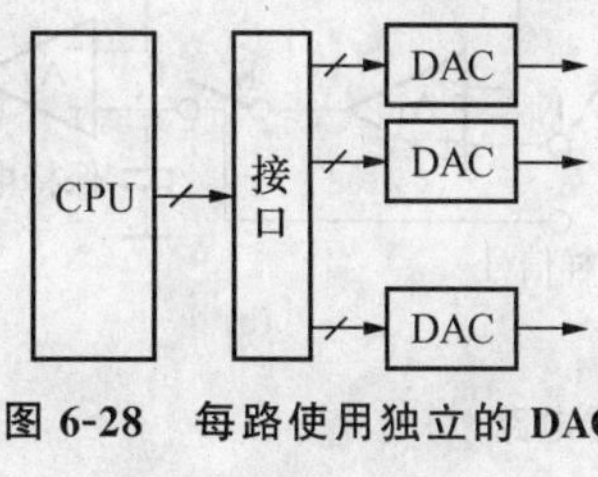

图 6-28 每路使用独立的 DAC

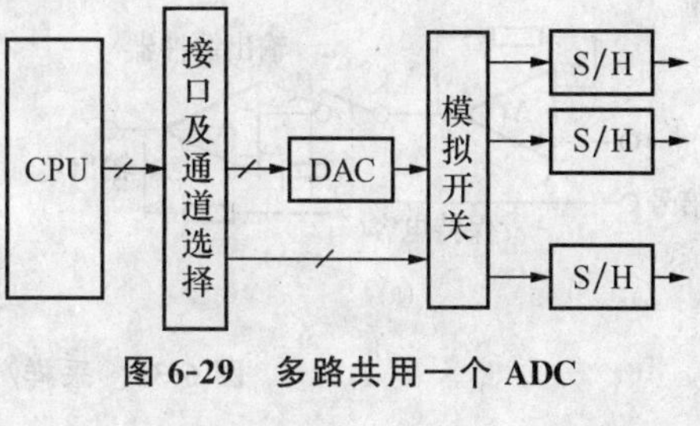

图 6-29 多路共用一个 ADC

这种情况下,每个通道都要有足够的采样时间,因此工作速度较慢。多路模拟开关和保持器都要引入一定的误差,输出精度不会太高。接口程序不但要控制 DAC,还要完成保持器的定时刷新,编程比较复杂。

(2)开关量输出通道　开关量输出通道的一般结构示于图 6-30。图中的地址译码电路用于产生开关量输出口地址的锁存命令信号,锁存器用于锁存多位开关量信号,它可以使用普通锁存器(如 74LS273)也可以使用可编程 PIO 芯片(如 8255 等)。执行机构相当于人的手脚,它们在自动化系统中直接推动被控对象,长期工作在工业现场的恶劣环境中,存在电场、磁场、振动、噪声、地电位差等多种干扰源,还可能受到高温、高压、腐蚀、易燃、易爆的威胁,远非简单的逻辑“0”和逻辑“1”就能使它们正常工作。因此,锁存器输出的开关信号往往需要经过隔离和驱动才能与执行机构相连接。

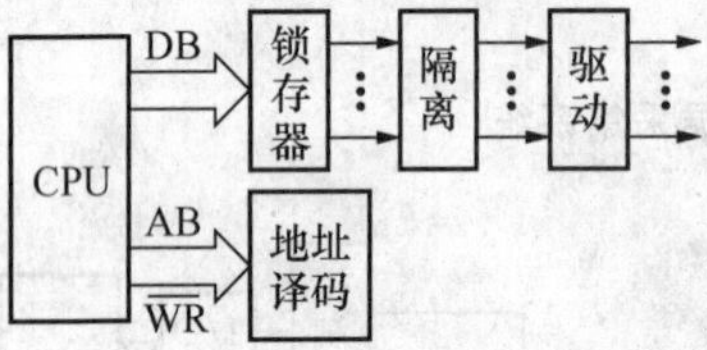

图 6-30　开关量输出通道一般结构

6.3.2　采样与保持电路特性参数

1. 采样/保持器的工作原理

在 A/D 转换过程中应该保持输入信号不变,采样/保持器(S/H)可以取出输入信号某一瞬间的值并在一定时间内保持不变。采样/保持器有两种工作方式,即采样方式和保持方式。在采样方式下采样/保持器的输出必须跟踪模拟输入电压;在保持方式下,采样/保持器的输出将保持采样命令发出时刻的电压输入值,直到保持命令撤销为止。

图 6-31 是采样/保持器的电路原理图。图中 A_1 为高输入阻抗的场效应管组成的放大器,A_2 为输出缓冲器,开关 K 是工作方式控制开关。当开关 K 闭合时,输入信号 V_{in} 经放大器 A_1 向电容器充电,此时为采样工作方式;当开关 K 断开时为保持方式,由于运算放大器的输入阻抗很高,因此在理想情况下,电容器保持充电的最终值。

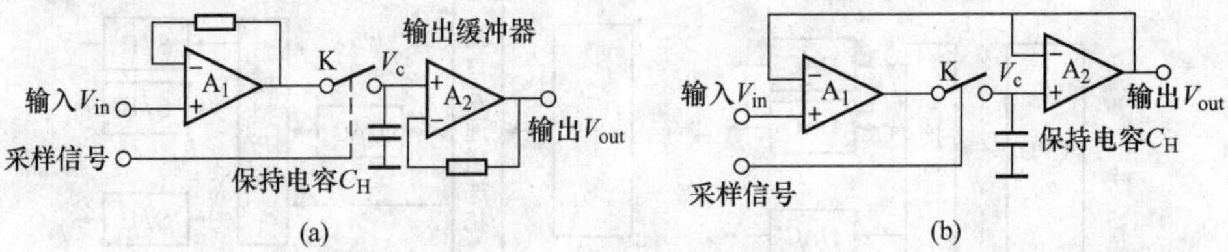

图 6-31　采样/保持器电路

2. 采样/保持器的主要参数

采样/保持器的动态特性主要用下列参数表示，详见图 6-32。

(1)捕获时间 t_{AC}　捕获时间是从采样开始到采样/保持器的输出电压达到精度指标(与被测电压的误差在 0.1%～0.01%范围之内)所需的时间，它与电容器的充电时间常数、放大器的响应及输入信号的变化幅度有密切关系。显然，保持电压的变化幅度越大，捕获时间越长。

(2)孔径时间 t_{AP}　从发出保持命令到保持开关真正断开所需要的时间，保持电容只有在 t_{AP} 时间后才开始起保持作用，因此这一延时会产生一个与被采样信号的变化有关的误差。

(3)保持建立时间 t_{HS}　采样/保持器进入保持状态后，需要经过保持建立时间 t_{HS}，输出才能达到稳定。因此转换时间早于 t_{HS}，会产生误差。

(4)孔径抖动 t_{AJ}　孔径抖动亦称孔径不确定度，表示 t_{AP} 的变化范围。t_{AJ} 一般比 t_{AP} 小 1/2 到 1 个数量级。

(5)衰减率　在保持状态下，由于保持电容的漏电流和其他杂散漏电流，引起保持电压下降。衰减率反映了采样/保持器的输出值在保持期间内的变化。

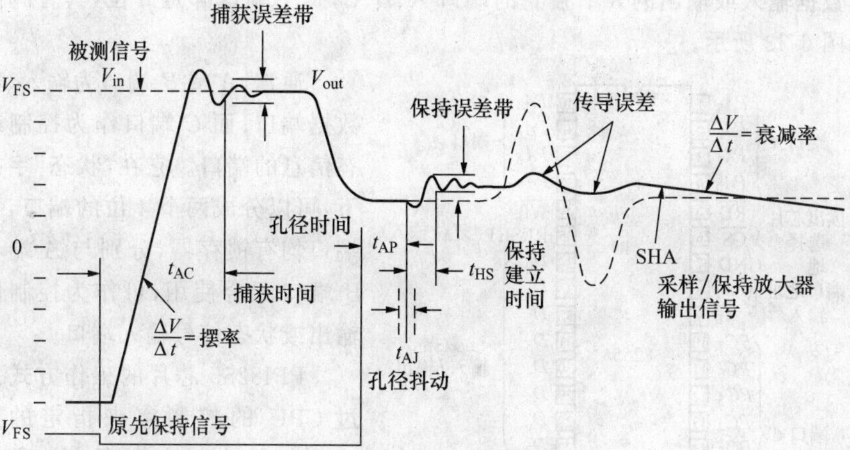

图 6-32　采样/保持器的动态特性

6.3.3　计算机接口技术

在测试系统中，微机与外部设备，执行元件和检测传感元件之间都需要有 I/O 通道以便交换信息，I/O 接口应包括 I/O 接口硬件电路和软件两方面的内容。根据选用不同的I/O设备或接口芯片的不同,I/O口的操作方式也不同,因而应用的程序也相应地不同。如入口地址、接口芯片初始化状态配置、工作方式选择等。

I/O接口硬件电路主要由地址译码器、I/O读写译码和I/O接口芯片(如数据缓冲器和数据锁存器)组成。在设计I/O接口电路时必须考虑与之相连的外设硬件的电路特性,如驱动功率、电平匹配、干扰抑制等。

I/O扩展常用的接口芯片通常分为两类,一类是采用TTL或CMOS工艺的数据锁存器和数据缓冲器等芯片;另一类是采用可编程的通用I/O接口芯片。采用第一类I/O接口芯片是机电一体化系统常用的方法,因为其成本低,配置灵活,在扩展单个8位输入或输出口时非常方便。但用其组成多个I/O口时,具有体积大的缺点。通用I/O扩展接口芯片主要有Intel公司的PPI8255(3个8位并行口)、8251串行口、8243(4个4位并行口)、ZILOG公司的Z80PIO(两个8位并行口)等。这里仅以最常用的CPU输入输出接口芯片PPI8255为例作一简要说明。

1. PPI8255芯片使用简介

PPI(programmable peripheral interface)8255芯片具有可按照程序指定进行数据输入或输出的3个独立的端口A、B、C,每个端口都是8位,其管脚配置如图6-33所示。

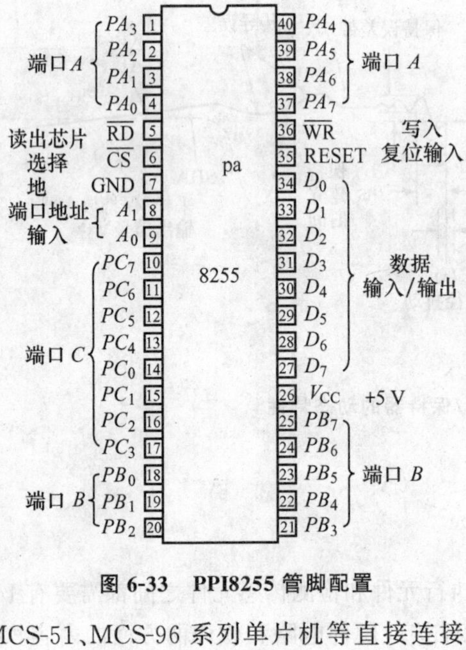

图6-33 PPI8255管脚配置

通常,A或B端口为输入、输出数据端口;而C端口作为控制或状态信息的端口。它在“状态”字控制下,可以分成两个4位的端口,每个端口均有锁存器,分别与A端口或B端口配合使用,可作为控制信号输出或状态信号输入端口。

PPI8255芯片的工作方式是通过CPU的控制字来指定的。在PPI内有控制寄存器,接受来自CPU输出的控制字。端口C是按照控制字来实现每一位的“复位”与“置位”控制的。

8255芯片可以与Intel公司的8080、8085、8088、8086、MCS-48、MCS-51、MCS-96系列单片机等直接连接,也可与Z80CPU直接连接。图6-34

为 PPI8255 与 Z80CPU 的连接方法。8255 的 $D_0 \sim D_7$ 是数据总线，数据的输入/输出、指令输出、CPU 发出的控制字和状态信息都通过它进行传送。RESET 为复位信号，高电平有效，当 RESET 信号到来后，8255 的控制寄存器被清零，而所有端口(A、B、C)均被置位到输入方式，这种情况在系统启动时发生，$\overline{CS}$ 是片选线，低电平有效，通过它使 CPU 与每片 8255 间发生通信联系。8255 的控制信号$\overline{RD}$、$\overline{WR}$各与 CPU 的$\overline{RD}$、$\overline{WR}$和$\overline{IORQ}$通过逻辑电路给予。$\overline{RD}$是读控制信号，低电平有效，通过它控制 PPI8255 将数据或机械状态信息传给 CPU；$\overline{WR}$为写控制信号，通过它来控制 CPU 输出的数据或控制信号传给 PPI8255 中去。8255 的 A_0、A_1 直接与 CPU 的地址总路线的 A_0、A_1 相接。PPI8255 的 $PA_0 \sim PA_7$、$PB_0 \sim PB_7$、$PC_0 \sim PC_7$ 通过转换接口电路与相应的外部装置相接。因此，由 CPU 的控制指令控制数据总线上的数据传送到相应端口，同时，将机械装置的状态信息或输入数据通过相应端口传送给 CPU。

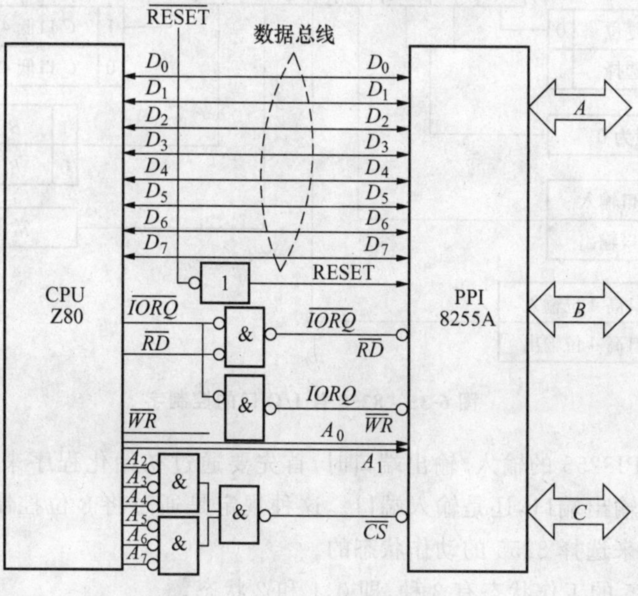

图 6-34 PPI8255A 与 CPU 的连接

输入/输出端口的寻址(也即选择)可通过 A_1A_0、$\overline{RD}$、$\overline{WR}$和$\overline{CS}$的不同组合实现，以实现各种输入/输出操作。

2. I/O 寻址方法

在 80 系列 CPU 中，选择其 I/O 端口的方法就是 I/O 寻址方法。当微机控制系统使用许多输入、输出端口时，CPU 通过哪个端口将数据输出出去，又通过哪个端口将数据输入进来呢，这就有一个选择指定端口的问题也就是常说的寻址问题。

I/O 地址为输入端口或输出端口的地址总称，对于输入场合来说，它指的是输入端口地址，而对于输出场合，则指的是输出端口地址，这些地址实际上是用十六进制数表示的，例如在 8 位 CPU 内，这个数值范围一般是 00H～FFH(即十进制的 0～256)。因为 8 位 CPU 的 I/O 一般为 00H～FFH，故用 I/O 寻址方式，输入端口和输出端口挂在 CPU 上，最多也只能是 256 个。

$PA_0 \sim PA_7$、$PB_0 \sim PB_7$、$PC_0 \sim PC_7$ 为与外设联结的 I/O 线。由指定控制字来规定各端口的工作状态(图 6-35)。图中 $D_0 \sim D_7$ 各位中，D_7 指定为 1，D_6 和 D_5 为 0。例如：设端口 A 用作输入，端口 B 用作输出，端口 C 的高 4 位和低 4 位都用作输出，此时的控制字为 $D_7D_6D_5D_4D_3D_2D_1D_0$＝10 010 000＝90 H。将此控制字"90 H"送入 8255 中的 CR 控制寄存器后，即可规定各端口的输入/输出。

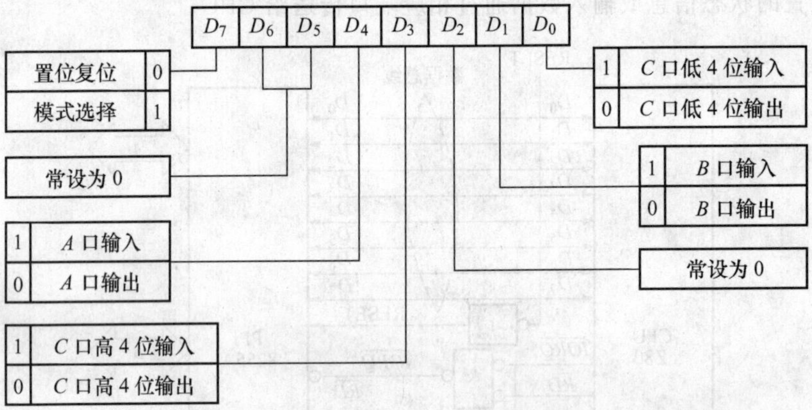

图 6-35 8255 各 I/O 口的控制字

使用 PPI8255 的输入/输出端口时，首先要通过初始化程序来规定 A，B，C 各个端口是输出端口，还是输入端口。这种规定是通过将 8 位控制字代码写入控制寄存器来选择 8255 的动作状态的。

PPI8255 的工作状态有 3 种，即 0，1 和 2 状态。

"0"状态时为基本的输入或输出方式，可以将端口 A(8 位)、端口 B(8 位)、端口 C(高 4 位)和端口 C(低 4 位)分别作为输入或输出使用。通过不同的控制字可选择不同的输入/输出端口。

"1"状态时为选通控制信号、状态信号的 I/O 方式，端口 A 和端口 B 用于输入或输出，而端口 A 的动作状态由端口 C(高 4 位)控制，B 组端口的动作状态由端口 C(低 4 位)控制。

“2”状态时为双向选通输入/输出方式，只能使用端口 A，就是说端口 A 由端口 C 控制。

上述 3 种状态中，最常用的是“0”工作状态。

6.3.4　输入输出控制方式

输入/输出接口在微机与被控设备之间进行信息传递，对它的控制常用的有两种方式：程序控制方式和数据通道方式。

1. *程序控制方式*

程序控制方式是利用微机的 I/O 指令来控制设备的一种方式。这种方式的实现方法有 3 种：

(1)无条件方式　无条件方式也称为直接方式，当输入的数据一直有效或输出设备一直准备就绪时，可采用这种方式传送数据。

例如：在某数控机床的控制系统中，用拨码开关作为输入设备来实现刀具半径补偿的输入设定，同时用发光二极管(LED)作为输出设备用于显示该设定值，如图 6-36 所示。

(2)询问等待方式　用这种方式时，数据的输入输出是在程序控制下进行的。中央处理单元(CPU)首先要读设备的状态，检查设备是否准备就绪；如果设备没有准备好，程序就不断循环，反复询问，直到设备准备就绪才退出循环，进行数据的输入或输出。在循环等待时，CPU 不能处理其他任何事务，计算机的工作效率较低。但由于实现起来比较简单，在一些只需简单 I/O 设备的小型系统中经常采用。这种方式的流程图如图 6-37 所示。数控(CNC)系统中，计算机与机床强电系统信息交换要用到这种方式。

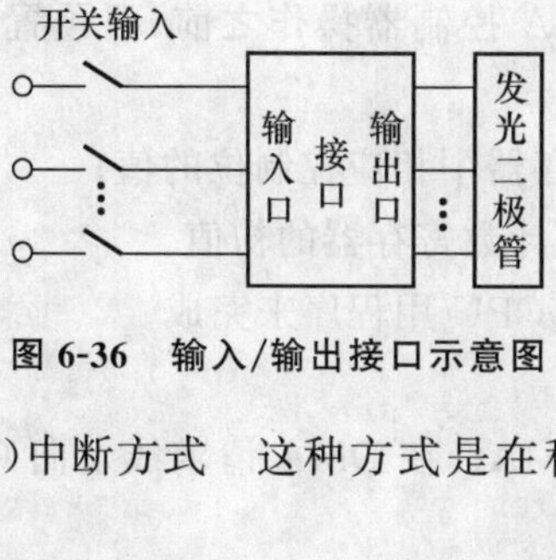

图 6-36　输入/输出接口示意图

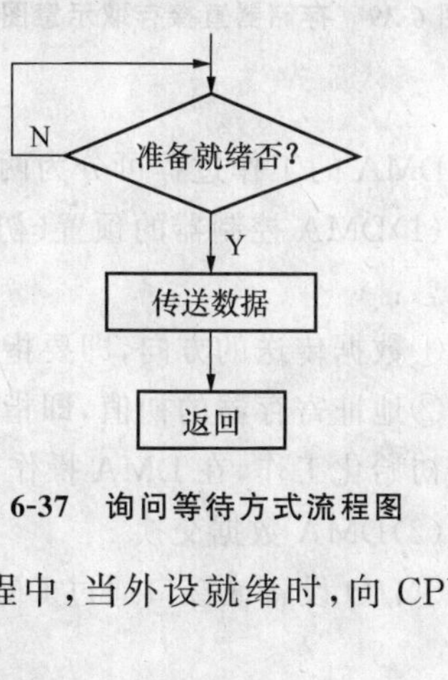

图 6-37　询问等待方式流程图

(3)中断方式　这种方式是在程序执行过程中，当外设就绪时，向 CPU 发出中断请求，然后 CPU 响应中断请求，把正在执行的程序暂时“中断”，而转到中断处理程序，完成数据传送的任务，再返回被中断的程序，继续执行，如图6-38(a)所示。一般的中断控制示意图如图 6-38(b)所示。

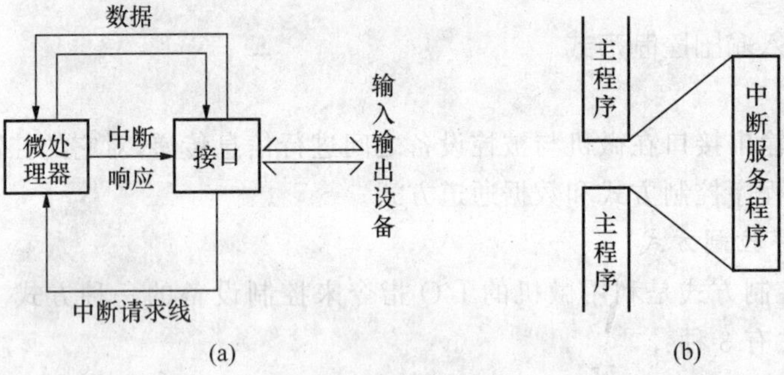

图 6-38 中断控制示意图

2. 数据通道(DMA)方式

程序控制 I/O 方式，对于某些要求快速进行数据传送的设备如磁带、CRT 终端等，是不能满足传送速度要求的，因此采用数据通道方式，即存储器直接存取(DMA)。所谓“直接存取”，就是采用周期挪用的办法，不通过 CPU，而在外部设备和存储器之间直接传送数据，如图 6-39 所示。

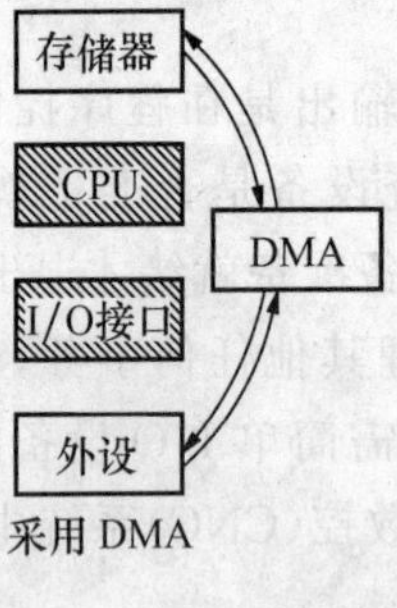

图 6-39 存储器直接存取示意图

DMA 控制器与 CPU 自动保持联系，利用挪用的周期对存储器进行存储。因此，数据的传送与 CPU 指令的执行完全无关。这种方式节省 CPU 的时间，加快传送数据的速度。

DMA 的工作过程可分为两个步骤：

(1)DMA 控制器的预置(初始化) DMA 控制器操作之前，要预置如下一些信息：

①数据传送的方向，即要指定其状态寄存器中相应控制位的值；

②地址寄存器的初值，即指定首地址，字计数寄存器的初值。

初始化工作，在 DMA 操作开始之前，由 CPU 用程序来完成。

(2)DMA 数据交换

①I/O 设备或接口通过 DMA 控制器 DMAC 在 DMA 请求线上向 CPU 发

出DMA请求。CPU在执行完正在运行的机器周期后允许该请求,并发出DMA确认信号给DMA控制器,同时CPU浮动它的总线进入高阻状态,系统总线改由DMA控制器和相应的外设驱动。

②DMA控制器把"DMA确认信号"转送给I/O设备和存储器,发出可交换数据的通知,然后在地址总线上发出一个事先设置的初始地址。

③数据沿数据总线直接在I/O设备或接口与存储器之间传送,每传送一个字,DMA控制器的地址加1;字寄存器减1。如此循环,直至字寄存器减为0,数据传送完毕。典型的DMA操作流程如图6-40所示。

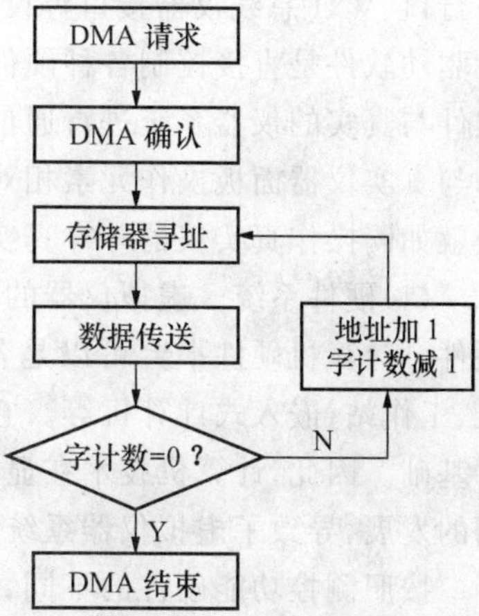

图 6-40 DMA 操作过程

6.3.5 虚拟仪器测量技术

随着电子技术、计算机技术、软件技术、通信技术的迅速发展,新的测量理论、测量方法、测量领域和新的仪器结构不断出现,在许多方面已经突破了传统仪器的概念。美国国家仪器公司NI(National Instruments)提出的虚拟测量仪器(VI)概念,引发了传统仪器领域的一场重大变革,使得计算机和网络技术得以长驱直入仪器领域,和仪器技术结合起来,从而开创了"软件即是仪器"的先河。

"软件即是仪器",这是NI公司提出的虚拟仪器理念的核心思想。从这一思想出发,基于电脑或工作站、软件和I/O部件来构建虚拟仪器。I/O部件可以是独立仪器、模块化仪器、数据采集板(DAQ)或传感器。NI所拥有的虚拟仪器产品包括软件产品(如LabVIEW)、GPIB产品、数据采集产品、信号处理产品、图像采集产品、DSP产品和VXI控制产品等。

1. 虚拟仪器概述

虚拟仪器就是在以计算机为核心的硬件平台上,由用户设计定义具有虚拟面板,其测试功能由测试软件实现的一种计算机仪器系统。即利用计算机显示器模拟传统仪器控制面板,以多种形式输出检测结果;利用计算机软件实现信号数据的运算、分析和处理;利用I/O接口设备完成信号的采集、测量与调理,从而完成各种测试功能的一种计算机仪器系统。

2. 虚拟仪器系统的组成

虚拟仪器由硬件设备与接口、设备驱动软件和虚拟仪器面板组成。其中，硬件设备与接口可以是各种以 PC 为基础的内置功能插卡、通用接口总线接口卡、串行口、VXI 总线仪器接口等设备，或者是其他各种可程控的外置测试设备，设备驱动软件是直接控制各种硬件接口的驱动程序，虚拟仪器通过底层设备驱动软件与真实的仪器系统进行通信，并以虚拟仪器面板的形式在计算机屏幕上显示与真实仪器面板操作元素相对应的各种控件。用户用鼠标操作虚拟仪器的面板就如同操作真实仪器一样真实与方便。

(1)硬件系统　虚拟仪器的硬件系统一般分为计算机硬件平台和测控功能硬件。计算机硬件平台可以是各种类型的计算机，如台式计算机、便携式计算机、工作站、嵌入式计算机等。它管理着虚拟仪器的软件资源，是虚拟仪器的硬件基础。因此，计算机技术在显示、存储能力、处理器性能、网络、总线标准等方面的发展，导致了虚拟仪器系统的快速发展。

按照测控功能硬件的不同，VI 可分为 DAQ、GPIB、VXI、PXI 和串口总线 5 种标准体系结构，它们主要完成被测输入信号的采集、放大、模/数转换。

(2)软件系统　测试软件是虚拟仪器的主心骨。NI 公司在提出虚拟仪器概念并推出第一批实用成果时，就用软件就是仪器来表达虚拟仪器的特征，强调软件在虚拟仪器中的重要位置。NI 公司从一开始就推出丰富而又简洁的虚拟仪器开发软件。使用者可以根据不同的测试任务，在虚拟仪器开发软件的提示下编制不同的测试软件，来实现当代科学技术复杂的测试任务。在虚拟仪器系统中用灵活强大的计算机软件代替传统仪器的某些硬件，特别是系统中应用计算机直接参与测试信号的产生和测量特性的分析，使仪器中的一些硬件甚至整个仪器从系统中消失，而由计算机的软硬件资源来完成它们的功能。虚拟仪器测试系统的软件主要分为以下 4 部分。

①仪器面板控制软件。仪器面板控制软件即测试管理层，是用户与仪器之间交流信息的纽带。利用计算机强大的图形化编程环境，使用可视化的技术，从控制模块上选择你所需要的对象，放在虚拟仪器的前面板上。

②数据分析处理软件。利用计算机强大的计算能力和虚拟仪器开发软件功能强大的函数库可以极大提高虚拟仪器系统的数据分析处理能力，节省开发时间。

③仪器驱动软件。虚拟仪器驱动程序是处理与特定仪器进行控制通信的一种软件。仪器驱动器与通信接口及使用开发环境相联系，它提供一种高级的、抽象的仪器映象，它还能提供特定的使用开发环境信息。仪器驱动器是虚拟仪器的核心，是用户完成对仪器硬件控制的纽带和桥梁。虚拟仪器驱动程序的核心是驱动

程序函数/VI集,函数/VI是指组成驱动的模块化子程序。驱动程序一般分为两层,底层是仪器的基本操作,如初始化仪器配置仪器输入参数、收发数据、查看仪器状态等。高层是应用函数/VI层,它根据具体测量要求调用底层的函数/VI。

④通用I/O接口软件。在虚拟仪器系统中,I/O接口软件作为虚拟仪器系统软件结构中承上启下的一层,其模块化与标准化越来越重要。VXI总线即插即用联盟,为其制定了标准,提出了自底向上的I/O接口软件模型即VISA。作为通用I/O标准,VISA具有与仪器硬件接口无关性的特点,即这种软件结构是面向器件功能而不是面向接口总线的。应用工程师为带GPIB接口仪器所写的软件,也可以于VXI系统或具有RS232接口的设备上,这样不但大大缩短了应用程序的开发周期,而且彻底改变了测试软件开发的方式和手段。

3. 虚拟仪器的分类

虚拟仪器的发展随着微机的发展和采用总线方式的不同,可分为5种类型。

(1)PC总线-插卡型虚拟仪器　这种方式借助于插入计算机内的数据采集卡与专用的软件,如LabVIEW相结合(注:美国NI公司的LabVIEW是图形化编程工具,它可以通过各种控件自己组建各种仪器)。LabVIEW/cvi是基于文本编程的程序员提供高效的编程工具,通过3种编程语言VisualC++,Visual Basic,LabVIEWs/cvi构成测试系统,它充分利用计算机的总线、机箱、电源及软件的便利。但是受PC机机箱和总线限制,且有电源功率不足,机箱内部的噪声电平较高,插槽数目也不多,插槽尺寸比较小,机箱内无屏蔽等缺点。另外,ISA总线的虚拟仪器已经淘汰,PCI总线的虚拟仪器价格比较昂贵。

(2)并行口式虚拟仪器　最新发展的一系列可连接到计算机并行口的测试装置,它们把仪器硬件集成在一个采集盒内。仪器软件装在计算机上,通常可以完成各种测量测试仪量的功能,可以组成数字存储示波器、频谱分析仪、逻辑分析仪、任意波形发生器、频率计、数字万用表、功率计、程控稳压电源、数据记录仪、数据采集器。美国LINK公司的DSO-2XXX系列虚拟仪器,它们的最大好处是可以与笔记本计算机相连,方便野外作业,又可与台式PC机相连,实现台式和便携式两用,非常方便。由于其价格低廉、用途广泛,特别适合于研发部门和各种教学实验室应用。

(3)GPIB总线方式的虚拟仪器　GPIB技术是IEEE488标准的虚拟仪器早期的发展阶段。它的出现使电子测量独立的单台手工操作向大规模自动测试系统发展,典型的GPIB系统由一台PC机、一块GPIB接口卡和若干台BPIB形式的仪器通过GPIB电缆连接而成。在标准情况下,一块GPIB接口可带多达14台仪器,电缆长度可达40 m。GPIB技术可用计算机实现对仪器的操作和控制,替代传统的人工操作方式,可以很多方便地把多台仪器组合起来,形成自动测量系统。GPIB测量系统的结构和命令简单,主要应用于台式仪器,适合于精确度要求高的,但不要求对计算机高速传输状况时应用。

(4)VXI总线方式虚拟仪器　VXI总线是一种高速计算机总线VME总线在VI领域的扩展,它具有稳定的电源,强有力的冷却能力和严格的RFI/EMI屏蔽。由于它的标准开放、结构紧凑、数据吞吐能力强、定时和同步精确、模块可重复利用、众多仪器厂家支持的优点,很快得到广泛的应用。经过多年的发展,VXI系统的组建和使用越来越方便,尤其是组建大、中规模自动测量系统以及对速度、精度要求高的场合。有其他仪器无法比拟的优势。然而,组建VXI总线要求有机箱、零槽管理器及嵌入式控制器,造价比较高。

(5)PXI总线方式虚拟仪器　PXI总线方式是PCI总线内核技术增加了多板同步触发总线的技术规范和要求形成的。增加了多板发总线,以使用于相邻模块的高速通信的局总线。PXI具有高度可扩展性。PXI具有8个扩展槽,而台式PCI系统只有3～4个扩展槽,通过使用PCI-PCI桥接器,可扩展到256个扩展槽,台式PC的性能价格比和PCI总线面向仪器领域的扩展优势结合起来,将形成未来的虚拟仪器平台。

4. 虚拟仪器的特点

同其他技术相比,虚拟仪器技术具有四大优势。

(1)性能高　虚拟仪器技术是在PC技术的基础上发展起来的,所以完全"继承"了以现成即用的PC技术为主导的最新商业技术的优点,包括功能超卓的处理器和文件I/O,使您在数据高速导入磁盘的同时就能实时地进行复杂的分析。此外,不断发展的互联网和越来越快的计算机网络使得虚拟仪器技术展现其更强大的优势(图6-41)。

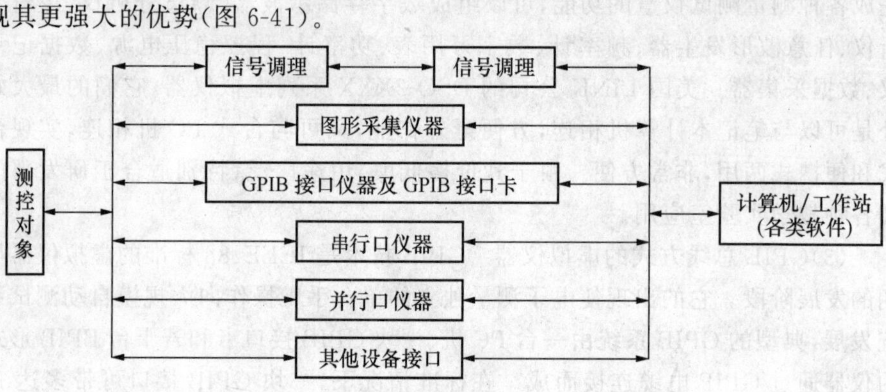

图 6-41　虚拟框图

(2)扩展性强 NI 的软硬件工具使得我们不再受限于当前的技术中。这得益于 NI 软件的灵活性,只需更新计算机或测量硬件,就能以最少的硬件投资和极少的甚至无需软件上的升级即可改进整个系统。在利用最新科技的时候,我们可以把它们集成到现有的测量设备,最终以较少的成本加速产品上市的时间。

(3)开发时间少 在驱动和应用两个层面上,NI 高效的软件构架能与计算机、仪器仪表和通信方面的最新技术结合在一起。NI 设计这一软件构架的初衷就是为了方便用户的操作,同时还提供了灵活性和强大的功能,使我们轻松地配置、创建、发布、维护和修改高性能、低成本的测量和控制解决方案。

(4)无缝集成 虚拟仪器技术从本质上说是一个集成的软硬件概念。随着产品在功能上不断地趋于复杂,工程师们通常需要集成多个测量设备来满足完整的测试需求,而连接和集成这些不同设备总是要耗费大量的时间。NI 的虚拟仪器软件平台为所有的 I/O 设备提供了标准的接口,帮助我们轻松地将多个测量设备集成到单个系统,减少了任务的复杂性。

表 6-1 中列出了虚拟仪器与传统仪器的各方面比较。

表 6-1 虚拟仪器与传统仪器的比较

虚拟仪器	传统仪器
功能由用户自己定义	功能由仪器厂商定义
技术更新周期短	技术更新周期长
全汉化图形界面,计算机读数及分析处理	图形界面小,人工读数,信息量小
数据可以进行编辑、存储和打印	数据无法编辑,只能显示
软件是关键	硬件是关键
开发和维护费用低	价格昂贵,开发和维护费用高
面向应用的系统结构,方便与网络、外设及其他应用连接	与其他仪器设备的连接有限
自动、智能化、远距离传输	功能单一

5. 虚拟仪器的应用

利用虚拟仪器技术,用户可定义自己的专用仪器系统,且功能灵活,易于构建,所以应用面极为广泛。尤其在科研开发、检测计量、测量测控等领域更是不可多得的好工具。它功能强大,可实现示波器、逻辑分析仪、频谱仪、信号发生器等多种普通仪器全部功能,配以专用探头和软件还可检测特定系统的参数,如汽车发动机参数、汽油标号、炉窑温度、血液脉搏波、心电参数等多种数据。

在工业控制领域，大部分闭环控制系统要求精确的采样，及时的数据处理和快速的数据传输。虚拟仪器系统恰恰符合上述特点，十分适合测控一体化的设计。在制造业，虚拟仪器的卓越计算能力和巨大数据吞吐能力使其在温控系统、在线监测系统、电力仪表系统、流程控制系统等工控领域发挥更大的作用。

当今社会信息技术的迅猛发展，无所不在的计算机应用为虚拟仪器的推广提供了良好的基础。虚拟仪器适合于一切需要计算机辅助进行数据存储、数据处理、数据传输的计量场合。进一步讲，一切计量系统，只要技术上可行，都可用虚拟仪器代替。虚拟仪器强大的功能和价格优势，使得它在仪器计量领域具有很强的生命力和十分广阔的前景。

6. 虚拟仪器系统的整体设计

虚拟仪器系统的设计方法与实现步骤和一般软件的设计方法与实现步骤基本相同，只不过虚拟仪器在设计时要考虑硬件部分。主要包括底层硬件、软硬件接口、应用程序以及驱动程序的设计与开发。

(1)制定所设计仪器的接口形式　如果仪器设备具有 RS-232 串行接口，则直接用连线将仪器设备和计算机的 RS-232 串行口连接即可。如果是 GPIB 接口，需要额外配备一块 GPIB-488 接口板，将接口板插入计算机的 ISA 插槽，建立起计算机与仪器设备之间的通信桥梁。如果使用计算机来控制 VXI 总线设备，则需要配置一块 GPIB 接口卡，通过 GPIB 总线与 VXI 主机箱零槽模块通信。零槽模块的 GPIB-VXI 翻译器将 GPIB 的命令翻译成 VXI 命令并把各模块返回的数据以一定的格式传回主控计算机。DAQ 数据采集卡是基于计算机标准总线的，因此可以将数据采集卡直接插到计算机的插槽上。

(2)开发硬件采集卡　一种典型的数据采集卡组成包括，先用传感器把非电的物理量转变成模拟电量，采样/保持器可以保持信号，实现对瞬时信号进行采集，以便 ADC 进行数字转换，提高 ADC 转换器的转换精度。实现在测量中同时对多路模拟信号进行采样。多路模拟开关可以分时选通来自多个输入通道的某一路信号，这样在多路开关后的单元电路，只需一套即可，也可以采用计算机进行多路选择控制。当传感器输出的信号比较小，可以用放大器放大和缓冲输入信号，如果采用的是可编程增益放大器就可以通过计算机进行增益选择控制确定增益倍数。精度及性能是仪器系统的生命，而这完全依赖于提供基础数据的信号采集控制电路，因此在硬件采集电路的设计时，需根据所设计的虚拟仪器所要达到的性能指标和被测信号的特点，设计合理的系统结构。系统的结构合理与否，对系统的可靠性、性能价格比等有直接影响，在硬件和软件功能的设计上要尽量使虚拟仪器的结构简单,可靠性高,成本低廉,选用合适的单元器件,尽可能地提高采集卡采集的精度和速度。

(3)确定设计采集卡的设备驱动程序方案 采集卡的设备驱动程序是控制各种硬件采集卡的驱动程序,是连接主控计算机与信号采集调理部件的纽带。驱动程序的实质是为用户提供了用于仪器操作的较抽象的操作函数集,它是虚拟仪器核心软件之一。

(4)确定虚拟仪器系统应用程序编程语言 虚拟仪器系统软件结构的设计在体现整个系统的性能和灵活性方面作用很大,因此在开发虚拟仪器系统的软件部分时,首先要根据所开发的虚拟仪器功能和性能,确定应用程序和软面板程序的模块结构和功能,画出各部分的流程图,采用合适的编程语言。在编制虚拟仪器软件中可采用两种编程方法。一种是采用面向对象的可视化的高级编程语言,如 VC++、VB 和 Delphi 等编写虚拟仪器的软件,这种方法实现的系统灵活性高,易于扩充和升级维护。另一种是采用图形化编程方法,如 LabVIEW,AgilentVEE,采用图形化编程的优势是软件开发周期短、编程较简单,特别适合工程技术人员使用。总之在编写程序时,要尽可能地让每一模块都有一定的独立性,模块之间明确定义接口,模块之间可以采用数据传递的形式进行联系。

(5)软件调试和运行 程序编写好以后要对各模块进行调试和运行,可以通过采集各种标准信号来验证虚拟仪器系统功能的正确性和性能的优良性。

复习与思考题

6-1 现用固有频率为 1200 Hz 的振动子记录基频为 600 Hz 的方波信号,试分析记录结果,并绘出记录波形的示意图。

6-2 试应用测试系统不失真测试条件,分析光线示波器振子的选用原则。

6-3 FC6-120 型振子的固有频率为 120 Hz,试问该振子能否测量工频信号和 50 Hz 的三角波信号,为什么?

6-4 试说明光线示波器在什么情况下使用电磁阻尼振子,并在使用电磁阻尼振子时,外电阻如何影响其阻尼比。

6-5 直录式磁带记录仪中的非线性畸变误差可用什么技术来纠正?请简述其原理。

6-6 磁带记录仪的记录方式有几种?当采用磁带记录仪记录信号时,要使信号的抗干扰能力强,信号失真小,采用哪种记录方式?

6-7 引起钟形失真的原因和消除该失真的技术分别是什么?

6-8 请简述重放放大器具有积分特性的必要性。(如不具有积分特性,是否引起幅频失真和相频失真，为什么？)

6-9 阵列式记录仪器的分类有哪些？

6-10 画出波形存储式记录仪的原理框图。

6-11 在记录仪中，计算机输入输出的控制方式有哪些？信号怎样被输入，数据如何被输出？

6-12 虚拟仪器的实质是什么？

7 测试中干扰的控制

在测试过程中,除了待测信号以外,各种不可见的随机信号也可能出现在测试系统中。这些信号与待测信号叠加在一起,严重歪曲测试结果。轻则使测试结果偏离正常值,重则淹没了有用信号,无法获得测试结果。测试系统中的无用信号就是干扰。显然一个测试系统抗干扰能力的大小在很大程度上决定了系统的可靠性,是测试系统重要特性之一。因此,认识干扰信号,重视抗干扰设计是测试工作中不可忽视的问题。

7.1 干扰的类型及产生

要想消除干扰,首先要了解产生干扰的原因。系统产生干扰主要有以下几方面。

测试装置的干扰来自多方面。机械振动或冲击会对测试装置(尤其是传感器)产生严重的干扰;光线对测试装置中的半导体器件会产生干扰;温度的变化会导致电路参数的变动,产生干扰;存在电磁的干扰等。

干扰进入测试装置有 3 条主要途径(图 7-1)。

(1)电源干扰　这是由于电源波动、市电电网干扰信号的窜入以及装置供电电源电路内阻引起个单元电路相互耦合造成的干扰。

(2)信道干扰　信号在传输过程中,通道中各元器件产生的噪声或非线性畸变所造成的干扰。

(3)电磁干扰　干扰以电磁波辐射的方式经空间进入测试装置。

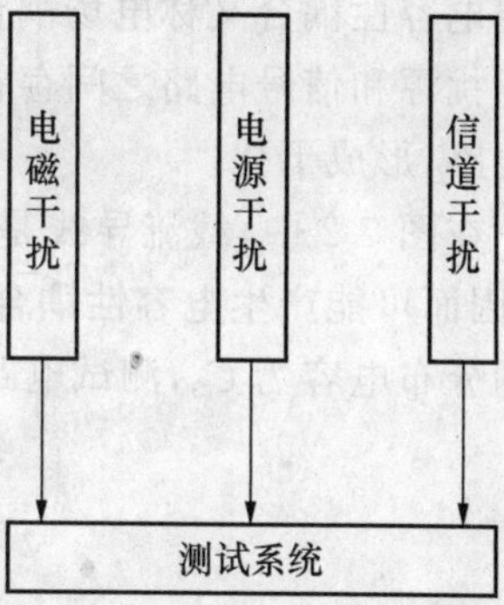

图 7-1　测试装置的主要干扰源

1. 电源干扰

由于供电电网面对各种用户,电网上并联着各种各样的用电器。用电器(特别是感性用电器,如大功率电机)在开、关机时都会给电网带来强度不一的电压跳变。这种跳变的持续时间很短,人们称之为巅峰电压。在有大功率耗电设备的电网中,经常可以检测到在供电的 50 Hz 的正弦波上叠加着有害的 1 000 V 以上的巅峰电压。它会影响测试装置的正常工作。

2. 信道干扰

信道通道干扰有以下几种：

(1)信道通道元器件噪声的干扰　它是由于测试通道中各种元器件所产生的热噪声(如电阻器的热噪声、半导体元器件的散粒噪声等)造成的。

(2)信号通道中信号的串扰　元器件排放位置和线路板信号走向不合理会造成这种干扰。

(3)长线传输干扰　对于高频信号来说，当传输距离与信号波长可比时会产生干扰，应该考虑此种干扰的影响。

3. 电磁干扰

测试系统周围的空间总存在着磁场、电磁场、静电场，如太阳及天体辐射电磁波，广播、移动电话、通信发射台的电磁波，周围中频设备(如中频炉、晶闸管变送电源、微波炉等)发出的电磁辐射等。这些场干扰会通过电源或传输线影响各功能模块的正常工作，使其中的电平发生变化或产生脉冲干扰信号。

7.2 干扰信号的基本输入方式

7.2.1 电容耦合

电容性耦合又称电场耦合、静电耦合。当干扰源是以电压的形式出现时，由于干扰源和信号电路之间存在分布电容，因此干扰电压通过这些电容耦合到信号电路，形成干扰。

在图 7-2 中，载流导线是干扰源，由于它与信号传输导线之间存在分布电容，因而可能产生电容性耦合干扰。设载流导线的电压为 U_S，它与信号传输线间的分布电容为 C_S，测试电路的输入阻抗为 Z_L，则感应电压 U_N 为

$$U_N = \frac{j\omega C_S Z_L}{1 + j\omega C_S Z_L} U_S \tag{7-1}$$

当 $|j\omega C_S Z_L| \ll 1$ 时，式(7-1)可简化为

$$U_N = j\omega C_S Z_L U_S \tag{7-2}$$

由式(7-2)可看出，U_N 与干扰信号的角频率 ω、分布电容 C_S、测试装置的输入阻抗 Z_L 及载流导线的电压 U_S 成正比。降低 ω，C_S，Z_L，U_S 均可减小干扰。但因对

微弱信号的检测要求放大器有很高的输入阻抗，显然对抑制干扰是不利的。

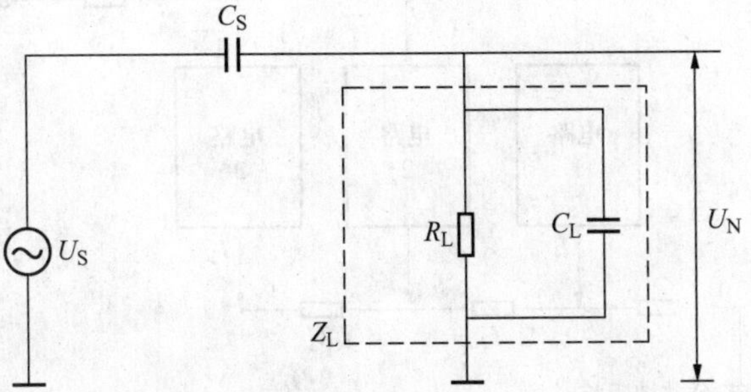

图 7-2 电容性耦合

7.2.2 电感性耦合

电感性耦合又称电磁耦合、互感耦合。当干扰源以电流形式出现时，由于干扰源和信号电路之间存在着互感，于是干扰电流通过互感耦合到信号电路，产生干扰。

在图 7-3 中，干扰可能是电网动力线或其他强信号线。设干扰电路中的电流为 I_n，它与信号传输线间的互感为 M，那么由 I_n 产生的干扰电压 U_N 为

$$U_N = j\omega M I_n \tag{7-3}$$

由式(7-3)可见，U_N 与干扰源的频率、互感 M 及干扰电流 I_n 成正比。因此，减小 U_N 的主要途径是减小互感。

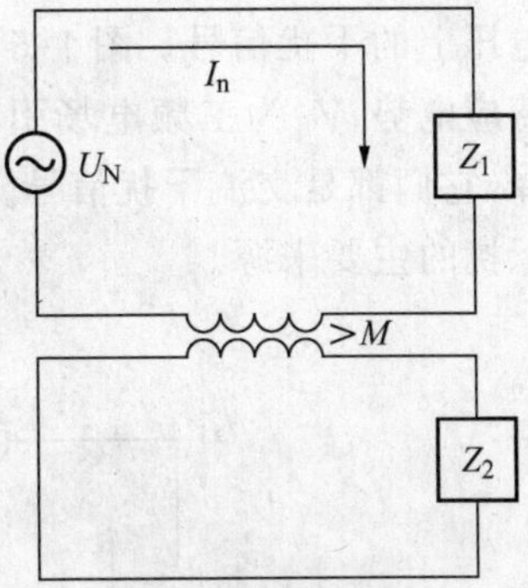

图 7-3 电感性耦合

7.2.3 公共阻抗耦合

公共阻抗耦合的干扰是在同一系统的电路和电路之间，设备和设备之间总存在着公共阻抗。地线与地之间形成的阻抗为公共地阻抗。在设备内部，各个电路往往共用一个直流电源，这时电源内阻、电源线阻抗形成公共电源阻抗。当电流流经公共阻抗时，阻抗上的压降便成为噪声电压，如图 7-4 所示。

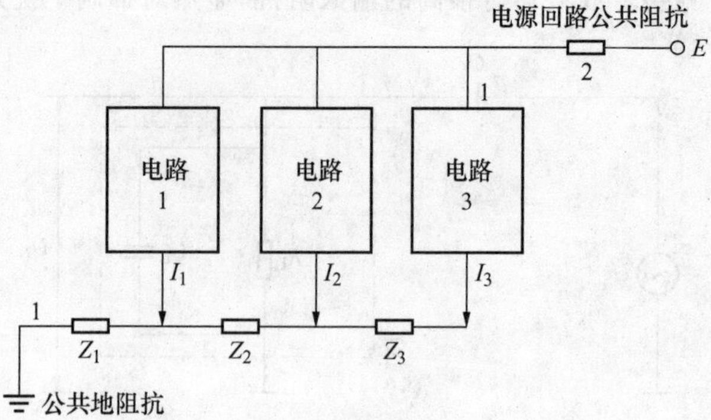

图 7-4　公共阻抗耦合

7.2.4　串模干扰

串模干扰又称常态干扰，是由外界条件引起、在测试仪器输入端叠加于被测电压上的干扰信号。图 7-5 所示为串模干扰示意图。e 为空间工频磁场引起的感应电势，V_i 为工频电场引起的漏电电流在被测信号电阻上产生的附加电压降，它们都是交流干扰信号。在输入回路中，接触电势和热电势 e_n 是直流串模干扰的主要来源。

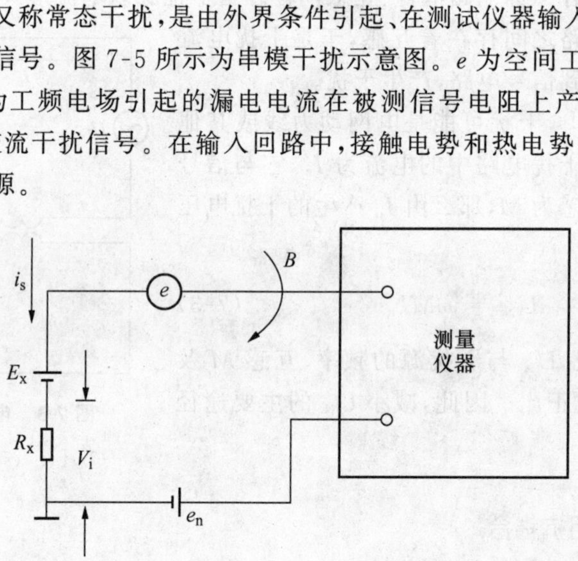

图 7-5　串模干扰

7.2.5　共模干扰

共模干扰电压是指仪器两输入端和地之间的电压。共模干扰常见的形式有 3 种：第一种是被测信号低端对地的电压，如图 7-6(a)所示低端对地的电压 V_{CM}

即为共模干扰源。第二种是被测信号的两个输出端对地(或仪器两个输入端对地)的公共电压,如图 7-6(b)所示电桥 c 点和 d 点对地的电压 V_{CM} 即为共模干扰源。第三种是被测信号的地和仪器的地之间不等电位,两个地之间的电势 E_{CM} 即为共模干扰源,如图 7-6(c)所示。这些共模干扰电压的作用最终表现为两个共模干扰电流进入测试仪器的两个输入端。在实际的测试现场(尤其是存在着高电压、大电流的现场,如发电厂、高能物理实验室等),共模干扰电压往往具有很高的值,有时可以达到上百伏甚至上千伏,因而在这些场合,要求有很高的共模抑制比,在设计测试系统时要给予充分的考虑。

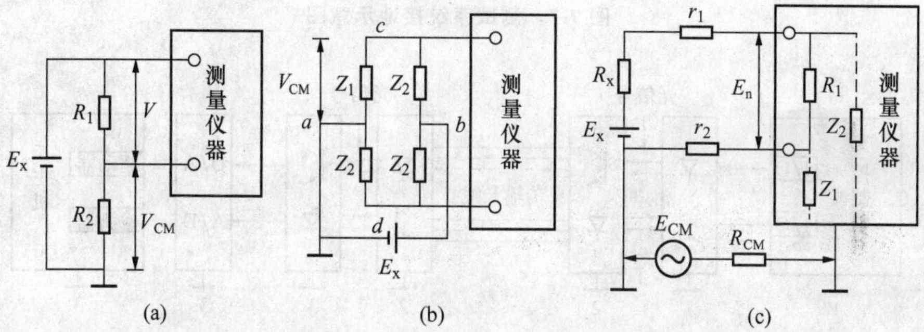

图 7-6 共模干扰的常见形式

7.3 常用抗干扰技术

在测试系统过程中,必须采用相应的措施减轻或消除干扰,以得到较高精度的测量值。

7.3.1 正确接地

接地是抗干扰的主要手段。要防止从接地系统传来的干扰,就必须采用正确的接地方法,防止形成接地环路而引起干扰。通常采用一点接地、并联接地和光电隔离等措施。对于由于接地点远离而形成的环路,可采用如图 7-7(a)所示的一点接地方法来切断。对于由于多个设备采用公共地线串联接地而形成的环路,可用如图 7-7(b)所示的并联接地方法来切断。对于长线传输的数字信号,采用光电耦合器来切断接地环路,如图 7-8 所示。图中,1,2,3 表示不同的接地点,这不仅可以消除地线干扰,还能解决长线驱动和阻抗匹配问题。接地线要有足够的截面积,以免电阻过大而影响接地电位。

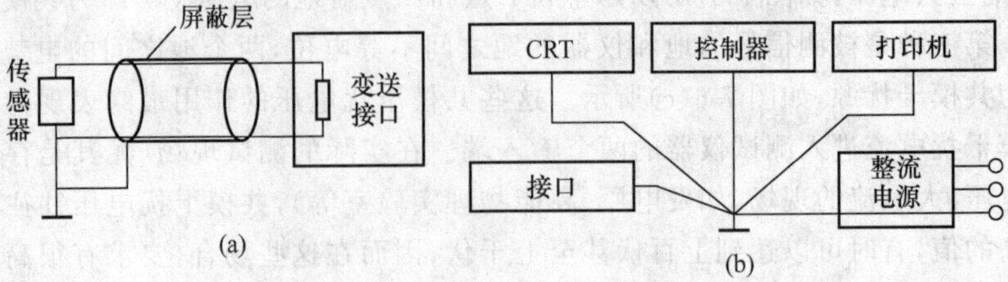

(a)一点接地 (b)并联接地

图 7-7 测试系统接地示意图

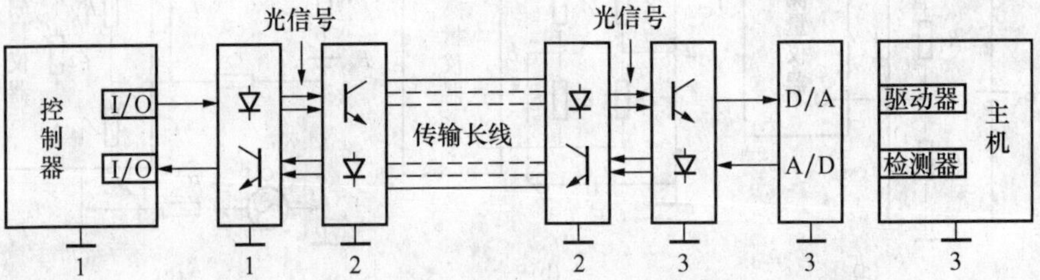

图 7-8 光电隔离接地系统示意图

7.3.2 采用电源滤波器、浪涌吸收器、交流稳压器和直流稳压电源

在交流电源的输入端串联一个电源滤波器,可有效地抑制高频干扰的进入。一般采用的是 LC 构成的各种低通滤波器。在电源线之间及电源线对地之间分别装设浪涌吸收器,可避免电源线对地的浪涌电压可能造成对设备绝缘的击穿。在某些电网电压变动范围较大的场合,常在电源的交流侧采用交流稳压器,这可衰减暂态冲击、幅度波动和电压脉冲。通常是采用净化电源来作为交流稳压器。采用直流稳压电源可进一步抑制来自交流电网的干扰,还可抑制由于负载波动所造成的电路直流工作电压的波动。

7.3.3 隔离和屏蔽

隔离和屏蔽是抑制干扰耦合的有效措施。典型的隔离器件为隔离变压器和光电耦合器。由于干扰信号一般电压很大,但电流却很小,所以可采用隔离变压器来减小其对有用信号的影响。为把系统和工业电网隔离开来，消除因公共地电阻引起的耦合，减少负载波动的影响，可在电源变压器和低通滤波器之间加隔离变压器。还可在电源变压器与隔离变压器的初级与次级之间加静电屏蔽层，减少从交流电网引入的高频干扰信号。采用光电耦合器进行数字量的隔离是常用的一种抗干扰方法。在A/D、D/A、数字量输入通道、数字量输出通道进行地电位隔离，可以切断传输接口内外线路之间的电气连接，从而减弱漏抗、地阻抗耦合等传导性干扰的影响。经常使用的隔离器件还有断电器、高频或射频扼流圈、场效应继电器、中间继电器等。高频、大功率的信号线要加屏蔽，高噪声元件、怕干扰器件也要加屏蔽。对于短距离传输，可采用扁平电缆；对于长距离传输，通常选用屏蔽线或屏蔽电缆来抑制由于电磁感应和静电感应而进入传输线的干扰，这还可抑制导线分布电容的影响。双芯屏蔽线若为双绞线，则抗干扰能力会进一步增强。屏蔽线或屏蔽电缆的屏蔽层在工作时要可靠接地。

7.3.4 加去耦电容

给每个集成电路元件加上一个去耦电容，可以去除高频干扰成分。去耦电容直接接在器件的电源或地上。数字电路中去耦电容典型值为0.1 μF，而其典型分布电感为5 nH，对10 MHz以下的噪声有良好的去除作用，而对40 MHz以上的噪声则不起作用。每10片左右集成电路要加一个去放电蓄能电容，电容值选10 μF左右。

7.3.5 正确配线与布线

将电源线、信号线和控制线分开走线。电源引线应尽量短而粗，避免公共线，并尽量采用扭绞线，抑制电磁感应干扰，各种馈线要分开走。传输线的走线要尽量远离其他电气线路，特别是强电线路，更要注意远离和不平衡架设。通常使信号线与功率线分开走线，电力电缆则单独走线。当两根平行电线中的一条有跳变信号时，会对另一条产生干扰，只有当两信号线间距离大于到地线距离的2～3倍时，干扰才可消除。因此，信号线应尽量靠近地线或用地线包围它。布线时要注意，垂直交叉比平行走线干扰小，敏感信号尽量不同高噪声信号交叉。

7.3.6 软件滤波

在信号接收端所采取的干扰抑制措施主要是指软件设计。软件抗干扰是行之有效的抗干扰措施之一。由于经济和技术等因素，干扰不可能通过硬件措施完全消除掉，在信号数据进入计算机正式使用之前，经过软件抗干扰会取得更好的抗干扰效果。软件抗干扰通常是采用数字滤波方法，在测试系统中，比较常用的数字滤波方法如下：

①最小二乘滤波可滤除正态分布的零均值随机干扰。本方法是对某一测量值连续采样数次，取其平均值作为本次测试值。

②滤波系数法可消除一些瞬间干扰。本法是把上次采样值作为基础，加上或减去二次采样值，从而得到本次采样滤波后的数值。

③加权滤波法速度较快，实时性强，适用于快速系统。本方法是将前几次采样滤波后的数据和本次采样滤波前的数据各按一定的百分比计算后叠加而得本次采样滤波后的数值。

④中位值滤波法对去除脉冲性噪声比较有效。这种方法是对某被测参数，连续采 3 次以上的值，取其不大不小的中位值作为该参数的测试值。

⑤RC 低通数字滤波法是仿照模拟系统的 RC 低通滤波器的方法，用数字形式实现低通滤波。其计算公式如下：

$$Y_{(k)} = (1-\alpha)Y_{(k-1)} + \alpha X_{(k)}$$

式中：$X_{(k)}$ 为第 k 次采样时滤波器输入值，$Y_{(k)}$ 为第 k 次采样时滤波器输出值，$y_{(k-1)}$ 为第$(k-1)$次采样时滤波输出值。$\alpha=1-e-T/c$ 称为滤波平滑系数，c 为数字滤波器的时间常数，T 是采样周期。

⑥滑动平均滤波法可削弱瞬态干扰的影响，对频繁振荡的干扰抑制能力强。此法是每采样一次就与最近的 $N-1$ 次的历史采样值相加，然后用 N 去除，得到的商作为当前值。

复习与思考题

7-1 干扰信号进入测试系统的主要途径有哪些？

7-2 干扰信号的抑制方法有哪些？应用特点是什么？

8 测试结果的处理与分析

8.1 测量误差理论与分析

8.1.1 误差的来源与分类

在实际工程测试实践中，任何测量结果都含有误差。误差的存在具有必然性和普遍性，可以将误差控制得愈来愈小，但终究不能完全消除它。

1. 误差的来源

测量误差的来源是多方面的，归纳起来主要有下述几个方面。

(1)装置误差　也称仪器误差，是指在进行测量时所使用的测量设备或仪器本身固有的由各种因素的影响而产生的误差，如测量装置的结构、设计，所用元器件的性能，零部件材料的性能，加工制造和装配的技术水平等因素影响测量装置的技术指标而引入误差。

(2)环境误差　由于测试环境因素与规定的基准条件不一致而引起仪器的附加误差，以及被测量本身的变化而产生的误差，如温度、湿度、气压、电磁场、各种射线等因素所引起的误差。

(3)方法误差和理论误差　由于采用的测量原理不准确或测量方法不合理造成的误差称为方法误差。理论误差是指用近似的公式或近似值计算测量结果而引起的误差。

(4)操作误差　由于测量者的分辨能力、视觉疲劳、固有习惯或精神上的因素产生的一时疏忽等引起的误差。操作误差是由于人为因素造成的，要减小误差必须加强测试人员的工作责任心等。

以上各种测量误差来源经常是联合起作用的，在进行误差分析时，必须进行认真全面分析，采取相应措施，以减小误差对测试结果的影响。

2. 误差的分类

根据误差的性质与特点，测量误差可分为三大类。

(1)系统误差　在同一条件下，多次测量同一量值时，误差的绝对值和符号保持不变,或在测量条件改变时,按一定规律变化的误差称为系统误差。产生系统误差的原因是测试仪器或仪表本身的缺陷,使用方法不正确,测量者的不良习惯等。系统误差是有规律性的误差,通过分析可以减小或消除它。

(2)随机误差　在相同条件下,对同一参量进行多次重复测量,其误差的数值和符号均是无规律变化的误差称为随机误差。随机误差的产生是由许多复杂的因素微小变化综合引起的。就一次测量而言,随机误差没有规律,不可估计和预测。当测量次数足够多时,其总体符合统计规律,大多数随机误差服从正态分布。所以,可通过数理统计的方法对随机误差进行估算,从而估计随机误差对测量结果的影响。

(3)过失误差　由于测量工作中的错误、疏忽大意等原因造成的粗大误差称为过失误差。这种误差的数值和符号没有任何规律。凡是确认含有过失误差的测量结果称为异常数据,在进行数据处理时,必须将其剔除。

8.1.2 误差对测试结果的影响

由于误差存在于测试结果中,直接会影响测量结果与真实值的接近程度。通常用于表示这种接近程度的量称为精度,它与误差大小是相对应的。即测量的精度越高,其测量误差就越小;反之,测量精度低,则测量误差大。

1. 系统误差和随机误差的影响

由于系统误差和随机误差的性质不同,对精度的影响表现在准确度和精密度两个方面。

(1)准确度　反映系统误差对测量结果的影响程度,表示测得值和真值的偏离程度。准确度高即表明系统误差小。

(2)精密度　表示测得值分布的密集程度,反映随机误差对测量结果的影响程度。精密度高即表明随机误差小。

系统误差和随机误差的综合误差决定测量的精度。在测试过程中,产生的系统误差和随机误差都小,则说明测量精度高。而测量精度低,可能是准确度高而精密度低,或者是准确度低而精密度高;也可能是准确度和精密度都低。精度在数量上可以用相对误差来表示。相对误差指的是某量值的测得值和真值之差与被测量的真值的比值,即

$$\text{相对误差} = \frac{\text{测得值} - \text{真值}}{\text{真值}} \times 100\% \tag{8-1}$$

如相对误差为 0.01%,可以说其精度为 10^{-4}。

2. 过失误差的影响

过失误差对测试结果的影响表现在对测量结果产生明显的歪曲,因而影响测量结果的可信度。在一个测量序列中,可能出现个别过大或过小的测定值,其中就包含有过失误差,也可能包含有巨大的随机误差。这种测定值,通常被称为异常数据。对异常数据的取舍必须持十分谨慎的态度,对于原因不明的异常数据,只能用统计学的准则决定取舍。

8.1.3 随机误差和系统误差

1. 随机误差

(1)随机误差的正态分布　在相同条件下,对同一量值进行多次的重复测量,可以认为是等精密度测量,得到一系列不同的测量值,称为测量序列。每个测量值都含有误差,这些误差的出现又没有确定的规律,即前一个误差出现后,不能预定下一个误差的大小和方向,但就误差的总体而言,却具有统计规律性。若测量序列中不包含系统误差和过失误差,则该测量序列中的随机误差是服从正态分布的。设被测量的真值为 L_0,一系列测得值为 l_i,则测量序列中的随机误差 δ_i 为

$$\delta_i = l_i - L_0 \tag{8-2}$$

式中:$i=1,2,\cdots,n$。

随机误差的概率密度函数 $f(\delta)$ 为

$$f(\delta) = \frac{1}{\sqrt{2\pi}\sigma}e^{-\delta^2/2\sigma^2} \tag{8-3}$$

式中:σ 为标准差或均方根误差。

从式(8-3)可以看出,随机误差服从正态分布规律,通常记为 $\delta \sim N(0,\sigma^2)$。以随机误差 δ 为横坐标,概率密度 $f(\delta)$ 为纵坐标,则可描绘出随机误差正态分布曲线,如图 8-1 所示。标准差 σ 取不同数值时,分布曲线的变化规律相似,但 σ 较小者,曲线的中部升得更高,而且下降得更快,这表明绝对值小的误差出现的概率大即测量比较精密。因此,可用标准差 σ 来衡量测量序列的

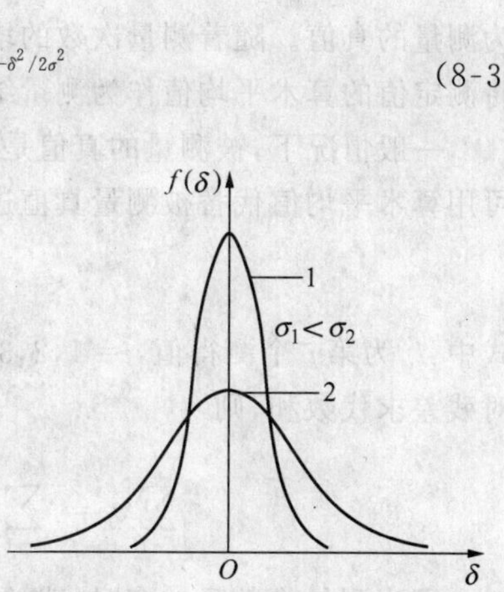

图 8-1　随机误差正态分布

精密度。随着 δ 的增加，$f(\delta)$ 迅速减小，绝对值大的误差出现的概率越来越小。

(2)等精密度测量的测量结果确定　在系统测量中，被测量的 n 个测得值的代数和除以 n 而得的值称为算术平均值。

设 $l_1, l_2, \cdots, l_n$ 为 n 次等精密度测量所得的值，则算术平均值为

$$L = \frac{1}{n}(l_1 + l_2 + \cdots + l_n) = \frac{1}{n}\sum_{i=1}^{n} l_i \tag{8-4}$$

由式(8-2)求和，得：

$$\delta_1 + \delta_2 + \cdots + \delta_n = (l_1 + l_2 + \cdots + l_n) - nL_0 \tag{8-5}$$

$$\sum_{i=1}^{n} \delta_n = \sum_{i=1}^{n} l_i - nL_0 \tag{8-6}$$

$$L_0 = \frac{1}{n}\sum_{i=1}^{n} l_i - \frac{1}{n}\sum_{i=1}^{n} \delta_i = L - \frac{1}{n}\sum_{i=1}^{n} \delta_i \tag{8-7}$$

根据正态分布随机误差的规律性可知，当测量次数 $n \to \infty$ 时，有 $\frac{1}{n}\sum_{i=1}^{n} \delta_i \to 0$ 所以

$$L = \frac{1}{n}\sum_{i=1}^{n} l_i \to L_0 \tag{8-8}$$

由此可见，如要对某一量进行无限多次测量，就可得到不受随机误差影响的测量值，或其影响甚微，可以忽略。当测量次数无限增大时，算术平均值被认为最接近于真值。实际上都是有限次测量，所以我们只能把算术平均值近似地作为测量的真值。随着测量次数的增加，算术平均值就越接近于真实值，因此可以将测定值的算术平均值作为测量结果。

一般情况下，被测量的真值是未知的，不可能按式(8-2)求得随机误差，这时可用算术平均值代替被测量真值进行计算，则有

$$v_i = l_i - L \tag{8-9}$$

式中：l_i 为第 i 个测得值，$i=1,2,3,\cdots,n$；v_i 为 l_i 的残余误差(简称残差)。
对残差求代数和，则

$$\sum_{i=1}^{n} v_i = \sum_{i=1}^{n} l_i - nL = nL - nL = 0 \tag{8-10}$$

即当测量次数足够多时，残差的代数和等于零。利用这一性质可以检验所计算的算术平均值和残余误差是否正确。

(3)测量序列的精密度估计　在实际的测量中，测量的算术平均值是被测量的最可依赖值。此外，还需要知道测量值的分散程度，通常选用标准差 σ 来表示测量序列的精密度。当 $n \to \infty$ 时

$$\sigma^2 = \frac{1}{n}\sum_{i=1}^{n}\delta_i^2 \tag{8-11}$$

将式(8-11)开方，只取正方根，得

$$\sigma = \sqrt{\frac{1}{n}\sum_{i=1}^{n}\delta_i^2} \tag{8-12}$$

称 σ^2 为测量序列的样本方差。标准差 σ 是各随机误差平方的函数，因而对绝对值较大的误差比较敏感，能较好地反映测量序列的精密度。σ 小表示测量值集中；σ 大则表示测量值分散。

当测量次数 n 为有限次时，无法求得测定值所包含的随机误差，因而无法运用式(8-12)计算测量序列精密度参数 σ，但可以求出残差 v_i 来表示标准差 σ。残差和随机误差的关系为

$$v_i = \delta_i - \frac{1}{n}\sum_{i=1}^{n}\delta_i \tag{8-13}$$

将式(8-13)两边平方，再对 n 求和得

$$\sum_{i=1}^{n}v_i^2 = \sum_{i=1}^{n}\left(\delta_i - \frac{1}{n}\sum_{i=1}^{n}\delta_i\right)^2 = \sum_{i=1}^{n}\delta_i^2 - \frac{1}{n}\left(\sum_{i=1}^{n}\delta_i\right)^2$$

$$= \sum_{i=1}^{n}\delta_i^2 - \frac{1}{n}\sum_{i=1}^{n}\delta_i^2 = \frac{n-1}{n}\sum_{i=1}^{n}\delta_i^2$$

于是可得

$$\frac{1}{n}\sum_{i=1}^{n}\delta_i^2 = \frac{1}{n-1}\sum_{i=1}^{n}v_i^2 \tag{8-14}$$

将式(8-14)开方，仅取正值，可得 n 为有限次时标准差的估计值 $\hat{\sigma}$ 为

$$\hat{\sigma} = \sqrt{\frac{1}{n}\sum_{i=1}^{n}\delta_i^2} = \sqrt{\frac{1}{n}\sum_{i=1}^{n}v_i^2} = \sqrt{\frac{1}{n-1}\sum_{i=1}^{n}(l_i - L)^2} \tag{8-15}$$

式(8-15) 称为贝塞尔(Bessel)公式。这种通过残差平方和估计精密度参数的方法，称为贝塞尔方法。

(4)测量结果的精密度评定　在有限次的等精密度测量中,用测定值的算术平均值作为测量结果,只能近似代表真实值,因此必须研究算术平均值不可靠性的评定标准。

如果在相同条件下对同一量值做多组重复的系列测量,每一组测量序列都有一个算术平均值。由于随机误差的存在,各个测量序列的算术平均值也不相同,它们围绕着被测量的真值并有一定的分散。由概率论可知,若随机误差服从正态分布,则算术平均值也服从正态分布,记为 $L \sim N(L_0, \sigma_L)$。

由式(8-4)已知算术平均值 $L = \frac{1}{n}\sum_{i=1}^{n} l_i$,式中 l_i 可看做为独立分布的随机变量 X 的样本,则

$$D(L) = \frac{1}{n^2}\sum_{i=1}^{n} D(l_i) \tag{8-16}$$

因为

$$D(l_1) = D(l_2) = \cdots = D(l_n) = D(l) \tag{8-17}$$

故有 $D(L) = \frac{1}{n^2} \cdot nD(l) = \frac{1}{n}D(l)$,所以

$$\sigma_L = \frac{\sigma}{\sqrt{n}} \tag{8-18}$$

则 $\hat{\sigma}_L = \frac{\hat{\sigma}}{\sqrt{n}}$。根据贝塞尔公式知 $\hat{\sigma} = \sqrt{\frac{1}{n-1}\sum_{i=1}^{n} v_i^2}$,所以

$$\hat{\sigma}_L = \sqrt{\frac{1}{n(n-1)}\sum_{i=1}^{n} v_i^2} \tag{8-19}$$

由此可知,在 n 次测量的等精密度测量序列中,算术平均值的标准差为单次测量标准差的 $1/\sqrt{n}$ 倍,当测量次数 n 越大时,算术平均值越接近被测量的真值,测量结果越精密。

增加测量次数,可以提高测量精密度。但是,要使测量结果的误差降低原有的 1/10,就必须使测量次数增大为原来的 100 倍,由此而付出较多的时间和精力。由图 8-2 可知,当 σ 一定时,且 $n > 10$ 以后,σ_L 已减少得非常缓慢。为了进一步提高测量结果的精密度,应设法提高测量的精密度,单纯增加测量次数,难以保证测量条件的恒定,从而带来新的误差。因此,一般情况下取 n 为 10～15 较为适宜。

2. 系统误差

在实际的测量过程中往往存在系统误差,在某些情况下,系统误差数值还比

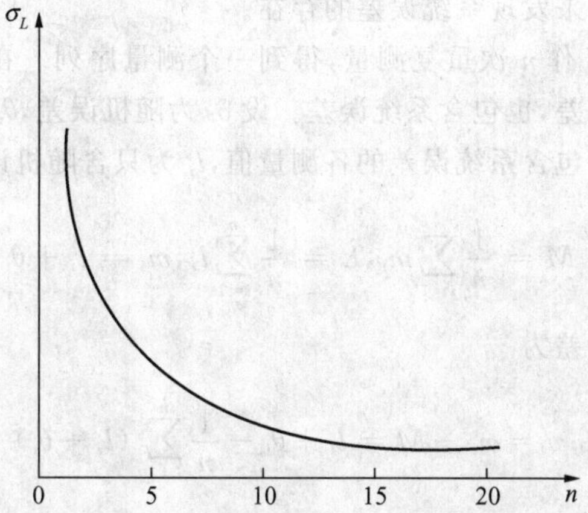

图 8-2 标准差与测量次数关系

较大。因此,测量结果的精度不仅取决于随机误差,还取决于系统误差的影响。系统误差存在于测量数据中,具有潜伏性,不易被发现。因而,分析和研究系统误差显得十分重要。

(1)系统误差的特征和分类 系统误差的特征是在同一条件下,多次测量同一量值时,误差的绝对值和符号保持不变,或者在条件改变时,误差按一定的规律变化。根据系统误差的特征,可以将系统误差分为两大类。

①不变的系统误差。在整个测量过程中,误差符号和大小保持固定不变的系统误差,称为不变的系统误差。例如游标卡尺的零位误差,就是一种常见的固定的系统误差。

②变化的系统误差。在整个测量过程中,误差数值或符号随着测量值或时间的变化而变化的系统误差,称为变化的系统误差。根据其变化规律的不同,又可分为 3 种。

渐进的系统误差。测量过程中不断地增大或减小的系统误差。其中有的呈线性变化,有的呈非线性变化。

周期性的系统误差。按周期性规律变化的系统误差。

复杂的系统误差。按确定的且复杂的规律变化的系统误差。

(2)发现系统误差的方法 为了在测量中消除或减弱系统误差对测量结果的影响,首先要解决如何发现系统误差的问题。由于在各种测量中形成系统误差的因素错综复杂,通常人们难以查明所有的系统误差。根据实践经验,归纳总结出一些发现系统误差的方法。

①残差观察法。通过观察测量序列的残余误差的变化规律,直接由误差数

据或误差曲线图形来发现系统误差的存在。

对被测参量 X 作 n 次重复测量，得到一个测量序列。在一般情况下，测量值中既包含随机误差，也包含系统误差。设 δ_i 为随机误差，θ_i 为系统误差，m_i 为既包含随机误差又包含系统误差的各测量值，l_i 为只含随机误差的各测量值，则

$$M=\frac{1}{n}\sum_{i=1}^{n}m_i,L=\frac{1}{n}\sum_{i=1}^{n}l_i,m_i=l_i+\theta_i \tag{8-20}$$

各次测量的残差为

$$\begin{aligned}v'_i&=m_i-M=l_i+\theta_i-\frac{1}{n}\sum_{i=1}^{n}(l_i+\theta_i)\\&=\left(l_i-\frac{1}{n}\sum_{i=1}^{n}l_i\right)+\left(\theta_i-\frac{1}{n}\sum_{i=1}^{n}\theta_i\right)\\&=l_i-L+\left(\theta_i-\frac{1}{n}\sum_{i=1}^{n}\theta_i\right)\\&=v'_i+\left(\theta_i-\frac{1}{n}\sum_{i=1}^{n}\theta_i\right)\end{aligned} \tag{8-21}$$

在随机误差显著小于系统误差的情况下，v_i 可以忽略，则得 $v'_i\approx\theta_i-\frac{1}{n}\sum_{i=1}^{n}\theta_i$。此式说明，显著含有系统误差的测量序列，其任一测量值的残余误差 v'_i的变化主要取决于变化的系统误差 θ_i。因为每一测量序列的系统误差的算术平均值为一确定值。

根据测量先后顺序，将测量序列的残余误差列表或作图进行观察，可以发现有无系统误差的存在。如图 8-3 所示。若残差大体上是正负相同，且无显著变化规律，则可判别不存在变化的系统误差，但不能排除固定的系统误差存在[图 8-3(a)]。若残余误差数值有规律的递增或递减，且在测量开始与结束时误差符号相反，则存在线性系统误差[图 8-3(b)]。若残余误差符号有规律地交替正负变化，则存在周期性系统误差[图 8-3(c)]。若残余误差交替地变化，且总体呈有规律的递增或递减，则存在复杂系统误差[图 8-3(d)]。

②假设检验法。运用数理统计中的假设检验法来检验测量中是否存在系统误差。假设随机误差服从正态分布规律，则测量值中只包含随机误差时的测量序列服从正态分布。对实际测量值的分布进行检验，若测量序列的实际分布偏离正态分布即可认为存在系统误差，否则，即认为无系统误差。因此，假设 n 足够大的情况。

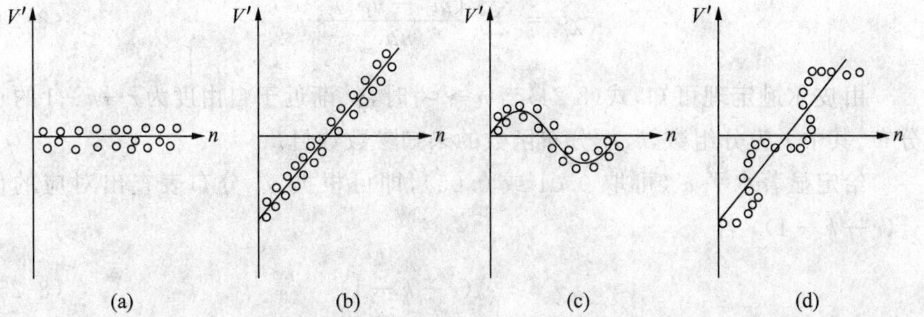

图 8-3 残余误差分布规律

一种简便的方法是用正态概率纸做检验。若测量值服从正态分布，则 $(x, \frac{x-\mu}{\sigma})$ 点在正态概率纸上呈一条直线。式中 x 为测量值。另一种方法是 χ^2 检验法，现介绍如下。

运用 χ^2 检验法检验测量序列是否服从正态分布，通常取测量次数 $n \geqslant 50$，然后把数值分成 7～14 组，要求各组的理论频数 $np_i \geqslant 5$。

采用极大似然估计法求得正态分布未知参数 μ 和 σ 的极大似然估计量 $\hat{\mu}$ 和 $\hat{\sigma}^2$，其中 $\hat{\mu} = L = \frac{1}{n}\sum_{i=1}^{n} l_i, \hat{\sigma}^2 = \frac{1}{n}\sum_{i=1}^{n}(l_i - L)^2$。式中 l_i 为测定值，$i=1,2,3,\cdots,n$。则测量序列的分布函数为

$$F_0(L) = \frac{1}{\sqrt{2\pi\sigma}}\int_{-\infty}^{l} \exp[-(l-\hat{\mu})^{2/2\sigma-2}]\mathrm{d}l \tag{8-22}$$

把测量值分成 r 组，分点为 $a_0, a_1, a_2, \cdots, a_r$，满足 $a_0 < a_1 < a_2 < \cdots < a_r$。取 $a_0 = -\infty, a_r = +\infty$。测量序列数量 l 指标落在各组 (a_{i-1}, a_i) 的概率为

$$P_i = F(a_i) - F(a_{i-1}), \qquad i = 1,2,\cdots,r, \tag{8-23}$$

于是可得理论频数 nP_i。理论和实际频数分布如下：

分组 $(a_0, a_1), (a_1, a_2), \cdots, (a_{r-1}, a_r)$

理论概率 $P_1, P_2, \cdots, P_r$

理论频数 $np_1, np_2, \cdots, np_r$

实际频数 $m_1, m_2, \cdots, m_r$

这样可以算出 χ^2 的数值

$$\chi^2 = \sum_{i=1}^{n} \frac{(m_1 - np_i)^2}{np_i} \tag{8-24}$$

由皮尔逊定理可知，式(8-24)当 $n \to \infty$ 时，χ^2 渐近于自由度为 $r-k-1$ 的 χ^2 分布。其中 r 为分组数，k 为 分布函数的未知参数数目。

给定显著水平 α（可取 0.01 或 0.05），即可根据 χ^2 分布表查出对应的值 $\chi_\alpha^2(r-k-1)$，若

$$\chi^2 \geqslant \chi_\alpha^2(r-k-1) \tag{8-25}$$

则认为测量序列分布函数与 $F_0(l)$ 有显著差异，说明该测量序列不服从正态分布，即测量序列含有系统误差。若

$$\chi^2 < \chi_\alpha{}^2(r-k-1) \tag{8-26}$$

则认为测量序列分布函数与 $F_0(l)$ 无显著差异，说明该测量序列服从正态分布，即不存在系统误差。

(3)消除或减小系统误差的方法　在测量过程中如发现系统误差的存在，应分析找出系统误差产生的因素，从而减小和消除存在的系统误差。常用的方法有下述两种。

①从产生系统误差的根源上消除系统误差。认真分析测量过程中可能产生的系统误差的环节，完善测量方法和改善测量条件，防止外界的干扰，在测量之前就将误差从产生根源上加以消除。例如，为了防止测量过程中仪器零位的变动，测量开始和结束时都需检查零位。在电桥测量电路中，采用稳压电源、温度补偿等措施，防止系统误差的产生。

②用修正值消除系统误差。事先将测量仪器和设备的系统误差检定出来或计算出来，确定修正方式。利用修正表或修正曲线对测量值加上相应的修正值，从而消除系统误差的影响。

由于修正值本身包含有一定误差，因此用修正值消除系统误差的方法不可能将全部系统误差修正掉，总要残留少量系统误差。对这种残留的系统误差则应按随机误差进行处理。

8.1.4　误差的综合与分配

在一些场合下，某些被测量值不能采用直接测量，而采用间接测量的方法得到测量值，在其值中也会含有误差。对间接测量的误差分析包括误差的综合与

误差的分配两方面的内容。

误差的综合是指在被测量与各参数的函数关系及各个测量值的分项误差已知情况下，求出被测量的总误差。而误差的分配是指在总误差及其与各测量值之间的函数关系已知条件下，将总误差合理地分配给各测量值。

1. 误差传递定律

间接测量参数 y 与直接测量的参数 x_i 的一般关系式为

$$y = f(x_1, x_2, \cdots, x_m) \tag{8-27}$$

对 $x_1, x_2, \cdots, x_m$ 各进行 n 次测量。若对每次 x 测量出现的随机误差用 x 表示，对 x 测量存在误差 δ 而造成 y 也出现误差用 δ_y 表示，则各次得到的测量结果为

$$\begin{aligned} y + \delta y_1 &= f(x_1 + \delta_{11}, x_2 + \delta_{12}, \cdots, x_m + \delta_{1m}) \\ y + \delta y_2 &= f(x_1 + \delta_{21}, x_2 + \delta_{22}, \cdots, x_m + \delta_{2m}) \\ &\vdots \\ y + \delta y_n &= f(x_1 + \delta_{n1}, x_2 + \delta_{n2}, \cdots, x_m + \delta_{nm}) \end{aligned} \tag{8-28}$$

根据高等数学知识，得

$$\begin{aligned} \delta y_1 &= \frac{\partial f}{\partial x_1}\delta_{11} + \frac{\partial f}{\partial x_2}\delta_{12} + \cdots + \frac{\partial f}{\partial x_m}\delta_{1m} \\ \delta y_2 &= \frac{\partial f}{\partial x_1}\delta_{21} + \frac{\partial f}{\partial x_2}\delta_{22} + \cdots + \frac{\partial f}{\partial x_m}\delta_{2m} \\ &\vdots \\ \delta y_n &= \frac{\partial f}{\partial x_1}\delta_{n1} + \frac{\partial f}{\partial x_2}\delta_{n2} + \cdots + \frac{\partial f}{\partial x_m}\delta_{nm} \end{aligned} \tag{8-29}$$

将方程组(8-29)每个方程取平方，得后各式再相加，若 $n\to\infty$，由于随机误差具有抵偿性，式各非平方项相加等于零。故得

$$\sum_{i=1}^{n}\delta y_n^2 = \left(\frac{\partial f}{\partial x_1}\right)^2\sum_{i=1}^{n}\delta_{i1}^2 + \left(\frac{\partial f}{\partial x_2}\right)^2\sum_{i=1}^{n}\delta_{i2}^2 + \cdots + \left(\frac{\partial f}{\partial x_m}\right)^2\sum_{i=1}^{n}\delta_{im}^2 \tag{8-30}$$

将方程(8-30)的两边同除以 n，则得

$$\sigma_y^2 = \left(\frac{\partial f}{\partial x_1}\right)^2\sigma_{x_1}^2 + \left(\frac{\partial f}{\partial x_2}\right)^2\sigma_{x_2}^2 + \cdots + \left(\frac{\partial f}{\partial x_m}\right)^2\sigma_{x_m}^2 \tag{8-31}$$

令 $\frac{\partial f}{\partial x_i} = a_i$，称为误差传递系数，则式(8-31)改写为

$$\sigma_y = \sqrt{a_1^2\sigma_{x_1}^2 + a_2{}^2\sigma_{x_2}^2 + \cdots + a_m^2\sigma_{x_m}^2} = \sqrt{\sum_{i=1}^{m} a_i^2\sigma_{x_i}^2} \tag{8-32}$$

式(8-32)称误差传递定律，也称误差累积定律。

当各测量值的随机误差为正态分布时，式(8-32)中的标准差可用极限误差代替，可得极限误差公式为

$$\delta_{\lim y} = \pm\sqrt{a_1^2\delta_{\lim}^2 x_1 + a_2^2\delta_{\lim}^2 x_2 + \cdots + a_m^2\delta_{\lim}^2 x_m} \tag{8-33}$$

极限误差指的是绝对值大于 3σ 的误差，记为 $\delta_{\lim x} = \pm 3\sigma$。

2. 随机误差与系统误差的综合

由于测量过程中存在各种不同性质的多项随机误差和系统误差，故要将其进行综合，以求得最后测量结果的总误差，通常用极限误差来综合。若在测量过程中有 r 个单项已定系统误差，S 个单项未定系统误差，m 个单项随机误差，它们的极限误差分别为

$$\Delta_1, \Delta_2, \cdots, \Delta_r$$
$$e_1, e_2, \cdots, e_s$$
$$\delta_{\lim 1}, \delta_{\lim 2}, \cdots, \delta_{\lim m}$$

设误差传递系数为 $a_i = 1, i = 1,2,\cdots$，则测量结果总的极限误差为

$$\Delta_{\lim总} = \sum_{i=1}^{n}\Delta_i \pm t\sqrt{\sum_{i=1}^{s}\left(\frac{e_i}{t_i}\right)^2 + \sum_{i=1}^{m}\left(\frac{\delta_{\lim i}}{t_i}\right)^2 + R} \tag{8-34}$$

式中：t_i 为各单项极限误差的置信系数，$\delta_{\lim i} = \pm t_i\sigma_i, i = 1,2,\cdots$；$t$ 为合成后总极限误差的置信系数；R 为各个误差间协方差之和。

当各误差服从正态分布，且各个误差间互不相关时，则式(8-34)可简化为

$$\Delta_{\lim总} = \sum_{i=1}^{r}\Delta_i \pm \sum_{i=1}^{s} e_i^2 \pm \sum_{i=1}^{m}\delta_{\lim i}^2 \tag{8-35}$$

一般情况下，已定系统误差修正后，测量结果总的极限误差为

$$\Delta_{\lim总} = \pm\sqrt{\sum_{i=1}^{s} e_i^2 + \sum_{i=1}^{m}\delta_{\lim i}^2} \tag{8-36}$$

当进行多次重复测量时，由于随机误差具有抵偿性，而系统误差则固定不变，并且总误差综合公式中的随机误差项应除以重复测量次数 n，则测量结果平

均值的总极限误差公式为

$$\Delta_{\lim 总} = \pm \sqrt{\sum_{i=1}^{s} e_i^2 + \frac{1}{n} \sum_{i=1}^{m} \delta_{\lim i}^2} \tag{8-37}$$

3. 误差的分配

已知给定函数误差，要求确定各自变量的误差，就是考虑误差的分配问题。由于函数的已定系统误差可用修正方法来消除，故不必考虑各个测量值已定系统误差的影响，应考虑随机误差和未定系统误差的分配问题，这两种误差可以同等看待。

由式(8-32)可知：

$$\sigma_y = \sqrt{a_1^2 \sigma_{x_1}^2 + a_2^2 \sigma_{x_2}^2 + \cdots + a_m^2 \sigma_{x_m}^2} = \sqrt{D_1^2 + D_2^2 + \cdots + D_m^2} \tag{8-38}$$

式中：$D_i = a_i \sigma_{x_i} = \frac{\partial f}{\partial x_i} \sigma_{x_i}$，为函数的局部误差。

按等作用原则，认为各个局部误差对函数误差的影响相等，即

$$D_1 = D_2 = \cdots = D_m = a_i \sigma_{x_i} = \frac{\sigma_y}{\sqrt{m}} \tag{8-39}$$

由此可得

$$\sigma_{x_i} = \frac{\sigma_y}{\sqrt{m}} \cdot \frac{1}{a_i} \quad (i = 1,2,\cdots,m) \tag{8-40}$$

或用极限误差的形式表示为

$$\sigma_{\lim i} = \frac{\sigma_y}{\sqrt{m}} \cdot \frac{1}{a_i} \quad (i = 1,2,\cdots,m) \tag{8-41}$$

应用等作用原则时，没有考虑各自变量测量工作的难易，分配的误差不一定合理。需要根据具体情况进行调整，即给那些容易测得精密的自变量以较小的误差，给那些难以测得精密的自变量以较大的误差。

8.2 确定性信号的处理与分析

8.2.1 静态测量结果的数据处理

静态测量结果的数据是指不随时间变化的测量数据。其数据的表达形式为一般在等精密度或不等精密度测量条件下获得的离散的且带有误差的测量序

列。研究测量结果数据的目的,一方面在于寻求被测量的最佳值及其精度,另一方面也是为了寻求两个变量之间或多个变量间的内在关系。通常采用的处理方法是误差分析法、图形法以及数学分析法等。

1. *误差分析法*

误差分析法就是根据测量误差分析理论,求出测量结果的最佳值。

(1)直接测量静态数据处理　通过对某被测量值进行有限次重复测量,可以用测量序列的算术平均值 L 代替真值 L_0,这时测量结果可表达为

$$L_0 = L \tag{8-42}$$

因 L 也存在随机误差,所以需求出 L_0 在某个置信概率下的置信区间。

等精密度测量得到测量序列 $l_1, l_2, \cdots, l_n$,则标准误差的估计值为

$$\hat{\sigma} = \sqrt{\frac{1}{n-1}\sum_{i=1}^{n}(l_i - L)^2} \tag{8-43}$$

测定值的算术平均值服从正态分布,即 $L \sim N\left(L_0, \frac{\sigma^2}{n}\right)$,所以 $\left(\frac{L-L_0}{\sigma/\sqrt{n}}\right) \sim N(0,1)$,则 $T = \frac{(L-L_0)/\frac{\sigma}{\sqrt{n}}}{\hat{\sigma}/\sigma} = \frac{L-L_0}{\hat{\sigma}/\sqrt{n}} \sim t(n-1)$ 是一个自由度为$(n-1)$的 t 分布统计量。如预选定置信概率 P,即可由 t 分布表查得 $t_p(f)$,使得 $\{|t| \leqslant t_p(f)\} = P$,由此可得

$$|L - L_0| \leqslant \frac{\hat{\sigma}}{\sqrt{n}} t_p(f) = \hat{\sigma}_L t_p(f) \tag{8-44}$$

所以,测量结果可表达为

$$L_0 = L \pm \frac{\hat{\sigma}}{\sqrt{n}} t_p(f) = L \pm \sigma_1 t_p(f) \tag{8-45}$$

因在测定值中可能同时包含系统误差、随机误差和过失误差,对其处理的步骤可归纳为:

①求算术平均值。按式(8-4)求出各测定值的算术平均值 L,即

$$L = \frac{1}{n}\sum_{i=1}^{n} l_i \tag{8-46}$$

②判断系统误差。求出各测定值的残差 $v_i = l_i - L$,运用残差观察法分析系

统误差的存在与否。

③求测量序列标准误差的估计值 $\hat{\sigma}$，即

$$\hat{\sigma} = \sqrt{\frac{1}{n-1}\sum_{i=1}^{n} v_i^2} \tag{8-47}$$

④判断过失误差。根据来伊达法则 $|v_i| < 3\hat{\sigma}$ 成立，则判断测定值不含过失误差。若存在，则将其异常数据舍去，再按①②③步骤重新计算。

⑤求算术平均值的标准误差 $\hat{\sigma}_L$，即

$$\hat{\sigma}_L = \frac{\hat{\sigma}}{\sqrt{n}} = \sqrt{\frac{1}{n(n-1)}\sum_{i=1}^{n} v_i^2} \tag{8-48}$$

⑥写出测量结果。在选定置信概率下，按自由度为$(n-1)$查 t 分布表，得 $t_p(f)$ 临界值，写出测量结果的表达式为

$$L_0 = L \pm \hat{\sigma}_L t_p(f) \tag{8-49}$$

(2)间接测量静态数据处理　在已知函数 $y = f(x_1, x_2, \cdots, x_m)$ 下，对各自变量 x_i 进行 n 次重复测量，代入函数式，即得参数 y 的 n 个间接测量值。在等精密度测量的情况下，参数 y 的最可信赖值为间接测量值的算术平均值 L_y。则

$$L_y = f(L_1, L_2, \cdots, L_m) \tag{8-50}$$

式中：L_i 为 x_i 的算术平均值。

因此，可以用算术平均值 L_y 来近似地代替真实值 Y。则测量结果可以表达为

$$Y \approx L_y \tag{8-51}$$

根据误差理论对 L_y 进行区间估计。在重复测量次数较多时，$(L_y - Y)/\hat{\sigma}_{L_y}$ 可近似看做标准化正态分布的随机变量。预先选定置信概率 P 下，间接测量结果可表达为

$$Y = L_y \pm N_{\frac{1-p}{2}}\ \hat{\sigma}_{L_y} \tag{8-52}$$

式中：$\hat{\sigma}_{L_y}$ 为算术平均值 L_y 的标准误差估计值，计算式为

$$\hat{\sigma}_{L_y} = \sqrt{\left(\frac{\partial f}{\partial x_1}\right)^2 \hat{\sigma}_{L_1}^2 + \left(\frac{\partial f}{\partial x_2}\right)^2 \hat{\sigma}_{L_2}^2 + \cdots + \left(\frac{\partial f}{\partial x_m}\right)^2 \hat{\sigma}_{L_m}^2} \tag{8-53}$$

若测量次数较少时，则用下式表达比较合适，即

$$Y = L_y + \delta_{\lim y} \tag{8-54}$$

式中：$\delta_{\lim y}$ 为参数 y 的算术平均值 L_y 的极限误差，则

$$\delta_{\lim y}=\pm\sqrt{\left(\frac{\partial f}{\partial x_1}\right)^2\delta_{\lim L_1}^2+\left(\frac{\partial f}{\partial x_2}\right)^2\delta_{\lim L_2}^2+\cdots+\left(\frac{\partial f}{\partial x_m}\right)^2\delta_{\lim Lm}^2}$$
$$=\pm\sqrt{\sum_{i=1}^{m}a_i^2\delta_{\lim Li}^2} \tag{8-55}$$

2. 数学分析法

采用数学表达式来确定两个变量或多个变量之间关系的方法称为数学分析法。通常采用的数学工具是回归分析，其根据是最小二乘法原理。处理两变量之间的关系称为一元回归，而处理多个变量之间的关系称为多元回归分析。

(1)一元线性回归方程的确定　将两个变量的各个试验数据点画在坐标纸上，如果各点的分布近似于一条直线，则可以采用一元线性回归。

例如，在供桥电压 U 一定条件下，测量电桥的输出 U_o 与被测应变 ε 近似呈线性关系。我们可取应变 ε 为可控变量，用横坐标表示；输出电压 U_o 为因变量，用纵坐标表示，于是用一条直线来表示变量之间的关系为

$$\hat{y}=\alpha+\beta x \tag{8-56}$$

为了确定 α,β 的估计值，采用最小二乘法原则。

作残差的平方和

$$Q_y=\sum_{i=1}^{n}v_i^2=\sum_{i=1}^{n}(y_i-\alpha-\beta x_i)^2 \tag{8-57}$$

选择 α,β 使 Q_y 最小。

令 Q_y 分别对 α,β 的两个一阶偏导数等于零，即

$$\begin{cases}\dfrac{\partial Q_y}{\partial\alpha}=-2\sum_{i=1}^{n}(y_i-\alpha-\beta x_i)=0\\ \dfrac{\partial Q_y}{\partial\beta}=-2\sum_{i=1}^{n}(y_i-\alpha-\beta x_i)x_i=0\end{cases} \tag{8-58}$$

解上面方程组可得到 α,β 的估计值 $\hat{\alpha}$、$\hat{\beta}$ 为

$$\begin{cases}\hat{\alpha}=\bar{y}=\hat{\beta}\bar{x}\\ \hat{\beta}=\dfrac{l_{xy}}{l_{xx}}\end{cases} \tag{8-59}$$

式中：

$$\overline{x} = \frac{1}{n}\sum_{i=1}^{n} x_i$$

$$\overline{y} = \frac{1}{n}\sum_{i=1}^{n} y_i$$

$$l_{xx} = \sum_{i=1}^{n}(x_i - \overline{x})^2 = \sum_{i=1}^{n}x_i^2 - \frac{1}{n}\left(\sum_{i=1}^{n}x_i\right)^2$$

$$l_{xy} = \sum_{i=1}^{n}(x_i - \overline{x})(y_i - \overline{y})$$

(2)回归方程的精度及显著性检验　当从一组测试数据中确定回归直线后，一方面要对回归方程进行显著性检验，即判断回归方程是否符合测试数据之间的客观规律。另一方面，要确定回归方程的精度，即测试数据当以回归直线为标准时其误差有多大。

通常采用方差分析来检验回归直线的回归效果，确定回归方程的精度。在一组测试数据中，各测量值 y_i 与回归直线的偏离程度，称为残差平方和，记为 Q_y。

$$Q_y = \sum_{i=1}^{n}(y_i - \hat{y}_i)^2 \tag{8-60}$$

则 $\sigma^2 = \frac{1}{n}\sum_{i=1}^{n}(y_i - \hat{y}_i)^2$，称为残差方差。

$\hat{\sigma}^2 = \frac{1}{n-2}Q_y$ 是 σ^2 的无偏估计量，$\hat{\sigma}^2 = \frac{n}{n-2}\hat{\sigma}^2$，$\hat{\sigma}$ 越小，则回归直线的精度越高。

$$\hat{\sigma} = \sqrt{\frac{1}{n-2}\sum_{i=1}^{n}(y_i - \hat{\alpha} - \hat{\beta}x_i)^2} \tag{8-61}$$

用各测量值 y_i 与测量序列平均值 $\overline{y}$ 之差的平方和表示变量 y 的变动情况，称为总的偏差平方和，记为 Q_z。

$$\begin{aligned} Q_z = l_{yy} &= \sum_{i=1}^{n}(y_i - \overline{y})^2 = \sum_{i=1}^{n}[(y_i - \hat{y}_i) + (\hat{y}_i - \overline{y})]^2 \\ &= \sum_{i=1}^{n}(y_i - \hat{y}_i)^2 + \sum_{i=1}^{n}(\hat{y}_i - \overline{y})^2 + 2\sum_{i=1}^{n}(y_i - \hat{y}_i)(\hat{y}_i - \overline{y}) \end{aligned} \tag{8-62}$$

根据回归方程系数 α 和 β 的求算过程可知，式(8-62)第三项为零，则

$$Q_z = \sum_{i=1}^{n}(y_i - \hat{y})^2 + \sum_{i=1}^{n}(\hat{y}_i - \overline{y})^2 = Q_y + Q_u \tag{8-63}$$

Q_u 称为回归平方和，其自由度为 1。

对回归方程的显著性检验通常采用 F 检验法，通过对回归平方和进行 F 检验，得

$$F=\frac{Q_u/n_u}{Q_y/n_y}=\frac{\sigma_u^2}{\sigma^2}=\frac{Q_u/1}{Q_y/(n-2)} \tag{8-64}$$

给定显著性水平 α，查 F 分布表得到 $F_\alpha(1,n-2)$ 临界值。将由式(8-64)计算的 F 值与查表值相比较。

若 $F\geqslant F_\alpha(1,n-2)$ 则回归方程显著。

当 $F_{0.05}(1,n-2)\leqslant F\leqslant F_{0.01}(1,n-2)$ 时，则回归方程显著，或称在 0.05 水平上显著。

若 $F<F_{0.1}(1,n-2)$，则回归方程不显著，或称 y 与 x 的线性关系不密切。

8.2.2 数字信号处理与分析

在实际的测试实践中，经常会涉及数字信号。所谓数字信号，就是在时间上进行离散化的信号，如图 8-4 所示。将连续时间信号经过 A/D 转换处理，即可以得到数字信号。随着计算机技术的发展，数字信号处理得到越来越广泛的应用，继而出现了数字信号分析仪。

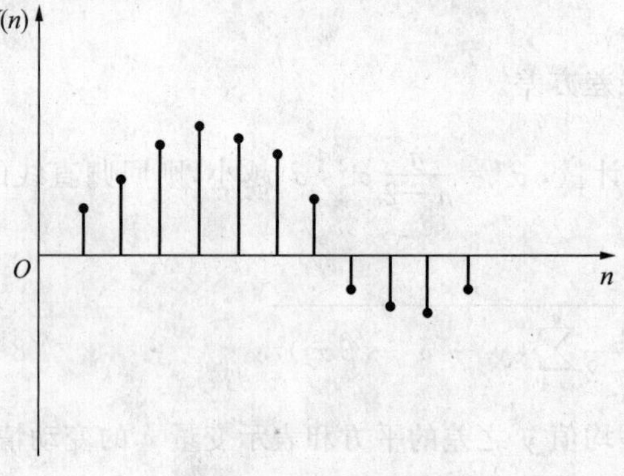

图 8-4 数字信号

对数字式信号的处理与分析主要是进行数字频谱分析，可得到信号的离散幅度、相位、功率等，其主要理论依据是离散傅里叶变换。

1. 信号的截断与泄漏

数字式信号是离散的时间序列，其历程是无限的，然而处理数据的长度是有限的，因此要将数字式信号进行截断处理。在时域中截断信号相当于将信号乘以一个有限宽的窗函数，最基本的窗是矩形窗，其窗函数 $h(t)$ 定义为

$$h(t)=\begin{cases}1 & |t|\leqslant T\\ 0 & |t|>T\end{cases} \tag{8-65}$$

如图 8-5 所示。截取一段$(-T,T)$信号后，所得的信号频谱是原信号的频域函数 $H(f)$的卷积。

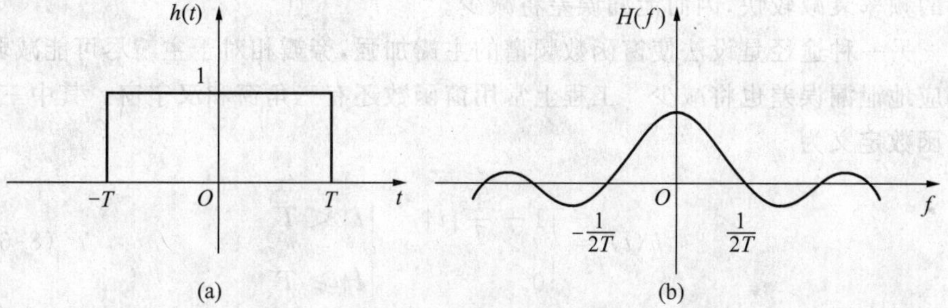

图 8-5　矩形窗函数

由于 $h(t)$是一个频带无限的函数，截断后使原信号频谱产生畸变，导致能量分布扩展，必然会产生一些误差，这一现象称为泄漏。如无限长余弦函数在时域截断后的频谱图，是对矩形窗函数的频谱进行了频域上的搬迁而成，如图 8-6 所示。

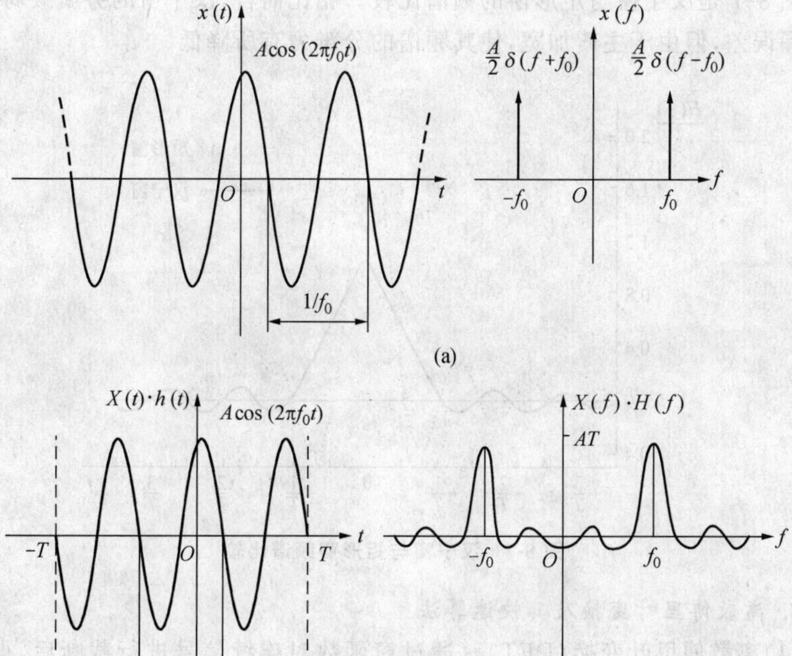

图 8-6　余弦函数的截断

为了减少泄漏，一种途径是增大矩形窗的宽度。由于 $H(f)$图形随着矩形窗的宽度增大而变窄，虽在理论上其频谱范围仍为无限宽，但实际上中心频率以外的频率衰减较快，因而泄漏误差将减少。

另一种途径是设法使窗函数频谱的主瓣加强，旁瓣相对于主瓣尽可能减弱，相应地泄漏误差也将减少。工程上常用窗函数还有三角窗和汉宁窗。其中三角窗函数定义为

$$h(t)=\begin{cases}1-\dfrac{1}{T}|t| & |t|<T\\ 0 & |t|\geqslant T\end{cases} \tag{8-66}$$

汉宁窗函数定义为

$$h(t)=\begin{cases}\dfrac{1}{2}+\dfrac{1}{2}\cos\dfrac{\pi t}{T} & |t|>T\\ 0 & |t|\geqslant T\end{cases} \tag{8-67}$$

图 8-7 是汉宁窗与矩形窗的频谱比较。相比而言，汉宁窗的旁瓣减弱，减少了泄漏误差，但由于主瓣加宽，使其频谱的分辨力有所降低。

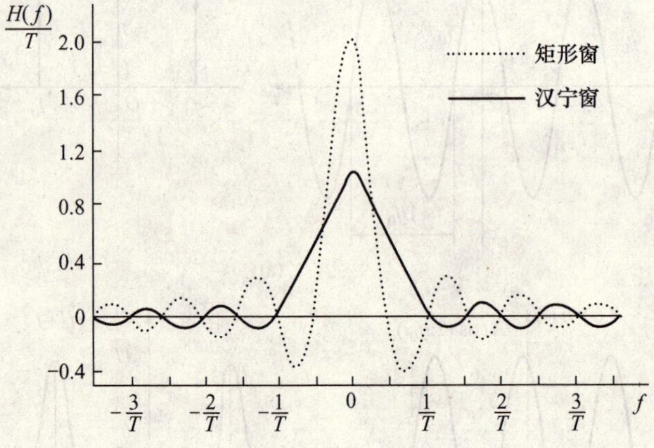

图 8-7 汉宁窗与矩形窗频谱比较

2. 离散傅里叶变换及其快速算法

(1)离散傅里叶变换（DFT） 通过窗函数对连续信号进行截断后，得到离散的时间序列，利用计算机对其求频谱，所得到的是离散谱。由数学理论可知，离散谱对应的是时域中的周期函数，所以是假设该离散的时间序列是周期离散

信号。对该假设的周期离散信号进行傅里叶分析，从而得到离散傅里叶变换(DFT)为

$$X(k)=\sum_{n=0}^{N-1}x_n\mathrm{e}^{-\mathrm{j}2\pi k/N} \tag{8-68}$$

$$x(n)=\frac{1}{n}\sum_{k=0}^{N-1}X(k)\mathrm{e}^{-\mathrm{j}2\pi nk/N}\quad(n,k=0,1,2,\cdots,N-1) \tag{8-69}$$

式中：$x(n)$为$x(t)$函数在$t=0,T_s,2T_s,\cdots,(N-1)T_s$点的采样值；$T_s=\dfrac{T}{N}$，$T$为窗函数宽度，$T_s$为采样间隔；$X(k)$为$x(n)$的傅里叶变换在$f=0,\dfrac{f_s}{N},2\dfrac{f_s}{N},\cdots,(N-1)\dfrac{f_s}{N}$点的采样值，$f_s=\dfrac{1}{T_s}$。

(2)快速傅里叶变换(FFT) 根据式(8-68)，计算每条谱线值$X(k)$要做N次形如$x_n\mathrm{e}^{-\mathrm{j}(2\pi n/N)}$的复数乘法和$(N-1)$次加法，若直接计算出$N$条谱线值，则总共需要进行$N^2$次复数乘法和$N(N-1)$次加法，随着采样点数$N$的增加，则计算机运算费时多。1965年，美国库利(J. W. Cooley)和图基(J. M. Tukey)研究出一种DFT的快速算法，称为快速傅里叶变换(FFT)。

FFT的基本思路是把较长的数据主序列分解成许多较短的数据子序列，对这些较短的数据子序列进行DFT后，利用巧妙的方式将它们组合在一起 得到原主序列的DFT。这样减少了运算次数，节约了时间。

例如，一种基2分解法就是将主序列分解成奇、偶序列，然后再组合，利用指数函数$\mathrm{e}^{-\mathrm{j}(2\pi kn/N)}$的周期性和对称性，设采样点数$N$为偶数，则

$$\begin{aligned}X(k)&=\sum_{n=0}^{n}x_n\,\mathrm{e}^{-\mathrm{j}2\pi kn/N}\\&=\sum_{m=0}^{\frac{N}{2}-1}x_{2m}\,\mathrm{e}^{-\mathrm{j}2\pi k(2m)/N}+\sum_{m=0}^{\frac{N}{2}-1}x_{2m+1}\,\mathrm{e}^{-\mathrm{j}2\pi k(2m+1)/N}\\&=\sum_{m=0}^{\frac{N}{2}-1}x_{2m}\,\mathrm{e}^{-\mathrm{j}\frac{2\pi kn}{N/2}}+\mathrm{e}^{-\mathrm{j}\frac{2\pi k}{N}}\sum_{m=0}^{\frac{N}{2}-1}x_{2m+1}\,\mathrm{e}^{-\mathrm{j}\frac{2\pi km}{N/2}}\\&=X_1(k)+\mathrm{e}^{-\mathrm{j}\frac{2\pi k}{N}}\,X_2(K)\qquad(n=0,1,2,\cdots,N-1)\end{aligned} \tag{8-70}$$

这样，把一个N点的序列分割为两个$N/2$点的序列，分别作DFT计算，可以将复数乘法次数由N^2次降到$\dfrac{N}{2}\log_2 N$次。

由于单个序列的 DFT 就是它本身。因此，为使计算程序简化，并能继续分解成最短的序列——单个数据，选择采样点 $N=2^r$（r 为正整数），这样经 r 次分解后就仅剩单个数据的序列。于是，复数乘法就减为 $Nr/2$ 次，复数加法减为 $N\cdot r$次。当 N 越大时，效果越明显。同时，减少了因计算机字长限制引入的舍入误差，提高了傅里叶变换的精度，这就是 FFT 变换的优越性。

8.3 随机信号的处理与分析

随机信号不能用确定的数学解析式表达其变化历程，也不可能预见其任意瞬时所出现的数值，所以也无法用实验的方法重复再现。

研究随机信号的特征描述、分析和处理在理论上和实践上都具有重要的意义，而且某些从随机信号分析中得到的规律推及确定性信号中去还具有特殊的价值。由于随机信号不能用确定的数学解析式来表达，无法重复出现，所以对它的描述需要用统计学参数，这些统计参数主要有均值、方差、概率密度函数等一些数字特征量，相关以及功率谱密度函数等。

表示随机信号的单个时间历程 $x_i(t)$，称为样本函数。某随机现象可能产生的全部样本函数的集合$\{x(t)\}=\{x_1(t),\ x_2(t)\cdots x_i(t)\cdots x_n(t)\}$（也称总体），称为随机过程。

如果从任何一个样本函数求得的所有平均值都相同，与取值时间无关，且又与相应总体平均值相同，则称此为各态历经过程。在工程中，绝大多数的平稳随机过程可以用总体中某个样本函数的时间平均值来确定平稳随机过程的特性。应当说明，只有平稳随机过程才能是各态历经的，只有证明随机过程是平稳的、各态历经的，才能用样本函数统计量代替随机过程总体统计量。

通常用于描述各态历经随机信号的主要统计参数有均方值、概率密度函数、自相关函数和功率谱密度函数等。

8.3.1 均值、均方值和方差(时域分析)

各态历经随机信号的平均值 μ_x 是样本记录 $x(t)$ 在整个时间坐标上的积分平均，即

$$\mu_x = \lim_{T\to\infty}\frac{1}{T}\int_0^T x(t)\mathrm{d}t \tag{8-71}$$

其物理含义是表达了这一随机信号变化的中心趋势，或称直流分量。

各态历经随机信号的均方值 ψ_x^2 为

$$\psi_x^2 = \lim_{T\to\infty}\frac{1}{T}\int_0^T x^2(t)\,\mathrm{d}t \tag{8-72}$$

均方值的正平方根称为均方根值(又称有效值)x_{rms}，它也是信号的平均能量(功率)的表达：

$$x_{\mathrm{rms}} = \sqrt{\psi_x^2} \tag{8-73}$$

随机信号的方差 σ_x^2 定义是

$$\sigma_x^2 = \lim_{T\to\infty}\frac{1}{T}\int_0^T [x(t)-\mu_x]^2\,\mathrm{d}t = \psi_x^2 - \mu_x^2 \tag{8-74}$$

显然它是去除了均值后的均方值，所以它是信号幅值相对于均值分散程度的一种表示。由于去除了直流分量，所以它也是信号纯波动分量(交流量)强度的一种表示。上式也反映了均值、均方值和方差三者的关系。

以上各随机信号特征参量除了可用模拟电路处理得到外，还可采用数字化处理，它是先将样本连续信号经离散采样、量化后变成数字信号，再经计算机作相应的计算，得到所需的参量估值。例如对均值的计算，通过对模拟信号的离散采样后，可由下式决定其估计值：

$$\hat{\mu}_x = \frac{1}{N}\sum_{n=1}^{N} x_n \tag{8-75}$$

式中：N 为采样数据数；x_n 为采样数据值。

原来的连续积分就转化为数值积分。其他参量也可以此原理类推。

8.3.2 概率密度函数(幅值域分析)

概率密度函数是表达一随机信号幅值落在某一范围内的概率，它是随所取范围处的幅值而变化，所以它是幅值的函数。它描述了幅值的概率分布的信息。图 8-8 所示的样本时间历程中，$x(t)$ 取值在 $(x, x+\Delta x)$ 区间中的总时间为 $T_x =$

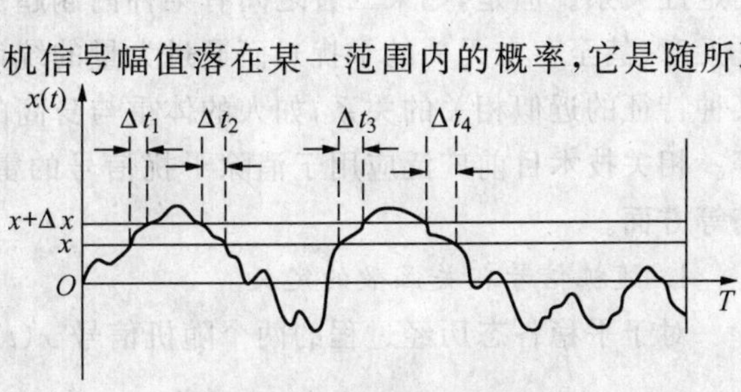

图 8-8 概率密度函数

$\sum_{i=1}^{K}\Delta t_i$，当观测时间 T 趋于无穷大时，比例 T_x/T 就是事件$[x<x(t)\leqslant x+\Delta x]$的概率，记为

$$P[x < x(t) \leqslant x + \Delta x] = \lim_{T\to\infty}(T_x / T) \tag{8-76}$$

定义随机信号的概率密度函数为

$$\begin{aligned} p(x) &= \lim_{\Delta x\to 0}\frac{P[x < x(t) \leqslant x + \Delta x]}{\Delta x} = \lim_{\Delta x\to 0}\frac{1}{\Delta x}[\lim_{T\to\infty}T_x / T] \\ &= \lim_{\substack{\Delta x\to 0\\ T\to\infty}}\frac{1}{T\Delta x_i}\sum_{i=1}^{K}\Delta t_i \end{aligned} \tag{8-77}$$

概率密度函数 $p(x)$恒为实值非负函数。

信号的均值、均方根值与概率密度函数的关系为

$$\mu_x = \int_{-\infty}^{\infty} x p(x)\mathrm{d}x \tag{8-78}$$

$$x_{\mathrm{rms}} = \sqrt{\int_{-\infty}^{\infty} x^2\ p(x)\mathrm{d}x} \tag{8-79}$$

概率密度函数在工程上主要应用于鉴别信号的特征。同时，由于它给出了随机信号某幅值附近出现的概率，所以它就成为一些机械关键部位设计的依据。

8.3.3 相关分析(时延域分析)

相关是代表客观事物或过程中某两种特征量之间联系的紧密性。它表示参数信号之间的线性关系，或同一信号前后不同时刻的线性关系。在参数信号中，有些信号数据之间有确切的解析关系，而对于两个随机信号之间则不具有这种确定性关系。但是，如果二者之间有某种内涵趋势的联系，则不管信号是怎样杂乱无章(甚至存在无关的干扰)，而通过大量的统计，就能发现二者之间存在表征某种特征的近似相关的关系，如人的体重与身高的关系、随机噪声中的规律信息等。相关技术目前广泛应用于消除干扰信号的雷达测距，传递通道识别以及探伤等方面。

1. 随机信号相关函数的定义

对于平稳各态历经过程的两个随机信号 $x(t)$和 $y(t)$的互相关函数定义为

$$R_{xy}(\tau) = \lim_{T\to\infty}\frac{1}{T}\int_{-T/2}^{T/2} x(t)\cdot y(t+\tau)\cdot \mathrm{d}t \tag{8-80}$$

如 $x(t)=y(t)$，则

$$R_{xx}(\tau)=\lim_{T\to\infty}\frac{1}{T}\int_{-T/2}^{T/2}x(t)\cdot x(t+\tau)\cdot \mathrm{d}t \tag{8-81}$$

称为 $x(t)$ 的自相关函数，可简写为 $R_x(\tau)$。

2. 相关函数的图解分析

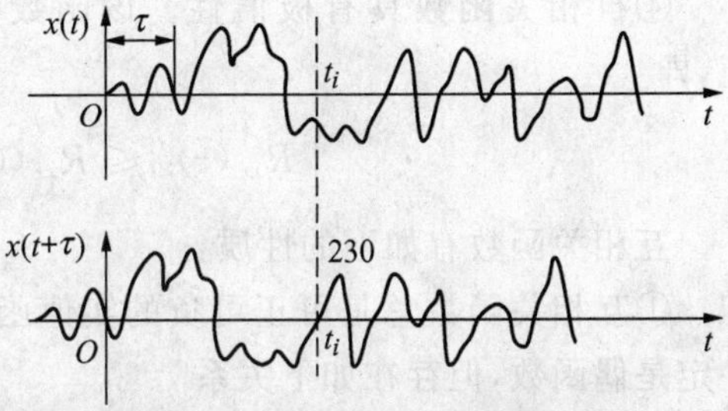

图 8-9 相关函数图解法

相关函数的图解分析法可以帮助我们更好地了解相关函数的定义。图 8-9 是某随机信号 $x(t)$ 的自相关函数计算图形。该方法是将同一信号 $x(t)$ 向左移动一个任意时间 τ 值，于是 $x(t)$ 变成了 $x(t+\tau)$，然后在有效的 $(T-\tau)$ 时间内，将两信号的幅值相应分别相乘并积分后即可得到 $R_{xx}(\tau)$ 的值。图 8-10 是 4 种不同典型信号的自相关函数图形。

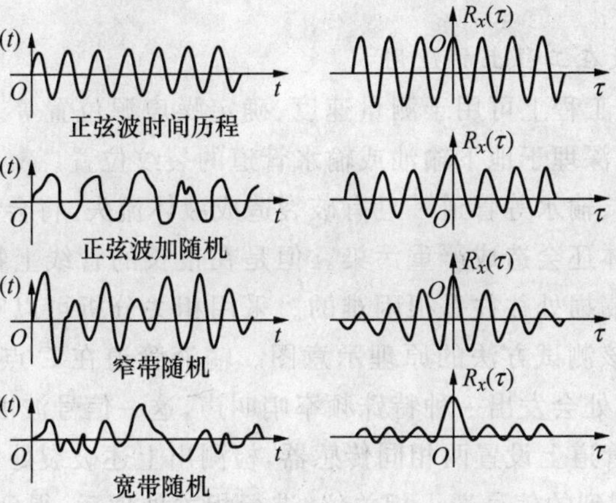

图 8-10 几种典型信号的自相关函数

3. 相关函数的性质

自相关函数的性质如下：

①自相关函数为实偶函数，即 $R_{xx}(-\tau)=R_{xx}(\tau)$。

②当 τ 相当大时，随机函数的自相关函数很快收敛，趋向于平均值的平

方,即

$$\lim_{\tau\to\infty}R_{xx}(\tau)=R_{xx}(\pm\infty)=\mu^2 \tag{8-82}$$

③自相关函数具有周期性。如原信号具有周期性时,其 $R_{xx}(\tau)$ 也具有周期性,且周期相同。

④自相关函数具有极值性。该函数在 $\tau=0$ 处有极大值,且等于其均方值,即

$$|R_{xx}(\tau)|\leqslant R_{xx}(0)=\psi_x^2=\sigma^2 \tag{8-83}$$

互相关函数有如下的性质:

①互相关函数总是可正可负的实值函数,不一定在 $\tau=0$ 处有最大值,也不一定是偶函数,但存在如下关系

$$R_{xy}(\tau)=R_{yx}(-\tau) \tag{8-84}$$

②互相关无极值。

③当 $R_{xx}(\tau)=0$ 时,称 $x(t)$ 和 $y(t)$ 互不相关。

④当 $\tau=\tau_0$ 时,互相关图上出现尖峰,它表明 $x(t)$ 和 $y(t)$ 在此时间位移上具有相关性。

4. 相关函数在工程上的应用

相关函数在工程上可用于测量速度、确定噪声源位置等。现举例说明如何用相关函数确定深埋于地下输油或输水管道的裂纹位置。

工业上输油、输水等管道一旦有破裂造成液体流失,将会导致巨大的经济损失,有些工业液体还会造成严重污染。但是在很长的管线上特别是铺设在地下的管道,要发现漏损处往往是很困难的。采用相关分析可以顺利地解决这一问题。图 8-11 是该测试方法的原理示意图。输液管道在 C 点处有一破裂点,压力液体在此漏失处会发出一种特殊频率哨叫声,这一信号波由管道壁传递出去,现在 A,B 两点管道上设置两相同传感器,检测出上述破裂处传出的信号波。将 A,B 两点所检测到的信号送入相关仪,进行相关处理后,得到相关函数曲线,该曲线的峰值所处点 τ_{m},是 A,B 两信号中某一信号时移 τ_m 后二者最相似的时移。它反映了同信号源在管壁上传递到两传感器的时差。这样就可以计算出破裂点的位置。

$$s=v\tau_{\mathrm{m}}/2 \tag{8-85}$$

式中:s 为破裂点与 A,B 两点的中点间的距离;v 为弹性波在管道中的传播

速度。

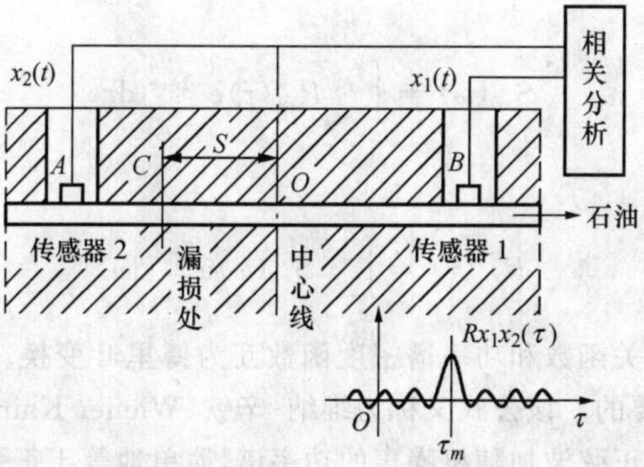

图 8-11 相关方法测量管道破裂点

8.3.4 频谱分析(频域分析)

工程上测得的信号大多数是比较复杂的随时间而变化的信号,不便于识别。为了通过这些信号了解机械设备的运转状态,往往需要分析这些信号的频率组成以及各个频率分量的量值大小,这就是频域上的频谱分析。频谱分析正如一束白光,通过三棱镜后被分解成不同颜色(不同频率)的单色光谱。工程信号的频谱分析是运用傅里叶变换原理把原时域波形分解成若干个谐波分量,从而获取信号的频率结构、各谐波的幅值大小及其相位信息。

功率谱密度函数是对工程信号中的频率分量及其相应的能量或功率进行描述的一种方法,功率谱密度分析是频谱分析中最常用的一种。

1. 功率谱密度函数定义

在随机数据分析理论中,自功率谱密度简称“自谱”,互功率谱密度简称“互谱”。

随机信号的自谱是该随机信号自相关函数的傅里叶变换,记为 $S_x(\omega)$,表达式为

$$S_x(\omega) = \int_{-\infty}^{\infty} R_x(\tau) e^{-j2\pi\omega\tau} d\tau \tag{8-86}$$

所以

$$R_{xx}(\tau) = \int_{-\infty}^{\infty} S_x(\omega) e^{j2\pi\omega\tau} d\omega \tag{8-87}$$

两随机信号的互谱密度函数是此两随机信号互相关函数的傅里叶变换，记为 $S_{xy}(\omega)$

$$S_{xy}(\omega)=\int_{-\infty}^{\infty}R_{xy}(\tau)\mathrm{e}^{-\mathrm{j}2\pi\omega\tau}\,\mathrm{d}\tau \tag{8-88}$$

所以

$$R_{xy}(\tau)=\int_{-\infty}^{\infty}S_{xy}(\omega)\mathrm{e}^{\mathrm{j}2\pi\omega\tau}\,\mathrm{d}\omega \tag{8-89}$$

也就是说，相关函数和功率谱密度函数互为傅里叶变换。它在随机过程理论方面是十分重要的。该公式又称为维纳-辛钦(Wiener-Khinchin)公式。

图 8-12 所示正弦波加随机噪声的功率谱，简单地等于正弦波的功率谱加随机噪声的功率谱；窄带功率谱具有某种程度的尖峰(故称为窄带的)，但仍像随机噪声那样连续光滑；宽带功率谱曲线比较宽也比较平滑，这就是对于这一类数据提出宽带型这个名词的依据(对于假想的白噪声，由其定义可知，它的功率谱在整个频率上是均匀的)。由该 4 个图例表明，从正弦波到宽带随机噪声，功率谱具有明显的变化趋势。

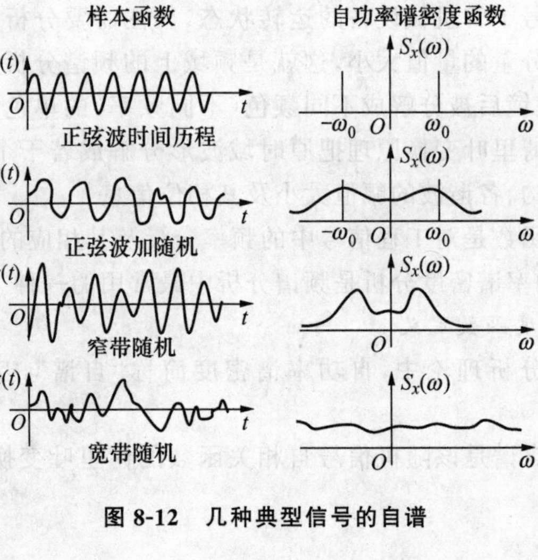

图 8-12 几种典型信号的自谱

2. 功率谱分析的应用

频谱分析在工程上的应用主要是基于它的物理含义和数学特征。工程中经常用功率谱分析作为机器故障诊断的依据。图 8-13 是由汽车变速箱上测取的振动加速度信号经处理后所得的功率谱图。图 8-13(a)是变速箱正常工作时的谱图，图 8-13(b)为不正常工作时的谱图。一般来说对于正常运行的机器，其功率谱是稳定的，而且各谱线应对应于不同零部件不同运转状态的振源。在机器运转不正常时，例如轴系的动不平衡、轴承的局部失效、齿轮的不正常等等，都会引起相应谱线的变动。图 8-13(b)比图 8-13(a)中在 20 Hz 和 43 Hz 两处出现额外峰谱，这就显示了机器中的某些不正常，而且指示了异常功率消耗所在的频率，这就为寻找与此频率相对应的故障部位提供了依据。

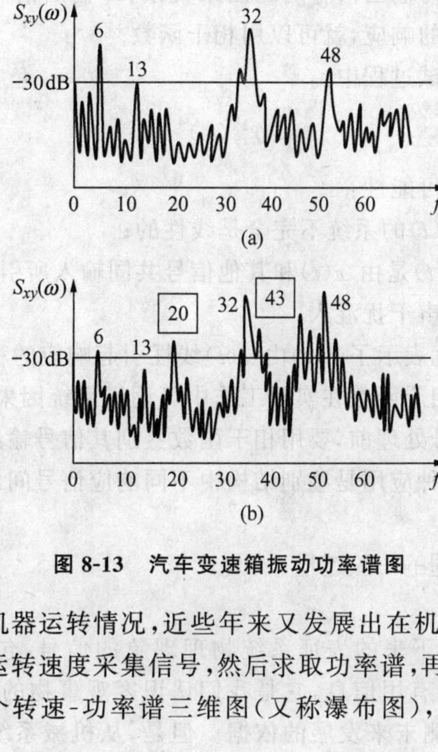

图 8-13 汽车变速箱振动功率谱图

为进一步分析机器运转情况，近些年来又发展出在机械启动增速和在高速降速过程中对不同运转速度采集信号，然后求取功率谱，再将各转速下的功率谱组合在一起成为一个转速-功率谱三维图(又称瀑布图)，更便于作工况和故障分析。

8.3.5 相干函数(凝聚函数)

在研究系统的传递关系时，相干函数是一个很重要的判别函数，它表明输入与输出的相关程度，即系统的输出有多大成分是来自输入，从而可以判断所获得的频率响应函数与互谱的可靠性。

1. 相干函数的定义

两信号 $x(t)$与 $y(t)$的自谱和互谱分别为 $S_x(\omega)$，$S_y(\omega)$，$S_{xy}(\omega)$，则此二信

号之间的相干函数为

$$\gamma_{xy}^2(\omega)=\frac{|S_{xy}(\omega)|^2}{S_x(\omega)S_y(\omega)} \tag{8-90}$$

2. 相干函数的含义及应用

相干函数是在频域内鉴别两信号相关程度的指标。例如在一测试系统中，为了评价其输入信号与输出信号间的因果关系，即输出信号的功率谱中有多少是由输入信号所引起的响应，就可以用相干函数。

通常在一般的测试过程中：

$$0<\gamma_{xy}^2(\omega)<1 \tag{8-91}$$

这表明存在 3 种可能性：

①联系 $x(t)$和 $y(t)$的系统不完全是线性的；

②系统的输出 $y(t)$是由 $x(t)$和其他信号共同输入所引起的；

③在输出端有噪声干扰混入。

所以 γ_{xy}^2 的数值就表示了 $y(t)$由 $x(t)$线性引起响应的程度。

根据这种含义，相干函数在实际工作中可用于系统因果关系检验，例如对任一测试环节，在将信号处理前，要用相干函数鉴别其信号输出是否真是被测信号的线性响应。另外一种应用是鉴别结构中不同响应信号间的联系。

8.3.6 随机数据处理的一般过程

工程上在线记录下来的表征系统物理现象的信号，包含着反映被测系统的状态及特性的大量有用信息，它是我们认识客观事物的内在规律，研究事物之间的相互关系，预测未来发展的依据。但是，从机械系统上直接检测下来的信号，往往是比较复杂的，直观上不易识别。为了更深入地揭示出信号内所包含的大量信息，以分析被测系统的动态运动规律与特性，必须对源动态信号，通过不同特征参数进行分析，才能对机械系统的动态变化与动态特征有更加深入的认识。

实测的大量物理模拟信号须通过计算机进行数据处理。信号数据在处理前必须进行必要的数据准备和检验。经过预处理后的信号，排除了无关的干扰成分，在验证信号稳定性的基础上，确定出进行分析的样本。对于各态历经的平稳随机过程，可以用实测的单个时间历程，即单个样本记录来推断总体的统计特性，计算它的数字特征量。处理步骤如图 8-14 所示。

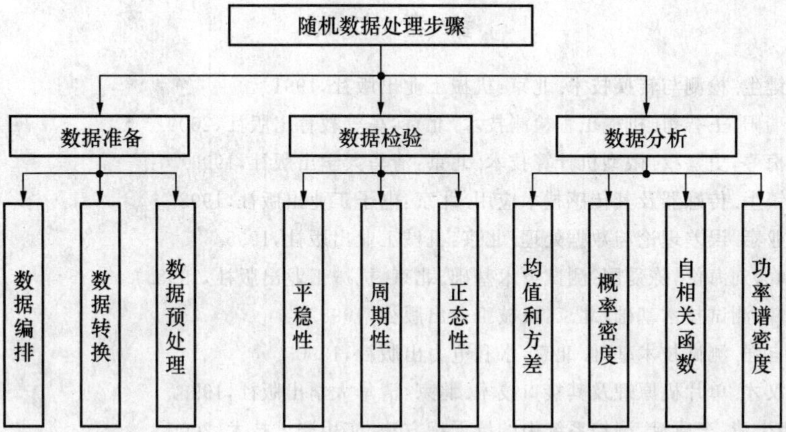

图 8-14　随机数据处理步骤

复习与思考题

8-1　在等精密度测量下所得到的测量序列为：143，143，145，143，138，140，144，145，143，140，试求出测量结果的表达式（置信概率为 0.95）。

8-2　求下列数据的线性回归方程，并进行显著性检验（$\alpha=0.05$）：

X	0	4	10	15	21	29	36	51	68
Y	66.7	71.0	76.3	80.6	85.7	92.9	99.4	113.6	125.1

8-3　某电器的额定电压为 220 V，额定电流为 2.2 A，现要求测量功率的相对误差不超过 2%，试分配 U 和 I 的测量误差。

8-4　计算下列离散时间数值序列的 DFT：

$$\left(0,\frac{\sqrt{2}}{2},1,\frac{\sqrt{2}}{2},0,-\frac{\sqrt{2}}{2},-1,\frac{\sqrt{2}}{2}\right)$$

8-5　概率密度函数的物理意义是什么？它和均值、均方值有何联系？

参考文献

[1] 常键生.检测与转换技术.北京:机械工业出版社,1991.
[2] 陈瑞阳,王智勇.机械工程检测技术.北京:高等教育出版社,2000.
[3] 戴梅萼,史嘉权.微型机计算技术.北京:清华大学出版社,1996.
[4] 丁镇生.传感器及其传感技术应用.北京:电子工业出版社,1998.
[5] 费业泰.误差理论与数据处理.北京:机械工业出版社,1995.
[6] 韩峰,刘海伦,陈爱国.测试技术基础.北京:机械工业出版社,1998.
[7] 韩峰.测试技术基础.北京:机械工业出版社,1998.
[8] 何自强.测试技术基础.北京:水利电力出版社,1990.
[9] 胡汉才.单片机原理及其接口技术.北京:清华大学出版社,1996.
[10] 胡生清,李成斌.测控系统中的抗干扰方法.实用测试技术,2000.
[11] 黄长艺,卢文祥,等.机械工程测量与实验技术.北京:机械工业出版社,2000.
[12] 黄长艺,严普强.机械工程测试技术基础.北京:机械工业出版社,2000.
[13] 黄贤武,郑筱霞.传感器原理与应用.北京:电子科技大学出版社,1999.
[14] 康昌鹤.气、湿敏感器件及其应用.北京:科学出版社,1988.
[15] 李标荣,张绪礼.电子传感器.北京:国防工业出版社,1993.
[16] 李杰敏.汽车拖拉机试验学.北京:机械工业出版社,1995.
[17] 李挺,朱金刚,孙晖.机电一体化系统的抗干扰措施.机电工程,2000.
[18] 李迅波.机械工程测试技术基础.北京:电子科技大学出版社,1998.
[19] 李渝芒.传感技术.北京:电子科技大学出版社,1999.
[20] 刘迎春.现代新型传感器原理与应用.北京:国防工业出版社,1998.
[21] 卢文祥,杜润生.工程测试与信息处理.武汉:华中理工大学出版社,1994.
[22] 石利英.传感器技术.上海:同济大学出版社,1995.
[23] 苏铁力.传感器及其接口技术.北京:水利电力出版社,1998.
[24] 谭祖根.压力测量仪表.北京:机械工业出版社,1981.
[25] 汪荣鑫.数理统计.西安:西安交通大学出版社,1986.
[26] 王恒杰,刘自然.机械工程检测技术.北京:机械工业出版社,1997.
[27] 王家桢,王俊杰.传感器与变送器.北京:清华大学出版社,1996.
[28] 王钧玺等.林业机械测试技术.北京:中国林业出版社,1995.
[29] 吴正毅.测试技术与测试信号处理.北京:清华大学出版社,1991.
[30] 徐国富,刘瑞复,田大起.非电量电测工程手册.北京:机械工业出版社,1987.
[31] 徐文泉.现代测试技术.上海:上海科学技术文献出版社,1986.
[32] 薛文达,谢文和.传感器应用技术.南京:东南大学出版社,1998.
[33] 杨惠连,张涛.误差理论与数据处理.天津:天津大学出版社,1992.
[34] 杨振江.A/D,D/A转换器接口技术.西安:西安电子科技大学出版社,1996.